自学需精细
实战成高手

三虎工作室　编著

Dreamweaver 网页制作 自学实战手册

为自学者提供一本 快捷、实用、体贴 的用书！

- 从零开始，快速提升。
- 疑难解析，体贴周到。
- 多章综合案例，从入门到提高，一步到位！

科学出版社
www.sciencep.com

北京希望电子出版社
Beijing Hope Electronic Press
www.bhp.com.cn

内 容 简 介

全书共分为16章，对Dreamweaver CS4中文版的基本操作和典型功能进行了全面而详细的介绍，主要内容包括初学者制作网页必须掌握的基本知识、操作方法和使用技巧。从基础知识入手，引导读者逐步学习如何使用文本、插入图像、使用超链接、创建表格和表单对象、使用框架、使用层、制作动态HTML网页、BBS论坛、制作多媒体页面、网页代码、Web应用程序、站点上传等网页制作基本技能。

本书适合网页制作人员、网站建设人员以及从事多媒体创作的用户，既适合零基础又想快速掌握Dreamweaver CS4网页设计的读者自学，也可作为电脑培训班、职业院校以及大中专院校非计算机专业教学用书。

本书配套光盘内容为素材文件和教学视频，读者在学习过程中可以参考使用。

需要本书或技术支持的读者，请与北京清河6号信箱（邮编：100085）发行部联系，电话：010-62978181（总机）转发行部、010-82702675（邮购），传真：010-82702698。E-mail：tbd@bhp.com.cn。

图书在版编目（CIP）数据

Dreamweaver 网页制作自学实战手册 / 三虎工作室编著. 北京：科学出版社，2010

ISBN 978-7-03-025977-6

Ⅰ. D… Ⅱ. 三… Ⅲ.主页制作—图形软件，Dreamweaver—技术手册 Ⅳ. TP393.092-62

中国版本图书馆CIP数据核字（2009）第202113号

责任编辑：孔会丽　　/责任校对：青青虫
责任印刷：金明盛　　/封面设计：叶毅登

科学出版社 出版

北京东黄城根北街16号
邮政编码：100717
http://www.sciencep.com

北京金明盛印刷有限公司印刷

科学出版社发行　各地新华书店经销

*

2010年1月第1版　　开本：787mm×1092mm 1/16
2010年1月第1次印刷　　印张：21（6面彩插）
印数：1-3 000册　　字数：475千字

定价：35.60元（配1张CD）

部分案例

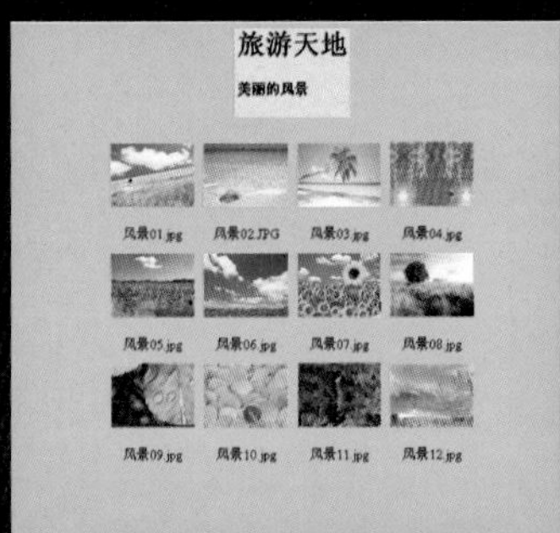

创建网站相册

在框架中载入其他网页

网页光柱效果

企业网站

房地产网站

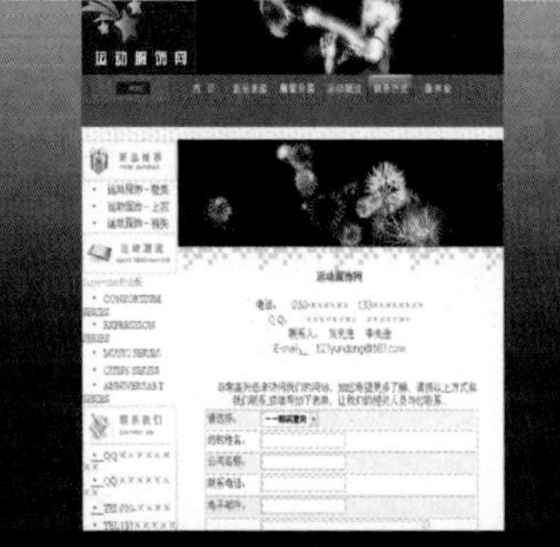

◎ 运动服饰网站

◎ 门户网站

◎ 网络广告

◎ 制作弹性运动图像

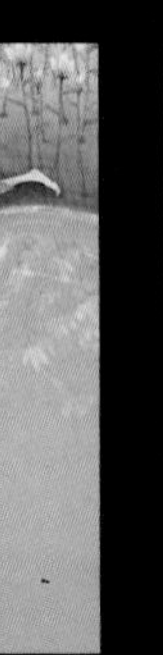
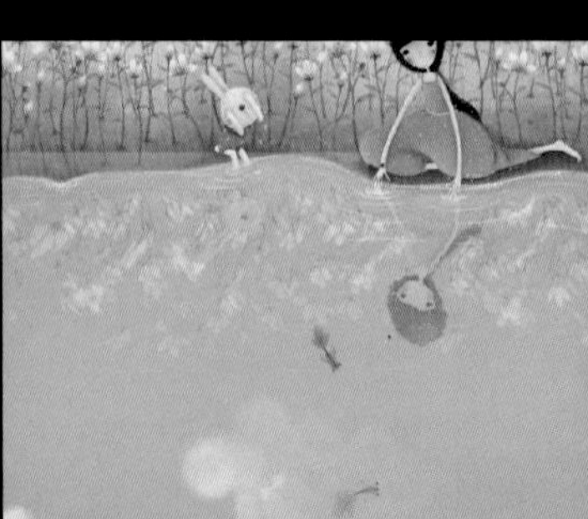
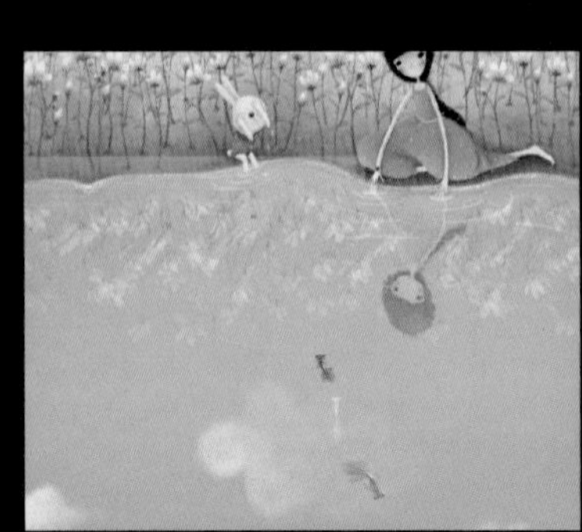

◎ 制作透明Flash

设置状态栏文本

为框架设置背景

应用模板

欣赏网站-1

欣赏网站-2

部分案例

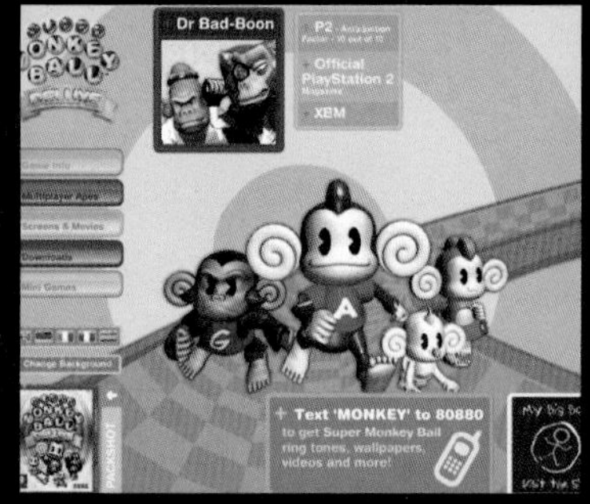

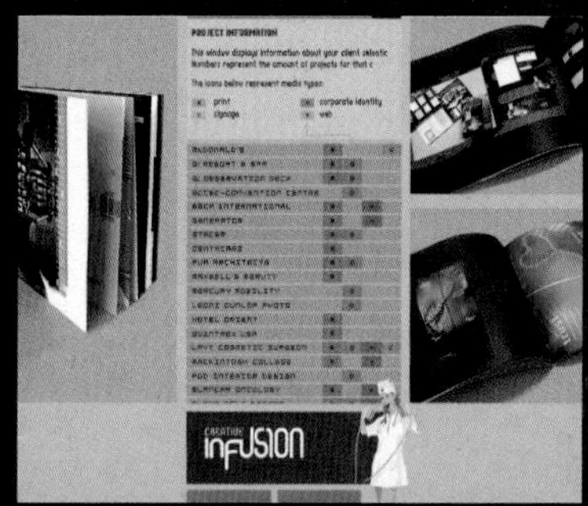

◎ 欣赏网站-3

◎ 欣赏网站-4

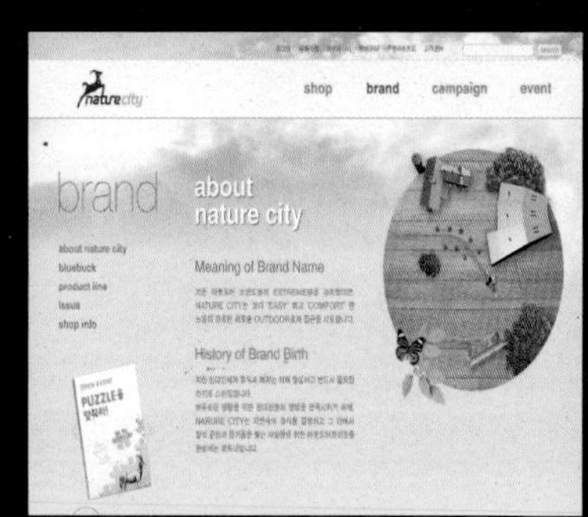

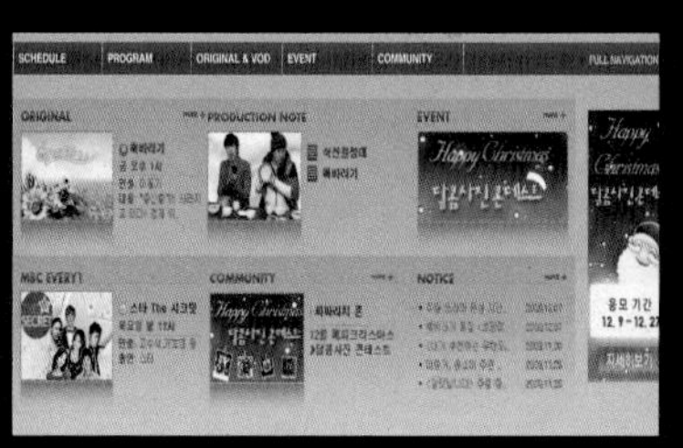

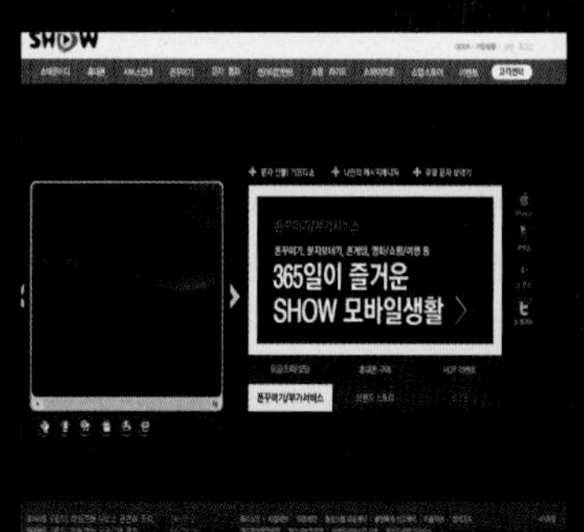

◎ 欣赏网站-5

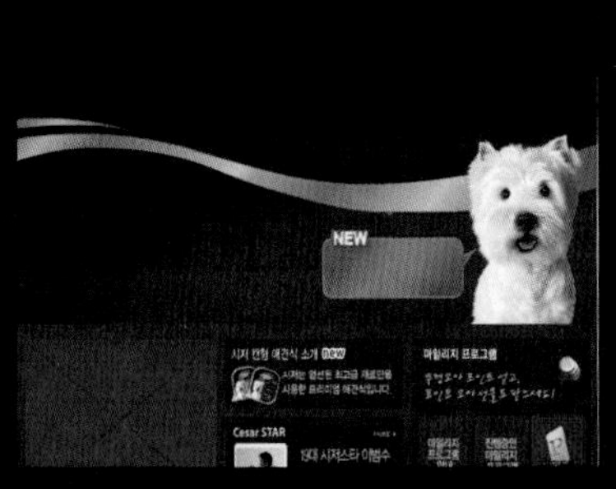

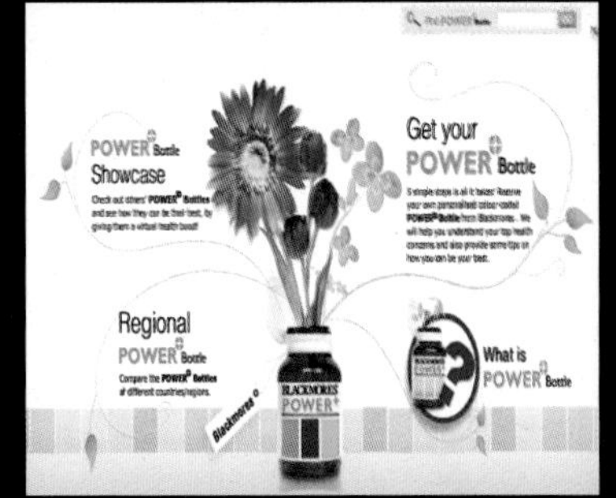

◎ 欣赏网站-6

◎ 欣赏网站-7

◎ 欣赏网站-8

部分案例

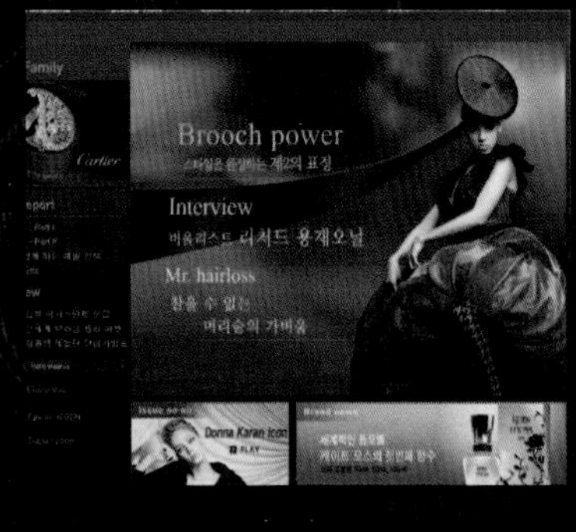

◎ 欣赏网站-9

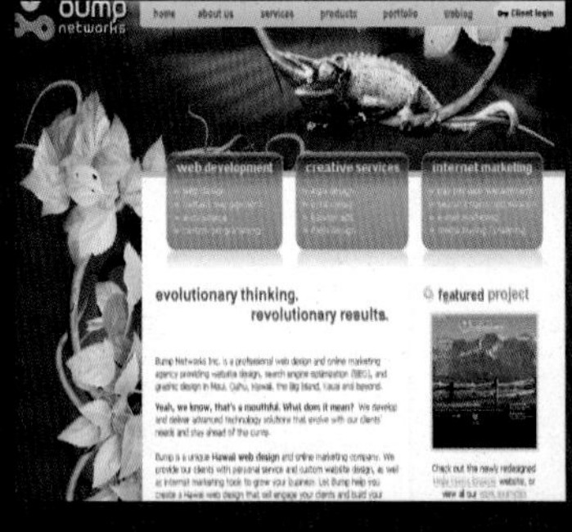

◎ 欣赏网站-10

◎ 欣赏网站-11

前言

Dreamweaver CS4 是 Adobe 公司最新推出的一款网页制作软件，其可视化的操作界面更加直观、简洁和易用，功能更加强大，使得用户操作更加灵活。因此，Dreamweaver CS4 广泛应用网页制作、网站建设以及课件制作等。

无论你是初学者，还是有一定软件基础的读者，都希望能购买到一本适合自己学习的书。通过对大量初级读者购书要求的调查，以及对计算机类图书特点的研究，我们精心策划并编写了这套“自学实战手册”系列丛书，旨在把一个初级读者在最短时间内培养成一名软件操作高手，从而提高应用实战水平。

本书特色

本书从实用的角度出发，采用“零起点学习软件基础知识，现场练兵实例提高软件操作技能，综合应用实例设计提高实战水平”教学体系。考虑初学者实际学习的需要，首先掌握“软件核心功能技术要点”，其次通过“现场练兵”实例的详细讲解来学习软件的核心功能和技术要点，然后结合“上机实践”这一边学边练的指导思想，充分发挥读者学习的主观能动性，“巩固与提高”模块将进一步加强所学知识，从而达到举一反三的学习效果。科学的教学体系，边学边用的实用方法，可快速提高初学者的学习效率，从而胜任实际工作。

语言简练、内容实用

在写作方式上，本书突出语言简练、通俗易懂的特点。采用图文互解，让读者可以轻松掌握相关操作知识。在内容安排上，突出实用、常用的特点，也就是说只讲“实用的和常用的”知识点，真正做到让读者学得会、用得上。

结构科学、循序渐进

针对初学者的学习习惯和计算机软件的学习特点，采用边学边练的教学方式。把握系统性和完整性，由浅入深，以便读者做阶段性的学习，使读者通过学习掌握系统完备的知识。通过大量练习，使学习者能够掌握该软件的基本技能。

学练结合、快速掌握

从实际应用的角度出发，结合软件典型功能与核心技术，在讲解相关基础知识后，恰当地安排一些现场练兵实例，通过对这些实例制作过程的详细讲解，读者可以快速掌握软件的典型功能与核心技术。另外，本书所讲的基础操作与实例的实用性强，使读者学有所用，用有所获，从而突出了学练结合的特点。

上机实战、巩固提高

为了提高学习效果，充分发挥读者的学习主观能动性和创造力，我们精心设计了一些上机实例供读者上机实战。另外，还提供了一些选择题和简答题对所学基础知识进行巩固。

 教学光盘

为了方便读者的学习，快速提高学习效率，本光盘不仅包括书中部分实例源文件与素材，还对有代表性的实例进行详细的讲解，另外，还赠送了 Dreamweaver 操作基础视频教学内容。

 读者对象

如果您是下列读者之一，建议你购买这本书。

- 没有一点 Dreamweaver 基础知识，希望从零开始，全面学习 Dreamweaver 软件操作与技能的读者；
- 对 Dreamweaver 有一定的基础了解，但缺少实际应用，可以通过本书的"现场练兵"实例和综合应用实例提高应用水平的读者；
- 从学校毕业出来，想通过短时间内的自学而掌握 Dreamweaver 的实际应用能力的读者；
- 从事网页设计、网站建设以及多媒体制作相关工作的读者。

编写团队

本书由三虎工作室编著，参与编写的人员有邱雅莉、王政、李勇、牟正春、鲁海燕、杨仁毅、邓春华、唐蓉、蒋平、王金全、朱世波、刘亚利、胡小春、陈冬、许志兵、余家春 、成斌、李晓辉、陈茂生、尹新梅、刘传梁、马秋云、彭中林、毕涛、戴礼荣、康昱、李波、刘晓忠、何峰、冉红梅、黄小燕等。在此向所有参与本书编写的人员表示衷心的感谢。更要感谢购买这本书的读者，因为您的支持是我们最大的动力，我们将不断努力，为您奉献更多、更优秀的电脑图书！

目录

第 1 章 网页设计基础知识

第 2 章 创建网页基本对象

第 3 章 站点管理

第 4 章 网页中的图像

第 5 章 层与超级链接

第 6 章 在网页中插入表格

第 7 章 表单的使用

第 8 章 插入多媒体对象

第 9 章 使用行为制作网页特效

第 10 章 框架、模板和库

第 11 章 HTML 代码的使用

第 12 章 CSS 样式表

第 13 章 制作企业网站流程

第 14 章 房地产网站

第 15 章 运动服饰网站

第 16 章 制作门户网站

Study

第 1 章

网页设计基础知识

随着网络的日益普及，网站的数量及种类也日渐繁多。网络是一个集合体，它包含了公司、企业、政府、个人等各类网站。针对这些设计风格各异的网站，我们要完成它需要从认识网络开始。这就要求我们首先要了解网站与网页的关系、网页存在的类型、制作网页时需要用到哪些软件知识、网页设计的常规步骤等。

学习指南

- 认识网页
- 网页设计的基本原则
- 网页制作的一般步骤
- Dreamweaver CS4 基础

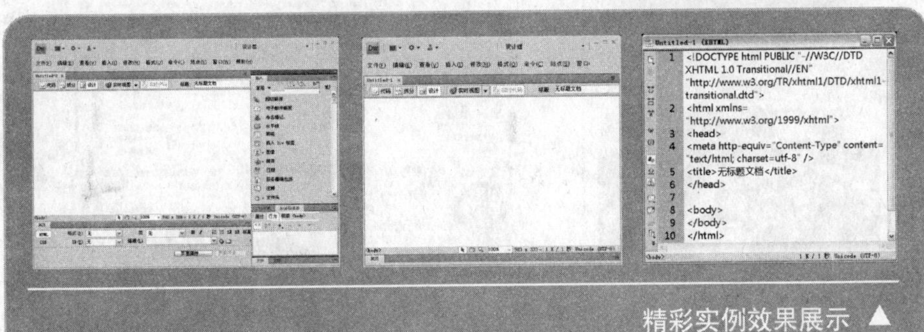

精彩实例效果展示 ▲

1.1 认识网页

网页是构成网站的基本要素，是承载各种网站的应用平台。简单地说，所有的网站都是由网页组成的。如果只有域名和虚拟主机，而没有制作任何网页的话，您的客户仍旧无法访问您的网站。

1.1.1 什么是网页

网页一般分为静态网页和动态网页。

静态网页是标准的 HTML 文件，它是采用 HTML（超文本标记语言）编写的，是通过 HTTP（超文本传输协议）在服务端和客户端之间传输的纯文本文件，扩展名为.html 或.htm。

动态网页在许多方面与静态网页是一致的。它们都是无格式的 ASCII 码文件，都包含 HTML 代码，都可以包含用脚本语言（比如 JavaScript 或 VBScript）编写的程序代码，都存放在 Web 服务器上，收到客户请求后都会把响应信息发送给 Web 浏览器。根据采用 Web 应用技术的不同，动态网页文件的扩展名也不同。例如，在文件中使用 ASP（Active Server Pages）技术时，文件扩展名为.asp；使用 JSP（Java Server Pages）技术时，文件扩展名为.jsp。

将设计好的静态网页放置到 Web 服务器上，即可访问它。若不修改更新，这种网页将保持不变，因此称之为静态网页。实际上，静态网页从呈现形式上可能不是静态的，它可以包含翻转图像、gif 动画或 Flash 动画等，如图 1-1 所示。此处所说的静态是指在发送给浏览器之前不再进行修改。

对于客户而言，不管是访问静态还是动态网页，都需要使用网页浏览器（比如 IE 或 Navigator），在地址栏输入要访问网页的 URL（统一资源定位器，即通常所说的网址）并发出访问请求，然后才能看到浏览器所解释并呈现的网页内容。

URL 用来标明访问对象，由协议类型、主机名、路径及文件名组成。其格式为：协议类型://主机名/目录/……/文件名。更多时候，访问网站的 URL 中并不包含文件路径及文件名。例如，访问搜狐网站时只需输入 http://www.sohu.com 即可，如图 1-2 所示。原因何在？这是由于主机在解释 URL 时发现若没有指明具体文件，则认为要访问默认的页面，那么 http://www.sohu.com 实际上就被解释为 http://www.sohu.com/index.html。

图 1-1 静态网页

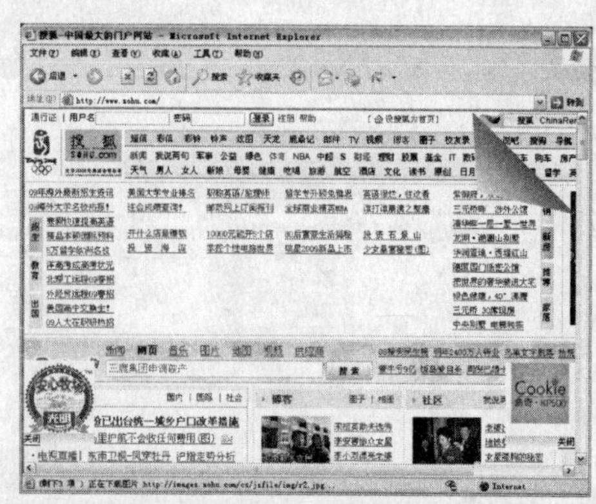

图 1-2 搜狐网站

网页（Web Page）和主页（Home Page）是两个不同的概念。一个网站中主页只有一个，而网页可能有成千上万个。通常所说的主页是指访问网站时看到的第一页，即首页。首页的文件名是特定的，一般为 index.htm、index.html、default.htm、default.html、default.asp、index.asp 等，当然这个文件名是由网站建设者所指定的。如图 1-3 和图 1-4 所示为中国建设银行静态首页和中国工商银行动态首页。

图 1-3　中国建设银行静态首页

图 1-4　中国工商银行动态首页

1.1.2　网页与网站的关系

每一个网页，都存在于一个网站中。每个网站都包含有网页，它们是包含与被包含的关系。在网上浏览的任何一个网站，如新浪、网易、搜狐等，当在地址栏输入对应的网址进入网站后，移动鼠标就可以看到无数个手形图标，每个手形图标后都对应着一个网页。如果只做一个网页上传到网上，可不可以不要网站呢？这当然不行。网页是依网站而存在的，所以内容再少也要建立一个独立的网站来存放网页。

网站中除了网页以外，还包括网页中应用到的各种图像、音乐、视频、数据库等。也有独立于页面（即不在网页中）的图像、音乐、视频等，但它们可以通过链接来实现与网页的联系。

1.1.3　网页制作工具

目前流行的网页制作工具主要有：网页三剑客（Dreamweaver、Flash、Fireworks）、Photoshop 等。这些工具在网页设计中都有着极其重要的作用。

其中：

- Dreamweaver 是用于对网页内容进行布局及前台页面与后台数据的连接。
- Fireworks 与 Photoshop 用于网页界面的设计。
- Flash 用于设计篇头动画、网页广告宣传或其他动画，当然除此之外，还用于其他娱乐方面的动画制作。

除以上软件外，还有 3Dflash、Swish 等小软件用来制作网页中的小动画。另外，CorelDRAW、Freehand 等软件也都在网页设计中发挥着重要的作用。但在通常的网页设计中都是多个软件配合使用。本书主要介绍 Dreamweaver CS4 的功能及其应用。

1.1.4　网络基本术语

前面已经讲解了网页的类型和各种网页制作工具。在浏览网页时，可能会遇到一些比较专业的术语。

（1）域名

域名相当于写信时的地址。简单地说，在浏览一个网站时，首先要在浏览器的地址栏中输入对应的网址，如网易 http://www.163.com，该网址中的 163.com 就是网易网站的域名。域名在互联网上具有唯一性。

（2）HTTP 协议

HTTP 协议即超文本传输协议，它是 WWW 服务器使用的主要协议。此外，有时也会看到 HTTPS 这种协议，它是一种具有安全性的 SSL 加密传输协议，需要到 CA 申请证书。

（3）FTP 协议

FTP 是网络上主机间进行文件传输的用户级协议。在本书最后讲解的上传文件到互联网的内容中，就是用 FTP 协议的传输软件将已完成的作品上传到互联网上，供浏览者访问或下载到硬盘的。

（4）超级链接

超级链接是网络的联系纽带。用户通过网页中的超级链接可以在互联网上畅游，而不受任何的阻隔。在网页中，超级链接体现最为明显的就是导航栏，它是网站中用于引导浏览者浏览本网站的目录结构的。

（5）站点

站点是网页设计人员在制作网站时，为了方便对同一个目录下的内容相互调用而创建的一个文件夹，主要用来管理网站的内容。一个网站中可以包含一个站点，如个人网站、企业网站等；也可包含若干个站点，如新浪、网易等大型网站。

1.1.5　网页制作基本知识

1. 网页大小的确定

分辨率在 800×600 的情况下，页面的显示尺寸为 780×428 像素；分辨率在 640×480 的情况下，页面的显示尺寸为 620×311 像素；分辨率在 1024×768 的情况下，页面的显示尺寸为 1007×600 像素。从以上数据可以看出，分辨率越高，页面尺寸越大。网页的大小因客户需求或设计需求的不同而不同。但总体来说有两种大小：一种是 17 英寸全屏显示，另一种是 15 英寸全屏显示。所以在确定网页大小时，不同的页面尺寸也会有些不同。

网页大小目前有以下两种形式：

（1）满足 15 英寸显示器全屏显示。一般是满足宽度全屏显示，所以在设计网页时宽度一般设置为 778 像素，高度设置为 480 像素左右就够了。但是如果要同时满足 17 英寸的浏览者，最好将高度设置为 600 像素。

（2）满足 17 英寸显示器全屏显示。需设置宽度为 1001 像素即可。当然也可以设置为其他的值，这是根据设计的效果的需求而定的。

在网页设计过程中，向下拖动页面是唯一能给网页增加更多内容的方法。这里提醒一下，除非能肯定该站点的内容能吸引浏览者拖动浏览，否则就不要做让访问者拖动页面超过三屏的页面。如果需要在同一页面显示超过三屏的内容，那么最好能在页面中做一些内部连接，以方便访问者浏览。

2. 网页造型

网页造型就是创建出的页面整体形象，使图像与文本的接合层叠有序。虽然，显示器和浏览

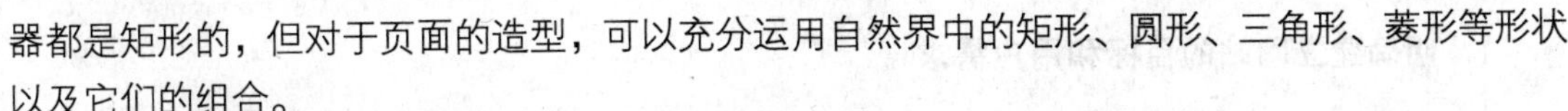

器都是矩形的，但对于页面的造型，可以充分运用自然界中的矩形、圆形、三角形、菱形等形状以及它们的组合。

对于不同的形状，所代表的意义有所不同。比如：

- 矩形代表着正式、规则，在浏览政府网站网页时可以看到都是以矩形为整体造型。
- 圆形代表着柔和、团结、温暖、安全等，许多时尚站点喜欢以圆形为页面整体造型。
- 三角形代表着力量、权威、牢固、侵略等，许多大型的商业站点为显示它的权威性常以三角形为页面整体造型。
- 菱形代表着平衡、协调、公平，一些交友站点常运用菱形为页面整体造型。

虽然不同形状代表着不同含义，但目前的网页制作常采用多个图形结合加以设计，在这其中某种图形的构图比例可能占得多一些。

3．页头

页头又称页眉，页眉的作用是定义页面的主题。比如一个站点的名字多数都显示在页眉里。这样，访问者能很快知道这个站点是什么内容。页头是整个页面设计的关键，它将牵涉到后面的更多设计和整个页面的协调性。页头常放置站点名字的图片和公司标志以及广告。

4．文本

文本在页面中都以行或者块（段落）出现，文本的排列好坏决定着整个页面布局的可视性。虽然文本排列简单，如果要达到一定的可视效果还需要能灵活控制它的各项属性，以及段落、块的处理方式。

5．页脚

页脚和页头相呼应。页头是放置站点主题的地方，而页脚是放置制作者或者公司信息的地方。用户可以看到，许多制作信息和公司的联系方式等都是放置在页脚的。

6．图片

图片和文本是网页的两大构成元素，缺一不可。如何处理好图片和文本的位置成了整个页面布局的关键。而制作者的布局思维也将体现在这里。这是需要用户在做设计稿时应充分考虑的问题。

7．多媒体

除了文本和图片，还有声音、动画、视频等其他媒体。对于国内网站来说，为了满足企业或某类特殊用户的需求，声音、动画、视频在网站上的应用十分频繁。

1.2　网页设计的基本原则

网页设计是一项极具创造性、挑战性的工作，要想把它做好，设计者必须具有一定的内涵。这种内涵不是来自个人的审美观和二进制的数据，而是人们自身对生活的经历和体验。网页设计师的真正意图在于把适合的信息传达给适合的观众。下面是在一些网页设计中应注意的问题。

1. 明确建立网站的目标和用户需求

Web 站点的设计是展示企业形象、介绍产品和服务、体现企业发展战略的重要途径，因此必须明确设计站点的目的和用户需求，从而做出切实可行的设计计划。要根据消费者的需求、市场的状况、企业自身的情况等进行综合分析，牢记以用户为中心，而不是以界面为中心进行设计规划。在设计规划之初同样要考虑：建设网站的目的是什么？为谁提供服务和产品？企业能提供什么样的产品和服务？网站的目的消费者和受众的特点是什么？企业产品和服务适合什么样的表现方式（风格）？

2. 总体设计方案主题鲜明

在目标明确的基础上，完成网站的构思创意即总体设计方案。对网站的整体风格和特色做出定位，规划网站的组织结构。Web 站点应针对所服务对象（机构或人群）的不同而具有不同的形式。有些站点只提供简单的文本信息；有些则采用多媒体表现手法，提供华丽的图像、漂亮的动画、复杂的页面布局，甚至可以下载声音和视频片段。好的 Web 站点把图形表现手法和有效的组织与通信结合起来。要做到主题鲜明突出、要点明确，以简单明确的语言和画面体现站点的主题。调动一切手段充分表现网站的个性和情趣，突出网站的特点。

3. 网站的版式设计

网页设计作为一种视觉语言，要讲究编排和布局，虽然网页的设计不等同于平面设计，但它们有许多相近之处，应充分加以利用和借鉴。版式设计通过文字图形的空间组合，表达出和谐与美。一个优秀的网页设计师也应该知道哪一段文字图形该落于何处，才能使整个网页更加出色。多页面站点的编排设计要求把页面之间的有机联系反映出来，特别要处理好页面之间和页面内的秩序与内容的关系。为了达到最佳的视觉表现效果，应讲究整体布局的合理性，使浏览者有一个流畅的视觉体验。

4. 网页形式与内容相统一

要将丰富的意义和多样的形式组织成统一的页面结构，形式语言必须符合页面的内容，体现内容的丰富含义。运用对比与调和、对称与平衡、节奏与韵律以及留白等手段，通过空间、文字、图形之间的相互关系建立整体的均衡状态，产生和谐的美感。如对称原则在页面设计中，它的均衡有时会使页面显得呆板，但如果加入一些富有动感的文字、图案，或采用夸张的手法来表现内容往往会达到比较好的效果。点、线、面作为视觉语言中的基本元素，要使用点、线、面的互相穿插、互相衬托、互相补充构成最佳的页面效果。网页设计中点、线、面的运用并不是孤立的，很多时候都需要将它们结合起来，以表达完美的设计意境。

5. 三维空间的构成

网络上的三维空间是一个假想空间，这种空间关系需借助动静变化、图像的比例关系等空间因素表现出来。在页面中，图片、文字位置前后叠压，或页面位置变化所产生的视觉效果都各不相同。图片、文字前后叠压所构成的空间层次目前还不多见，网上更多的是一些设计比较规范、简明的页面，这种叠压排列能产生强节奏的空间层次，视觉效果强烈。网页上常见的是在页面上、下、左、右、中的位置所产生的空间关系，以及疏密的位置关系所产生的空间层次，这两种位置关系使产生的空间层次富有弹性，同时也让人产生轻松或紧迫的心理感受。

6．多媒体功能的使用

网络资源的优势之一是多媒体功能。要吸引浏览者的注意力，页面的内容可以用三维动画、Flash 等来表现。但要注意，由于网络带宽的限制，在使用多媒体的形式表现网页内容时应考虑客户端的传输速度。

7．网站测试和改进

测试实际上是模拟用户访问网站的过程，用以发现问题并改进设计。要注意让用户参与网站测试。

8．合理运用新技术

新的网页制作技术几乎每天都会出现，如果不是介绍网络技术的专业站点，一定要合理地运用网页制作的新技术，切忌将网站变为一个制作网页的技术展台。永远要记住，用户方便、快捷地得到所需要的信息是最重要的。

1.3　网页制作的一般步骤

在网络快速发展的今天，越来越多的网民希望能自己制作一个网站，在互联网上安一个家。制作一个网站首先应该确定网页制作的目的与主题；然后草拟设计方案；最后才开始动手制作。

1.3.1　确定网页制作的目的与主题

如果现在准备做的网站是个人网站，首先要明确做该网站的目的，希望在网上发布达到什么效果，然后根据自己的目的和已有网站内容确定网站的设计主题。该主题能让浏览者一目了然本网站是做什么的、浏览者可以获取到些什么信息。

在确定网站内容时还需要确定要制作的网站需要的主色是什么，这可以根据该网站所属的行业确定网站的基色，如环卫公司、医院等用绿色；婚庆公司、化妆品公司等用粉色、淡蓝色等。在设计网站前最好是先了解一些客户的喜爱，再来确定颜色，因为最终定稿是由客户来确定。

1.3.2　草拟设计方案

确定好主题后，就是拟订设计方案：

（1）制作拓扑图。就是对该网站的结构进行规划，这个网站主要有哪几部分，每个部分主要划分为哪几个小项目。这里要注意项目的内容不能只是一句话或一个标题，而应有相当于一个页面的内容，否则，就尽量将其划入其他部分。

（2）用草纸画出网站的大致结构，即以哪种形状布局。

（3）将本网页中的相关内容大致排列在草图中。

（4）通过 Photoshop 或 Fireworks 等设计软件，将草图以实图的形式展现出来。

（5）给客户确认。

（1）~（4）步都需要站在客户的立场来确定。

1.3.3 动手制作

网站方案确定后，就可以动手对网页设计页图的图像效果进行切片，导出为 jpg、gif、png 等格式的图片文件。同时将需要做 Flash 的部分分层将图像导出，以保留原始效果。一切准备就绪后，就确定布局方式。本书中将分别介绍表格、框架和模板的综合应用。

在设计网页时主要注意以下几点：

- 简洁实用：这是非常重要的，在网络环境下，以最高效的方式将用户想得到的信息传送给他就是最好的，所以要去掉所有的冗余的东西。
- 使用方便：同第一点是相一致的，满足使用者的要求，网页做得越适合使用，就越显示出其功能美。
- 整体性好：一个网站强调的就是一个整体，只有围绕一个统一的目标所做的设计才是成功的。
- 网站形象突出：一个符合美的标准的网页是能够使网站的形象得到最大限度的提升的。
- 页面用色协调，布局符合形式美的要求：布局有条理，充分利用美的形式，使网页富有可欣赏性，提高档次。当然，雅俗共赏是人人都追求的。
- 交互式强：发挥网络的优势，使每个使用者都参与到其中来，这样的设计才能算成功的设计，这样的网页才算真正的美的设计。

1.4 Dreamweaver CS4 基础

Dreamweaver CS4 是 Macromedia 公司与 Adobe 公司合并后新推出的一款功能强大的网页制作软件，它支持 ActiveX、JavaScript、Flash、Shockwave 等，用于 Web 站点、Web 页和 Web 应用程序的设计、编码和开发。

1.4.1 启动与关闭 Dreamweaver CS4

1. 启动 Dreamweaver CS4

若要启动 Dreamweaver CS4，可执行下列操作之一：

- 执行“开始→所有程序→Adobe Dreamweaver CS4”命令，即可启动 Dreamweaver CS4，如图 1-5 所示。

图 1-5 启动 Dreamweaver CS4

- 直接在桌面上双击 Dw 图标。
- 双击 Dreamweaver CS4 所安装文档中的相应程序图标。

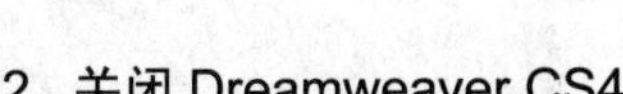

2. 关闭 Dreamweaver CS4

若要关闭 Dreamweaver CS4，可执行下列操作之一：

- 执行“文件→退出”命令。
- 单击 Dreamweaver CS4 程序窗口右上角的 × 按钮。
- 按 Alt+F4 组合键。
- 双击 Dreamweaver CS4 程序窗口左上角的 Dw 图标。

1.4.2　Dreamweaver CS4 窗口简介

启动 Dreamweaver CS4，其软件窗口如图 1-6 所示。

图 1-6　Dreamweaver CS4 设计窗口

- 菜单栏：通过使用菜单栏的命令基本上可以完成 Dreamweaver CS4 的所有编辑功能。
- 文档控制栏：不使用菜单命令，仅通过按钮就可以方便地控制文档的视图显示。
- 文档窗口：文档窗口又称文档编辑区，主要用来显示或编辑文档，其显示模式分为三种：代码视图、拆分视图与设计视图，分别如图 1-7、图 1-8 和图 1-9 所示。

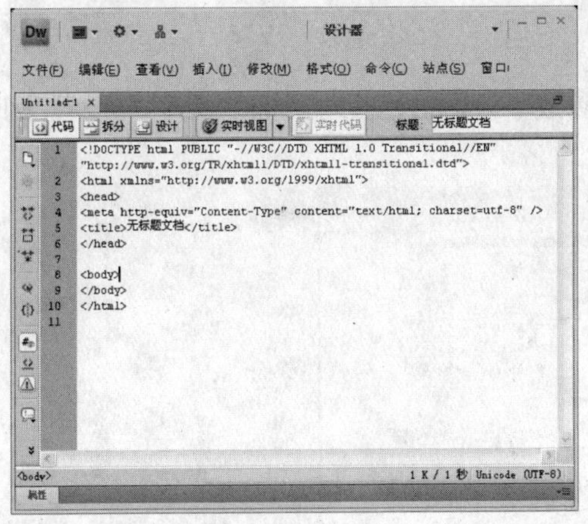

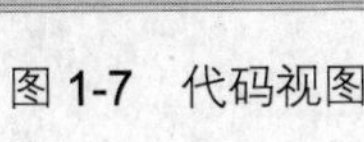

图 1-7　代码视图

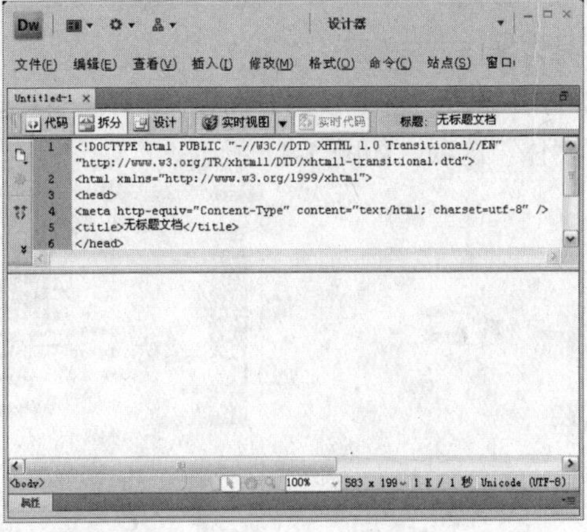

图 1-8　拆分视图

- 属性面板："属性"面板用来设置页面上正被编辑内容的属性，内容不同，"属性"面板上显示的属性也不同。"属性"面板中的内容会随着当前页面中选定的对象而发生变化。
- 文档状态栏：显示当前文档窗口的大小，以及放大、移动窗口的工具。可以在文档状态栏上设置网页的显示比例。
- 插入面板：由多个快捷工具面板组成，按照功能的不同，主要分为 8 类。在其上可以完成大部分操作。
- 面板组：窗口中除了菜单栏、文档窗口等，所有的面板都可以随意拖动并放置于窗口中的任意位置，便于设计者灵活地控制窗口。一般一个面板组中包含相关的多个面板，并且各个面板可以随意嵌套需要的其他面板组中，便于切换操作。

图 1-9　设计视图

现场练兵

个性化"代码"视图的设置

本例主要是在"代码"视图中对代码的字体与字号进行自定义设置，以方便用户的操作习惯，如图 1-10 所示。

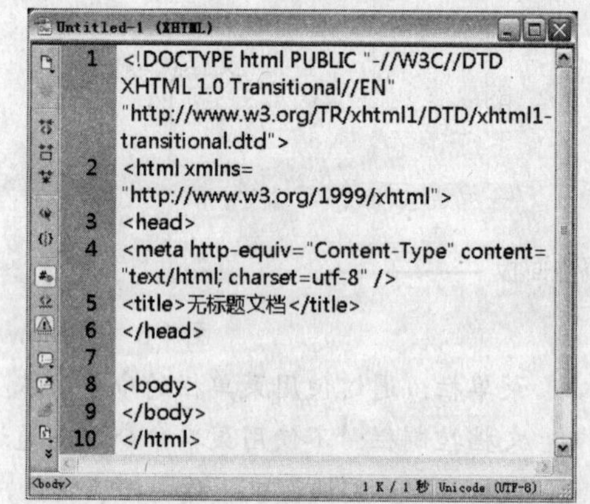

图 1-10　最终效果

具体操作方法如下：

1 执行"编辑→首选参数"命令，打开"首选参数"对话框，在对话框中选择"分类"列表中的"字体"选项，如图 1-11 所示。

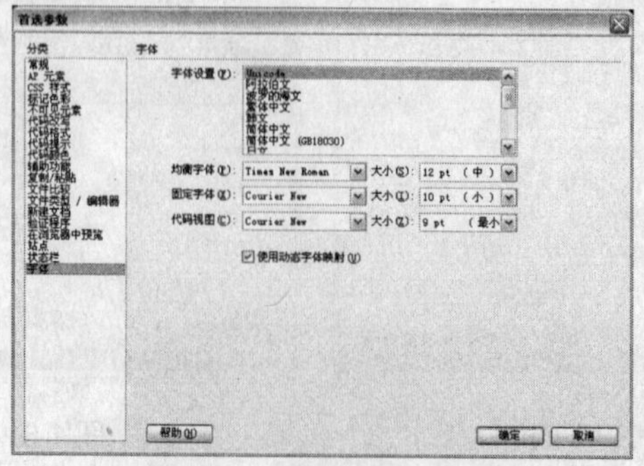

图 1-11　"首选参数"对话框

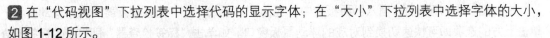

2 在“代码视图”下拉列表中选择代码的显示字体；在“大小”下拉列表中选择字体的大小，如图 1-12 所示。

3 设置完成后单击 确定 按钮，单击“文档控制栏”中的 代码 按钮切换到“代码”视图，即可看到代码的显示方式已经按照刚刚设置的进行显示，如图 1-13 所示。

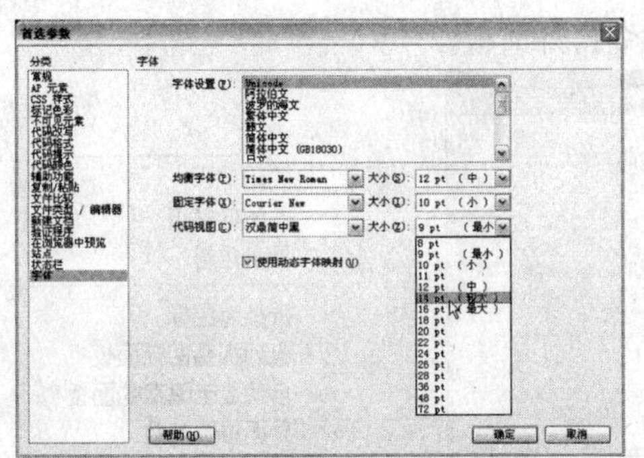

图 1-12　设置“代码视图”中代码的显示方式

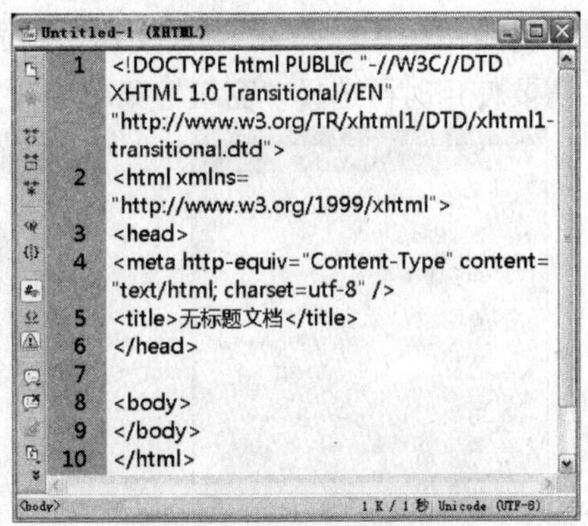

图 1-13　代码视图

1.4.3　面板组

在 Dreamweaver CS4 中，面板组被嵌入到了操作界面中。在面板中对相应的文档进行操作时，文档的改变也会同时在窗口中显示，使效果更加直观，从而更有利于用户对页面的编辑。

在前面所讲的菜单栏中有一个“窗口”菜单，在其中可以通过选择相应的命令来显示或者隐藏面板。在查看页面设计的整体效果时，可以直接按 F4 键隐藏全部面板，再次按 F4 键又可以显示全部面板。也可执行“窗口→隐藏面板”命令隐藏所有面板。显示和隐藏面板后的界面，分别如图 1-14 和图 1-15 所示。若只需隐藏“属性”面板，则选择“窗口”菜单中的“属性”命令即可。

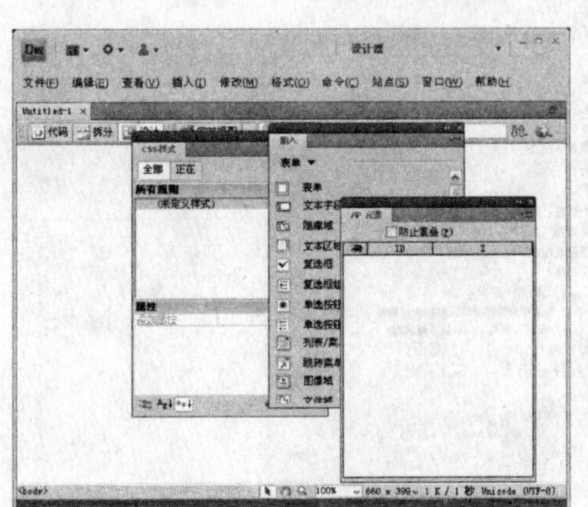

图 1-14　显示面板

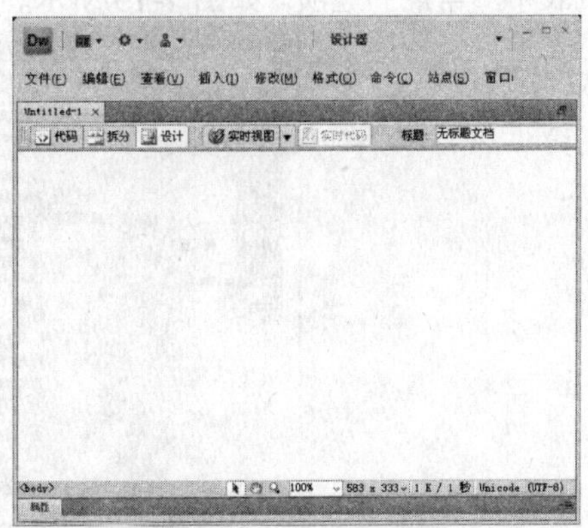

图 1-15　隐藏面板

通过“窗口”菜单的子菜单命令可以控制各种面板的显示和隐藏状态。在默认情况下，除“属性”面板位于窗口底部，其他大部分面板都位于窗口右侧。由于 Dreamweaver 的面板较多，所以将所有面板按其功能进行分组，在同一组中的面板以选项卡的形式出现。可以在任意情况下闭合暂不使用的面板，在需要时再展开，操作非常灵活、方便。同时，它可以将一类面板归放在一个面板组中，这样可以节省空间。

在如图 1-16 所示的“插入”面板组中，包含了“插入”与“标签检查器”两个浮动面板。单击上方的选项即可快速切换到对应的浮动面板窗口。如单击“标签检查器”即打开“标签检查器”面板，如图 1-17 所示。

如果觉得面板组显示的面板太多，可以在面板组上单击鼠标右键，在弹出的快捷菜单中选择“最小化组”命令，如图 1-18 所示，将面板最小化；或者选择“关闭标签组”命令，将面板关闭，需要使用时再选择“窗口”菜单中对应的命令打开面板。

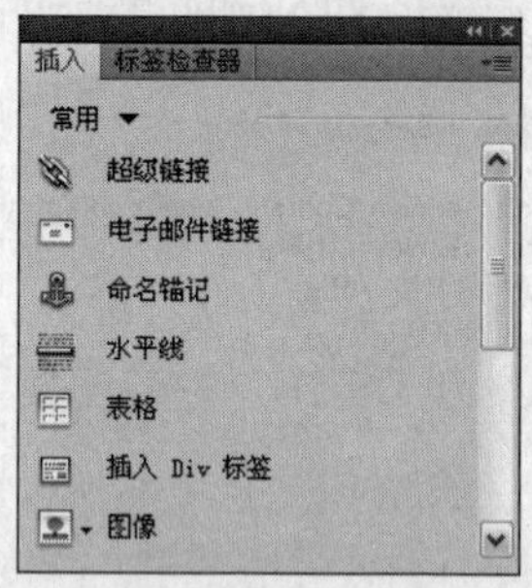

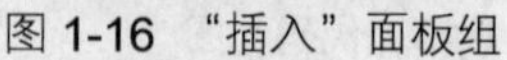

图 1-16 “插入”面板组

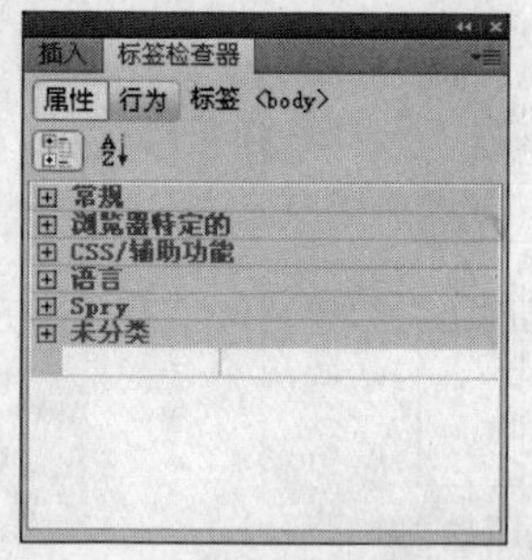

图 1-17 “标签检查器”面板

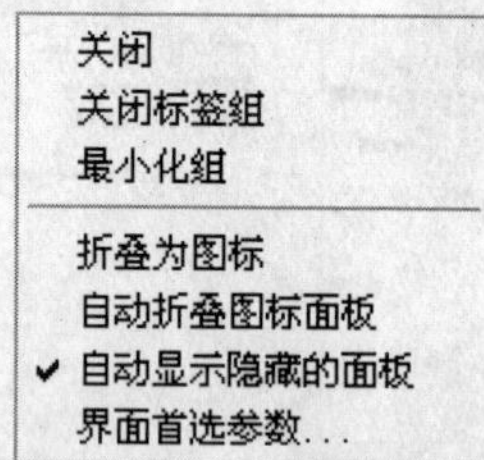

图 1-18 快捷菜单

如果想将浮动面板停靠于窗口需要的位置，此时只需将鼠标移动到面板上，按下鼠标左键并将其拖动到需要的位置即可。

1.4.4 Dreamweaver CS4 的参数设置

在 Dreamweaver CS4 中，通过设置参数可以改变 Dreamweaver 界面的外观和面板、站点、字体、状态栏等对象的属性特征。

1. 常规参数的设置

执行“编辑→首选参数”命令，或按 Ctrl+U 组合键，打开“首选参数”对话框，选择“分类”列表中“常规”选项，如图 1-19 所示。

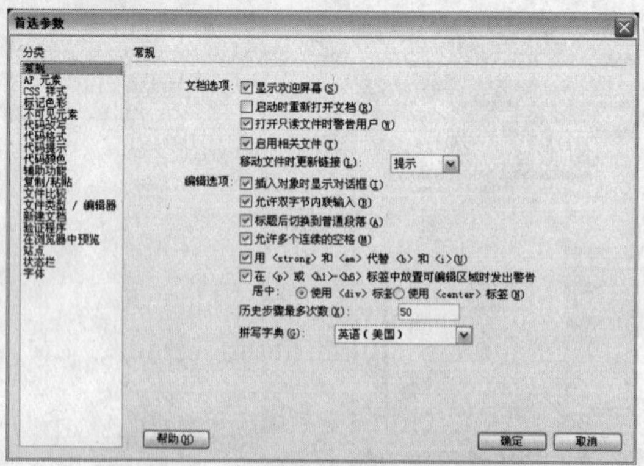

图 1-19 “首选参数”对话框

对话框中各选项的作用如下。

- 显示欢迎屏幕：勾选该复选框，Dreamweaver CS4 在启动时显示可选功能界面。
- 启动时重新打开文档：确定以前编辑过的文档在再次启动后是否重新打开。
- 打开只读文件时警告用户：该复选框用于决定在打开只读文件时是否提示该文件为只读文件。
- 启用相关文件：勾选该复选框，打开网页文件时启用相关的文件。

- 移动文件时更新链接：用来设置移动文件时是否更新文件中的链接。
- 插入对象时显示对话框：该复选框用于决定在插入图片、表格、Shockwave 电影及其他对象时，是否弹出对话框；若不勾选该复选框，则不会弹出对话框，这时只能在属性面板上指定图片的源文件、表格行数等。
- 允许双字节内联输入：勾选该复选框，就可以在文档窗口中直接输入双字节文本；不勾选该复选框，则会出现一个文本输入窗口来输入和转换文本。
- 标题后切换到普通段落：勾选该复选框，输入的文本中可以包含多个空格。
- 允许多个连续的空格：勾选此复选框，就可以输入多个连续的空格。
- 用<strong>和<em>代替<b>和<i>：勾选该复选框，代码中的<b>和<i>将分别用<strong>和<em>代替。
- 在<p>或<h1>-<h6>标签中放置可编辑区域时发出警告：指定在 Dreamweaver 中保存一个段落或标题标签内具有可编辑区域的 Dreamweaver 模板时是否发出警告信息。该警告信息会通知用户将无法在此区域中创建更多段落。
- 历史步骤最多次数：该文本框用于设置历史面板所记录的步骤数目。如果步骤数目超过了该处罗列的数目，则历史面板上前面的步骤就会被删掉。
- 拼写字典：该下拉列表用于检查所建立文件的拼写，默认为英语（美国）。

2．设置字体参数

在 Dreamweaver CS4 中，可以为新文件设置默认字体或者对新字体进行编辑。

选择“分类”列表中的“字体”选项，如图 1-20 所示。

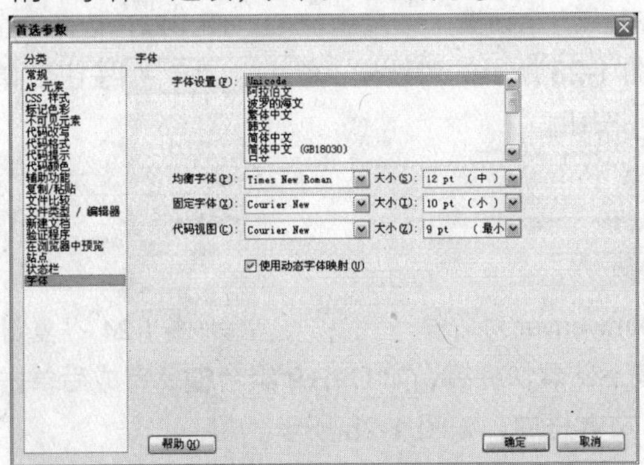

图 1-20　字体参数设置

对话框中各属性的作用如下。

- 字体设置：Dreamweaver CS4 文件中可以使用的字体。
- 均衡字体：在正规文本中使用的字体，如段落、标题以及表格中的文本。默认字体为系统已经安装的字体。
- 固定字体：Dreamweaver CS4 在<pre>、<code>以及<tt>标记中使用的字体。
- 代码视图：显示在代码面板上文本的字体，默认字体与固定字体相同。
- 使用动态字体映射：选择“使用动态字体映射”选项可以定义模拟设备时所使用的设备字体。在网页文件中，用户可以指定通用设备字体，例如 sans、serif 或 typewriter。Dreamweaver 会在运行时自动尝试将选定的通用字体与设备上的可用字体相匹配。

现场练兵

自定义"首选参数"快捷键

在 Dreamweaver CS4 中自定义各操作的快捷键，可以提高制作网页的效率。本例将介绍在 Dreamweaver CS4 中定义"首选参数"快捷键的操作方法。

具体操作方法如下：

1 在 Dreamweaver CS4 中执行"编辑→快捷键"命令，打开"快捷键"对话框，如图 1-21 所示。

2 单击列表框中的"编辑"菜单，在展开的选项中选择"首选参数"命令，如图 1-22 所示。

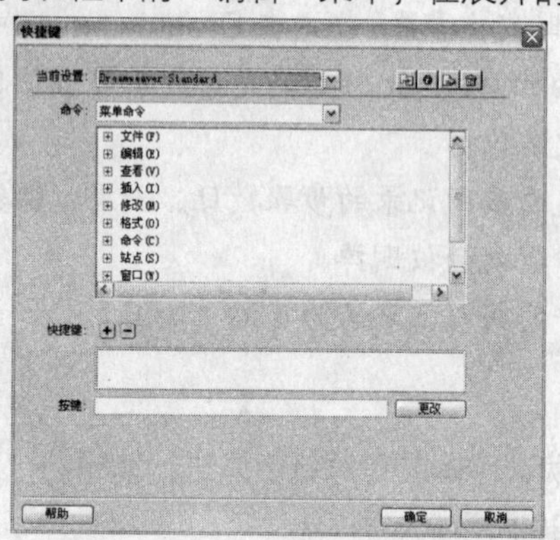

图 1-21 "快捷键"对话框

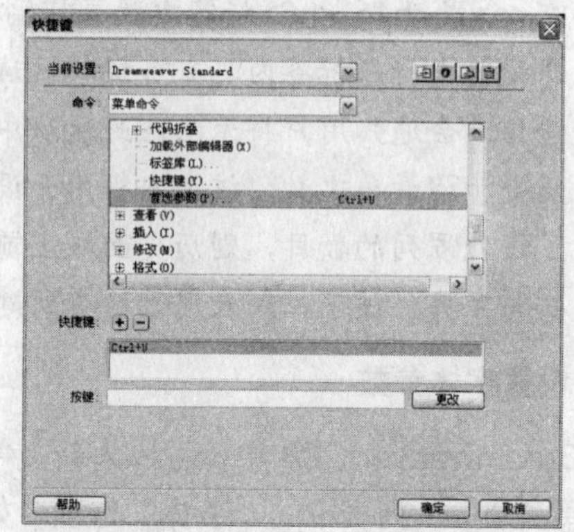

图 1-22 选择"首选参数"命令

3 单击＋按钮，弹出如图 1-23 所示的对话框，单击 确定 按钮后弹出如图 1-24 所示的对话框，再一次单击 确定 按钮。

图 1-23 Dreamweaver 对话框

图 1-24 "复制副本"对话框

4 在"按键"文本框中按下任意快捷键，如 Ctrl+9 组合键，完成后单击 更改 按钮，设置的快捷键出现在"快捷键"文本框中，如图 1-25 所示。

5 完成后单击 确定 按钮，按 Ctrl+9 组合键即可打开"首选参数"对话框，如图 1-26 所示。

图 1-25 设置快捷键

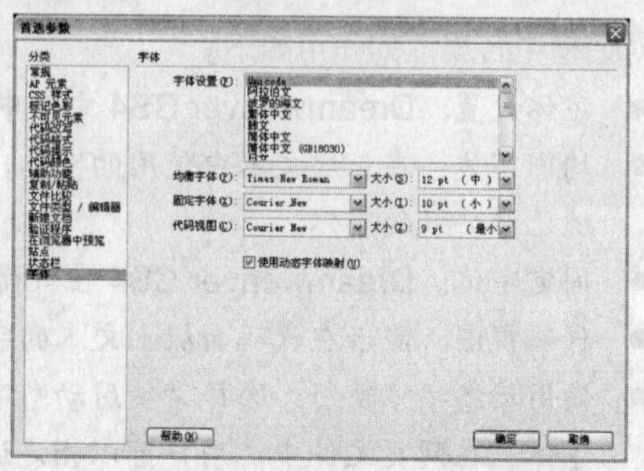

图 1-26 打开"首选参数"对话框

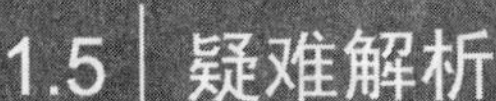

1.5 疑难解析

通过前面的学习，读者应该已经掌握了网页设计的基础知识，下面就读者在学习的过程中遇到的疑难问题进行解析。

1 怎样才算是一个成功的网站？

一个网站就如同拥有很多房间的大房子，每一扇门的后面都有一个房间，而每一个房间中又有通向另一个房间的门。一个成功的网站就如同一个设计合理的大房子，在不失整体统一性的同时每一个房间都有自己的特色。

2 怎样才能使网页布局更美观？

网页布局的好坏是决定网站美观与否的一个重要方面，只有合理的、有创意的布局，才能把文字、图像等内容完美地展现在浏览者面前。作为网页制作初学者，应该多参考优秀站点的版面设计，多阅读平面设计类书籍，来提高自己的艺术修养和网页版面布局水准。

3 是不是所有的属性都会显示在“属性”面板上？

不是。在少数情况下，某些不重要的属性在展开的“属性”面板上也有可能不会显示，这时，可以使用“代码”视图或者“代码”检查器手工对这些属性进行编辑。

4 为什么在 Dreamweaver CS4 中无法使用中文文件名和路径？

因为有的网络服务器不支持中文路径和文件名称，所以在 Dreamweaver CS4 中也不支持。当使用中文作为文件名和路径名时，Dreamweaver CS4 会自动将其转换为 ASCII 码。因此最好所有的路径和文件名都使用英文。

1.6 上机实践

（1）使用三种方法打开“首选参数”对话框。

（2）使用“首选参数”将“代码”视图中文本的字体设置为“隶书”，字体大小设置为“14pt”。

1.7 巩固与提高

本章首先介绍了网页设计的基本原则与网站制作流程的知识，为设计工作做好充分的准备。然后介绍了 Dreamweaver 的基础知识，包括工作界面和参数的设置。只有掌握和了解 Dreamweaver 的基础知识，才能进行下一步的应用和开发。

1．选择题

（1）最常见的网页，是以 .htm 或 .html 为后缀名的文件，即通常所说的（　）文件。

A．HTML　　B．ASP　　C．PHP　　D．JSP

（2）要设置 Dreamweaver CS4 中的参数，应执行（ ）菜单中的“首选参数”命令。

A．文件　　B．修改　　C．窗口　　D．编辑

（3）下列说法不正确的是（ ）。

A．Dreamweaver CS4 的窗口部分是由标题栏、菜单栏、快捷插入面板、工具栏、文档窗口、属性面板和面板组七部分组成

B．文档控制栏分为“文档工具栏”、“标准工具栏”与“编辑工具栏”

C．属性面板用来设置页面上正被编辑内容的属性，内容不同，属性面板上显示的属性也不同

D．在 Dreamweaver CS4 中，通过设置参数可以改变 Dreamweaver 界面的外观及面板、站点、字体、状态栏等对象的属性特征

2．判断题

（1）HTTP 协议即超文本传输协议，它是 WWW 服务器使用的主要协议。（ ）

（2）域名是网页设计人员在制作网站时，为了方便对同一个目录下的内容相互调用而创建的一个文件夹。（ ）

（3）静态网页是标准的 HTML 文件，扩展名为.html 或.htm。（ ）

（4）Dreamweaver 用多个浮动的窗口来显示它的功能，可以在任意情况下闭合暂不使用的面板。（ ）

（5）文档窗口主要用来显示或编辑文档，其显示模式分为三种：编码视图、拆分视图与设计视图。（ ）

Study

第2章

创建网页基本对象

网页的基本对象包括文本、图像等，这些是构成整个网页的灵魂。正是有了这些基本对象，我们才能制作出华丽、大气、细致、漂亮的网页。本章主要向读者介绍了使用 Dreamweaver CS4 创建网页基本对象的方法。希望读者通过对本章内容的学习，能够掌握页面的创建和保存、文本的编辑与图像的插入等知识。

学习指南
网页的创建与存储
网页的组成元素
编辑文本
插入图像
水平线的操作
标尺和网格

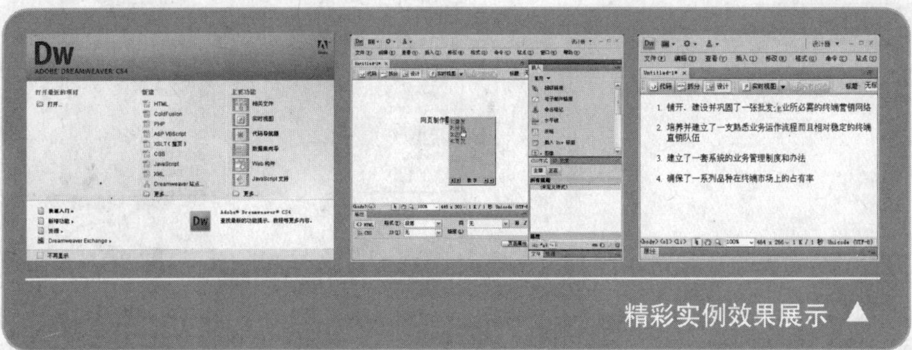

精彩实例效果展示 ▲

2.1 网页的创建与保存

在使用 Dreamweaver CS4 制作网页之前，先来介绍一下网页的创建、保存、打开和关闭等基本操作。

2.1.1 创建网页

启动 Dreamweaver CS4 后，会出现一个功能选择界面，如图 2-1 所示。它包括“打开最近的项目”、“新建”和“主要功能”三个可选项目。

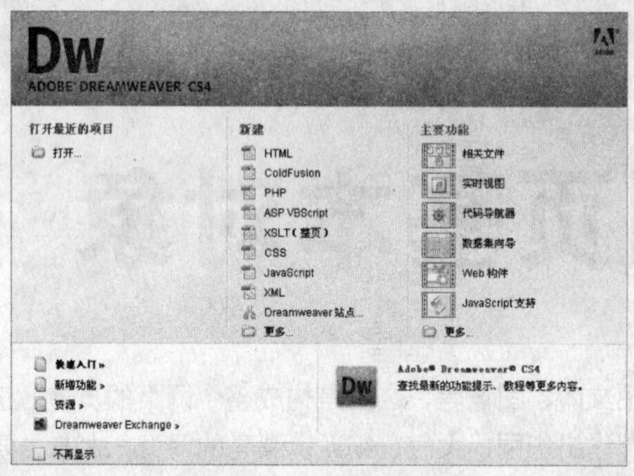

图 2-1　可选功能界面

选择“新建”项目下的 HTML 选项，即可创建一个新的页面。如果勾选左下角的“不再显示”复选框，则下一次启动 Dreamweaver CS4 时就会直接创建一个 HTML 空白文档。

2.1.2 保存网页

编辑好的网页需要将其保存起来，执行“文件→保存”命令，或者按 Ctrl+S 组合键，打开“另存为”对话框，在“保存在”下拉列表框中选择文件保存的位置。在“文件名”文本框中输入文件的名称，如图 2-2 所示，完成设置后单击 保存(S) 按钮。

也可以直接在文档工具栏上方选中需要保存的网页文档，然后单击鼠标右键，在弹出的快捷菜单中选择“保存”命令，如图 2-3 所示。

图 2-2　“另存为”对话框

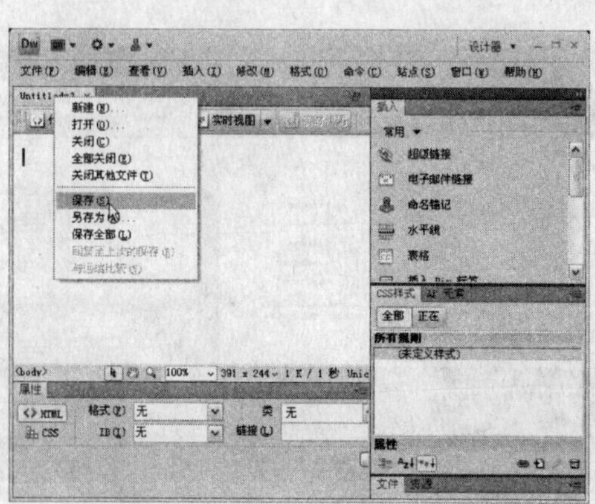

图 2-3　保存网页

2.1.3　打开网页

打开网页可执行以下操作：

如果要打开计算机中存有的网页文件，则执行“文件→打开”命令，在弹出的对话框中选择需要打开的文件。选定后单击 打开(O) 按钮，即可打开此文件，如图 2-4 所示。

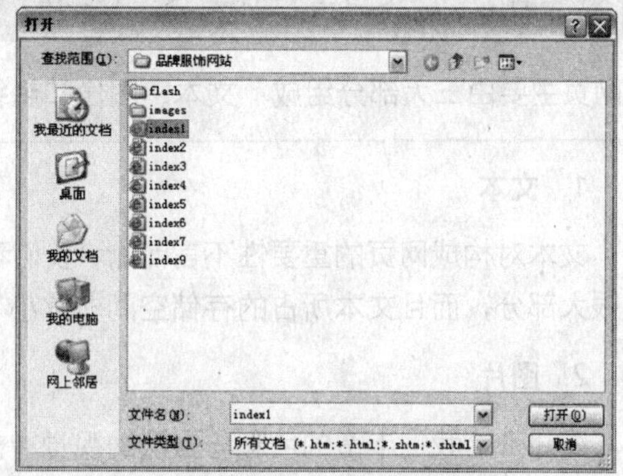

图 2-4 “打开”对话框

2.1.4　关闭网页

关闭网页可执行下列操作之一：

（1）单击文档窗口上方的关闭网页按钮，如图 2-5 所示。

（2）直接在文档工具栏上方选中需要关闭的网页文档，然后单击鼠标右键，在弹出的快捷菜单中选择“关闭”命令，如图 2-6 所示。如果选择“全部关闭”命令，则关闭所有网页。关闭全部网页的快捷键是 Ctrl+Shift+W。

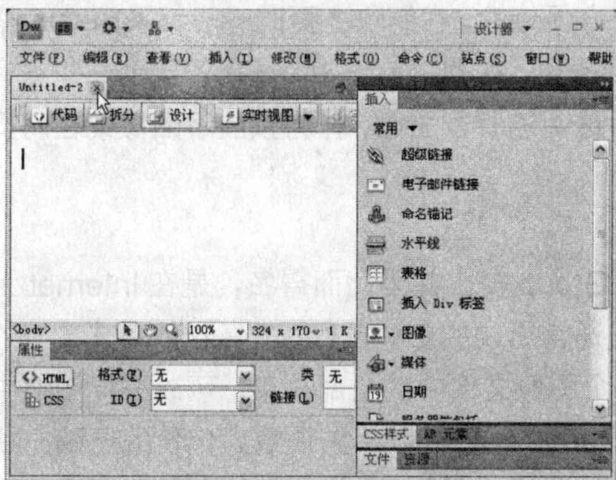

图 2-5　单击关闭文档按钮

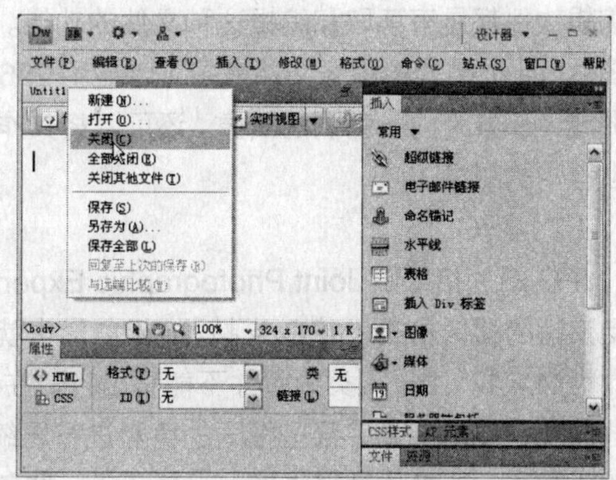

图 2-6　关闭网页

（3）执行“文件→关闭”命令，如图 2-7 所示，或者按 Ctrl+W 组合键，都能关闭网页。

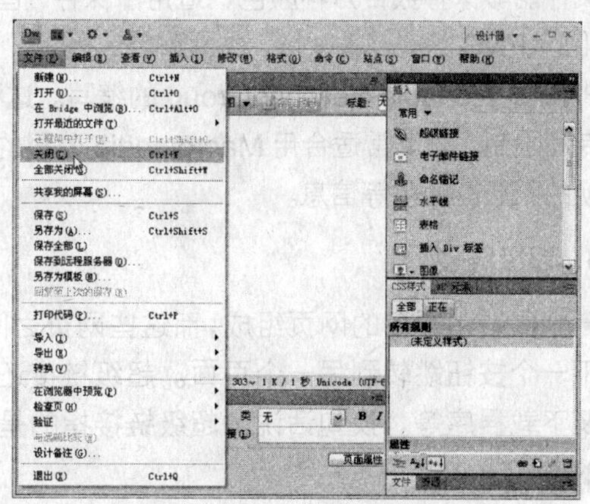

图 2-7　执行“关闭”命令

2.2 网页的组成元素

网页主要由三大部分组成：文本、图像和超级链接。

1. 文本

文本对构成网页的重要性不言而喻，我们看到的不管是各大门户网站或是个人小站，文本都占很大部分，而且文本所占的存储空间非常小（一个中文字符只占 2 字节）。

2. 图片

图片带给我们丰富的色彩与强烈的视觉冲击力，网页正是靠图片来修饰与点缀。合理地利用图片，会给人们带来美的享受。如果网页中没有了图片，光是纯文字页面该是多么单调。图片有多种格式，如 JPG、BMP、TIF、GIF、PNG 等。互联网上大部分使用 JPG、GIF 和 PNG 三种格式，因为它们除了具有压缩比例高的优点外，还具有跨平台的特性。

下面简单介绍一下常用的图像文件存储格式。

（1）GIF

GIF 是 Graphics Interchange Format 的缩写，即为图形交换格式，以这种格式存在的文件扩展名为.gif。它是 CompuServe 公司推出的图形标准。它采用非常有效的无损耗压缩方法（即 Lempel-Ziv 算法）使图形文件的体积大大缩小，并基本保持了图片的原貌。目前，几乎所有图形编辑软件都具有读取和编辑这种文件的功能。为方便传输，在制作主页时一般都采用 GIF 格式的图片。此种格式的图像文件最多可以显示 256 种颜色，在网页制作中，适用于显示一些不间断色调或大部分为同一色调的图像。还可以将其作为透明的背景图像，作为预显示图像或在网页页面上移动的图像。

（2）JPG

JPG 图片格式由 Joint Photographic Experts Group 提出并因此而得名，是在 Internet 上被广泛支持的图像格式，JPG 支持 16M 色彩也就是通常所说的 24 位颜色或真彩色，其典型的压缩比为 4∶1。由于人类眼睛并不能看出存储在一个图像文件中的全部信息，可以去掉图像中的某些细节，并对图像中某些相同的色彩进行压缩。JPG 是一种以损失质量为代价的压缩方式，压缩比越高，图像质量损失越大，适用于一些色彩比较丰富的照片以及 24 位图像。这种格式的图像文件能够保存数百万种颜色，适用于保存一些具有连续色调的图像。

（3）PNG

PNG 是 Portable Network Group 的缩写。这种格式的图像文件可以完全替换 GIF 文件，而且无专利限制。它非常适合用 Macromedia 公司的 Fireworks 图像处理软件处理，能够保存图像中最初的图层、颜色等信息。

3. 超级链接

一个网站由很多的网页组成，而这些网页之间通常是通过超级链接的方式联系到一起的，如按下一个按钮跳转到另一个页面。超级链接还可以使网页链接到相关的多媒体文件、图像文件及下载程序等。换句话说，超级链接指的是将各自独立的网页文档紧密地连接起来的不可见的连接线。

2.3 编辑文本

编辑文本包括文本的插入、特殊符号的插入、日期以及文本列表的插入等，下面将为读者介绍具体的操作方法。

2.3.1 插入文本

插入文本有两种方法：

1．直接在文档窗口中输入文本

将光标放置到文档窗口中要插入文本的位置，然后直接输入文本，如图 2-8 所示。在输入文字时，如果需要分段换行则需按 Enter 键。Dreamweaver 不允许输入多个连续的空格，若要输入连续的空格，需要先勾选“首选参数”中的“允许多个连续的空格”复选框，或者将输入法设为全角状态。

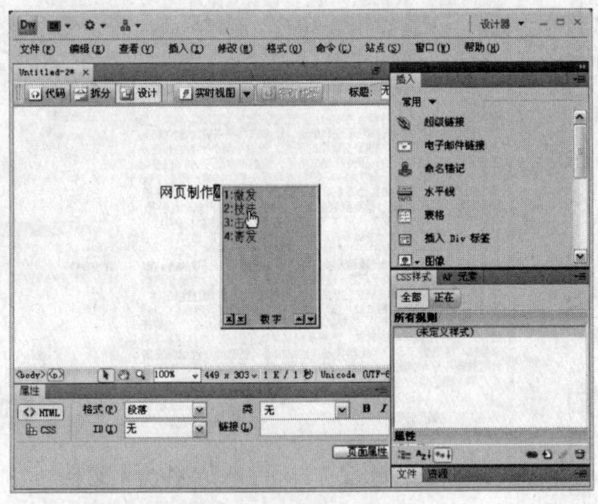

图 2-8　输入文本

使用快捷键 Shift+Enter 缩小行间距时，可将行间距变为分段行间距的一半。

2．粘贴其他编辑器中生成的文本

首先将光标移到要插入文本的位置，然后执行“编辑→粘贴”命令，就能完成文本的插入，并将文本插入到指定位置。

导入 Word 程序文本

在 Dreamweaver CS4 中可将 Word 或 Excel 文档的完整内容插入到网页中，导入方法完全相同。本例讲述导入 Word 文档，主要是通过“文件”菜单中的命令来进行操作。

具体操作方法如下：

1 执行“文件→导入→Word 文档”命令，打开“导入 Word 文档”对话框，如图 2-9 所示。

2 在对话框中选择一个 Word 文档，在“格式化”下拉列表框中选择要导入的文件的保留格式，如“仅文本”，如图 2-10 所示。

图 2-9 “导入 Word 文档”对话框

图 2-10 选择保留格式

各格式项的含义如下。

- 仅文本：导入的文本为无格式文本。即原始文本带格式，在导入时所有格式将被删除。
- 带结构的文本：导入的文本保留段落、列表和表格结构，但不保留粗体、斜体和其他格式设置。
- 文本、结构、基本格式：导入的文本具有结构并带有简单的 HTML 格式的文本。如段落和表格以及带有 b、i、u、strong、em、hr、abbr 或 acronym 标签的格式化文本。
- 文本、结构、全部格式：导入的文本保留所有结构、HTML 格式设置和 CSS 样式。

3 单击 打开(O) 按钮将 Word 文档内容导入网页中，如图 2-11 所示。

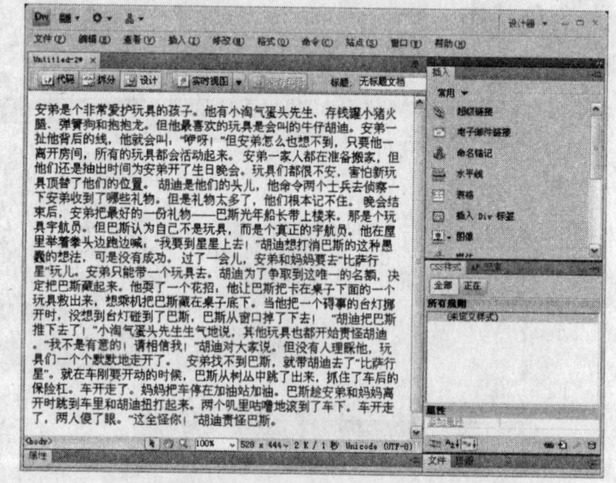
图 2-11 导入的 Word 文档

2.3.2 调整文本

如果要调整文本大小，则选定文本，在“属性”面板上的“大小”下拉列表中选择合适的大小，如图 2-12 所示。

如果需要改变文本字体，则先选定文本，在“属性”面板上“字体”下拉列表中选择字体样式，如图 2-13 所示。

如果“字体”下拉列表中没有需要的字体，则选择“编辑字体列表”选项，打开“编辑字体列表”对话框，如图 2-14 所示。

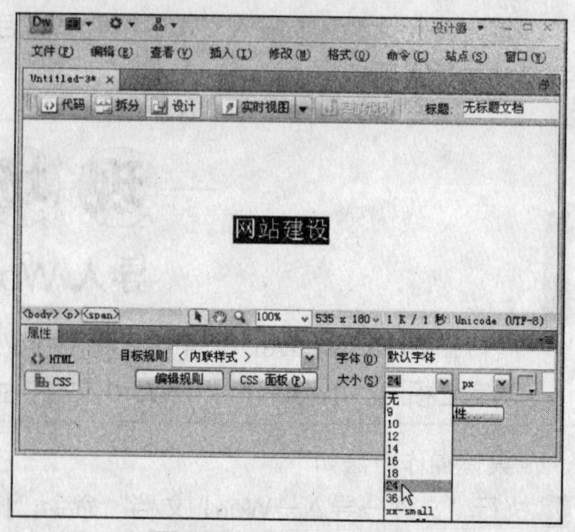

图 2-12 调整字体大小

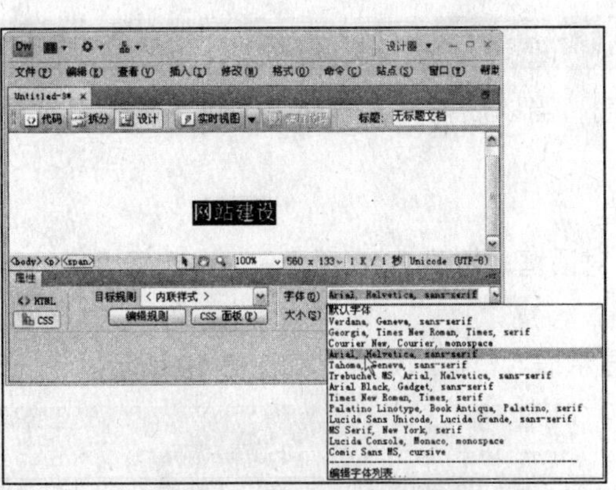

图 2-13　选择字体

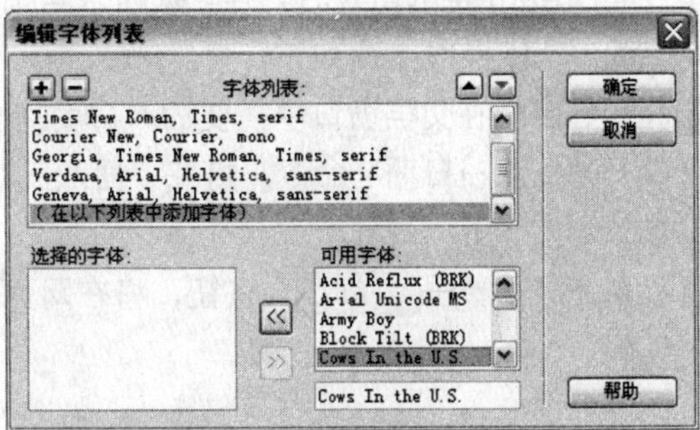

图 2-14　“编辑字体列表”对话框

在“可用字体”列表框中选择需要的字体，单击«按钮导入“选择的字体”列表框中，再单击 确定 按钮，此时，“字体”下拉列表中即包括添加的新字体。

2.3.3　插入特殊字符

在网页中常常会用到一些特殊符号，如注册符®、版权符©、商标符™等。这些特殊符号是不能直接通过键盘输入到 Dreamweaver 中的。要插入特殊字符，可进行如下操作：

1 在 Dreamweaver CS4 中，将光标定位在文档窗口中需要插入特殊字符的位置。

2 选择“插入”菜单，再选择其中的 HTML 菜单，然后选择其中的“特殊字符”菜单，在子菜单中选择合适的字符命令，如图 2-15 所示。或将“插入”面板切换至“文本”面板，在面板上选择“字符”下拉菜单中的字符命令，在光标处插入字符，如图 2-16 所示。

3 如果在该子菜单不能找到需要的符号，可以选择“其他字符”命令，打开“插入其他字符”对话框，如图 2-17 所示。选择需要的特殊字符，完成后单击 确定 按钮。

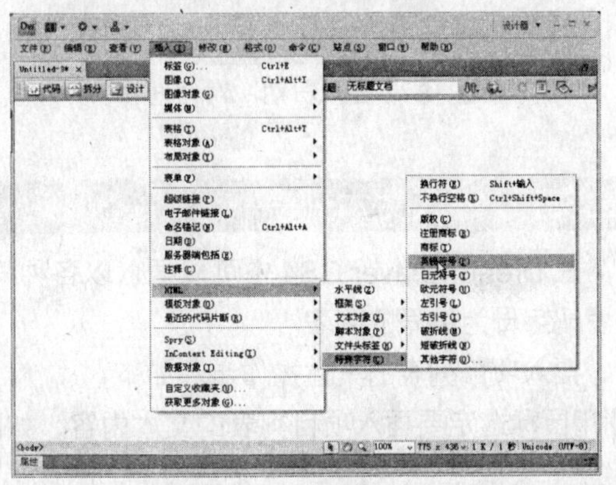

图 2-15　特殊字符选项

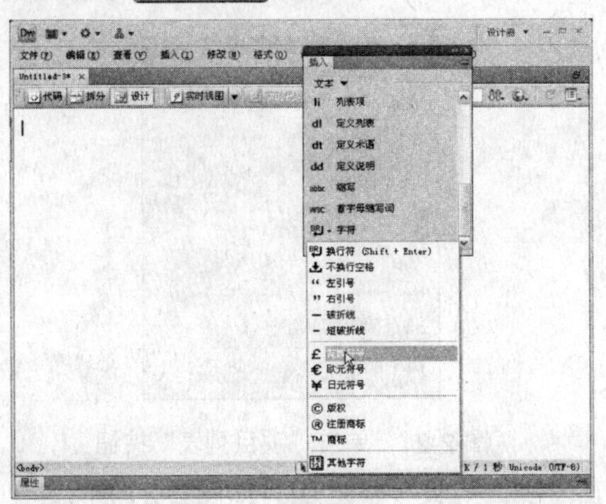

图 2-16　“插入”面板上的“字符”菜单

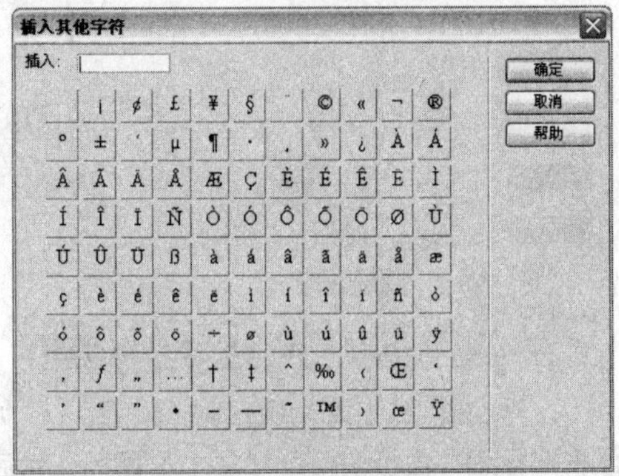

图 2-17　“插入其他字符”对话框

2.3.4 插入日期

在 Dreamweaver CS4 中可以插入当前日期，当以后打开文档时，又可以自动显示最新的日期。具体操作步骤如下：

1 将光标定位在文档窗口中需要插入日期的位置。

2 执行“插入→日期”命令，打开“插入日期”对话框，如图 2-18 所示，从中选择合适的日期格式。

3 设置完成后单击 确定 按钮，将在网页上显示插入日期的效果，如图 2-19 所示。

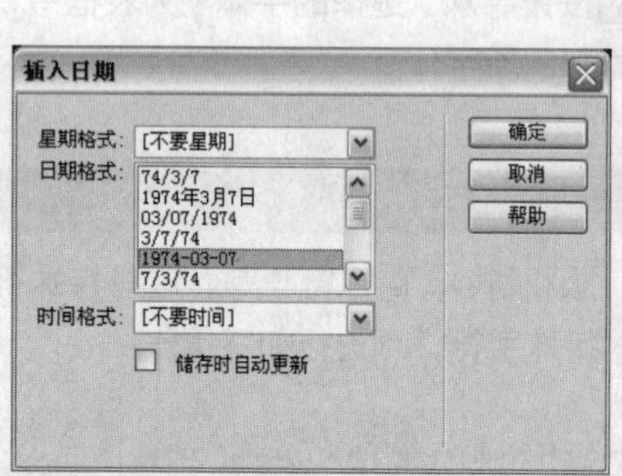

图 2-18 “插入日期”对话框

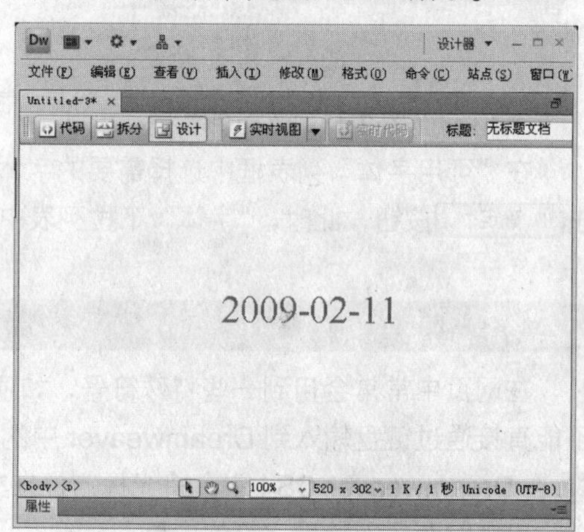

图 2-19 插入日期

2.3.5 插入文本列表

在 Dreamweaver CS4 中可以插入以各种符号排列各项目的列表，也可以插入以数字、字母或罗码字母为编号的列表。

插入项目列表的具体操作步骤如下：

1 用鼠标选定要插入项目列表的文本内容，如图 2-20 所示。

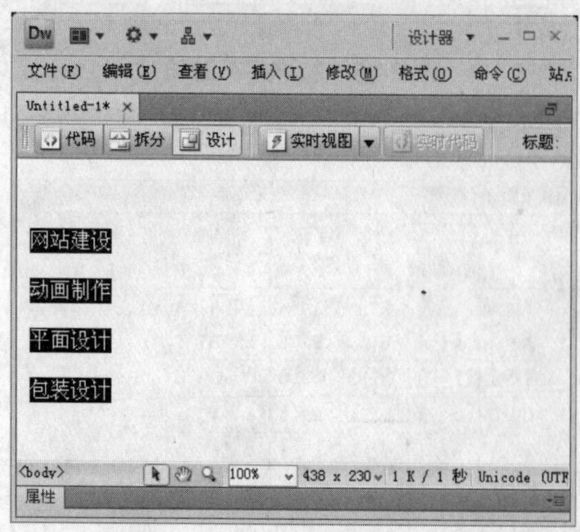

图 2-20 选定插入项目列表的内容

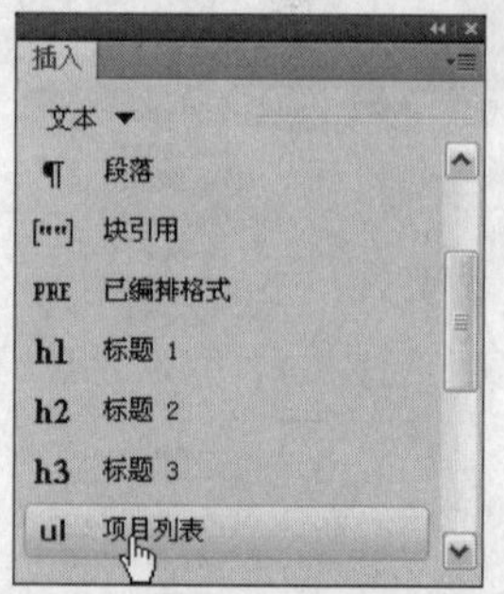

图 2-21 单击“项目列表”按钮

2 将“插入”面板切换至“文本”面板，然后单击“项目列表”按钮 **ul**，如图 2-21 所示。

3 这样就能在选定的文本前面添加项目列表，如图 2-22 所示。

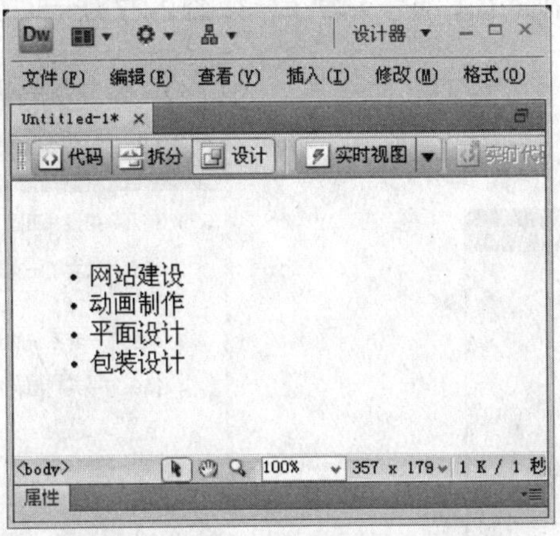

图 2-22　添加项目列表效果

插入编号列表

前面学习了插入项目列表的知识，下面将通过一个实例进行演练，如图 2-23 所示。

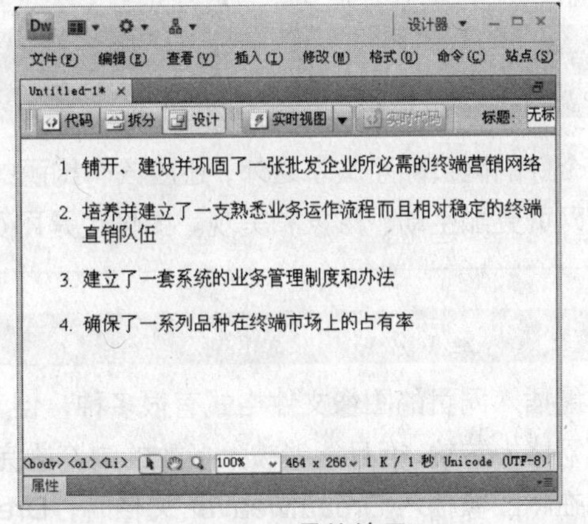

图 2-23　最终效果

具体操作方法如下：

1 新建一个网页文档，在文档窗口中输入需要进行有序排列的内容，如图 2-24 所示。

2 用鼠标选定刚输入的文本内容，如图 2-25 所示。

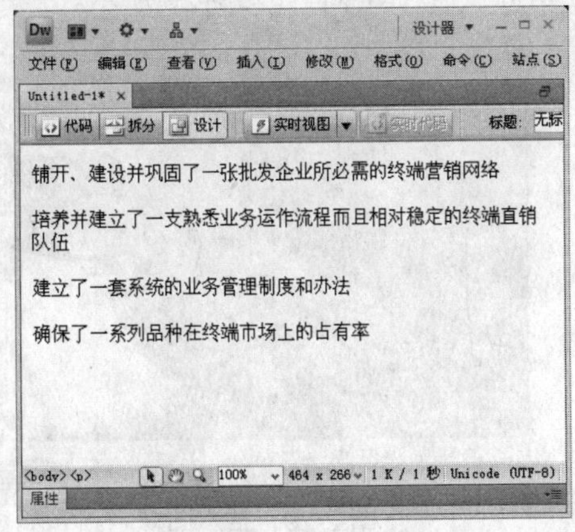

图 2-24　输入内容

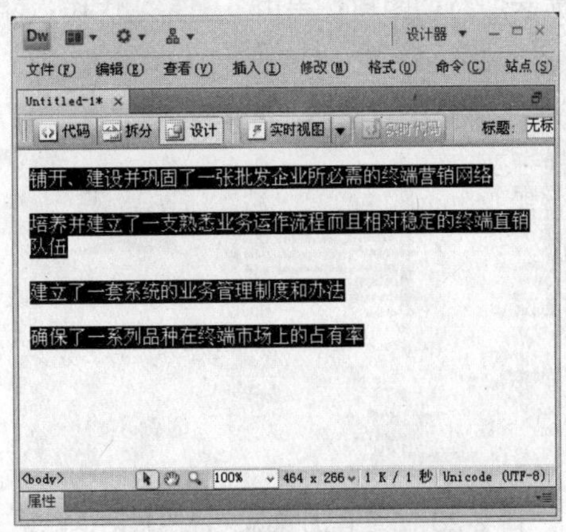

图 2-25　选定文本内容

3 将“插入”面板切换至“文本”面板，然后单击“编号列表”按钮 **ol**，如图 2-26 所示。

4 这样就能在选定的文本前面添加编号列表了，如图 2-27 所示。

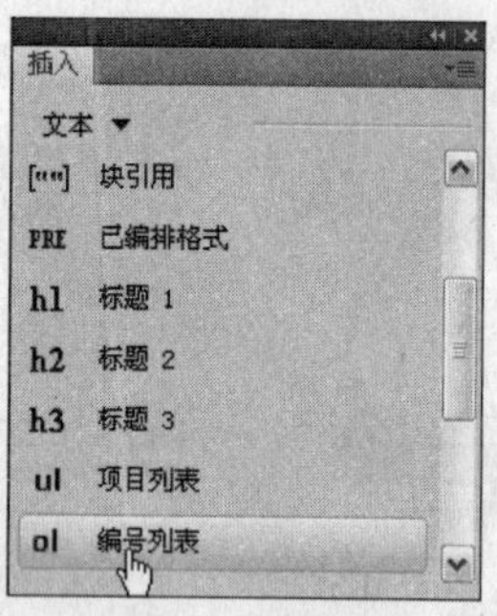

图 2-26　单击“编号列表”按钮

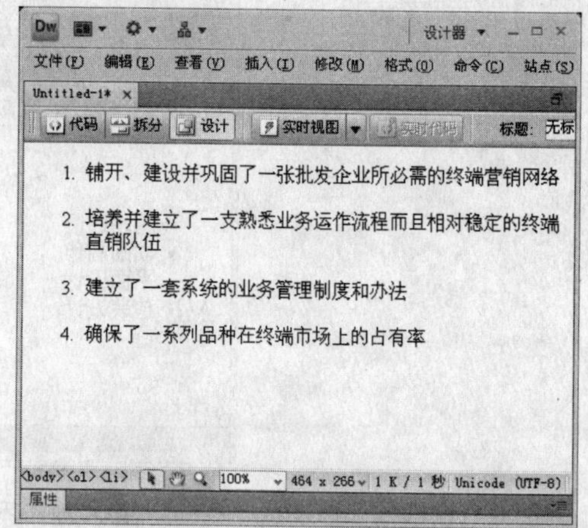

图 2-27　添加编号列表效果

2.4 插入图像

一个好的网页除了文本之外，还应该有绚丽的图片来渲染，在页面中恰到好处地使用图像能使网页更加生动、形象和美观。图像也是网页中不可缺少的元素。

2.4.1 在网页中插入图像

能插入网页的图像文件格式有很多种，但 GIF 和 JPG 格式的图片文件由于文件较小，更适合在网络上传输，而且能够被大多数的浏览器完全支持，所以是网页制作中最为常用的文件格式。

在将图像插入 Dreamweaver 文档时，Dreamweaver 自动在 HTML 源代码中生成对该图像文件的引用。为了确保此引用的正确性，该图像文件必须位于当前站点中。如果图像文件不在当前站点中，Dreamweaver 会询问是否要将此文件复制到当前站点中。

要在网页中插入图像，首先应将光标放置到需要插入图像的位置，然后执行“插入→图像”命令，或者按 Ctrl+Alt+I 组合键，打开如图 2-28 所示的“选择图像源文件”对话框。在对话框中选择需要插入的图像，单击 确定 按钮，即可在网页中插入图像，如图 2-29 所示。

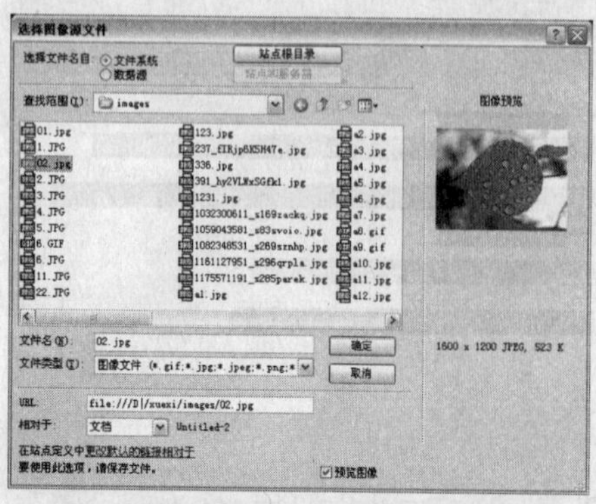

图 2-28　“选择图像源文件”对话框

图 2-29　插入图像

2.4.2　设置图像属性

插入图像后，用户可以随时设置图像的属性。例如图像大小、链接位置、对齐方式等。在 Dreamweaver 中设置图像属性主要通过“属性”面板来完成。

选定图像，窗口最下方会出现图像“属性”面板，如图 2-30 所示。

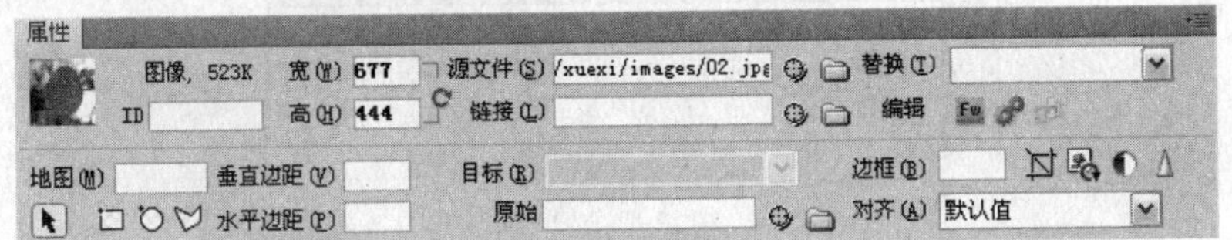

图 2-30　图像“属性”面板

“属性”面板上各项的含义如下。

- 图像：在文本框中输入图像的名称。
- 宽：设置图像宽度。
- 高：设置图像高度。
- 源文件：此框用来设置插入图像的路径及名称。单击右端的按钮，打开“选择图像源文件”对话框，选择一幅图片，可以替换原来的图像。
- 替换：用于输入说明文本。在该文本框中输入的内容会在显示图像之前出现在图像显示的位置上，这样在图像没显示出来之前，就能知道图像所要说明的内容。
- 垂直边距：是图像左边和其左方的其他页面元素的距离，及图像右边和其右方的其他页面元素的距离。
- 水平边距：是图像顶部和其上方的其他页面元素的距离，及图像底部和其下方的其他页面元素的距离。
- 链接：给图像或图像热区添加链接，实现页面的跳转，下方的“目标”栏用来指定链接页面加载的方式。
- 目标：表示链接目标在浏览器中的打开方式，其中包括四种方式：_blank、_parent、_self、_top。
- 编辑：单击按钮，启动默认的外部图像编辑器，可以在该图像编辑器中编辑并保存图像，在页面上的图像将会自动更新；按钮是使用 Fireworks 来编辑图像的设置；按钮用来裁剪图像；按钮用来重新取样；按钮用来调整亮度和对比度；按钮用来锐化图像。
- 边框：在该文本框中可输入图像边框的宽度。
- 原始：可以设置图像的 Fireworks 源文件。

2.5　水平线的操作

水平线可以使信息看起来更清晰。在页面上，可以使用一条或多条水平线以可视方式分隔文本和对象。

2.5.1　插入水平线

将光标放到要插入水平线的位置，然后将“插入”面板切换到“常用”面板，单击按钮；

或者执行“插入→HTML→水平线”命令，便会在文档窗口中直接插入一条水平线，如图 2-31 所示。

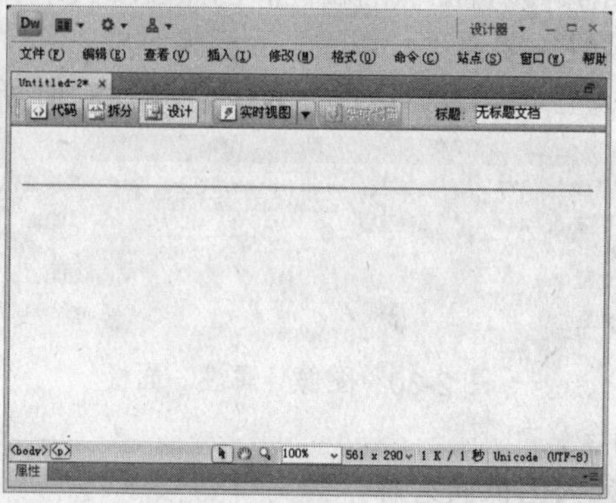

图 2-31　插入水平线

2.5.2　设置水平线属性

通过水平线的“属性”面板可以设置水平线的高度、宽度及对齐方式。选定水平线，“属性”面板如图 2-32 所示，可以在其中修改水平线的属性。

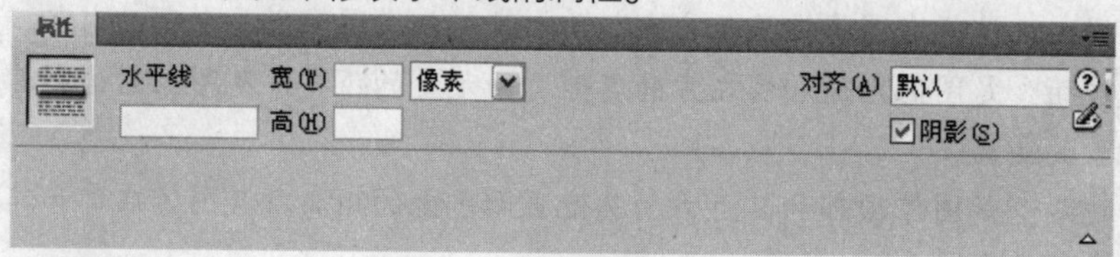

图 2-32　水平线“属性”面板

- 水平线：在文本框中输入水平线的名称。
- 宽、高：以像素为单位或以页面尺寸百分比的形式指定水平线的宽度和高度。
- 对齐：指定水平线的对齐方式，包括“默认”、“左对齐”、“居中对齐”和“右对齐”四个选项。只有当水平线的宽度小于浏览器窗口的宽度时，该设置才适用。
- 阴影：指定绘制水平线时是否带阴影。取消选中此复选框将使用纯色绘制水平线。

制作彩色水平线

在水平线“属性”面板上并没有提供关于水平线颜色的设置，如果要设置水平线颜色，可以在“属性”面板上单击按钮，再打开快速标签编辑器进行设置，如图 2-33 所示。

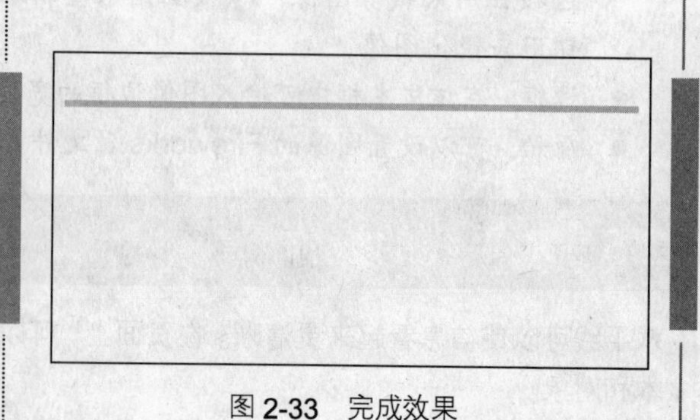

图 2-33　完成效果

具体操作方法如下：

1 新建一个网页文档，执行“插入→HTML→水平线”命令，在文档窗口中插入一条水平线。

2 选中刚插入的水平线，在“属性”面板上的“宽”、“高”文本框中分别输入水平线的宽度与高度，这里输入 600 与 7，在“对齐”下拉列表中选择水平线的对齐方式，这里选择“居中对齐”，如图 2-34 所示。

图 2-34　设置水平线属性

3 在“属性”面板上单击按钮，打开快速标签编辑器。在快速标签编辑器中对其参数进行 <hr color="# xxxxxx" />设置就可以改变水平线的颜色，其中#xxxxxx 是需要颜色的色标值。如本例就在快速标签编辑器中输入“hr color="#FFCC00"”，如图 2-35 所示。表示是插入的橘黄色水平线。

4 执行“文件→保存”命令，将文件保存，然后按 F12 键浏览网页，效果如图 2-36 所示。

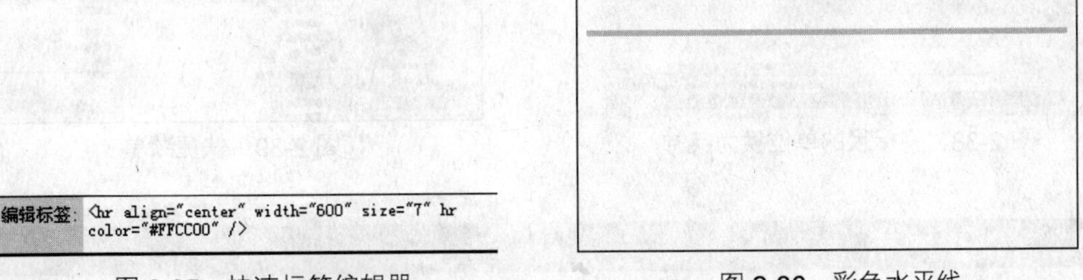

图 2-35　快速标签编辑器　　　图 2-36　彩色水平线

2.6 标尺和网格

标尺和网格是用来在“文档”窗口的“设计”视图中对元素进行绘制、定位或调整大小的可视化向导。

标尺可以显示在页面的左边框和上边框中，以像素、英寸或厘米为单位来标记。网格可以让页面元素在移动时自动靠齐到网格，还可以通过指定网格设置更改网格或控制靠齐行为。无论网格是否可见，都可以使用靠齐。

2.6.1 使用标尺

标尺显示在文档窗口中页面的左方和上方，它的单位有像素、英尺和厘米三种。默认情况下标尺使用的单位是像素。

使用标尺的操作步骤如下：

1 执行“查看→标尺→显示”命令，将会在文档窗口中显示出标尺，如图 2-37 所示。

2 执行“查看→标尺→英寸”命令，可以将标尺的单位换成英寸，如图 2-38 所示。

3 如果不再需要使用标尺，则执行“查看→标尺”命令，在弹出的快捷菜单中单击“显示”项前面的“√”符号，如图 2-39 所示，将不再显示标尺。

图 2-37 显示标尺

图 2-38 将标尺的单位换为英寸

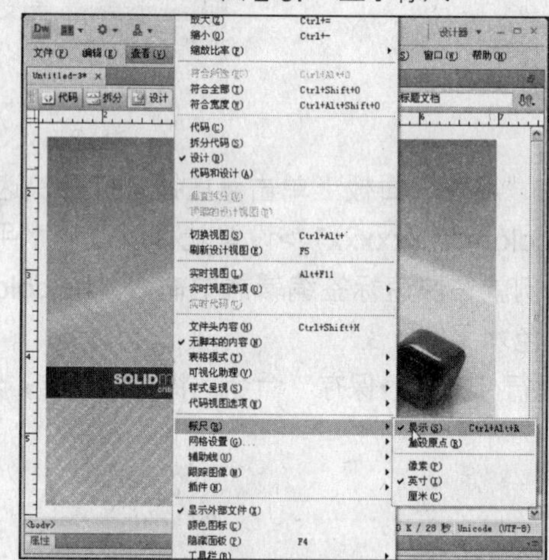

图 2-39 快捷菜单

2.6.2 使用网格

使用网格会使页面布局更加方便。使用网格的操作步骤如下：

1 执行“查看→网格设置→显示网格”命令，将会在文档窗口中显示出网格，如图 2-40 所示。

2 执行“查看→网格设置→网格设置”命令，打开如图 2-41 所示的对话框。

3 单击“颜色”框右下角的小三角图标，在弹出的调色板上选择红色。

4 选择“显示网格”，使网格在“设计”视图中可见。

5 在“间隔”文本框中输入 30 并从右侧的下拉列表中选择“像素”，使网格线之间的距离为 30 像素。

6 在“显示”区域中选中“线”单选按钮，然后单击 确定 按钮。网格显示如图 2-42 所示。

图 2-40 显示网格

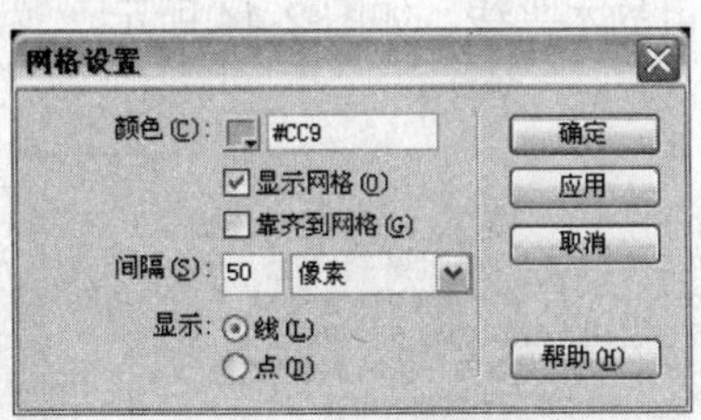

图 2-41　“网格设置”对话框

图 2-42　设置后的网格

7 如果不再需要使用网格，则执行“查看→网格设置”命令，在弹出的快捷菜单中单击“显示网格”项前面的“√”符号，将不再显示网格。

2.7 疑难解析

通过前面的学习，读者应该已经掌握了创建网页基本对象的基础知识。下面就读者在学习过程中遇到的疑难问题进行解析。

1 插入图像后，怎样缩放图像，并且使图像不变形？

选中图像，图像四周会出现节点，然后按住 Shift 键不放，使用鼠标左键拖动节点。这样即可保持比例地缩放图像。

2 怎样才能使输入的文本相对于页面居中对齐？

选中输入的文本，单击“属性”面板上的 按钮，文本即可相对于页面居中对齐。

3 “属性”面板右下角的小三角图标有什么作用？

单击 △ 按钮，可折叠“属性”面板。单击 ▽ 按钮，则可以展开“属性”面板。

2.8 上机实践

（1）在页面上输入下列文字，并将标题“节日”的字号设置为 24，字体设置为“微软简粗黑”，将其余文字的字号设置为 18，如图 2-43 所示。

节日

你要来了，我把松散的绳子拉了拉
木偶出发了，穿过厚厚的灰色空气
穿过衣服滴水的小巷，穿过建筑工地

沙石在搅拌器里跳舞，想起你说过的话
危险，绕过去，小卖铺的电视
蠕动夸大的嘴巴，吃棉花糖的孩子
摇摇晃晃地走，我来接你了,我木头做的胸脯
呼吸起来，两边的楼房打开一条路
路边有树，树上有天空，天空里有鸟在飞

（2）在第（1）题制作的页面中标题的下方插入黄色的水平线，如图 2-44 所示。

节日

你要来了，我把松散的绳子拉了拉
木偶出发了，穿过厚厚的灰色空气
穿过衣服滴水的小巷，穿过建筑工地
沙石在搅拌器里跳舞，想起你说过的话
危险，绕过去，小卖铺的电视
蠕动夸大的嘴巴，吃棉花糖的孩子
摇摇晃晃地走，我来接你了,我木头做的胸脯
呼吸起来，两边的楼房打开一条路
路边有树，树上有天空，天空里有鸟在飞

图 2-43　完成效果

节日

你要来了，我把松散的绳子拉了拉
木偶出发了，穿过厚厚的灰色空气
穿过衣服滴水的小巷，穿过建筑工地
沙石在搅拌器里跳舞，想起你说过的话
危险，绕过去，小卖铺的电视
蠕动夸大的嘴巴，吃棉花糖的孩子
摇摇晃晃地走，我来接你了,我木头做的胸脯
呼吸起来，两边的楼房打开一条路
路边有树，树上有天空，天空里有鸟在飞

图 2-44　插入水平线

2.9 巩固与提高

本章主要介绍了网页的基本编辑，包括创建、保存、打开和关闭网页；文本的插入和设置、在页面中插入特殊字符、日期、水平线等；在页面中插入图像和图像的属性设置等内容。熟练掌握网页的基本操作和文本的编辑功能以及图像和图像的设置，在以后的实际网页制作中会有很大的帮助。

1. 选择题

（1）Dreamweaver CS4 中有两种类型的列表，分别是（　　）。

A. 项目列表和编号列表　　B. 项目列表和编码列表
C. 文本列表和编号列表　　D. 文本列表和编码列表

（2）在网页中最常用的图像格式是（　　）。

A. BMP 和 TIF　　B. JPG 和 BMP　　C. GIF 和 TIF　　D. JPG 和 GIF

（3）预览网页的快捷键为（　　）。

A. Ctrl+F12　　B. Shift+F12　　C. F12　　D. Ctrl+Shift+F12

2. 填空题

（1）在 Dreamweaver CS4 中创建一个新页面的快捷键为_____，保存页面的快捷键为_____。

（2）按_____组合键也能打开“选择图像源文件”对话框。

（3）网页的组成元素主要分为_____、_____和超级链接三部分。

（4）在 Dreamweaver CS4 中插入特殊字符需要执行_____命令。

（5）在 Dreamweaver CS4 中，单击“文本”面板上的 ul 按钮表示在页面中插入_____。

Study

第3章

站点管理

建立站点是建设网站的前提，也是网站建设中必不可少的一环。站点以目录树的形式将网站结构显示出来，使网站建设、网页设计人员能够一目了然该网站内容的嵌套层次。此外，建立站点便于设计人员管理、查看、存回和取出网站文件。

学习指南

- 熟悉站点面板
- 创建本地站点
- 站点的编辑操作
- 文件的上传与下载

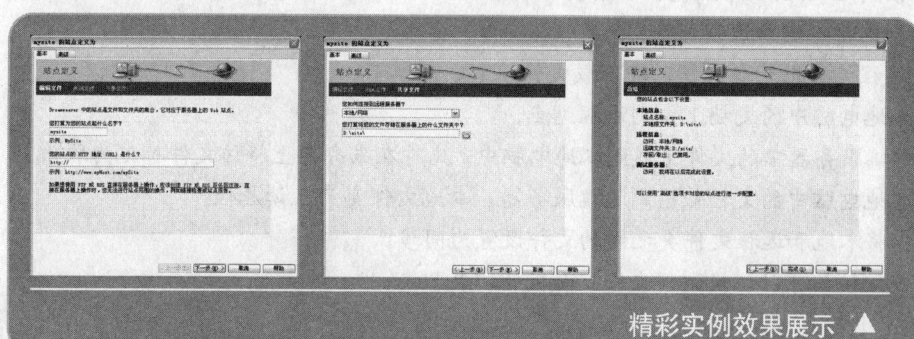

精彩实例效果展示 ▲

3.1 熟悉站点面板

站点面板包含在“文件”面板组中，如果“文件”面板没有显示，则可执行“窗口→文件”命令将其打开，“站点”面板结构如图 3-1 所示。

图 3-1 站点面板结构

站点面板各项的含义如下。

- myweb：在该下拉列表中可以选择需要编辑的站点，如图 3-2 所示。
- 本地视图：展开下拉列表中可以选择站点视图的类型，包括本地视图、远程视图、测试服务器和存储库视图四种类型，如图 3-3 所示。

图 3-2 选择站点列表

图 3-3 站点视图类型列表

- ：连接到远端站点或断开与远端站点的连接。
- ：用于刷新本地和远程目录列表。
- ：从远程站点中获取文件，即下载文件。
- ：将本地电脑中的文档上传到远程站点。
- ：将远端服务器中的文件下载到本地电脑中。此时在服务器上将该文件标记为取出。
- ：将本地电脑中的文档传输到远端服务器，本地文件变为只读属性。
- ：可以将本地和远程文件夹之间的文件设置为同步。
- ：单击该按钮可以切换到“文件”面板的扩展状态。

3.2 创建本地站点

在建立站点之前，需要先在硬盘上建立一个新文件夹作为本地根文件夹，用来存放相关文档。如在 D 盘根目录下创建一个名为 myweb 的文件夹，然后在 myweb 文件夹里再分别创建名为 images 和 flash 的文件夹，用来存放网站中用到的图像与媒体文件。

建立本地站点的操作步骤如下：

1 启动 Dreamweaver CS4，执行“站点→新建站点”命令，弹出“未命名站点的站点定义为”对话框，在“您打算为您的站点起什么名字？”文本框中输入名字，如 wangzhan，如图 3-4 所示，然后单击下一步(N) >按钮。

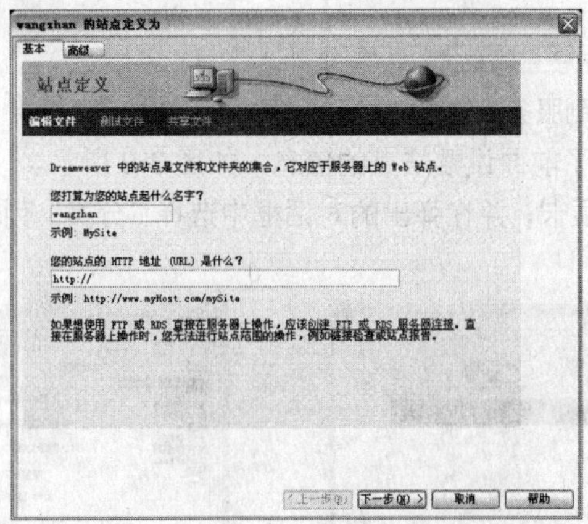

图 3-4　站点命名

2 在弹出的“wangzhan 的站点定义为”对话框中选择是否使用服务器技术，根据自己的情况选择选项，如图 3-5 所示，然后单击下一步(N) >按钮。

3 在弹出的对话框中选中推荐的“编辑我的计算机上的本地副本，完成后再上传到服务器（推荐）”单选按钮，然后在下面的“文件存储位置”文本框中输入刚才在 D 盘创建好的 myweb 文件夹的路径，如图 3-6 所示。也可以单击后面的文件夹图标，进行浏览选择，完成之后，单击下一步(N) >按钮。

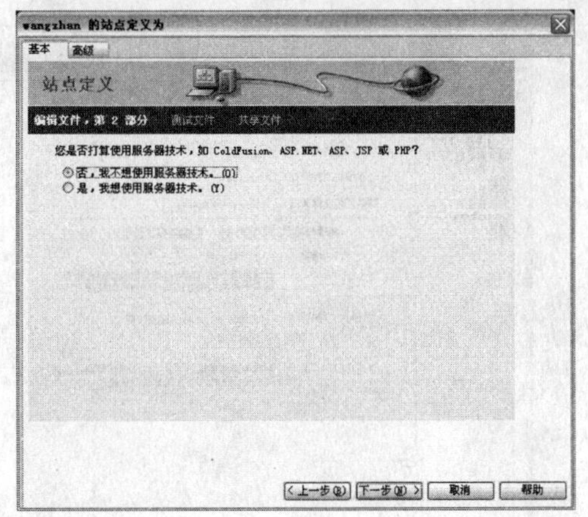

图 3-5　“wangzhan 的站点定义为”对话框

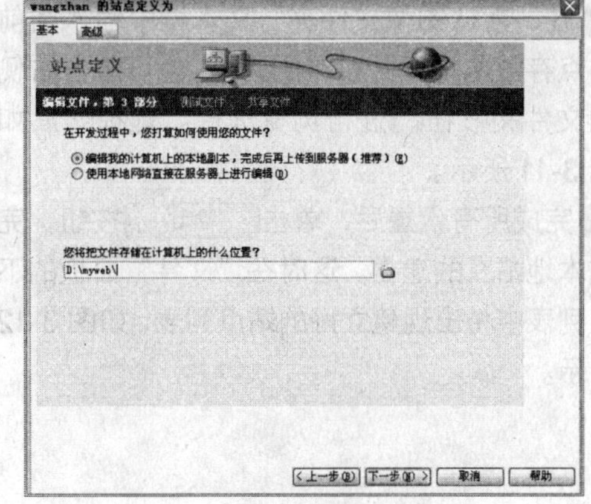

图 3-6　选择存放文件的位置

4 弹出如图 3-7 所示的对话框。在该对话框中选择将站点文件保存在服务器什么位置，然后单

击 下一步(N) > 按钮。

5 弹出如图 3-8 所示的对话框，保持默认选择项，在对话框中单击 下一步(N) > 按钮。

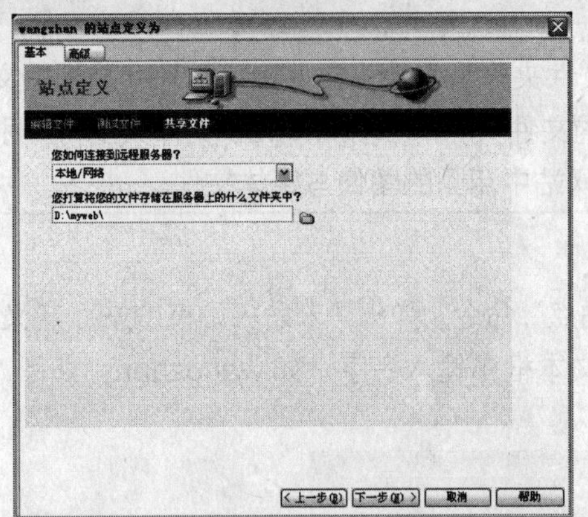

图 3-7　选择存放到服务器的位置

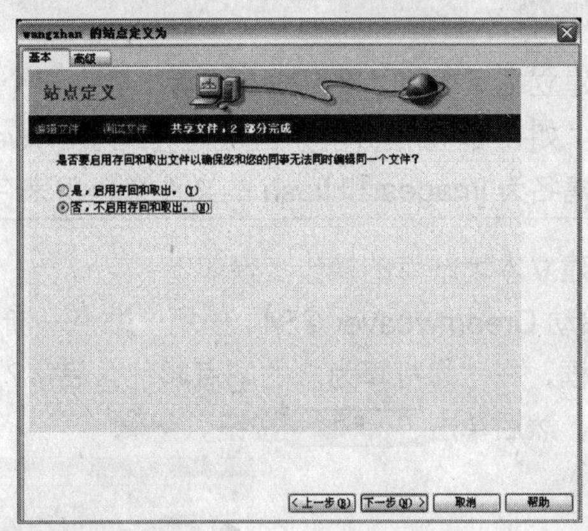

图 3-8　选择是否启用“存回”和“取出”文件命令

6 在弹出的对话框中显示了前面设置站点的信息，如图 3-9 所示。

7 单击上方的“高级”选项卡，并在弹出的对话框中选择“分类”列表下的“本地信息”选项，如图 3-10 所示。

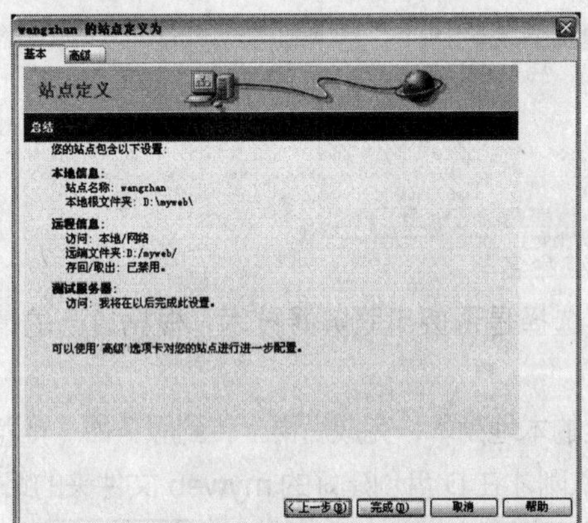

图 3-9　设置的站点信息

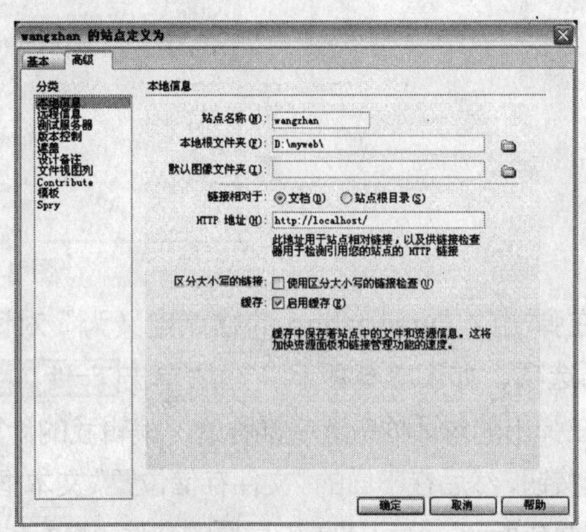

图 3-10　“高级”选项卡

8 在“默认图像文件夹”文本框中输入当前站点存放本地图片目录的路径。也可单击右侧的文件夹按钮进行浏览选择。选择好后如图 3-11 所示。

9 完成所有设置后，单击 确定 按钮，完成本地站点的建立。这时在“文件”面板的下拉列表中将出现建立好的站点列表，如图 3-12 所示。

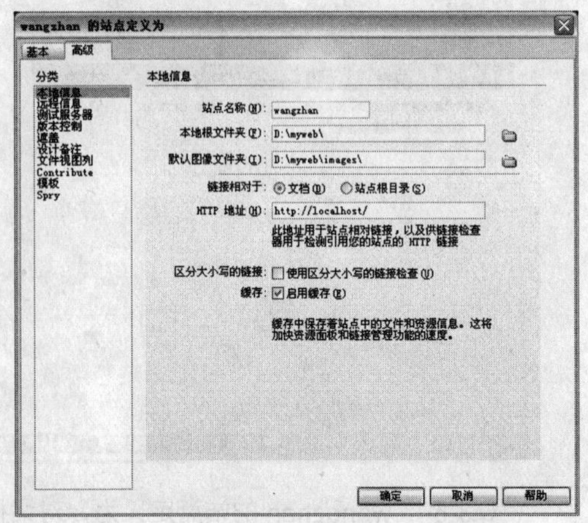

图 3-11　选择“默认图像文件夹”

图 3-12　新建的站点

安装 IIS

在 Dreamweaver 中，建立服务器应当首先安装 ASP 服务端脚本环境，它内含于 IIS（Internet Information Server）或 PWS（Persond Web Server）中。操作系统为 Windows 2000/NT 服务器和 Windows XP 的用户要安装 IIS；操作系统为 Windows 98/NT 工作站的用户则需要安装 PWS。

具体操作方法如下：

1 单击 Windows 的开始按钮，选择“设置→控制面板→添加或删除程序”命令，打开“添加或删除程序”对话框，如图 3-13 所示。

2 单击对话框左侧的“添加/删除 Windows 组件”按钮，打开“Windows 组件向导”对话框，如图 3-14 所示。

3 在“组件”区域中勾选“Internet 信息服务（IIS）”复选框，然后单击“详细信息”按钮，打开“Internet 信息服务（IIS）”对话框，如图 3-15 所示。选中所有项目，然后单击确定按钮。

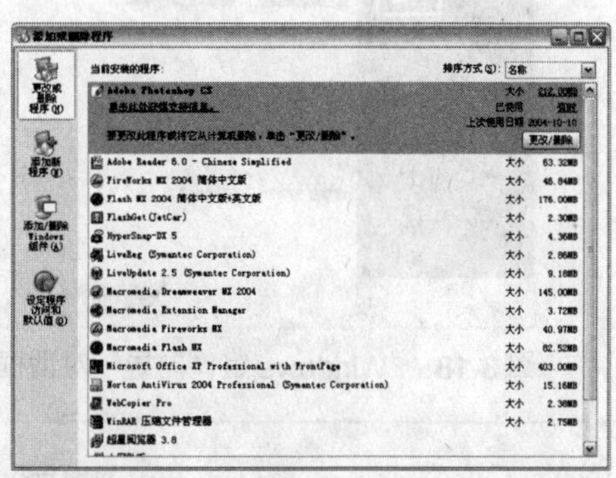

图 3-13　“添加或删除程序”对话框

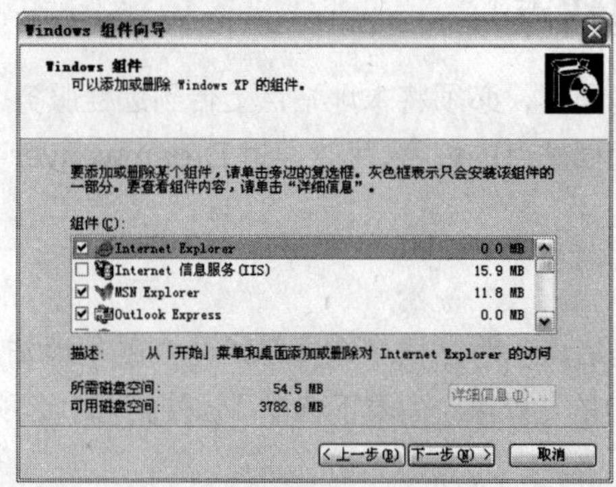

图 3-14　“Windows 组件向导”对话框

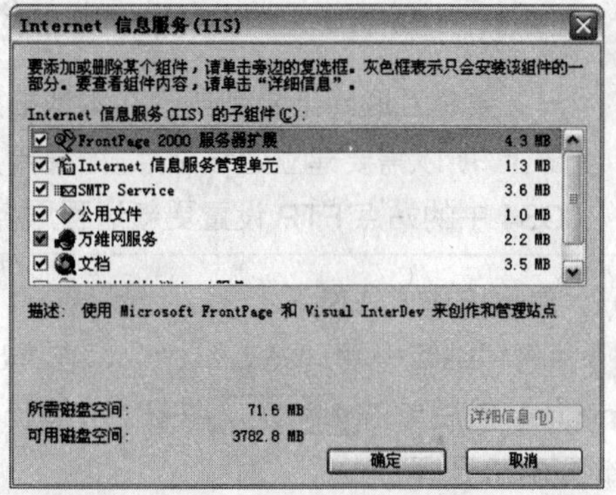

图 3-15　“Internet 信息服务（IIS）”对话框

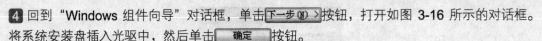

4 回到“Windows 组件向导”对话框，单击下一步(N) >按钮，打开如图 3-16 所示的对话框。将系统安装盘插入光驱中，然后单击确定按钮。

5 系统会自动安装所需的文件，如图 3-17 所示。

6 在系统出现 IIS 安装完毕的信息之后，如图 3-18 所示，单击完成按钮，然后再关闭“添加或删除程序”对话框。

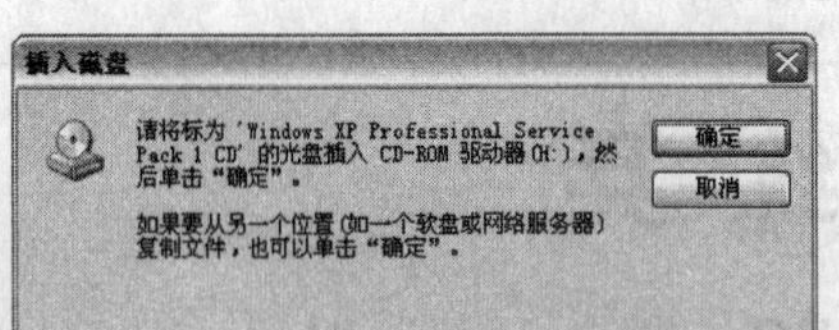

图 3-16 “插入磁盘”对话框

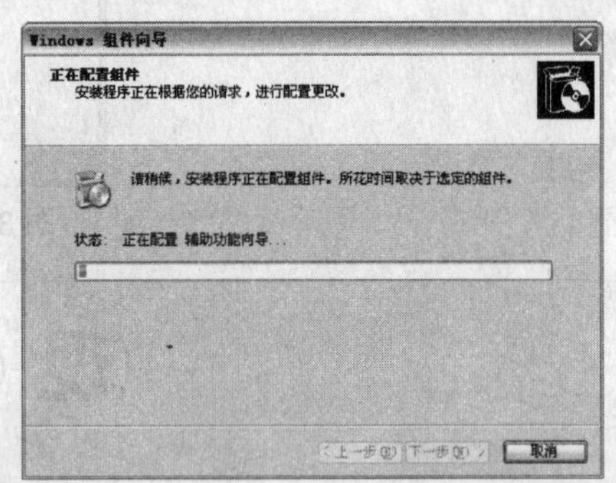

图 3-17 安装 Windows 组件向导

7 测试服务器是否安装成功，打开浏览器后在地址栏中输入“http://localhost/localstart.asp”，按 Enter 键确认。如出现如图 3-19 的网页文档，就表示成功安装了 IIS。

图 3-18 “Windows 组件向导”对话框

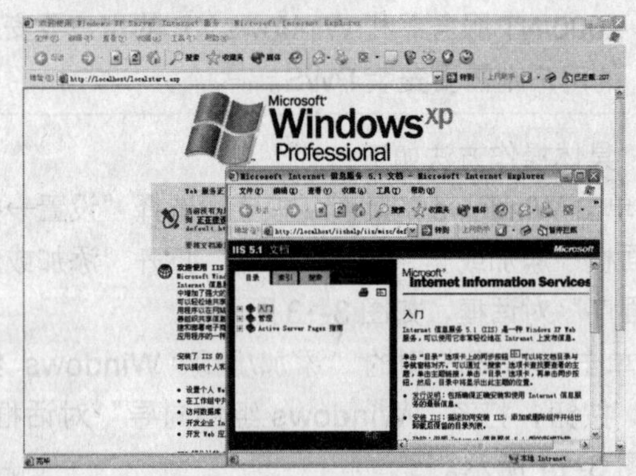

图 3-19 信息服务文档页面

现场练兵

创建远程站点

要在互联网上看到自己在本地站点上创建的网页，必须将本地站点上传到远程服务器上。所以需要建立远程站点。如果用户想修改远程站点的内容，可以通过 Dreamweaver CS4 中的站点 FTP 设置更新远程服务器的文件。

具体操作方法如下：

1 执行“站点→管理站点”命令，在弹出的“管理站点”对话框中选择开始建立的本地站点 mysite，然后单击编辑(E)...按钮，在弹出的对话框中的“分类”列表下选择“远程信息”选项，如图 3-20 所示。

2 单击“访问”列表框右侧的下拉按钮，打开下拉列表，选择 FTP 选项，如图 3-21 所示。

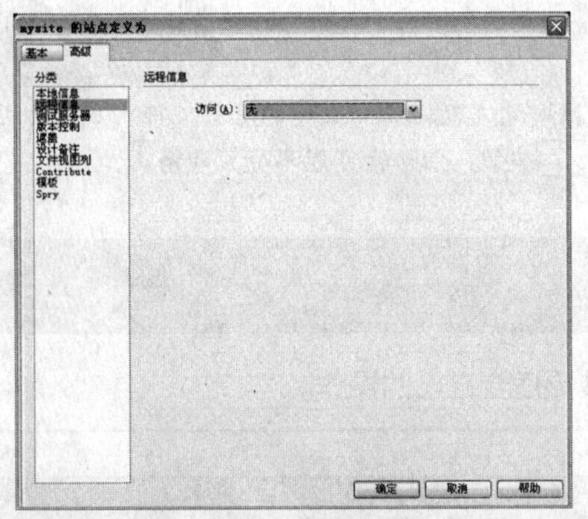

图 3-20　选择“远程信息”选项

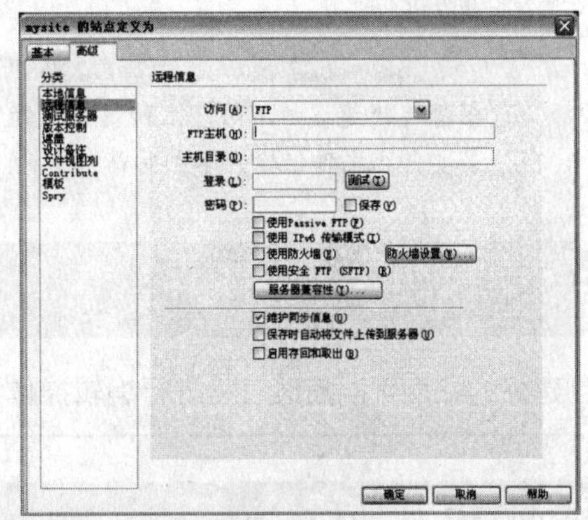

图 3-21　选择 FTP 选项

3 在“FTP 主机”文本框里输入 FTP 主机地址。FTP 主机是计算机系统的完整 Internet 名称，如 ftp.go.web.net。需要注意的是，这里一定要输入有权访问空间的域名地址。

4 在“主机目录”文本框中输入远程网站存放的路径，通常情况下可以不填写此项，当前网站内容会存放到网站根目录下。

5 在“登录”文本框中输入登录到服务器的用户名。

6 在“密码”文本框中输入连接 FTP 服务器的密码。

7 其他选项保持默认设置，具体设置如图 3-22 所示。完成设置后，单击 确定 按钮，完成远程站点的设置。

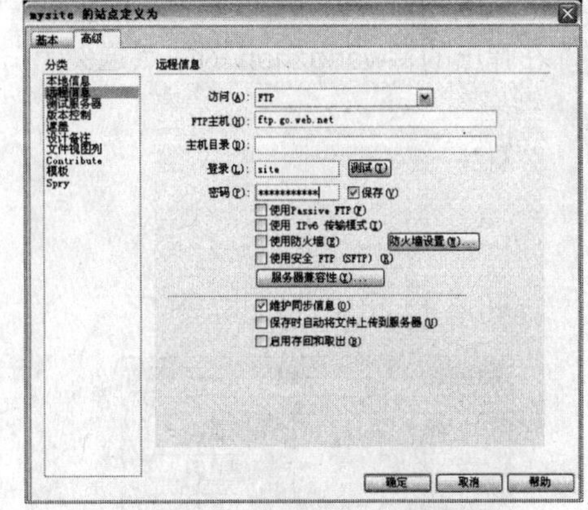

图 3-22　远程站点设置

8 设置好本地服务器地址后，就可以将本地文件上传到远程服务器上了，执行“窗口→文件”命令，打开“文件”面板。选中要上传的站点。

9 单击按钮打开与远程服务器的连接，然后选择要上传的文件，如图 3-23 所示。

10 执行“站点→上传”命令，或单击“文件”面板上的“上传”按钮即可。如果选中的文件中引用了其他位置的内容，会出现如图 3-24 所示的消息对话框，提示用户是否要将这些引用内容也上传。单击 是(Y) 按钮，将同时上传那些引用的文件。单击 否(N) 按钮，则不上传引用文件。

图 3-23　选择要上传的文件

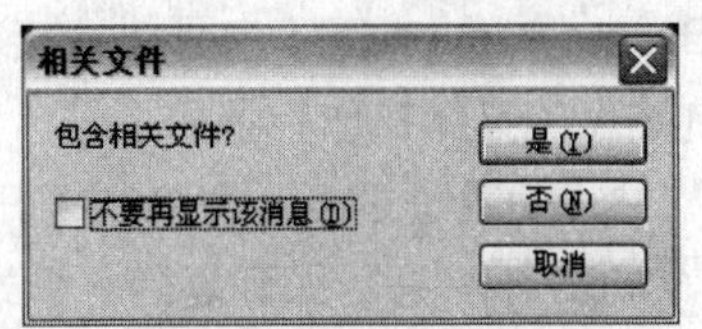

图 3-24　“相关文件”对话框

小提示

根据连接速度的不同，上传过程可能需要一段时间才能完成。上传的这些文件构成远程站点。若要停止文件传输，单击对话框中的 取消 按钮，但传输可能不会立即停止。

3.3 站点的编辑操作

创建好的站点可以随时对它进行编辑操作，使其更适合自己的操作。

3.3.1 编辑站点

编辑站点的具体操作步骤如下：

1 执行“站点→管理站点”命令，在弹出的对话框中选择要编辑的站点，单击 编辑(E)... 按钮，如图 3-25 所示。

2 在弹出的“wangzhan 的站点定义为”对话框中，选择“高级”选项卡，如图 3-26 所示。

图 3-25 编辑站点

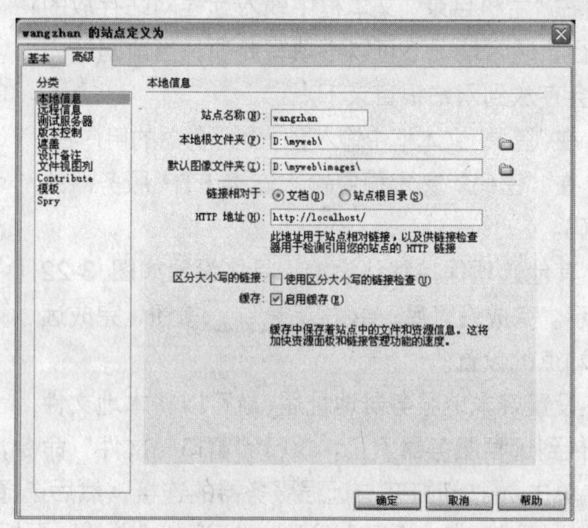

图 3-26 选择“高级”选项卡

3 在“站点名称”文本框中可重新定义站点的名称。

4 在“本地根文件夹”文本框中更改站点在本地磁盘中的存放路径。

5 在“默认图像文件夹”文本框中可重新设置当前站点存放本地图片目录的路径。

6 设置完成后，单击 确定 按钮即可。

3.3.2 复制站点

在 Dreamweaver CS4 中可以直接复制一个站点。

复制站点的具体操作步骤如下：

1 执行“站点→管理站点”命令，打开“管理站点”对话框。

2 单击 复制(P)... 按钮，即可复制一个站点，复制的站点会在原名称的后面加上“复制”二字，如图 3-27 所示。

3 单击 完成(D) 按钮，这样就复制了一个站点。“文件”面板如图 3-28 所示。

图 3-27 复制站点

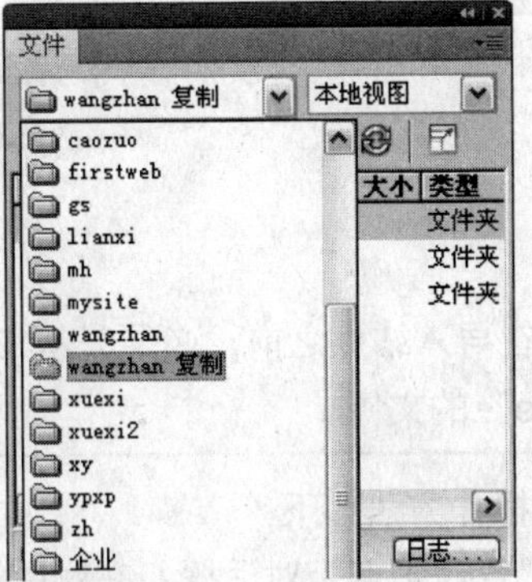

图 3-28 复制的站点

3.3.3 删除站点

如果觉得站点已经没有用了，可以将其删除，具体操作步骤如下：

1 执行“站点→管理站点”命令，弹出“管理站点”对话框。

2 选择要删除的站点，然后单击 删除(R) 按钮，如图 3-29 所示。

3 单击 完成(D) 按钮，这样站点就被删除了。

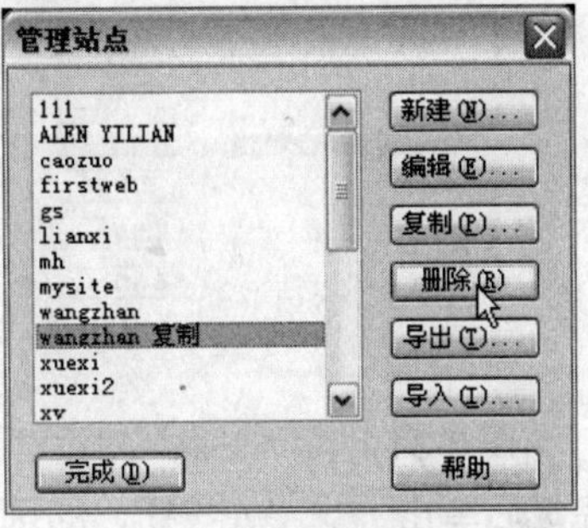

图 3-29 删除站点

3.3.4 导出站点

导出站点的操作步骤如下：

1 打开“管理站点”对话框，在对话框中选择需要导出的站点名称。

2 单击 导出(E)... 按钮，弹出“导出站点”对话框，在“文件名”文本框中为导出的站点文件输入一个文件名，如图 3-30 所示。完成后单击 保存(S) 按钮，将导出站点文件。

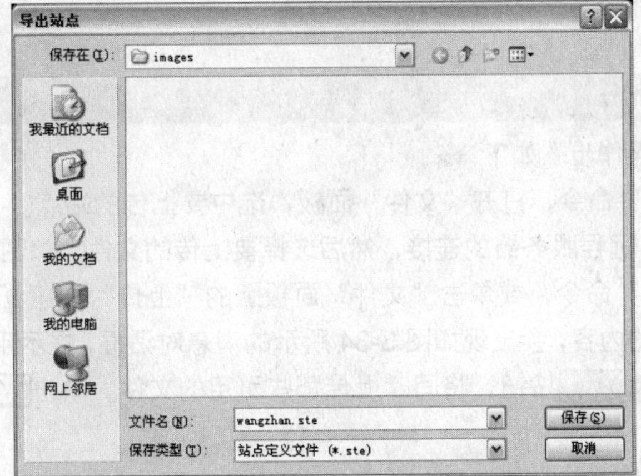

图 3-30 输入文件名

导入站点

在导入站点之前，必须先从 Dreamweaver 中导出站点，并将站点保存为扩展名为“.ste”的文件。

具体操作方法如下：

1 打开“管理站点”对话框，在对话框单击 导入(I)... 按钮如图 3-31 所示。

2 在弹出的“导入站点”对话框中选择需要导入的站点文件，如图 3-32 所示。

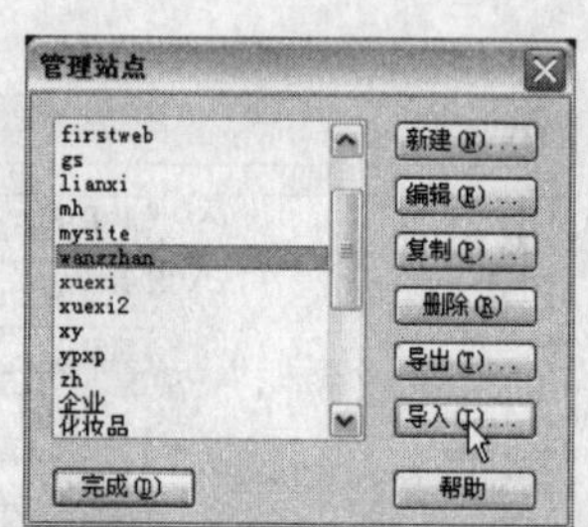

图 3-31 “管理站点”对话框

图 3-32 “导入站点”对话框

3 完成后单击 打开(O) 按钮，即可导入站点文件。

3.4 文件的上传与下载

建立网站的目的就是要将制作好的网页发布到互联网上去，以便让其他人浏览、欣赏。在 Dreamweaver 中，这一过程称为“上传”。

远程站点在前面已经建好，网站的内容就可以上传和更新了。网站更新和管理通常就是在本地站点对网页编辑完成后进行上传和下载的过程。

3.4.1 上传文件

上传文件的具体操作步骤如下：

1 执行“窗口→文件”命令，打开“文件”面板，选中要上传的站点。

2 单击按钮打开与远程服务器的连接，然后选择要上传的文件，如图 3-33 所示。

3 执行“站点→上传”命令，或单击“文件”面板上的“上传”按钮即可。如果选中的文件中引用了其他位置的内容，会出现如图 3-34 所示的消息对话框，提示用户是否要将这些引用内容也上传。单击 是(Y) 按钮，将同时上传那些引用的文件。单击 否(N) 按钮，则不上传引用文件。

图 3-33　选择要上传的文件

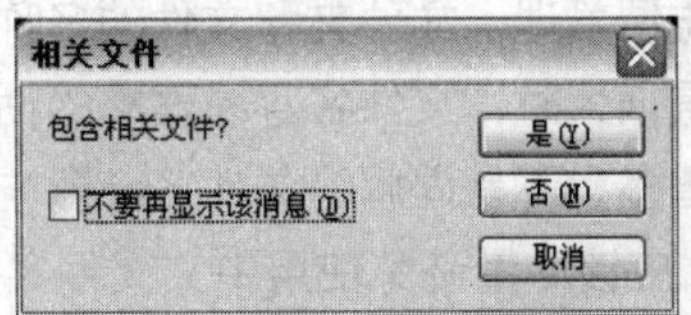

图 3-34　“相关文件”对话框

3.4.2　下载文件

从远程服务器上获取文件的过程叫做下载。其操作步骤如下：

1 打开“文件”面板，单击按钮打开与远程服务器的连接，从远程站点窗口中选择要下载的文件。

2 单击站点窗口上的“获取文件”按钮。

3 如果选中的文件中引用了其他位置的内容，则会出现一个如图 3-34 所示的消息对话框，提醒用户是否要将这些引用内容也同时下载。单击 是(Y) 按钮，将同时下载那些引用的文件；单击 否(N) 按钮，则不会下载引用文件。下载文件是上传的逆向动作，方法都是相同的，只是执行的命令不同。

3.5　疑难解析

通过前面的学习，读者应该已经掌握了创建网页基本对象的基础知识，下面就读者在学习的过程中遇到的疑难问题进行解析。

1　在创建站点时，如果没有指明本地根文件夹会怎样?

如果没有指明本地根文件夹，Dreamweaver 会默认把站点文件存储在系统上的“我的文档”中。建议不要使用默认设置，如果用户的计算机操作系统出现问题需要重装，而又忘记备份网站文件的话，那么就需要重做网站。

2　怎样规划站点结构?

一般来说，在规划站点结构时，应该遵循以下一些规则。

1．文档分类保存

如果是一个复杂的站点，它包含的文件会很多。而且各类型的文件内容上也会不尽相同。为了能更合理地管理文件，就要将文件分门别类地存放在相应的文件夹中。如果将一切网页文件都存放在一个文件夹中，当站点的规模越来越大时，管理起来就会很不容易。

用文件夹来合理构建文档的结构时，应该先为站点在本地磁盘上创建一个根文件夹。在此文件夹中，再分别创建多个子文件夹，如网页文件夹、媒体文件夹、图像文件夹等。再将相应的文件放在相应的文件夹中。而站点中的一些特殊文件，如模板、库等最好存放在系统默认创建的文件夹中。

2．合理地命名文件名称

为了方便管理，文件夹和文件的名称最好要有具体的含义。这点非常重要，特别是在网站的规模变得很大时，文件名容易理解的话，人们一看就明白网页描述的内容。否则，随着站点中文件的增多，不易理解的文件名会影响工作的效率。

还有，应该尽量避免使用中文文件名，因为很多的 Internet 服务器使用的是英文操作系统，不能对中文文件名提供很好的支持。但是可以使用汉语拼音。

3 为什么本地站点与远程站点结构要统一？

为了方便维护和管理，在设置本地站点时，应该将本地站点与远程站点的结构设计保持一致。将本地站点上的文件上传到服务器上时，可以保证本地站点是远程站点的完整复制，以避免出错，也便于对远程站点的调试与管理。

3.6 上机实践

（1）在硬盘上建立一个文件夹，创建一个名称为 mysite 的站点并保存在这个文件夹中。

（2）创建一个站点并重新定义站点的名称。

（3）创建一个远程站点。

3.7 巩固与提高

通过本章的学习，读者学会了规划站点、使用 Dreamweaver CS4 创建与管理站点的方法。在开始动手制作一个网站时，必须先要创建一个本地站点，以便让 Dreamweaver 知道存放站点文件的位置。并且要合理地规划站点，以便使网站结构更加清晰，维护起来更加方便。

1．选择题

（1）Dreamweaver CS4 是通过（　　）面板管理站点的。

A．文件　　B．资源　　C．结果　　D．站点

（2）在 Dreamweaver CS4 中，打开“文件”面板的快捷键是（　　）。

A．F5　　B．F8　　C．F7　　D．F6

（3）在 Dreamweaver CS4 中，不可以（　　）。

A．重定义站点　　B．复制站点　　C．剪切站点　　D．删除站点

2．判断题

（1）开始使用 Dreamweaver 先定义一个站点，至少要设置一个本地文件夹。（　　）

（2）在 Dreamweaver CS4 中，站点分为局域网站点和远程网站点。（　　）

（3）在 Dreamweaver CS4 中，不能删除站点。（　　）

Study

第4章

网页中的图像

图形图像是网页吸引浏览者眼球的重要部分，它直观而形象地传递浏览者的需要，因此网页设计中图形图像的添加是必不可少的环节。本章中将学习如何在网页中插入交互式图像、插入图像占位符、设置网页背景以及创建图像映射的方法，并用直观的实例来应用图像。通过本章的学习，读者可以熟练掌握图像在网页设计中的作用，以及制作不同对象的方法和技巧。

学习指南

- 交互式图像
- 图像占位符
- 网页背景
- 设置外部图像编辑器
- 图像映射

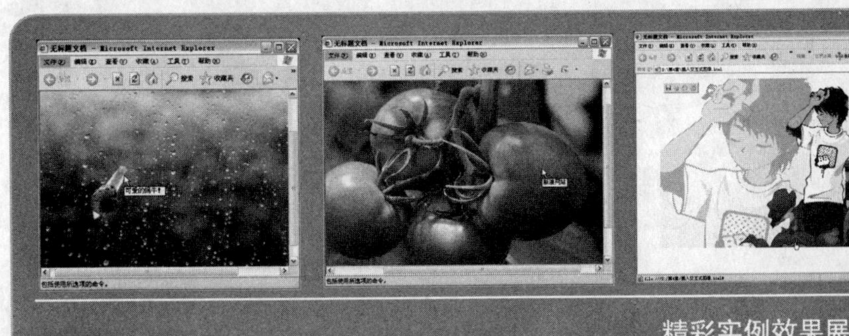

精彩实例效果展示 ▲

4.1 交互式图像

在 Dreamweaver CS4 中，可以插入普通图像，也可以插入交互式图像。所谓交互式图像是指当鼠标经过一幅图像时，图像随即变成另外一幅图像。

用于创建交互式图像的两幅图像大小必须相同。否则交换的图像在显示时会进行压缩或展开以适应原有图像的尺寸，这样容易造成图像失真。

插入交互式图像

要插入交互式图像，只需执行“插入→图像对象→鼠标经过图像”命令，在弹出的“插入鼠标经过图像”对话框中进行设置即可，如图 4-1 所示。

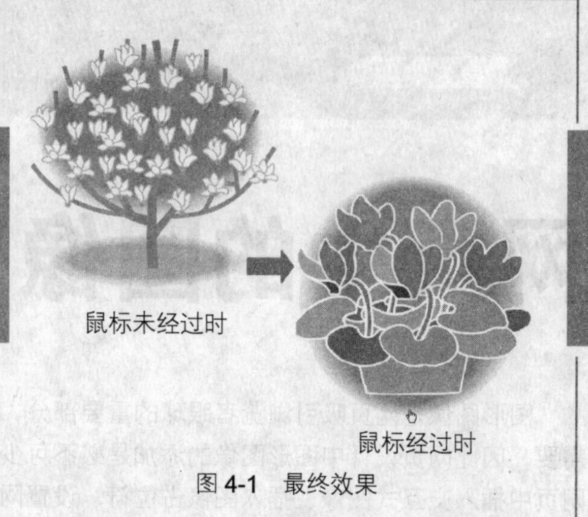

图 4-1　最终效果

具体操作方法如下：

1 将光标放到要插入图像的位置，执行“插入→图像对象→鼠标经过图像”命令，打开如图 4-2 所示的“插入鼠标经过图像”对话框。

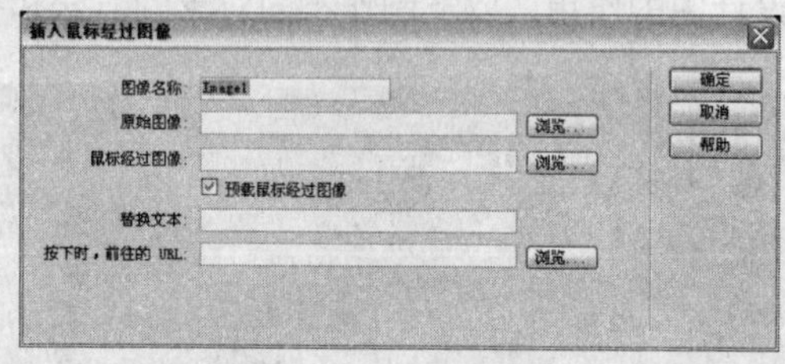

图 4-2　“插入鼠标经过图像”对话框

2 单击“原始图像”文本框右边的 浏览... 按钮，打开“原始图像”对话框，从中选择一幅图像文件，如图 4-3 所示。

3 单击 确定 按钮，返回“插入鼠标经过图像”对话框。此时“原始图像”文本框中出现选择的原始图像的路径及名称，如图 4-4 所示。

图 4-3　选择原始图像

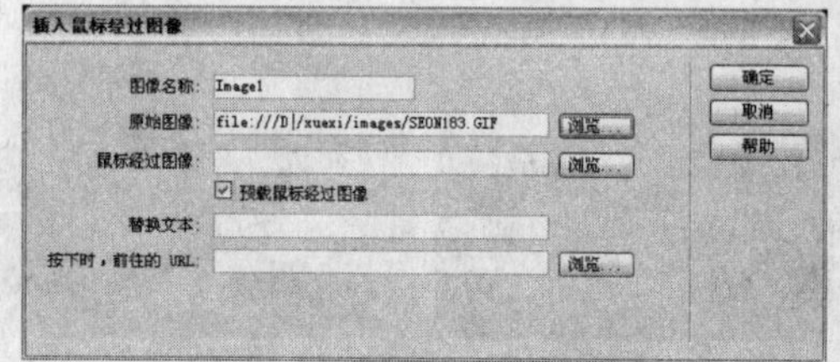

图 4-4　原始图像的路径及名称

4 单击“鼠标经过图像”文本框右边的 浏览... 按钮，打开“鼠标经过图像”对话框。从中选择一幅图像文件，如图 4-5 所示。

5 单击 确定 按钮，返回“插入鼠标经过图像”对话框。此时“鼠标经过图像”文本框中出现选择的替换图像的路径及名称，如图 4-6 所示。

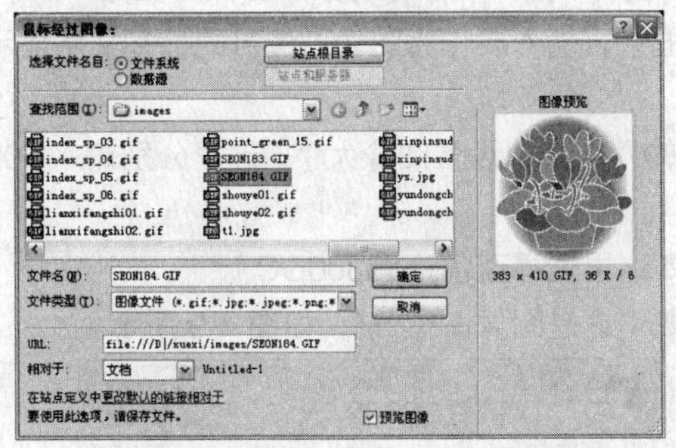

图 4-5　选择鼠标经过图像

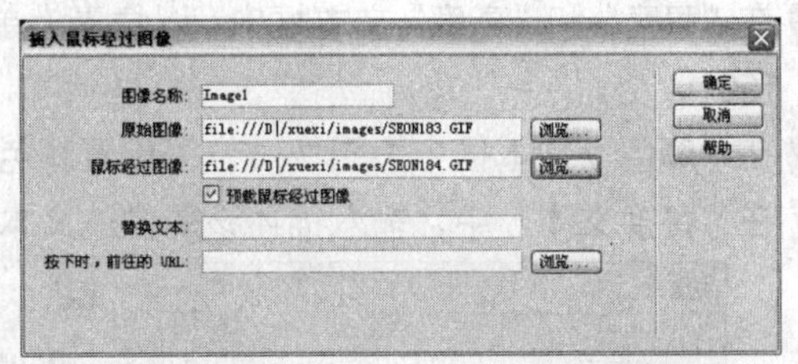

图 4-6　显示经过图像的路径及名称

6 勾选“预载鼠标经过图像”复选框，可使 Dreamweaver 将图像预载入浏览器缓冲区中。

7 在“替换文本”文本框中输入交互式文本。

8 在“按下时，前往的 URL”文本框中输入链接地址。

9 完成后单击 确定 按钮，即可插入图片。执行“文件→在浏览器中预览→iexplore”命令，或按 F12 键预览时，鼠标经过图像会显示交互式图像，如图 4-7 所示。

（a）鼠标未经过时

（b）鼠标经过时

图 4-7　显示交互图像

4.2 图像占位符

当用户在制作网页时，在页面中某个位置需要插入一幅图片，但一时找不到自己喜欢的、合适的图片，这就需要用到 Dreamweaver CS4 的图像占位符功能。插入图像占位符后，用户随时都可以将其替换为真正的图像。

图像占位符并不是在浏览器中显示的最终图像，它只是一种临时的、替补的图形。用户不仅可以设置图像占位符的大小和颜色，还可以为图像占位符提供文本标签。

4.2.1 插入图像占位符

在文档页面中插入图像占位符的操作步骤如下：

1 将光标放置到页面中要插入图像占位符的位置，执行“插入→图像对象→图像占位符”命令。

2 弹出“图像占位符”对话框，在“名称”文本框中，输入要作为图像占位符的标签文字显示的文本，如 banner，如图 4-8 所示。

3 在“宽度”和“高度”文本框中，以像素为单位输入数字以设置图像大小，这里分别输入 500 与 150。

4 在“颜色”文本框中为图像占位符设置颜色，如这里选择蓝色（#3300CC）。

5 在“替换文本”中，输入描述该图像的文本，如“这是图像占位符”，如图 4-9 所示。

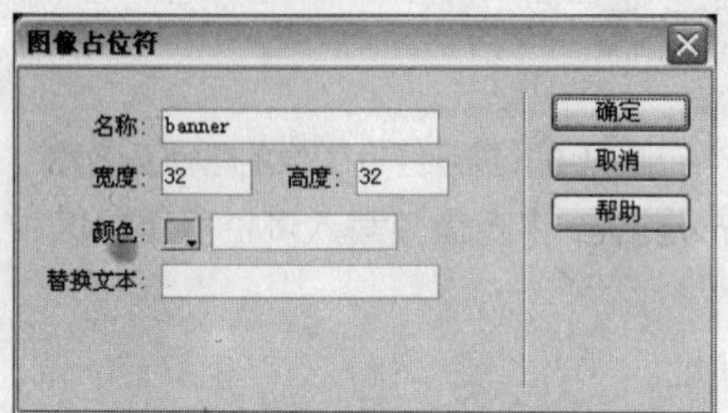

图 4-8 “图像占位符”对话框

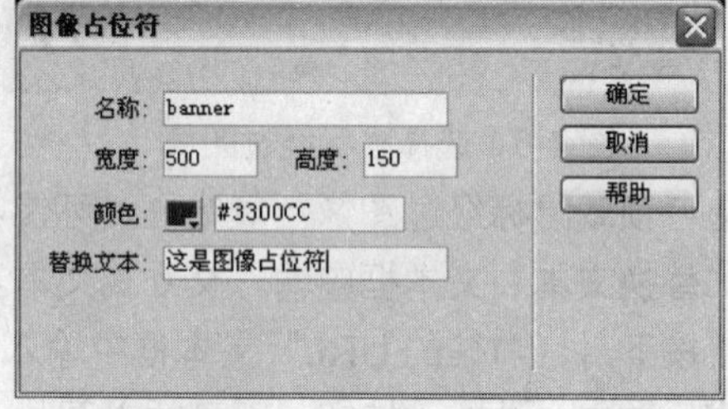

图 4-9 输入替换文本

6 完成后单击 确定 按钮，插入的图像占位符如图 4-10 所示。

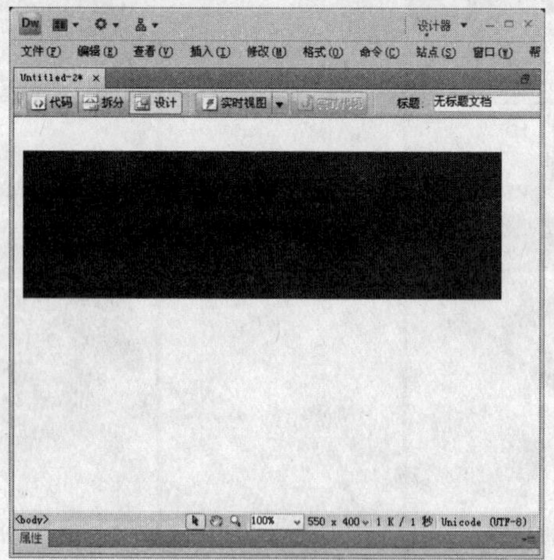

图 4-10 插入图像占位符

4.2.2 将图像占位符替换为图像

通过图像占位符的“属性”面板可以将图像占位符替换为真正的图像，其具体操作步骤如下：

1 选中文档页面中的图像占位符，其“属性”面板如图 4-11 所示。

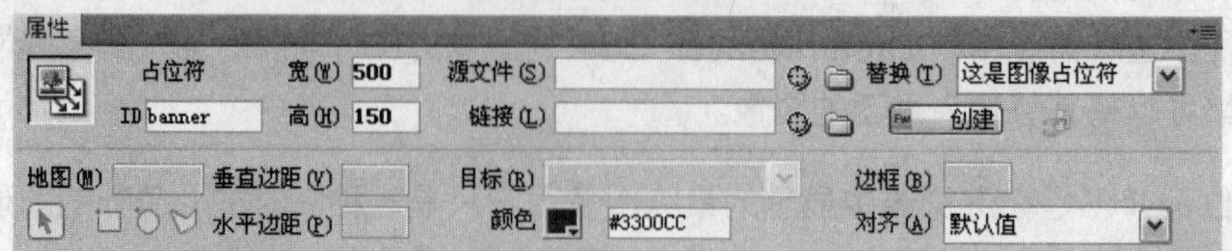

图 4-11 图像占位符“属性”面板

2 在“源文件”文本框中指定图像的源文件。对于占位符图像，此文本框为空。单击文本框右侧的按钮来为占位符图形选择替换图像。也可直接在文本框里输入源文件的路径。

3 在“链接”文本框中为图像添加超级链接。单击文本框右侧的按钮来为图像选择要链接的文件，也可直接在文本框里输入链接文件的路径。

4 设置完成后，图像占位符就被替换为真正的图像了，如图 4-12 所示。

图 4-12　将图像占位符替换为图像

4.3 网页背景

在 Dreamweaver CS4 中，设置网页背景有两种方法：一种是设置背景颜色；另一种是设置背景图像。

4.3.1 网页背景颜色

通过设置网页背景颜色，可以使网页看起来色彩感更强，页面更加漂亮。设置网页背景颜色的操作步骤如下：

1 执行“修改→页面属性”命令，或者在“属性”面板上单击 页面属性... 按钮，打开如图 4-13 所示的对话框。

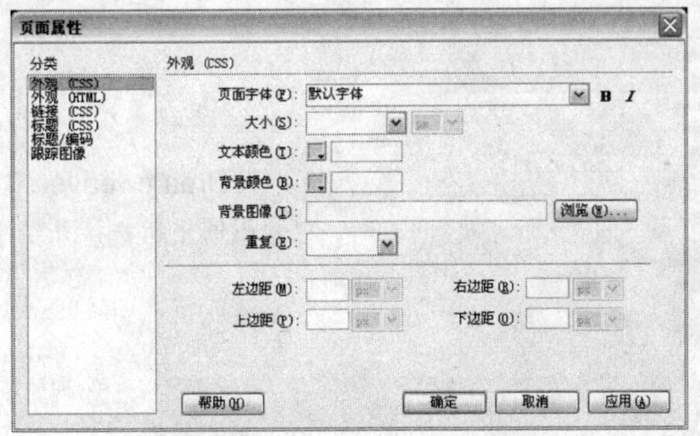

图 4-13　“页面属性”对话框

2 在“背景颜色”处单击按钮打开颜色列表，如图 4-14 所示，为网页选择一种背景颜色。

3 单击 确定 按钮。此时就为网页设置了背景颜色，如图 4-15 所示。

图 4-14　选择背景颜色

图 4-15　添加网页背景颜色

4.3.2　网页背景图像

读者可能会觉得网页中的背景只是一种单一的颜色会单调了些，这时候就可以为网页文档设置背景图像。设置网页背景图像的操作步骤如下：

1 执行“修改→页面属性”命令，或者在“属性”面板上单击 页面属性... 按钮。打开“页面属性”对话框。

2 在“背景图像”文本框中输入将被用作网页背景的图像文件的路径，或者单击其右侧的 浏览... 按钮，在弹出的对话框中选择一幅图像文件，如图 4-16 所示。

3 完成后单击 确定 按钮，即可为网页文档设置背景图像，如图 4-17 所示。

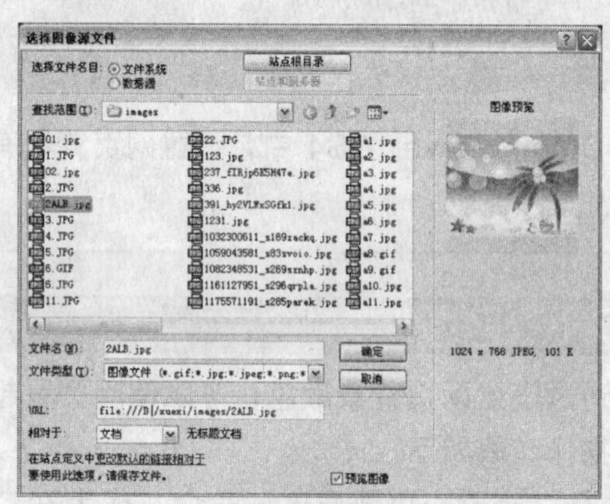

图 4-16　“选择图像源文件”对话框

图 4-17　网页背景图像

Dreamweaver CS4 会自动将设置的背景图像重新拼接并铺满整个页面背景。

如果同一个网页既设置了网页背景颜色，又设置了网页背景图像，那么只能显示背景图像，不能显示背景颜色。

4.4 设置与应用外部图像编辑器

当在 Dreamweaver 中插入图像时，可能插入的图像与网页的背景和主题不能很好地协调搭配，使页面看起来并不美观。而 Dreamweaver CS4 并不是专门的图像编辑软件，因此不能在 Dreamweaver CS4 中编辑图像来使其与网页搭配。这时就需要应用到外部图像编辑器来对图像的源文件进行处理。

4.4.1 设置外部图像编辑器

设置外部图像编辑器的操作步骤如下：

1 执行“编辑→首选参数”命令，打开“首选参数”对话框，在对话框左侧的“分类”列表下选择“文件类型/编辑器”选项，如图 4-18 所示。

2 在“扩展名”列表中，单击其上方的[+]按钮可以添加一种文件类型，直接在输入框里输入文件的扩展名就行了，如图 4-19 所示。选中一种文件类型后单击[-]按钮可以删除该文件类型。

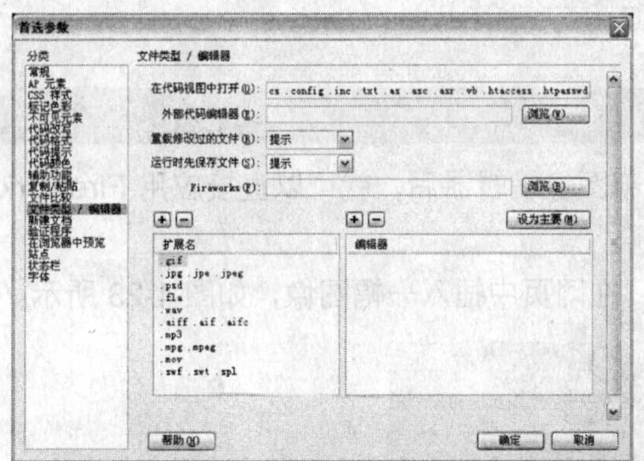

图 4-18　选择“文件类型/编辑器”选项

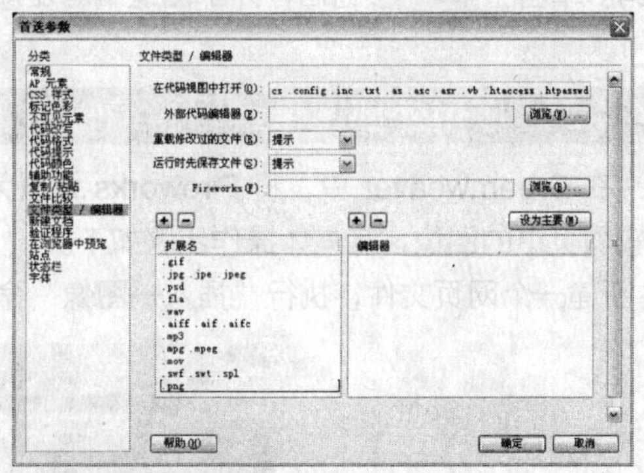

图 4-19　添加一种文件类型

3 选中一种文件类型，例如这里选择扩展名为.png 的文件，单击“编辑器”上方的[+]按钮，弹出如图 4-20 所示的对话框。

4 在本机上为扩展名为.png 的文件选择一种外部图像编辑器软件。这里选择 Fireworks CS4，如图 4-21 所示。

图 4-20　“选择外部编辑器”对话框

图 4-21　选择外部图像编辑器软件

5 单击[打开(O)]按钮，Fireworks CS4 就被添加进“编辑器”列表框中，如果用户对另一种功能强大的图形编辑软件 Photoshop 比较熟悉，也可以将 Photoshop 再添加入“编辑器”列表框中，方法都一样。

6 选中 Fireworks，单击“编辑器”列表框右上角的 设为主要(M) 按钮，可以将 Fireworks CS4 设置为扩展名为.png 的文件的首要外部图像编辑器软件，如图 4-22 所示。

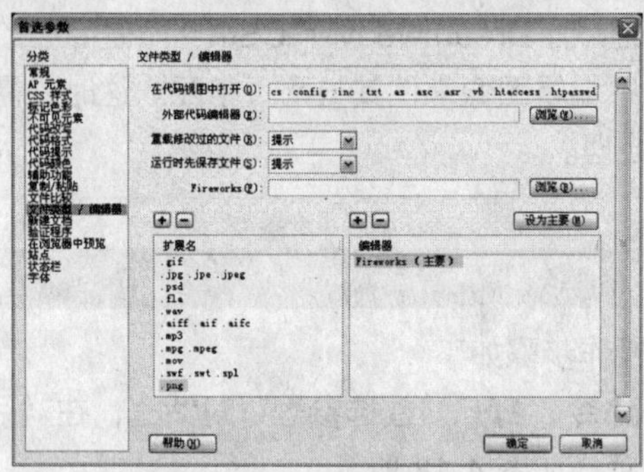

图 4-22　添加 Fireworks

7 用上面讲过的方法，将扩展名为.jpg、.jpe、.jpeg 的文件的主要外部图像编辑器设为 Fireworks CS4。单击 确定 按钮后，外部图像编辑器就已经设置完成。

4.4.2　应用外部图像编辑器编辑图像

在 Dreamweaver 中，将 Fireworks 设置为外部图像编辑器后，就可以直接应用 Fireworks 编辑网页中的图像，其具体操作步骤如下。

1 新建一个网页文件，执行“插入→图像”命令，在网页中插入一幅图像，如图 4-23 所示。

图 4-23　插入图像

2 选中插入的图像，打开“属性”面板，单击“编辑”按钮 ，如图 4-24 所示。

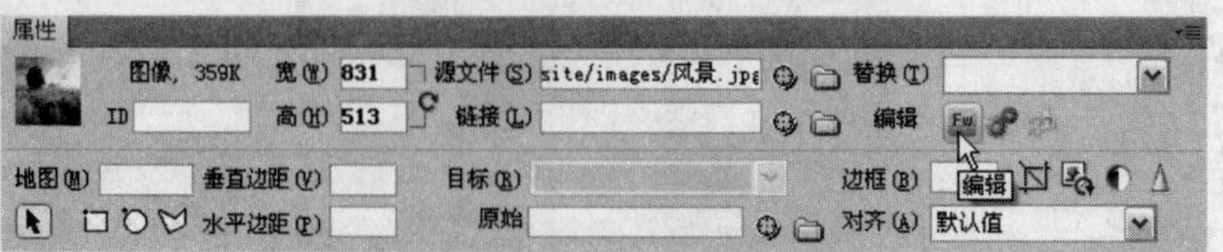

图 4-24　单击“编辑”按钮

3 弹出“查找源”对话框，询问是否希望使用 Fireworks PNG 文档作为图像的源文件，单击 使用此文件 按钮，如图 4-25 所示。

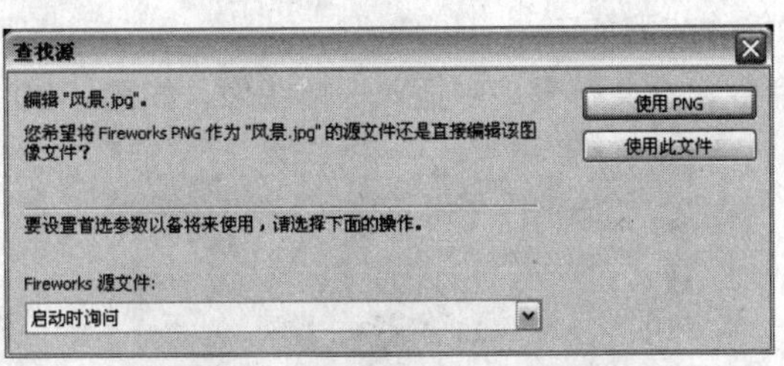

图 4-25　“查找源”对话框

4 打开 Fireworks CS4 编辑图像，如图 4-26 所示。

5 在工具箱中单击“文本”工具，在图像上输入文本，如图 4-27 所示。

图 4-26　在 Fireworks CS4 中编辑网页图像

图 4-27　输入文本

6 编辑好之后，单击图像上方的 完成 按钮，如图 4-28 所示，返回至 Dreamweaver CS4。此时对图像所做的修改会直接反映在网页中，如图 4-29 所示。

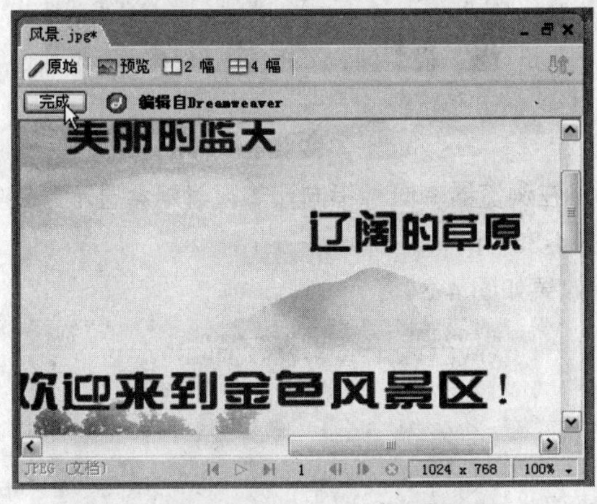

图 4-28　单击“完成”按钮

图 4-29　返回 Dreamweaver

4.5 图像映射

图像映射指包含多个热点的图像。热点可以感应鼠标动作，因此可以为热点添加超级链接或特定行为。

设置图像映射的具体操作步骤如下：

1 执行“插入→图像”命令，在文档窗口中插入一幅图像，如图 4-30 所示。

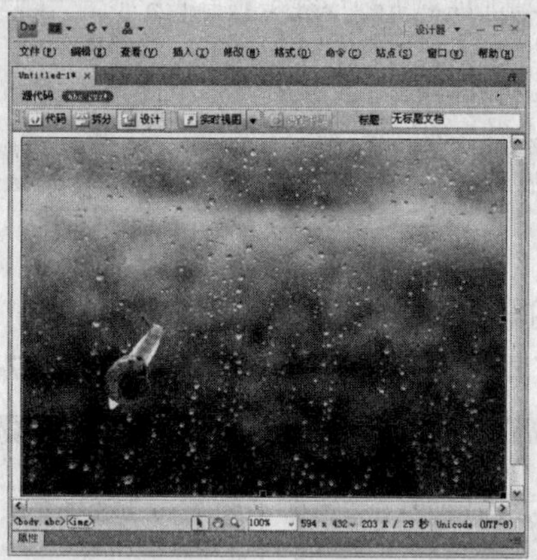

图 4-30　插入图像

2 选定图像，打开“属性”面板，在面板左下角出现矩形热点工具、椭圆形热点工具及多边形热点工具，如图 4-31 所示。

3 单击任意热点工具，将光标移动到图像上并按下鼠标拖动，如图 4-32 所示。

图 4-31　热区图标

图 4-32　绘制热区

4 在“替换”文本框中输入热区的说明或者提示。在浏览器中鼠标指向该热区时就会显示此处输入的文字，例如此处输入“可爱的蜗牛！”，如图 4-33 所示。

5 按 F12 键，打开预览窗口，用鼠标单击热区，效果如图 4-34 所示。

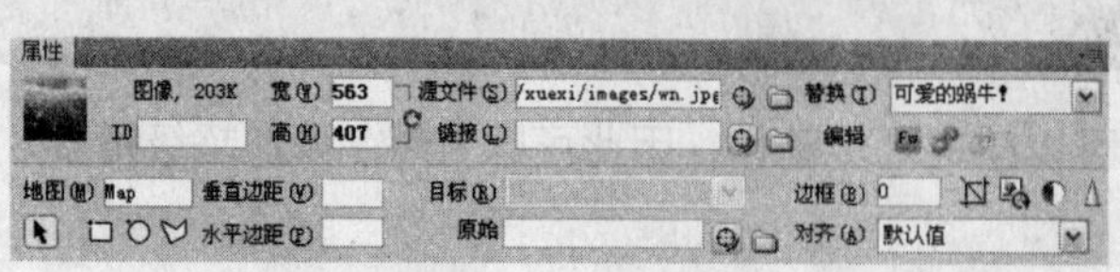

图 4-33　输入文字

图 4-34　显示替换文字

为网页图像不同部分添加超级链接

要在一幅图片上添加多个超级链接，可使用图像映射的创建超级链接功能。效果如图 4-35 所示。

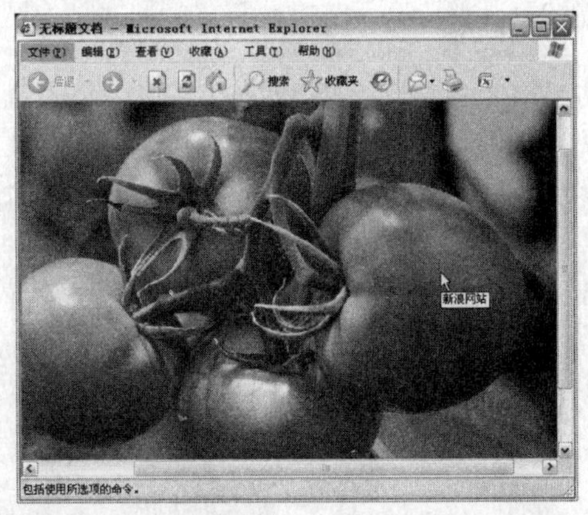

图 4-35　完成效果

具体操作方法如下：

1 在文档窗口中插入一幅图像，选定图像，打开“属性”面板，单击任意热点工具，将光标移动到图像上并按下鼠标拖动，创建热区，如图 4-36 所示。

图 4-36　创建热区

2 选择任意热区，在“属性”面板上的“链接”文本框中直接输入要链接的网址，这里输入“http://www.163.com/”，在“替换”文本框中输入“网易网站”，如图 4-37 所示。

3 选择另一个热区，在“属性”面板上的“链接”文本框中直接输入要链接的网址，这里输入“http://www.sina.com.cn/”，在“替换”文本框中输入“新浪网站”，如图 4-38 所示。

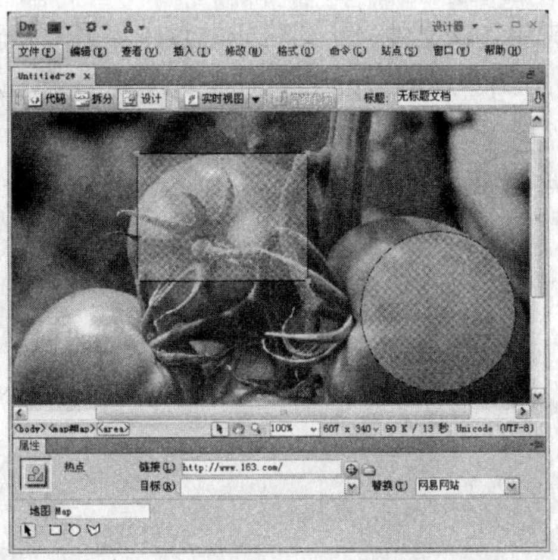

图 4-37　输入网址与替换文本

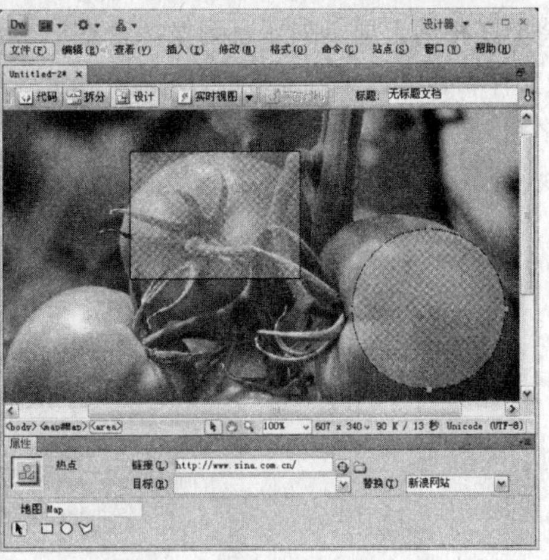

图 4-38　输入网址与替换文本

4 执行“文件→在浏览器中预览→iexplore”命令，或按 F12 键预览，效果如图 4-39 所示。

图 4-39　完成效果

创建网站相册

在 Dreamweaver 中可创建网站相册。它能自动生成一个 Web 站点，该站点展示位于指定文件夹中图像的“相册”。Dreamweaver 使用 Fireworks 来为该文件夹中的每个图像创建一个缩略图和一个较大尺寸的图像。然后，Dreamweaver 创建一个 Web 页，它包含所有缩略图以及指向较大图像的链接，如图 4-40 所示。

图 4-40　完成效果

创建网站相册的操作步骤如下：

1 将要在相册上显示的所有图像放置在一个文件夹中。该文件夹不必位于站点中。另外，确保图像文件名包含以下任意一个扩展名：.gif、.jpg、.jpeg、.png、.psd、.tif 或.tiff。带有无法识别的文件扩展名的图像不会包含在相册中。

2 执行“命令→创建网站相册”命令，弹出如图 4-41 所示的对话框。

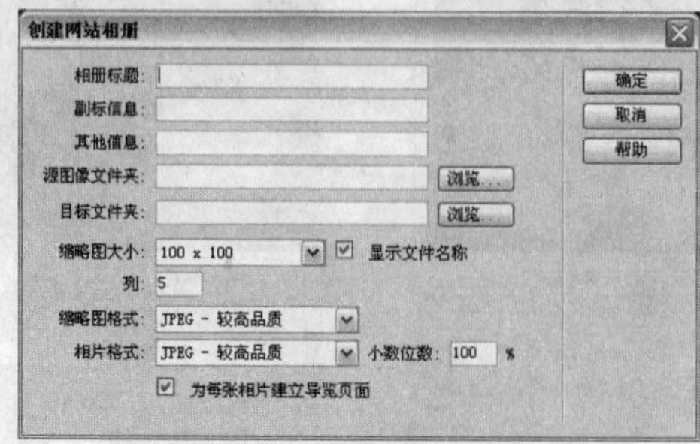

图 4-41　“创建网站相册”对话框

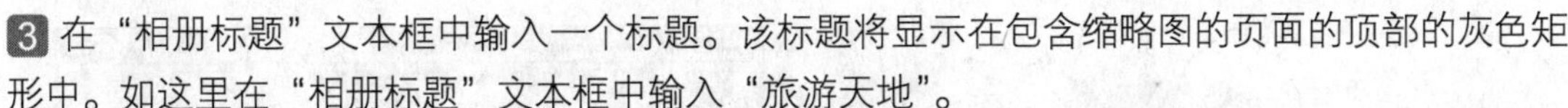

3 在“相册标题”文本框中输入一个标题。该标题将显示在包含缩略图的页面的顶部的灰色矩形中。如这里在“相册标题”文本框中输入“旅游天地”。

4 如有需要，可以在“副标信息”和“其他信息”文本框中输入最多两行附加文本。该文本将直接在标题下显示。这里在“副标信息”文本框中输入“美丽的风景”。

5 单击“源图像文件夹”文本框右侧的 浏览... 按钮，选择要在相册上显示的所有图像的文件夹。

6 单击“目标文件夹”文本框右侧的 浏览... 按钮，选择（或创建）一个目标文件夹，用以放置所有导出的图像和网页文件。

7 从“缩略图大小”弹出菜单中选择缩略图图像的大小。图像将按比例缩放，以创建适合具有指定像素尺寸的方框的缩略图。若要在相应的缩略图下显示每个原始图像的文件名，请勾选“显示文件名”复选框。

8 在“列”文本框中输入显示缩略图的表的列数，这里输入 4。

9 设置完成后，对话框如图 4-42 所示。单击 确定 按钮以创建网站相册的图像与网页文件。

10 当出现如图 4-43 所示的对话框时，单击 确定 按钮。

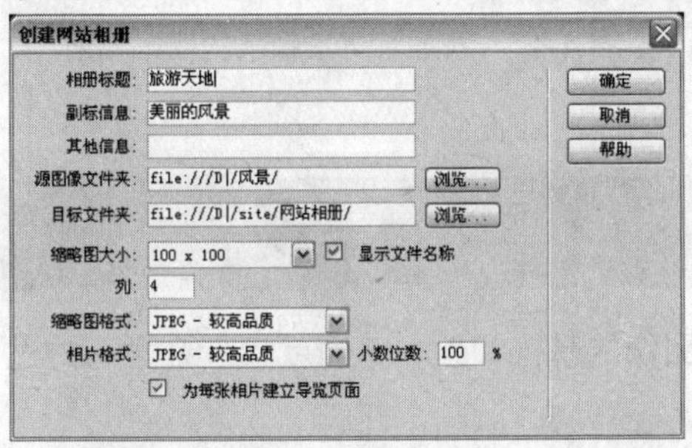

图 4-42 设置“创建网站相册”对话框

图 4-43 提示相册已经建立

11 网站相册已经建好，如图 4-44 所示。按 F12 键浏览网站相册，在首页中单击任意一幅图片，进入网站相册子页，如图 4-45 所示。

图 4-44 网站相册首页

图 4-45 网站相册子页

12 在网站相册子页中，单击“前一个”、“下一个”按钮能在各个图像文件页面之间跳转，如图 4-46 所示。

13 按照前面讲过的方法将网站相册的背景颜色设置为绿色，然后进行预览，如图 4-47 所示。

图 4-46　在图像文件页面之间跳转

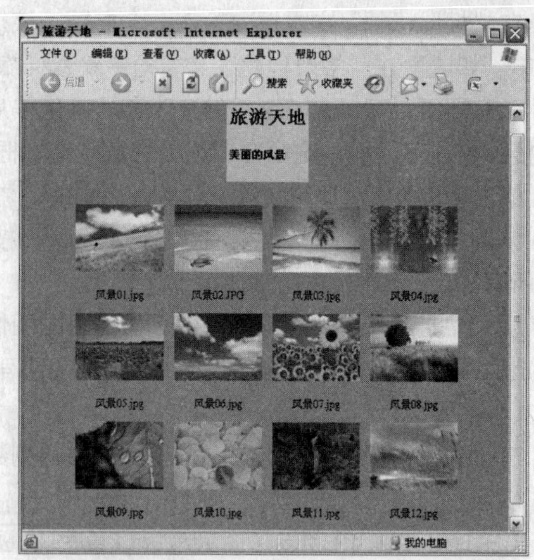

图 4-47　添加了背景颜色的网站相册

4.6 疑难解析

通过前面的学习，读者应该已经掌握了创建网页图像的基础知识，下面就读者在学习的过程中遇到的疑难问题进行解析。

1 图像占位符的命名有什么要求?

名称必须以字母开头，并且只能包含字母和数字。不允许使用空格和高位 ASCII 字符。

2 如何选中多个热点及改变热点区域的大小?

选择多个热点需要按 Shift 键；如果要选择图像中所有的热点，可以选中图像，然后按 Ctrl+A 组合键。选中热点后，就可以通过调节热点周围的控制点改变热点区域的大小。

3 为什么在文档中插入了图像，预览时却没有显示呢?

产生这样的问题有两种可能：一是图片使用的是绝对路径，二是大小写问题。

第一种情况：如果图片链接用的是绝对路径，并且路径用了本地盘符，则上传后就找不到此图片文件。

若图像在 Dreamweaver 中显示正常，打开图形的“属性”面板，发现其图片的“源文件”显示为“file:///F:/Web/img/1.gif”，这就是绝对路径，并引用了本地盘符。如果坚持用绝对路径，可以将其改为“/img/1.gif”；如果要用相对路径，就改为“img/1.gif”。

第二种情况：图形文件名或图形文件所在的目录名中有大写字母，或是里面有中文。因为服务器所在的操作系统一般都是 UNIX 或 Linux 平台下，而 UNIX 系统是区分文件名及文件夹大小写的，这与 Windows 98/NT 是不同的。

4　怎样使网页背景呈条纹状显示呢？

如果要使网页背景呈条纹状显示，可使用图像编辑软件（Photoshop 或 Fireworks）制作一个宽和高都为 5 像素的图片，然后使用矩形工具绘制一个宽为 1 像素，高为 5 像素的矩形，并填充上喜欢的色彩，另存为.gif 文件，最后在 Dreamweaver 中将其设置为背景图像即可。

5　为确保图像文件正常使用，需要将图像怎样存放呢？

为确保图像文件正常使用，插入的图像应存放在站点文件夹中的媒体子文件夹中，若网站大，栏目内容多，则应存放在各自栏目文件夹中的媒体文件夹中。图像不在站点时，系统会提示将其复制到站点中。

4.7 上机实践

（1）在页面中插入一幅图像，然后使用热点工具为图像创建热区，并将为热区设置提示文字，如图 4-48 所示。

图 4-48　图像提示

（2）在页面中插入图像占位符，然后将其替换为真正的图像。

（3）在页面中创建交互图像，如图 4-49 所示。

图 4-49　交互图像

（4）在页面中插入一幅图像，然后使用热点工具为图像创建热区，并将各个热区链接到不同的网页。

（5）运用本章所讲述的方法，创建一个如图 4-50 所示的网站相册。

图 4-50　网站相册

4.8　巩固与提高

本章主要介绍了在网页中插入图像的知识，对交互式图像和网页的背景设置进行了详细的讲解。需要注意的是，在同一个网页中不能同时设置网页背景与网页背景图像。熟练掌握网页图像和图像的设置，在以后的实际网页制作中会有很大帮助。

1．填空题

（1）在网页中使用交互式图像，可使网页具有________与________。

（2）在 Dreamweaver 中，设置网页背景有两种方法：一种是________；另一种是________。

（3）图像占位符并不是在浏览器中显示的最终图像，它只是一种________图形。

（4）图像映射是将图像划分为若干个区域，每个区域被称为一个________。

2．判断题

（1）使用 Ctrl+Alt 组合键也能打开“选择图像源文件”对话框。(　　)

（2）用于创建交互式图像的两幅图像大小必须相同，否则容易造成图像失真。(　　)

（3）在 Dreamweaver CS4 中，可以直接应用 Fireworks CS4 编辑网页中的图像。(　　)

Study

第5章

层与超级链接

在设计网页时，如果想在网页中的任意位置添加图像、文本或表格，就必须经过一些特殊的编辑来完成。但是如果利用本章介绍的层，就方便多了。只需通过拖动鼠标、按键盘上的方向键或指定坐标位置的方式，就可以轻松地插入对象。

网页要成为网络中的一员，都是超链接的功劳。如果没有超链接，它就成了孤立文件，无人问津。因此，要学习网站设计必须先学习好超链接的建立。

学习指南

- 层的基本操作
- 超级链接

文字效果

精彩实例效果展示 ▲

5.1 层的基本操作

层具有浮动功能，利用该功能可以在网页中添加一些浮动的图像、透明的 Flash 等。它在网页制作的过程中有着极其重要的作用。

5.1.1 创建层

在“插入”面板中选择“布局”面板，在面板上单击“绘制 AP div”按钮，这时光标变成“十”字形状，在文档窗口中拖动鼠标，即可绘制出一个层；或者执行“插入→布局对象→AP div”命令，也可插入层。插入的层如图 5-1 所示。

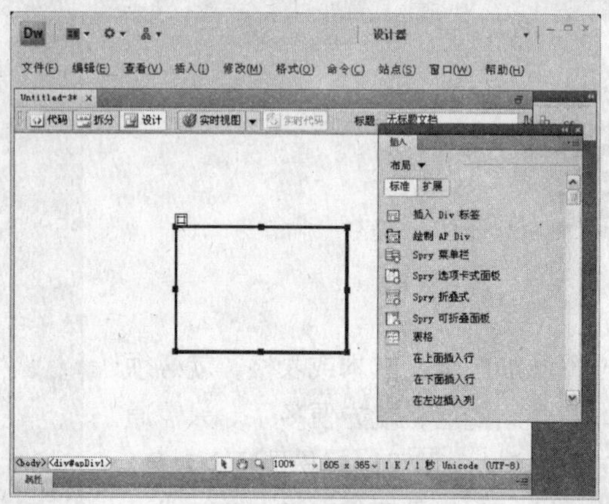

图 5-1 创建层

在绘制层时按住 Ctrl 键不放，可以连续插入多个层。

5.1.2 设置层参数

使用“首选参数”对话框中的“层”类别选项可确定层的默认设置。执行“编辑→首选参数”命令，打开“首选参数”对话框。在左侧的“分类”列表中选择“AP 元素”选项，如图 5-2 所示。对话框中的各项含义如下：

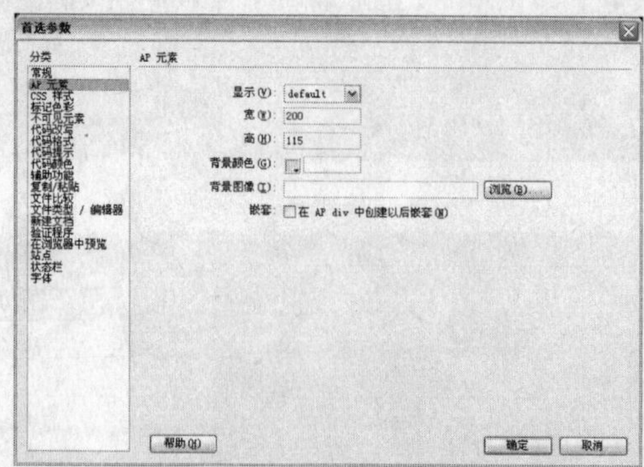

图 5-2 层的首选参数

- 显示：在该下拉列表框中来确定层在默认情况下是否可见。包括 default、inherit、Visible 和 Hidden 四项。

- 宽：在“宽”文本框中指定创建的层的默认宽度（以像素为单位）。
- 高：在“高”文本框中指定创建的层的默认高度（以像素为单位）。
- 背景颜色：在“背景颜色”文本框中指定创建层时默认的背景颜色，可以自己在文本框里输入颜色的代码，也可以单击小三角按钮在颜色选择器中选择颜色。
- 背景图像：在“背景图像”文本框中输入创建层时默认的背景图像的路径，也可单击 浏览... 按钮在本机上指定图像文件。
- 在 AP div 中创建以后嵌套：勾选此复选框，则可以通过直接在一个层窗口内部绘制层的方法创建嵌套层。

5.1.3　层面板

“层”面板也叫“AP 元素”面板，通过“AP 元素”面板可以管理文档中的层，防止层重叠，更改层的可见性，以及选择多个层。

执行“窗口→AP 元素”命令，或者按 F2 键，即可打开“层”面板，如图 5-3 所示。其中各项参数的含义如下：

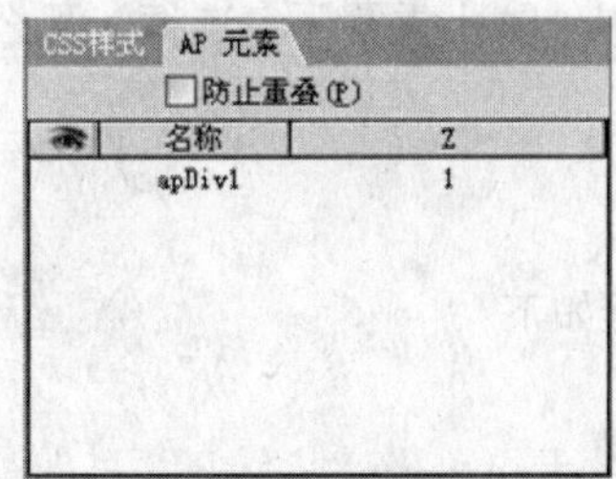

图 5-3　“AP 元素”面板

- 防止重叠：勾选该复选框，表示创建层时各层不能叠加重叠。但在创建嵌套层时，就不能勾选此复选框。
- ：当该图标为一只睁开的眼睛时，表示显示该层；当为一只闭合的眼睛时，表示隐藏该层。
- 名称：显示层的名称，双击层可更改层的名称。
- Z：在该列中可以更改层堆叠顺序，层在 Z 列中的编号高，就排在上层，反之，就排在下层。

5.1.4　选择层

选择层包括选择一个层与选择多个层。

1. 选择一个层

要选择一个层，有以下几种方法：

- 在“AP 元素”面板上单击要选择的层，则在设计视图中该层被选中。
- 单击一个层的选择柄可以选中该层，如图 5-4 所示。如果选择柄不可见，可以在层中的任意位置单击即可显示此选择柄。
- 在一个层的边框上单击可以选中该层。

2. 选择多个层

按住 Shift 键的同时在“AP 元素”面板上单击要选择的层即可选中多个层，也可以在页面中按住 Shift 键不放并依次选择多个层，如图 5-5 所示。

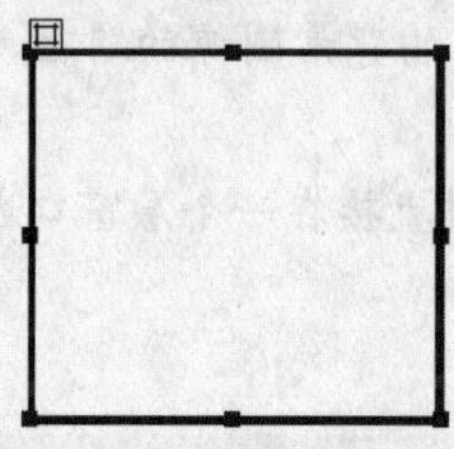

图 5-4　层的选择柄

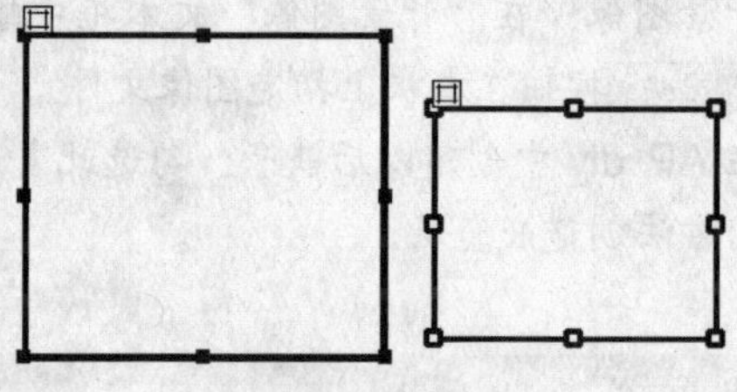

图 5-5　选择多个层

5.1.5　调整层的大小

在 Dreamweaver 中，可以调整单个层的大小，也可以同时调整多个层的大小以使它们具有相同的宽度和高度。如果已经选中“防止重叠”复选框，那么在调整层的大小时将无法使该层与另一个层叠加。

1. 调整单个层的大小

调整单个层的大小的操作步骤如下：

1 选定一个层。

2 执行以下方法之一，可调整层的大小。

- 拖动该层的任意大小调整柄，如图 5-6 所示。

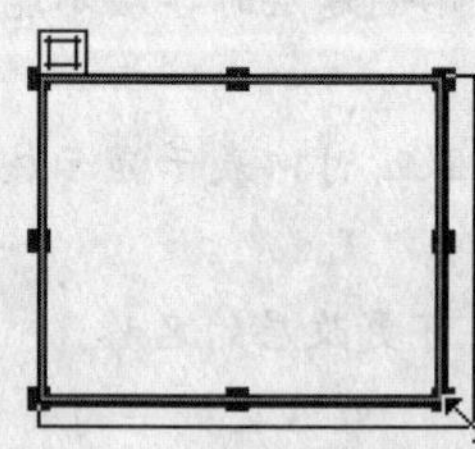

图 5-6　调整层的大小

- 在按住 Ctrl 键的同时再用键盘上的方向键来调整层的大小，一次只能调整一个像素的大小。注意，此方法只能移动层的右边框和下边框，不能使用上边框和左边框来调整大小。

2. 调整多个层的大小

调整多个层的大小的操作步骤如下：

1 选择两个或更多的层。

2 执行以下方法之一，可调整多个层的大小。

- 执行“修改→对齐”命令，在弹出的子菜单中选择“设成宽度相同”或“设成高度相同”命令。注意，首先选定的层符合最后一个选定层（蓝色突出显示）的宽度或高度。
- 在“属性”面板上的“宽”和“高”文本框中输入宽度与高度值，如图 5-7 所示，这些值将应用于所有选定层。

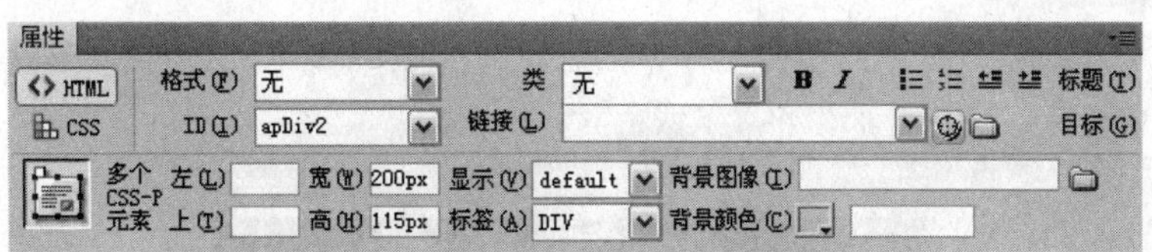

图 5-7　多个层的“属性”面板

5.1.6　移动层

层在页面的编辑中是可以随意移动的，移动层可以使用下面的方法之一。

- 选择需要移动的层，拖动层上方的选择柄或者边框可以移动到文档中的任意位置，如图 5-8 所示。

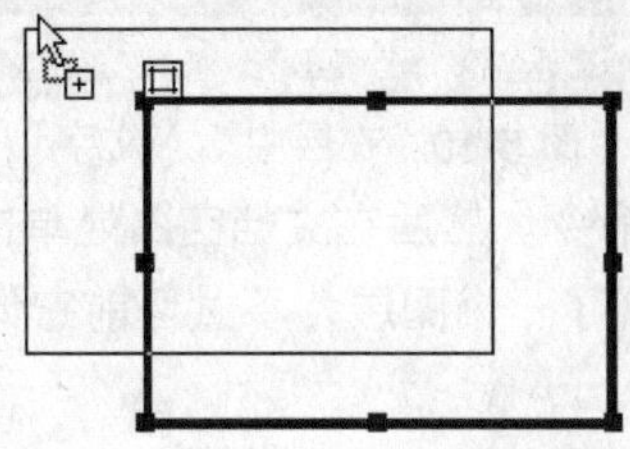

图 5-8　移动层

- 选择需要移动的层，使用键盘上的方向键来移动层，每按一次可以移动一个像素的距离。
- 选择需要移动的层，按住 Shift 键的同时再使用键盘上的方向键，每按一次可以移动一个网格单元的距离。
- 选择需要移动的层，在层的“属性”面板上，在“左”和“上”的文本框中直接输入数值也可以改变层的位置。

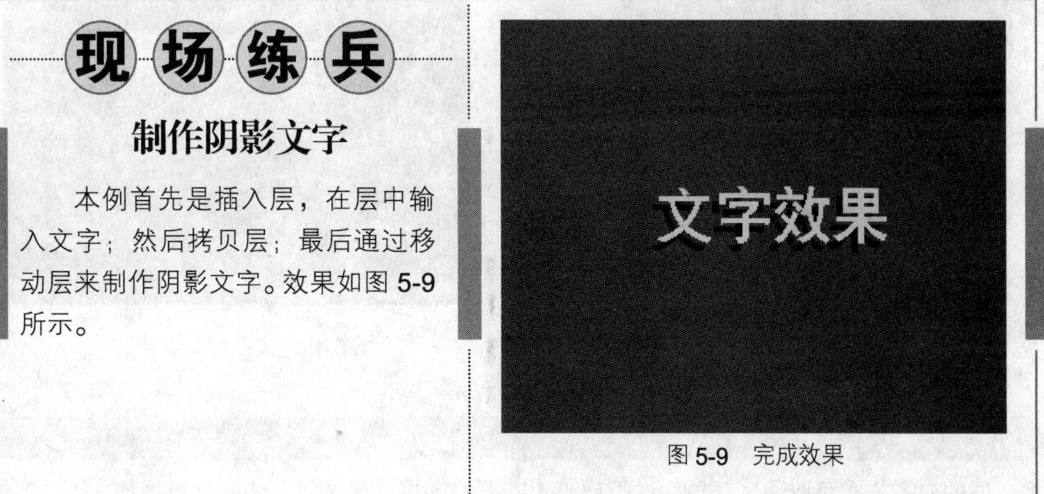

制作阴影文字

本例首先是插入层，在层中输入文字；然后拷贝层；最后通过移动层来制作阴影文字。效果如图 5-9 所示。

图 5-9　完成效果

具体操作方法如下：

1 执行“插入→布局对象→AP div”命令，在文档中插入一个层。

2 在层中输入“文字效果”四个字，字体颜色为黑色，如图 5-10 所示。

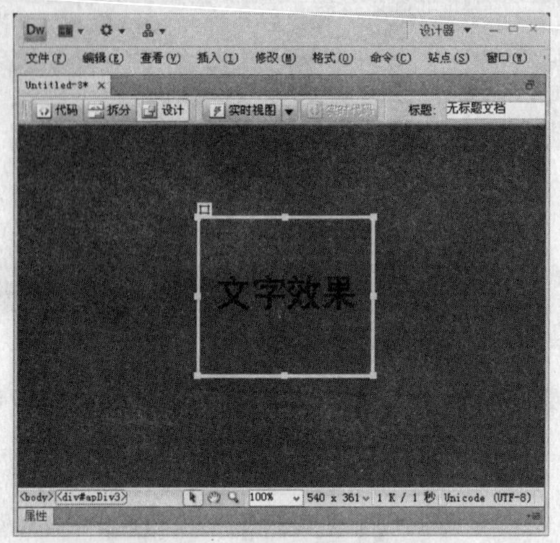

图 5-10　在层中输入文字

3 选中层，执行“编辑→拷贝”命令。然后在文档空白处单击一下鼠标。执行“编辑→粘贴”命令，这样在文档窗口中就又出现了一个图层，不过目前它们重叠在一起，需要移动图层之后才能看见这两个图层。

4 将其中一个层中的文字颜色改为黄色，如图 5-11 所示。

5 选中一个层并用键盘上的方向键移动它，使两个层之间距离相差几个像素，这样就能产生阴影效果。按 F12 键浏览网页，如图 5-12 所示。

图 5-11　改变文字颜色

图 5-12　文字阴影效果

5.1.7　对齐层

层的对齐方式可以通过菜单栏进行调整，若要对齐层，请按以下步骤进行操作。

1 选定网页文档中的层，如图 5-13 所示。

2 执行“修改→排列顺序”命令，在弹出的菜单中选择一个对齐选项，如图 5-14 所示。选择“对齐下缘”选项后的情形，如图 5-15 所示。

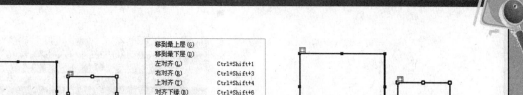

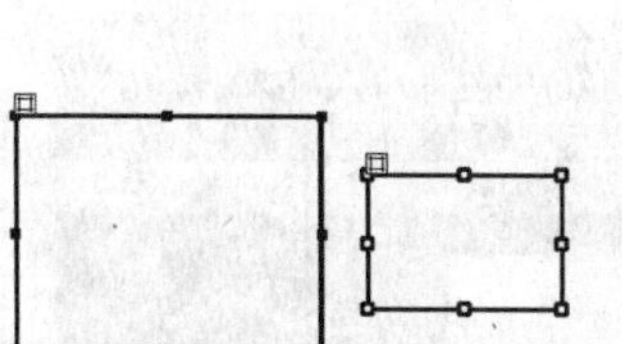
图 5-13　选定层

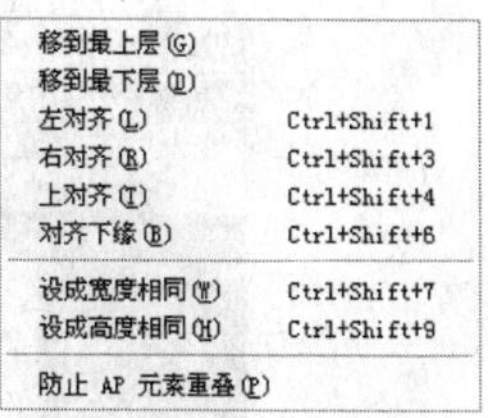

图 5-14　弹出菜单

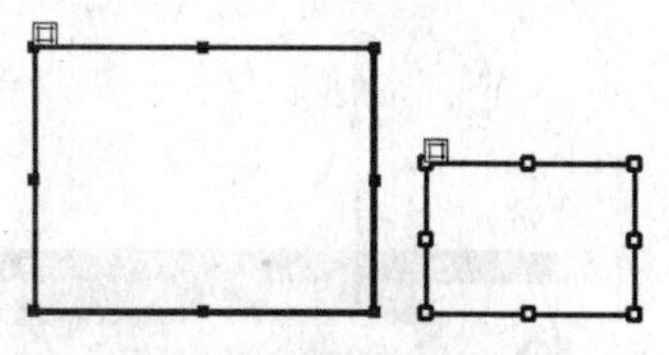
图 5-15　对齐下缘

现场练兵

调整层的“Z 轴”

在操作层的过程中，有时需要将一个层放在其他层的上方。这就需要调整层的“Z 轴”。本次练习的目的是调整层的“Z 轴”，使读者掌握调整层叠加顺序的方法，效果如图 5-16 所示。

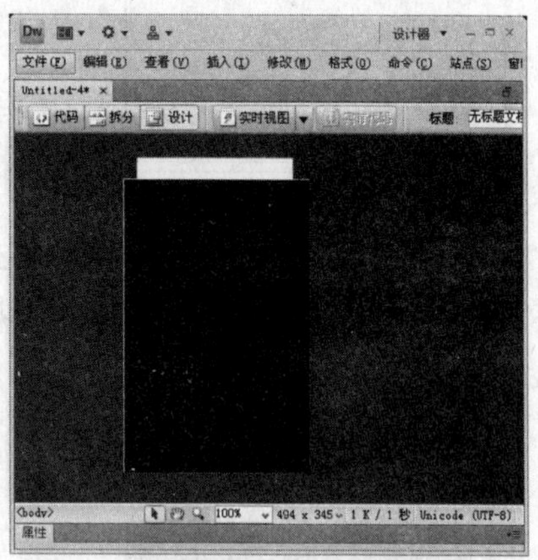
图 5-16　完成效果

具体操作方法如下：

1 先在文档中插入两个层，将其中一个层背景颜色设置为黑色，另一个层背景颜色设置为白色，如图 5-17 所示。

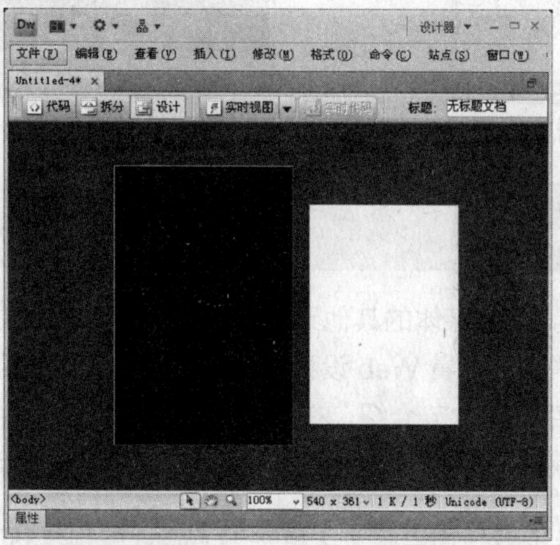
图 5-17　插入的两个图层

2 选中黑色的层，执行“窗口→AP 元素”命令，打开“AP 元素”面板。可以看到它的名称是 apDiv1，“Z 轴”是 1，如图 5-18 所示。当然白色的层的名称是 apDiv2，“Z 轴”是 2。

3 将两个层重叠在一起，如图 5-19 所示。我们可以看到，白色的层在黑色的层的上方。层在 Z 列中的编号高，就排在上层；反之，就排在下层。

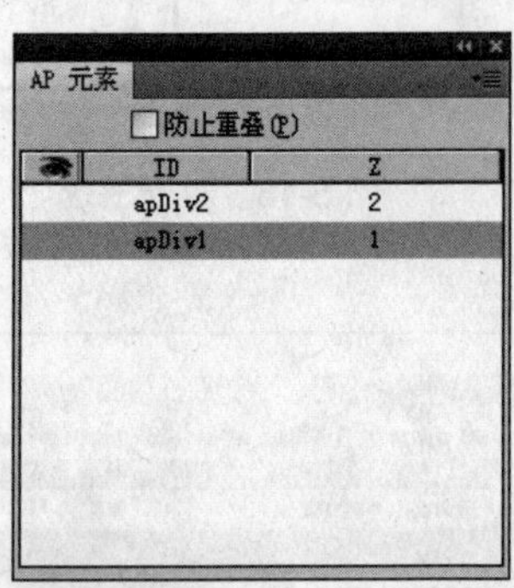

图 5-18 “AP 元素”面板

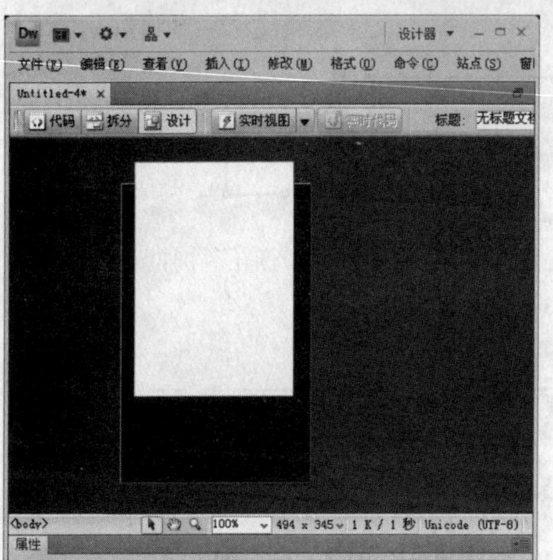

图 5-19 重叠层

4 在“AP 元素”面板上双击黑色的层在 Z 列中的值，将其改为 3，如图 5-20 所示。

5 在文档空白处单击鼠标，可以看到黑色层在白色层的上方，如图 5-21 所示。

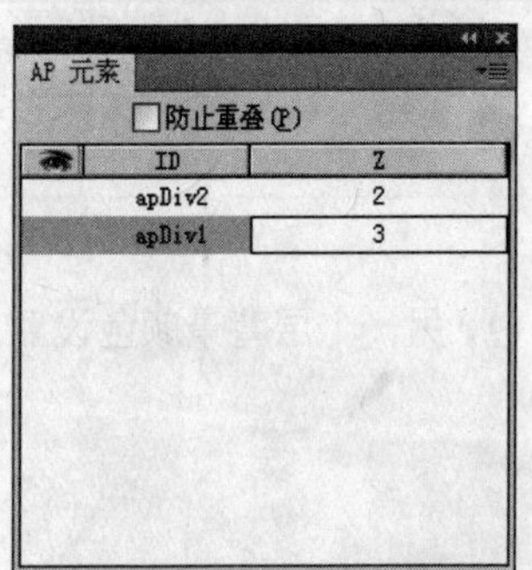

图 5-20 更改 Z 列中的值

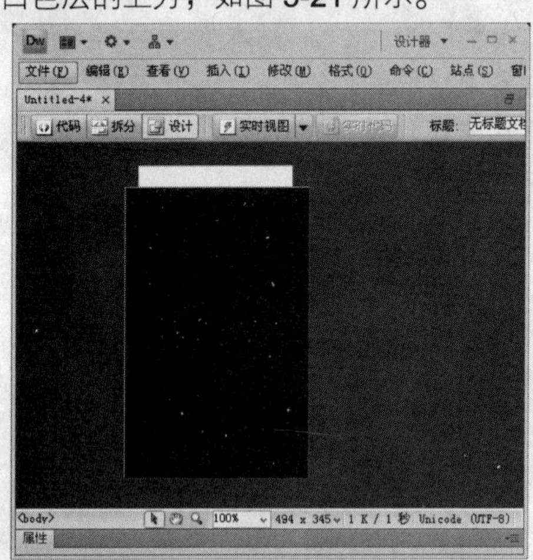

图 5-21 更改层堆叠顺序

5.2 超级链接

链接就是通常说的 URL。因为媒体的其他元素都可以另一种形式进行复制，但是如果没有了链接，也就不会有互联网。随着 Web 设计工作日益复杂化，使用链接可以发送邮件、与 FTP 站点连接、下载软件等。本节介绍，在 Dreamweaver CS4 中如何管理不同类型的链接、在文档中设置锚以获取平稳、精确的导航帮助、为 URL 设置目标。

Dreamweaver CS4 提供多种创建超文本链接的方法，可创建到文档、图像、多媒体文件或可下载软件的链接。可以建立到文档内任意位置的任何文本或图像（包括标题、列表、表、层或框架中的文本或图像）的链接。

链接的创建与管理有几种不同的方法。有些 Web 设计者习惯创建一些指向尚未建立的页面或文件的链接；而另一些设计者则倾向于首先创建所有的文件和页面，然后再添加相应的链接。另一种管理链接的方法是创建代替最终文件的占位符页面，使用这种方法可以快速添加链接，而且可在实际完成所有页面之前对这些链接进行检查。

5.2.1 URL 简介

URL（Universal Resource Location）中文翻译为统一资源定位器。URL 是 Internet 上用来描述信息资源的字符串。一个 URL 分为三个部分：协议代码、装有所需文件的计算机地址和主机资源的具体地址。

Internet 资源类型（scheme）：指出 WWW 客户程序用来操作的工具。如“http://”表示 WWW 服务器，“ftp://”表示 FTP 服务器，“gopher://”表示 Gopher 服务器，而“new:”表示 Newgroup 新闻组。

- 服务器地址（host）：指出 WWW 页所在的服务器域名。
- 端口（port）：对某些资源的访问来说，需给出相应的服务器提供端口号。
- 路径（path）：指明服务器上某资源的位置。
- URL 地址格式排列为：scheme://host:port/path，例如 http://www.try.org/pub/HXWZ 就是一个典型的 URL 地址。客户程序首先看到 http（超文本传送协议），便知道处理的是 HTML 链接。接下来的 www.try.org 是站点地址，最后是目录 pub/HXWZ。而 ftp://ftp.try.org/pub/HXWZ/cm9612a.GB，WWW 客户程序需要用 FTP 去进行文件传送，站点是 ftp.try.org，然后在目录 pub/HXWZ 中下载文件 cm9612a.GB。

如果上面的 URL 是 ftp://ftp.try.org:8001/pub/HXWZ/cm9612a.GB，则 FTP 客户程序将从站点 ftp.try.org 的 8001 端口连入。

小提示

WWW 上的服务器都是区分大小写字母的，所以，千万要注意正确的 URL 大小写表达形式。

5.2.2 超级链接路径

创建超级链接时必须了解链接与被链接的路径。在一个网站中，路径通常有三种表示方式：绝对路径、根目录相对路径、文档目录相对路径。

1. 绝对路径

绝对路径是被链接文档的完整 URL，包括使用的传输协议，对于网页而言，通常是 http://。例如：“http://www.microsoft.com/isapi/redir.dll?prd=ie&pver=6&ar=msnhome”即是一个绝对路径。

绝对路径包含的是精确地址，因此不用考虑源文件的位置。如果目标文件被移动，则链接无效。创建外部链接时（即从一个网站的网页链接到其他网站的网页），必须使用绝对路径。

2. 根目录相对路径

根目录相对路径是指从站点根文件夹到被链接文档经过的路径。站点上所有公开的文件都存放在站点的根目录下。

根目录相对路径以斜线“/”开头，表示站点根文件夹，例如：/web/index.htm 是指站点根文件夹下的 web 子文件夹中的一个文件（index.htm）的根目录相对路径。使用根目录相对路径时，即使移动包含根目录相对链接的文档，链接也不会发生错误。

3. 文档目录相对路径

文档目录相对路径是指以当前文档所在位置为起点到被链接文档经由的路径，这种方式适合于创建本地链接。

使用文档相对路径可省去当前文档和被链接文档的绝对 URL 中相同的部分，保留不同部分。

5.2.3 网站内部链接

在 Dreamweaver 中，可以为文本或图片创建内部链接。设置内部链接的具体步骤如下：

1 选定要建立链接的文本或图像。

2 打开“属性”面板，单击“链接”文本框右侧的文件夹图标，打开“选择文件”对话框，如图 5-22 所示。或者在“链接”文本框中直接输入要链接内容的路径。

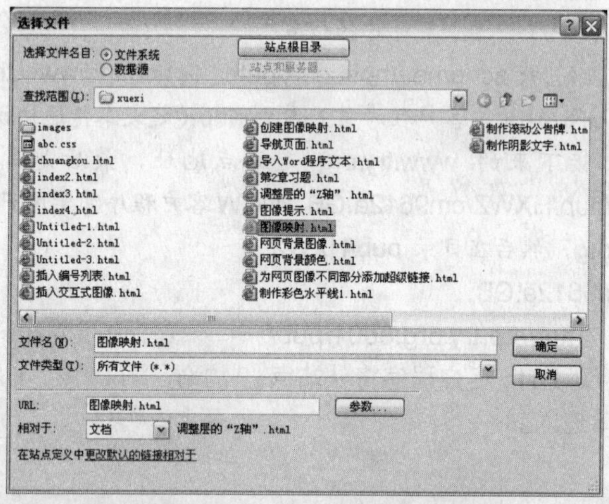

图 5-22 “选择文件”对话框

3 选择一个需要链接的文件，单击 确定 按钮，这时便建立了链接。默认链接的文字以蓝色显示，还带有下划线。

5.2.4 网站外部链接

网站的外部链接是相对于内部链接而言的，就是指用户将自己制作的网页与 Internet 建立的链接。这就需要知道要链接网站的网址。例如，要将页面中的文字与网易网站的主页建立超级链接，具体的操作方法与内部链接没有本质的区别，只需选中页面文字，在“属性”面板上的“链接”文本框中输入“http://www.163.com”即可。

5.2.5 创建空链接

所谓空链接就是文本、图片等像是被加上了超链接，但实际上并没有设置具体的链接。创建空链接的操作步骤如下：

1 选中需要创建空链接的文本，如图 5-23 所示。

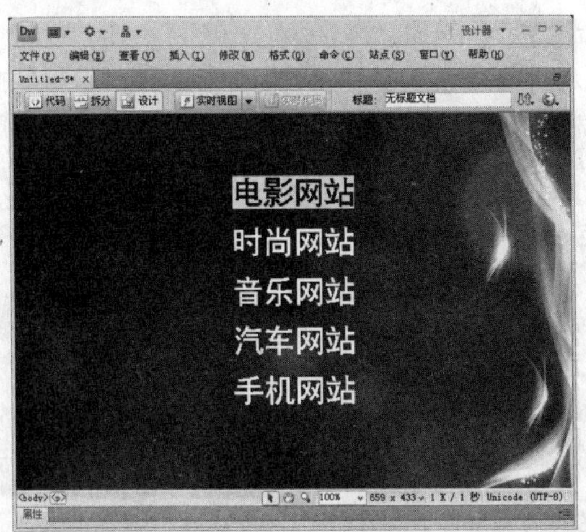

图 5-23　选中文本

2 在“属性”面板上的“链接”文本框里输入“#”号，如图 5-24 所示。这就为“电影网站”这几个字创建了空链接。

3 按照同样的方法为其他文本创建空链接。按 F12 键浏览，如图 5-25 所示。我们看到将光标指向链接对象，光标会变成小手形状。这像是创建了超级链接的情形，其实它并不链接到任何网页及对象。

图 5-24　在“链接”文本框里输入“#”号

图 5-25　创建空链接

现场练兵

使用空链接给图像添加边框

在 Dreamweaver 中，通过对图片添加超级链接，然后设置边框大小与颜色，可以使图片的表现更多样，如图 5-26 所示。

图 5-26　捕捉冻结对象的端点

具体操作方法如下：

1 执行“插入→图像”命令，打开“选择图像源文件”对话框，在对话框中选择一个图像文件，如图 5-27 所示，然后单击 确定 按钮。

2 在网页中插入图片后，选中该图片，在“属性”面板上的“链接”文本框中输入“#”号，即可为图片添加空链接，然后在“边框”文本框中输入 6，如图 5-28 所示。

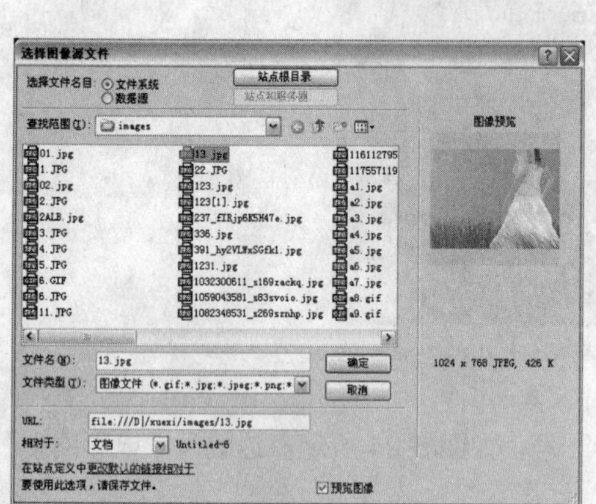

图 5-27 “选择图像源文件”对话框

图 5-28 设置边框

3 单击“属性”面板上的 页面属性... 按钮，打开“页面属性”对话框，选择“链接”选项，为图片设置需要的链接颜色，如图 5-29 所示。

4 设置完成后，单击 确定 按钮，按 F12 键预览，页面中的图像如图 5-30 所示。

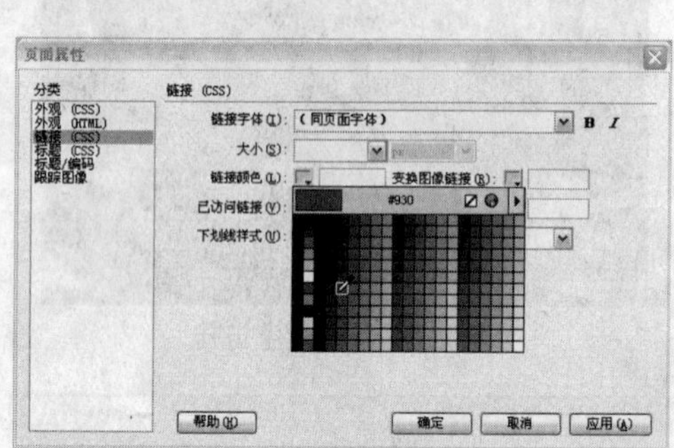

图 5-29 “页面属性”对话框

图 5-30 预览网页

5.2.6 创建下载链接

创建下载链接的操作步骤如下：

1 在文档中选中指示下载文件的文本，如图 5-31 所示。

2 打开“属性”面板，单击“链接”文本框右侧的文件夹按钮，打开“选择文件”对话框，如图 5-32 所示。

3 在对话框中选择要链接的文件，这里选择的文件扩展名为“.rar”，然后单击 确定 按钮，下载链接即可建立。

图 5-31　选中指示下载文件的文本

图 5-32　选择要链接的文件

4 保存文件，按 F12 键浏览，单击链接文字，将弹出如图 5-33 所示的“文件下载”对话框，单击 保存(S) 按钮即可下载文件。

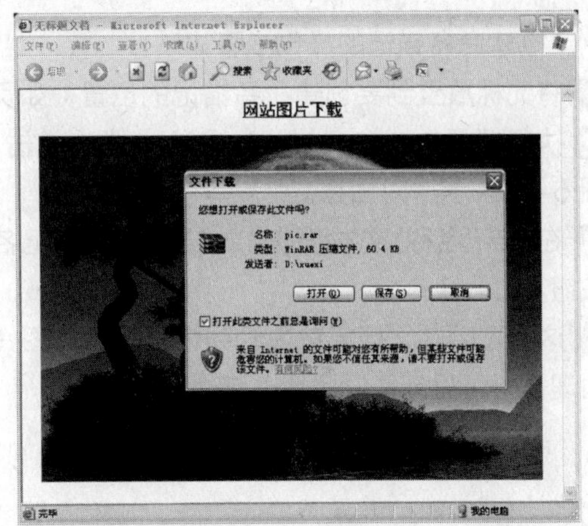
图 5-33　浏览网页

5.2.7　创建电子邮件链接

电子邮件链接是一种特殊的链接，使用 mailto 协议。在浏览器中单击邮件链接时，将启动默认的邮件发送程序。该程序是与用户浏览器相关联的。在电子邮件消息窗口中，“收件人”域自动更新为显示电子邮件链接中指定的地址。创建电子邮件链接的操作步骤如下：

1 将光标放至需要插入电子邮件地址的位置。

2 执行“插入→电子邮件链接”命令，打开“电子邮件链接”对话框，如图 5-34 所示。

3 在“文本”文本框中输入邮件链接要显示在页面上的文本；在 E-Mail 文本框中输入要链接的邮箱地址，如图 5-35 所示。

图 5-34　“电子邮件链接”对话框

图 5-35　输入文本及 E-mail 地址

4 单击 确定 按钮，邮件链接就加到了当前文档中。使用“属性”面板创建电子邮件链接的方法是在文档窗口的“设计”视图中选择文本或图像。在属性面板的“链接”文本框中，输入“mailto:”，后面跟电子邮件地址。在冒号和电子邮件地址之间不能输入任何空格，例如输入“mailto:administrator@163.com”。

5.2.8 创建锚记链接

命名锚记使用户可以在文档中设置标记。命名锚用于定义文档内部的一个指定位置，目标指向命名锚的超级链接称为锚记链接。通过单击锚记可以使文档跳转到命名锚所定义的文档位置，这样，就可以在一个长文档中实现内容的快速检索和定位。

创建到命名锚记的链接的过程分为两步：首先要创建命名锚记，然后创建到该命名锚记的链接。

1. 创建命名锚记

创建命名锚记的操作步骤如下：

1 将光标放置到要创建命名锚记的位置，如页面顶部。

2 执行“插入→命名锚记”命令，或者单击“常用”面板上的“命名锚记”按钮。打开如图 5-36 所示的对话框。

3 在“锚记名称”文本框中输入锚的名称。锚记名不能含有空格，如这里输入 111。然后单击 确定 按钮。

4 这时可以在文档窗口中看到锚标记，如图 5-37 所示。如果看不到，则执行“查看→可视化助理→不可见元素”命令，使之可见。

图 5-36 “命名锚记”对话框

图 5-37 锚标记

5 锚标记在文档中的位置还可以通过鼠标拖动来改变。锚标记的名称也可以在“属性”面板上进行更改。

2. 链接到命名锚记

链接到命名锚记的操作步骤如下：

1 在网页文档中选择要建立链接的文本或图像。这里选择文档底部的文本，如图 5-38 所示。

2 打开“属性”面板，在“链接”文本框中输入锚记名称及其相应前缀。如果目标锚位于当前文档，则在“链接”文本框中先输入“#”号再输入链接的锚名称。如果目标锚位于其他文档中，则先输入该文档的 URL 地址和名称，再输入“#”号，最后输入链接的锚名称。此处目标锚位于当前文档中，在“链接”文本框中输入“#111”，如图 5-39 所示。

图 5-38　选择链接文本

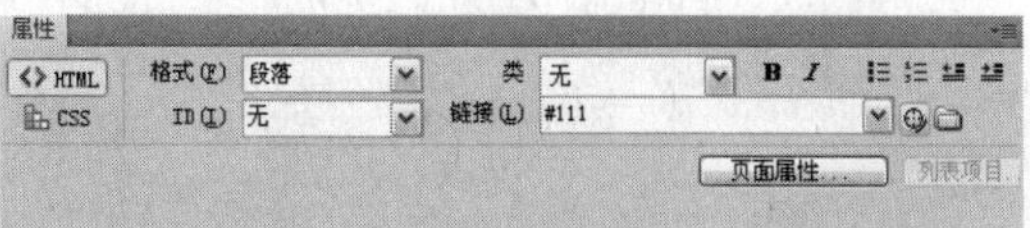

图 5-39　输入“#”号及链接的锚名称

3 按 F12 键进行浏览，我们可以看到，点击链接的文字可回到页面顶部，如图 5-40 所示。

图 5-40　浏览网页

5.2.9　创建脚本链接

脚本链接执行 JavaScript 代码或调用 JavaScript 函数。它非常有用，能够在不离开当前网页的情况下，为访问者提供有关某项的附加信息。脚本链接还可用于在访问者单击特定项时，执行计算、表单验证和其他需处理任务。

创建脚本链接的操作步骤如下：

1 在文档窗口中，选择要创建脚本链接的文本、图像或其他对象。这里在文档窗口中输入文本“请单击此处”，然后选中输入的文本，如图 5-41 所示。

2 打开“属性”面板，在“链接”文本框中输入 javascript，后面添加一些 JavaScript 代码或函数调用。例如这里输入“javascript:alert（'欢迎光临本网站'）”，如图 5-42 所示。

3 按 F12 键浏览网页，当单击“请单击此处”时，会弹出如图 5-43 所示的对话框。

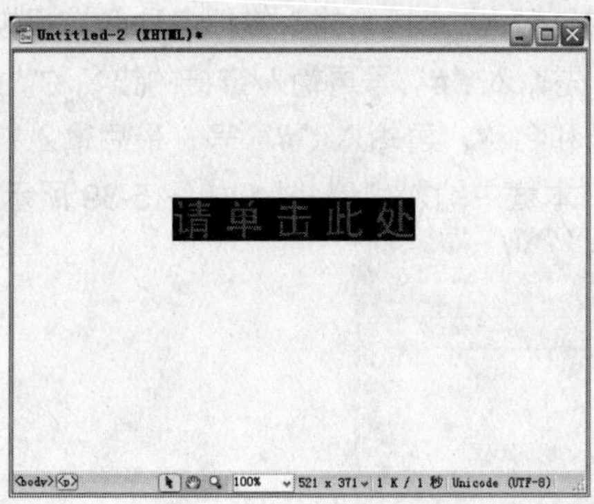

图 5-41　选中文字

图 5-42　创建脚本链接

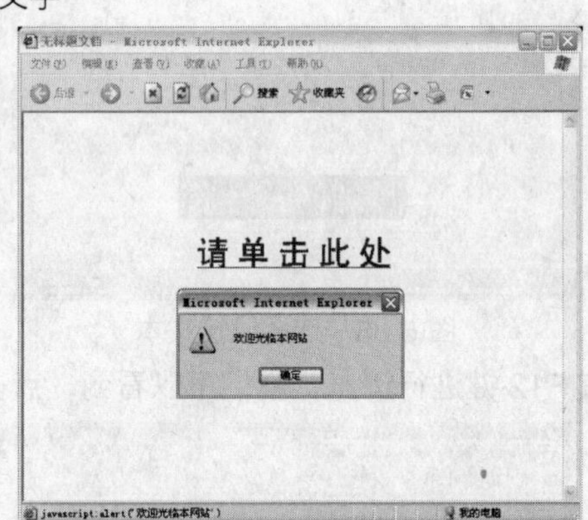

图 5-43　弹出对话框

5.2.10　创建导航条

很多时候，网站间的不同页面都使用的是同一个导航条。导航条由一幅或一组图像组成，浏览网页时，这些图片会随着鼠标的移动而相互更替。合理地使用导航条，可以使网页层次分明，而且替代超级链接使用。建议一般情况下每个元件只设置一到两种状态的图像，图像太多，会影响到网页的访问速度。

创建导航条的操作步骤如下：

1 将光标放置到要插入导航条的位置，执行“插入→图像对象→导航条”命令，或者单击“常用”面板上的“导航条”按钮，打开“插入导航条”对话框，如图 5-44 所示。

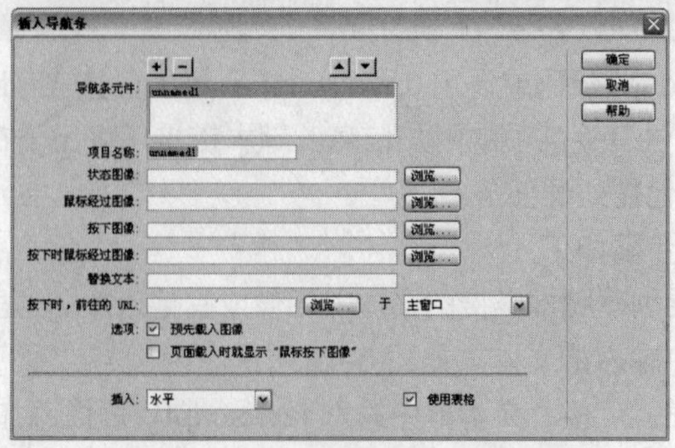

图 5-44　“插入导航条”对话框

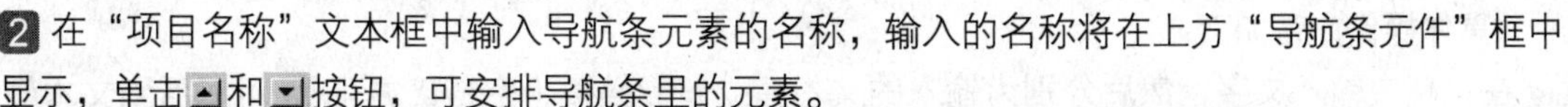

2 在“项目名称”文本框中输入导航条元素的名称，输入的名称将在上方“导航条元件”框中显示，单击▲和▼按钮，可安排导航条里的元素。

3 在“状态图像”文本框里输入所选图像的路径及名称。或者单击 浏览... 按钮，打开“选择图像源文件”对话框，从中选择图像，此图像为在页面刚载入时所显示的图像。

4 在“鼠标经过图像”文本框里输入所选图像的路径及文件名，或者单击 浏览... 按钮，打开“选择图像源文件”对话框，从中选择图像。此图像为当光标移过“状态图像”时所显示的图像。

5 在“按下图像”文本框里输入按下原始图像时出现的图像的路径和文件名，或者单击 浏览... 按钮，打开“选择图像源文件”对话框，从中选择图像，该图像将在单击原始图像时显示。

6 在“按下时鼠标经过图像”文本框里输入要选择图像的路径及文件名，或者单击 浏览... 按钮，打开“选择源图像文件”对话框，从中选择图像。此图像是在已经单击初始图像后将鼠标移过时所显示的图像。

7 在“按下时，前往的 URL”文本框里输入链接地址。或者单击 浏览... 按钮，选择要链接到的文件。

8 按 F12 键，预览插入的导航条，如图 5-45 所示，将光标指向初始图像，变成另外的图像。

（a）鼠标经过前

（b）鼠标经过时

图 5-45　预览导航条

现场练兵

定义链接颜色

从上面定义过的链接可以看到，链接过的文本颜色一般都是蓝色。但链接颜色是可以自定义的。本次练习的目的，是让读者掌握自定义网页链接颜色的方法，如图 5-46 所示。

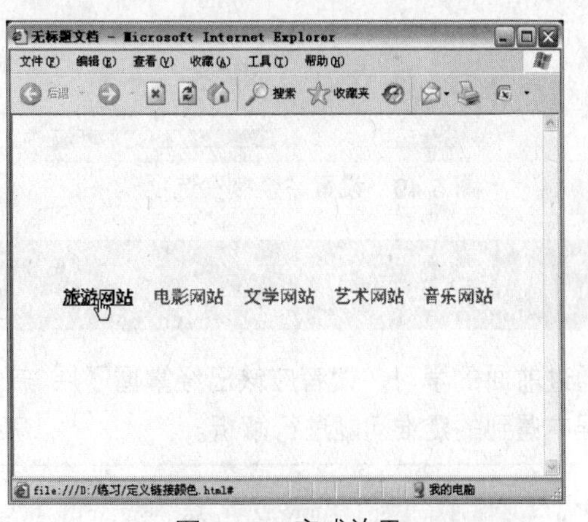

图 5-46　完成效果

具体操作方法如下：

1 在文档中输入文字，然后分别为输入的文本建立超级链接（空链接亦可），可以看到文本颜色变为蓝色，并出现了下划线，如图 5-47 所示。

2 执行“修改→页面属性”命令，或者在“属性”面板上单击 页面属性... 按钮，弹出如图 5-48 所示的“页面属性”对话框。

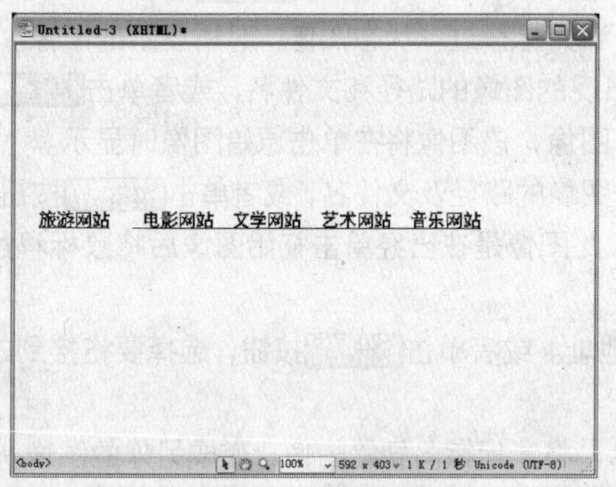

图 5-47　文本颜色改变

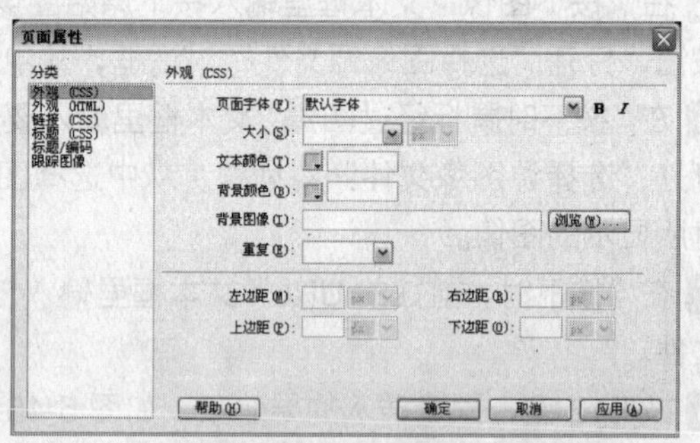

图 5-48　“页面属性”对话框

3 在“分类”列表下选择“链接”选项，将“链接颜色”与“已访问链接”的颜色都设置为橘黄色，“变换图像链接”的颜色设置为黑色。然后在“下划线样式”下拉列表中选择“仅在变换图像时显示下划线”选项。完成后单击 确定 按钮，如图 5-49 所示。

4 按 F12 键浏览网页，链接文字变成了橘黄色，当光标经过链接文字时，链接文字颜色变成黑色，同时出现下划线，如图 5-50 所示。

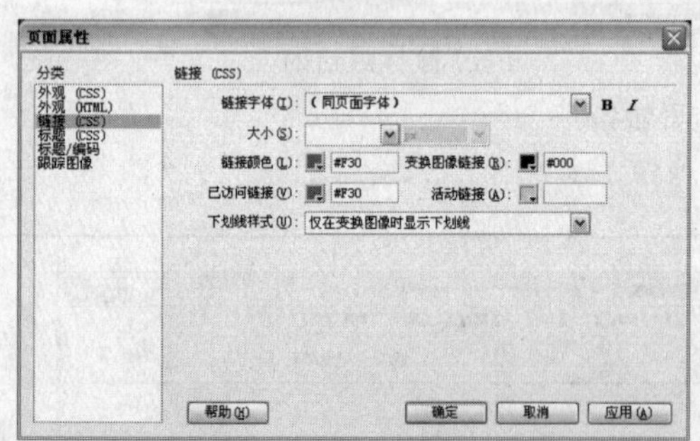

图 5-49　设置“链接”选项

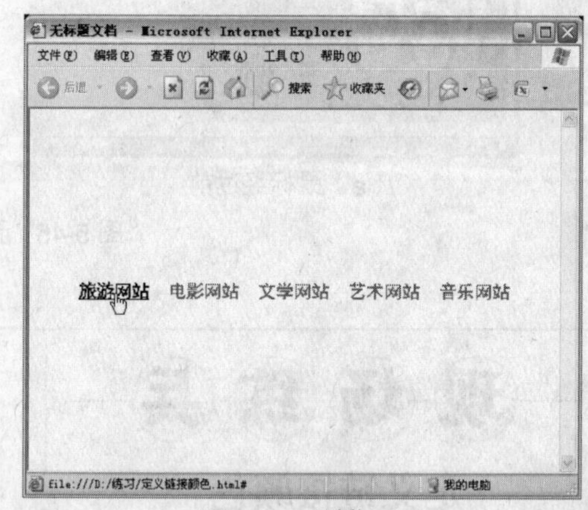

图 5-50　浏览网页

5.3 疑难解析

通过前面的学习，读者应该已经掌握了层与超级链接的基础知识，下面就读者在学习的过程中遇到的疑难问题进行解析。

1 为什么制作的层内容在页面中看不见？

当“层”面板上层的编号为负数时，表示层位于页面之下。层中的内容可能被页面中的元素所覆盖，在这种情况下，在“层”面板将层的编号改为正数即可。

2 怎样才能在单击空链接时不自动重置到页面顶端?

在浏览器里单击空链接时，页面会自动重置到顶端，从而会影响用户正常浏览。要杜绝这种情况，只需在创建空链接时，在“链接”文本框里不输入“#”号，而输入“javascript：void（null）”即可。

3 下载链接的链接对象是什么?

下载链接一般是指向压缩文件（文件的扩展名为“.rar”或者“.zip”）和可执行文件（文件的扩展名为“.exe”或者“.com”）等。

4 为什么创建的锚记链接不起作用?

在一个网页文档中，锚的名称是唯一的，不允许在同一个网页文档中出现相同的锚名称。只要将锚的名称统一即可。

5.4 上机实践

（1）在文档页面中插入一幅图片，并为图片设置超级链接。

（2）在文档页面中插入 E-mail 链接，并在 E-mail 地址中输入自己的电子邮箱。

5.5 巩固与提高

本章主要介绍了创建层与建立超级链接的方法。通过层可以随意放置页面元素，而许多页面元素可以作为链接载体，如文本、图像、图像热区、动画等等。链接目标可以是任意网络资源，如页面、图像、声音、程序、其他网站、E-mail 甚至是页面中的某个位置——锚点。熟练掌握本章内容对于制作网页是非常有用的。

1．选择题

（1）快速打开“层”面板的快捷键是（　　）。

A．F1　　B．F2　　C．F3　　D．F4

（2）下列有关“调整层的大小”说法错误的是（　　）。

A．可以同时调整多个层的大小

B．选定层后，按住 Ctrl 键的同时用键盘上的方向键来调整层的大小

C．B 项的方法只能移动层的右边框和下边框

D．B 项的方法只能移动层的上边框和左边框

（3）下列关于选择层说法错误的是（　　）。

A．可以同时选择多个层

B．在“层”面板上单击层的名称，可以选中该层

C．单击一个层的边框，能选择该层

D．在一个层中任意位置单击，能选中该层

（4）在一个网站中，路径的表现方式分别是（　　）。

A．绝对路径、根目录相对路径

B．绝对路径、根目录绝对路径、文档目录相对路径

C．绝对路径、根目录绝对路径

D．绝对路径、根目录相对路径、文档目录相对路径

2．判断题

（1）不能同时调整多个层的大小。（　　）

（2）当“层”面板上的图标为 时，表示已将该层删除。（　　）

（3）使用“首选参数”对话框中的“层”类别选项可确定层的默认设置。（　　）

（4）当“层”面板上的“防止重叠”复选框被勾选的话，将不能创建嵌套层。（　　）

（5）在网站的内部链接中可以链接到 http://www.yahoo.com。（　　）

（6）创建外部链接时，必须使用绝对路径。（　　）

Study

第6章

在网页中插入表格

要学习网页设计，熟练使用表格是必不可少的。不仅是制作行列式的表格，更重要的是它能帮助我们把图片、文字有致地排列。熟练掌握和灵活应用表格的各种属性，可以使网页更加赏心悦目。因此，表格是网页设计人员必须掌握的基础，也是网页设计的重中之重。

学习指南

- 创建表格
- 编辑表格
- 导入和导出表格数据
- 表格与层的转换

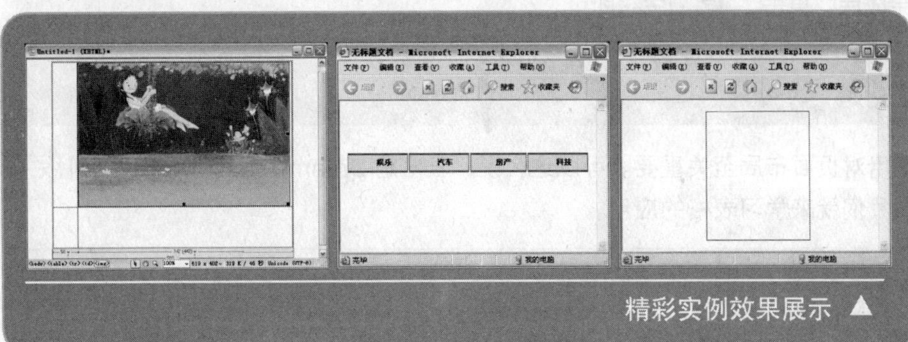

精彩实例效果展示 ▲

6.1 创建表格

在网页设计中，表格布局已经成为一个模式，随便浏览一个网站都是用表格布局的。表格布局的优势在于它能对不同对象加以处理，而又不用担心不同对象之间的影响。

1 要插入表格，可以执行“插入→表格”命令，或在“插入”面板上的“常用”面板中单击按钮，或按 Ctrl+Alt+T 组合键，打开“表格”对话框，如图 6-1 所示。

2 在“行数”文本框中输入表格的行数，在“列数”文本框中输入表格的列数。

3 在“表格宽度”文本框中输入表格的宽度。其右侧是表格的宽度单位，包括“像素”和“百分比”两种。

4 在“边框粗细”文本框中输入表格边框线的粗细数值。

5 在“单元格边距”文本框中输入单元格中内容与单元边界之间间隔的像素值。

图 6-1 “表格”对话框

6 在“单元格间距”文本框中输入每个单元格之间的间距。

7 在“页眉”区域下有四种样式：“无”、“左”、“顶部”、“两者”，这表示设置表格内标题的几种形式。如图 6-2 所示分别为无标题、标题居左、标题居顶、标题同时居左和居顶时的表格状态。

Microsoft	Macromedia	Adobe
Office	Dreamweaver	Photoshop
SQL Server	Flash	Acrobat
Visual Studio	Fireworks	Affter Effect

Microsoft	Macromedia	Adobe
Office	Dreamweaver	Photoshop
SQL Server	Flash	Acrobat
Visual Studio	Fireworks	Affter Effect

Microsoft	**Macromedia**	**Adobe**
Office	Dreamweaver	Photoshop
SQL Server	Flash	Acrobat
Visual Studio	Fireworks	Affter Effect

Microsoft	**Macromedia**	**Adobe**
Office	Dreamweaver	Photoshop
SQL Server	Flash	Acrobat
Visual Studio	Fireworks	Affter Effect

图 6-2 页眉样式应用于表格

8 在“标题”文本框中输入表格的标题。

9 在“对齐标题”下拉列表中选择一种标题显示位置，分别为“默认”、“顶部”、“底部”、“左”、“右”。

10 在“摘要”文本框中输入对表格的说明，但此说明不会在页面中显示，只有在代码视图中才能看到。设置完成后，单击 确定 按钮即可。

6.2 编辑表格

表格的合理运用对页面布局至关重要。可以这么说，表格是 Dreamweaver CS4 页面排版的核心。下面我们就来学习表格的应用。

6.2.1 输入表格内容

在 Dreamweaver 中，不仅可以在表格中输入文本，还可以插入图像。

1. 输入文本

将光标放置到要输入文本的表格中，直接输入文本内容即可。

2. 插入图像

将光标放置到要插入图像的表格中，执行“插入→图像”命令，或者按 Ctrl+Alt+I 组合键打开“选择图像源文件”对话框，如图 6-3 所示。选择要插入的图像，单击 确定 按钮，即可在表格中插入图像，如图 6-4 所示。

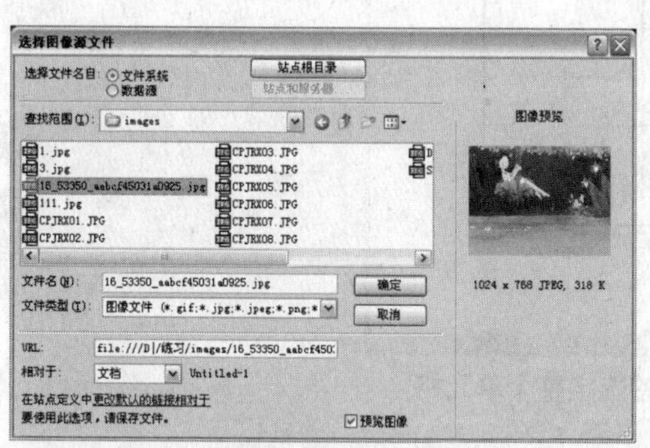

图 6-3 “选择图像源文件”对话框

图 6-4 在表格中插入图像

6.2.2 选定表格元素

在对表格元素进行操作之前，必须先选定表格元素。下面就来介绍选定表格元素的操作方法。

1. 选定整行表格

选定整行单元格的操作方法有下面两种：

- 在一行表格中，按住鼠标左键不放横向拖动。
- 将光标放置到一行表格的左边，当出现选定箭头时单击鼠标，即可选中整行表格，如图 6-5 所示。

2. 选定整列表格

选定整列的操作方法有下面两种：

- 在一列表格中，按住鼠标左键不放纵向拖动。
- 将光标置于一列表格上方，当出现选定箭头时单击鼠标，选定的单元格内侧会出现黑框，如图 6-6 所示。

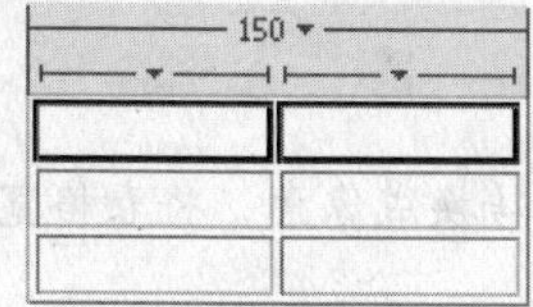

图 6-5 选定整行

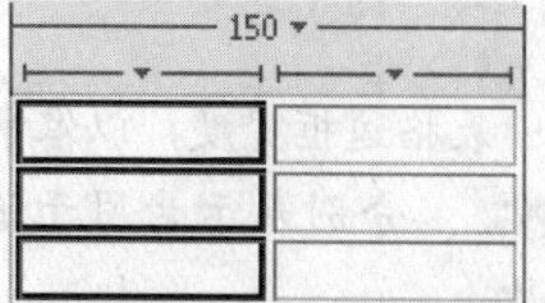

图 6-6 选定整列

3. 选定整个表格

选定整个表格的操作方法有下面三种：

- 执行“修改→表格→选择表格”命令。
- 将鼠标移动到表格的左上角或右下角，当光标变成✥形状时单击。
- 将光标放置到任意一个单元格中，然后单击文件窗口左下角的<table>标签，如图6-7所示。

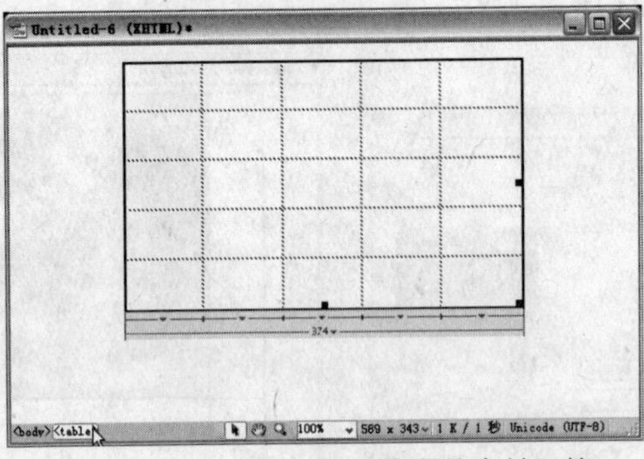

图 6-7　单击 table 标签选定整个单元格

6.2.3　设置表格与单元格属性

设置表格与单元格属性可通过“属性”面板来完成，下面分别进行介绍。

1. 设置表格属性

在 Dreamweaver 中，利用“属性”面板可以设置表格属性。选定表格，“属性”面板如图 6-8 所示。其中各项参数含义如下。

图 6-8　表格“属性”面板

- 表格：设置表格的名称。
- 行：设置表格的行数。
- 列：设置表格的列数。
- 宽：设置表格的宽度。
- 填充：设置单元格内容与边框的距离。
- 间距：设置每个单元格之间的距离。
- 对齐：设置表格对齐方式。对齐方式有左对齐、居中对齐和右对齐三种。默认是左对齐。
- 边框：表格边框宽度，以像素为单位。
- ：分别表示为用于清除列宽、将表格宽度转换成像素、将表格宽度转换成百分比。
- ：表示为用于清除行高。
- 背景图像：用来设置表格的背景图像。

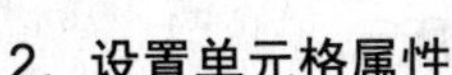

2. 设置单元格属性

在 Dreamweaver 中，用户还可以单独设置单元格的属性，将光标放置到单元格中，其“属性”面板如图 6-9 所示。

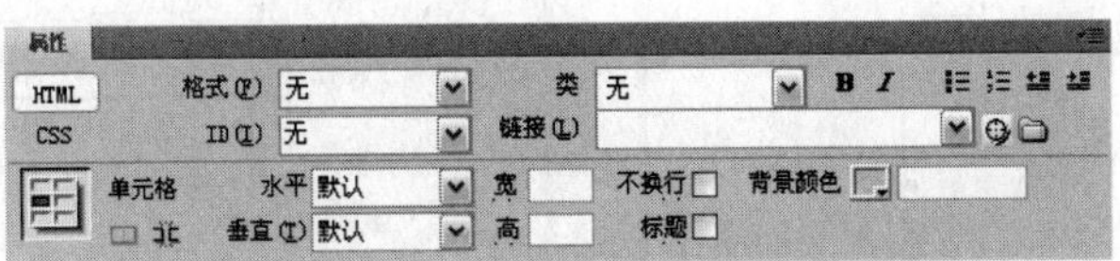

图 6-9 单元格“属性”面板

- 格式：设置表格中文本的格式。
- ID：设置单元格的名称。
- 类：选择设置的 CSS 样式。
- 链接：设置单元格中内容的链接属性。
- **B**：对所选文本应用加粗效果。
- *I*：对所选文本应用斜体效果。
- 列表与缩进按钮：设置表格中文本列表方式和缩进方式。
- 水平：设置表格中元素的水平对齐方式，其中包括“左对齐”、“右对齐”、“居中对齐”三项。默认是“左对齐”。
- 垂直：设置表格中元素的垂直方式，其中包括“顶端”、“居中”、“底部”、“基线”四项。默认为“居中”。
- 宽、高：设置单元格的宽度和高度，单位为像素。
- 不换行：选中此项，表格中文字、图像将不会环绕排版。
- 标题：设置单元格的表头。
- 背景颜色：设置单元格的背景颜色。

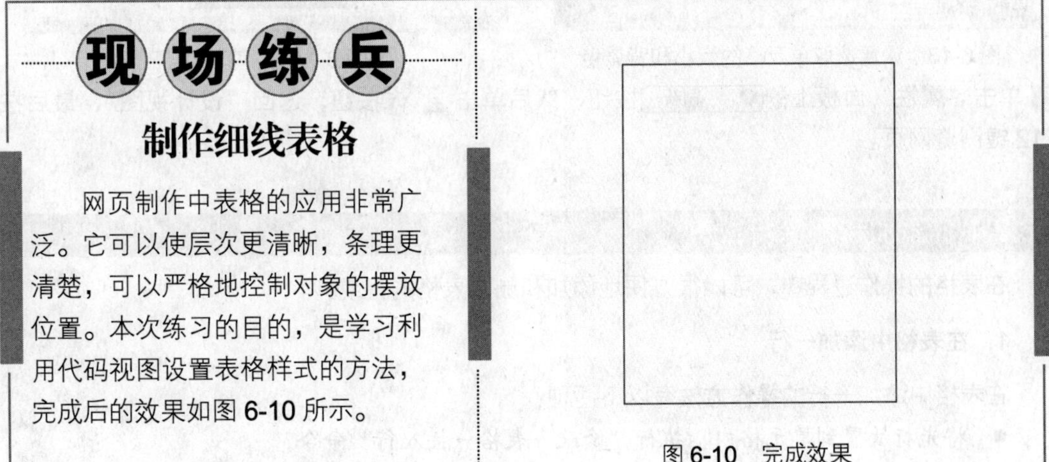

现场练兵

制作细线表格

网页制作中表格的应用非常广泛。它可以使层次更清晰，条理更清楚，可以严格地控制对象的摆放位置。本次练习的目的，是学习利用代码视图设置表格样式的方法，完成后的效果如图 6-10 所示。

图 6-10 完成效果

具体操作方法如下：

1 在文档中插入 1 个 3 行 3 列，边框粗细、单元格边距与单元格间距为 0 像素的表格，如图 6-11 所示。

2 按住 Ctrl 键选取第 1 行、最后 1 行、第 1 列和最后 1 列，如图 6-12 所示。

3 在单元格“属性”面板上设置宽、高均为 1，背景颜色为红色（#FF0000），如图 6-13 所示。

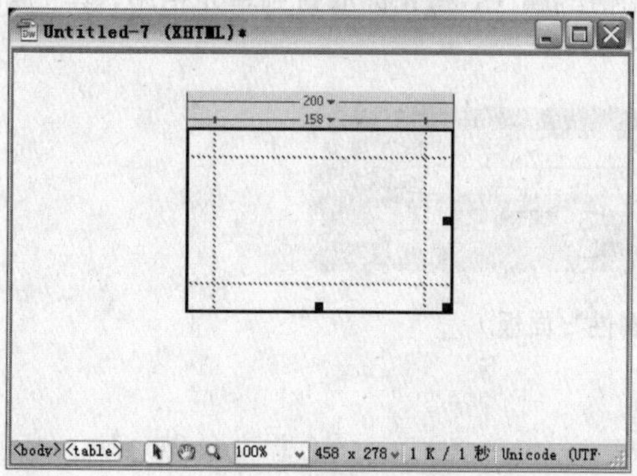

图 6-11　插入表格

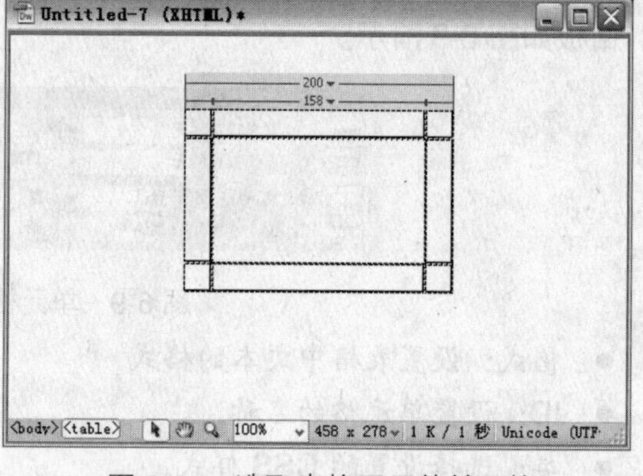

图 6-12　选取表格四周的单元格

4 单击 拆分 按钮，打开代码与设计视图共享窗口，如图 6-14 所示。删除所有<td width="1" height="1">和<td width="1" height="1" bgcolor="#FF0000">中的 代码。

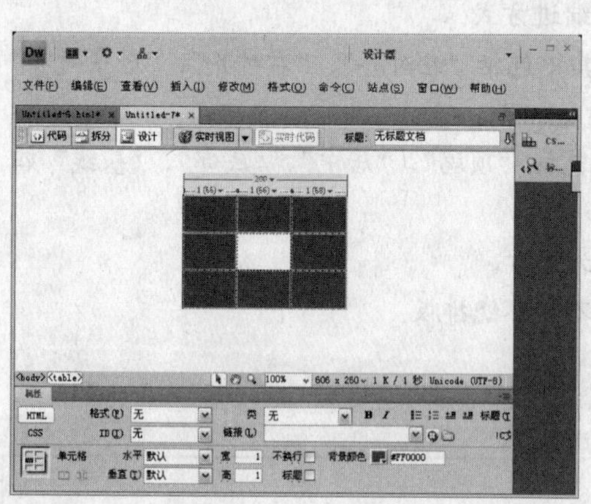

图 6-13　设置选取单元格的大小和背景色

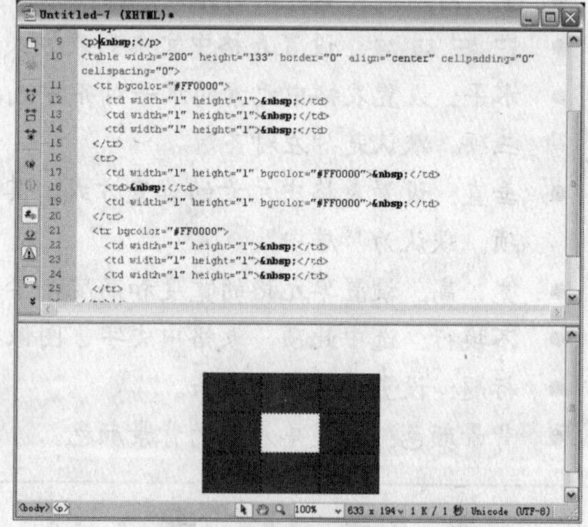

图 6-14　共享窗口

5 单击“属性”面板上的 刷新 按钮，然后单击 设计 按钮，返回“设计视图”，最后按 F12 键浏览网页。

6.2.4　添加和删除行或列

在表格的操作过程中，可以很方便地添加和删除表格的行或列。

1．在表格中添加一行

在表格中添加一行的操作方法有以下两种：

- 将光标放置到单元格内，执行“修改→表格→插入行”命令。
- 将光标放置到单元格内，然后单击鼠标右键，在弹出的快捷菜单中选择“表格→插入行”命令。

2．在表格中添加一列

在表格中添加一列的操作方法有以下两种：

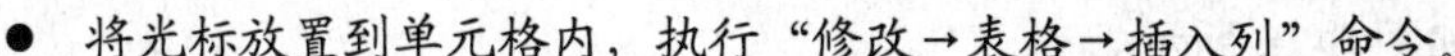

- 将光标放置到单元格内，执行“修改→表格→插入列”命令。
- 将光标放置到单元格内，然后单击鼠标右键，在弹出的快捷菜单中选择“表格→插入列”命令。

小提示

将光标放置到单元格内，按 Ctrl+M 组合键能添加一行，按 Ctrl+Shift+A 组合键能添加一列。

3．在表格中添加多行或多列

在表格中添加多行或多列的操作步骤如下：

1 将光标放置到单元格内。

2 执行“修改→表格→插入行或列”命令，或直接在单元格内单击鼠标右键，在弹出的快捷菜单中选择“表格→插入行或列”命令，打开如图 6-15 所示的“插入行或列”对话框，对话框中各项的功能如下：

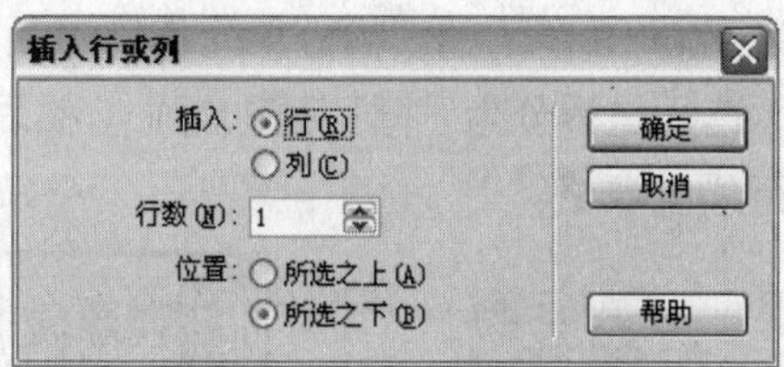

图 6-15　“插入行或列”对话框

- 插入：可通过单选按钮来选择插入“行”还是插入“列”。
- 行数：如选中“行”单选按钮，这里就输入要添加行的数目；如选中“列”单选按钮，这里就输入要添加列的数目。
- 位置：如选中“行”单选按钮，这里就可选择插入行的位置是在光标当前所在单元格之上或者之下；如选中“列”单选按钮，就可选择插入列的位置是在光标当前所在单元格之前或者之后。

3 单击 确定 按钮，就可为表格添加多行或多列。

4．删除行或列

将光标放置到单元格内，执行“修改→表格→删除行”命令，或者单击鼠标右键，在弹出的快捷菜单中选择“表格→删除行”命令，即可删除行；按 Ctrl+Shift+M 组合键即可删除当前光标所在行。将光标放置到单元格内，执行“修改→表格→删除列”命令，或者单击鼠标右键，在弹出的快捷菜单中选择“表格→删除列”命令，即可删除列。

6.2.5　单元格的合并及拆分

在制作网页的过程中，有时需要合并或拆分单元格，下面将分别介绍合并或拆分单元格的操作方法。

1．单元格的合并

要合并的单元格必须是连续的，合并单元格的步骤如下：

1 选定要合并的单元格，如图 6-16 所示。

2 执行“修改→表格→合并单元格”命令，或者单击鼠标右键，在弹出的快捷菜单中选择“表格→合并单元格”命令，合并后的单元格如图 6-17 所示。

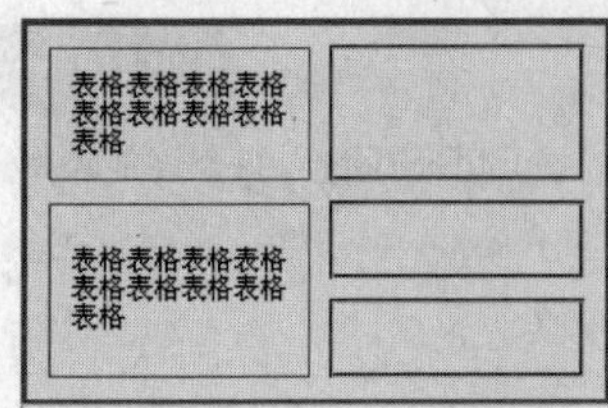

图 6-16　选定单元格

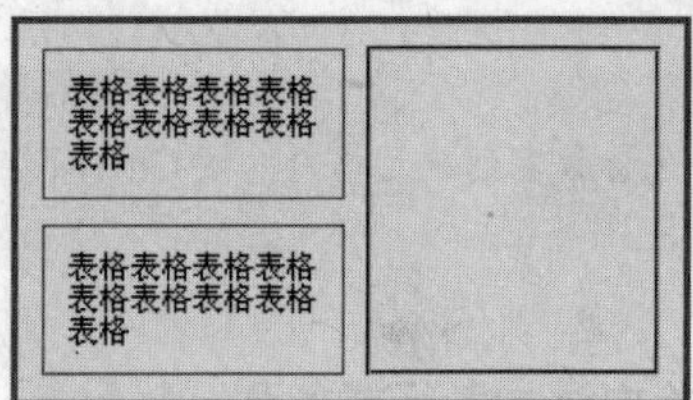

图 6-17　合并后的单元格

2. 单元格的拆分

拆分单元格的步骤如下：

1 将光标放置到要拆分的单元格中。

2 执行“修改→表格→拆分单元格”命令，或者单击鼠标右键，在弹出的快捷菜单中选择“表格→拆分单元格”命令，弹出如图 6-18 所示的“拆分单元格”对话框。

3 在“拆分单元格”对话框中，选择是拆分为“行”还是“列”，然后输入行数或列数。图 6-19 所示是将一个单元格拆分为 3 行后的表格。

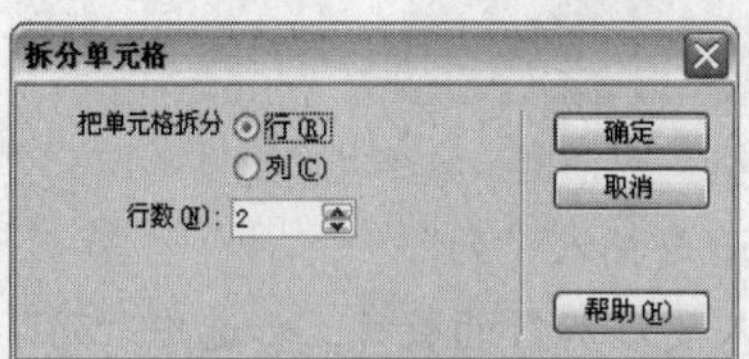

图 6-18　“拆分单元格”对话框

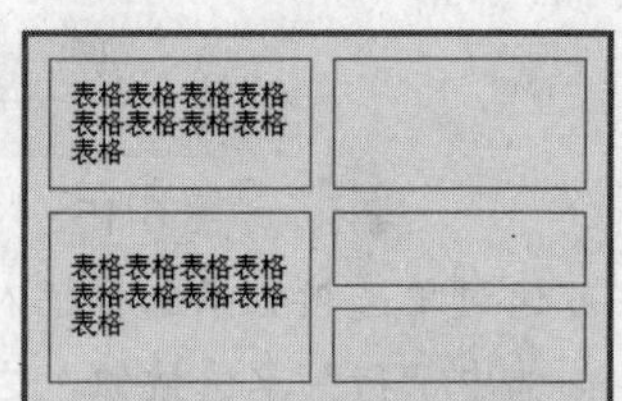

图 6-19　拆分单元格

6.2.6　表格排序

在 Dreamweaver 中，允许对表格的内容以字母和数字进行排序。对表格内容进行排序可按如下操作步骤进行：

1 选定需要排序的表格，如图 6-20 所示。

2 执行“命令→排序表格”命令，打开如图 6-21 所示的对话框。

姓名	语文	数学
王小明	86	85
张亮	75	81
高丽丽	87	78
齐燕	89	93

图 6-20　选定表格

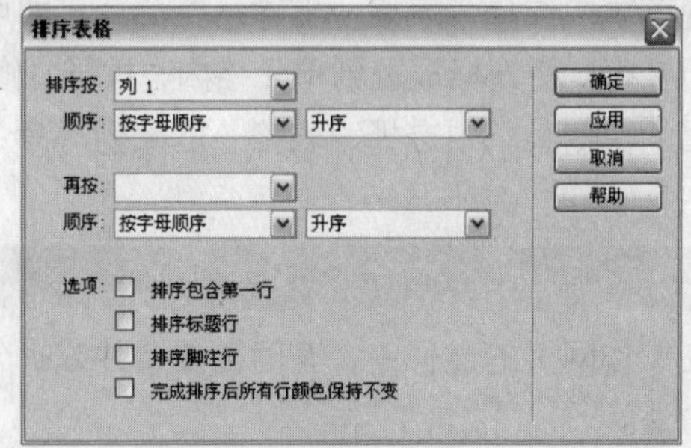

图 6-21　“排序表格”对话框

3 在“排序按”下拉列表中列出了选定表格的所有列。这里选择第 3 列“数学”。

4 在“顺序”下拉列表中选择“按字母顺序”或“按数字顺序”。当列的内容是数字时，选择

“按字母排序”可能会产生如下的顺序：2，20，3，30，4，因此这种排序方式不一定按照数字的大小来排序的。

5 在“升序”下拉列表框中选择按“升序”或“降序”排列。

6 在“再按”下拉列表框中，可以选择作为第二排序依据的列。同样，也可以在“顺序”下拉列表中排序。

7 在“选项”区域中，可以勾选“排序包含第一行”、“排序标题行”、“排序脚注行”和“完成排序后所有行颜色保持不变”复选框，可根据需要进行设置。

8 设置完成后，单击 确定 按钮，表格即被排序。如图 6-22 所示，是一个把第 3 列（也就是“数学”列）按升序排列后的表格。

姓名	语文	数学
高丽丽	87	78
张亮	75	81
王小明	86	85
齐燕	89	93

图 6-22　排序表格

6.2.7　嵌套表格

在 Dreamweaver 中，单元格里还可以插入嵌套表格，操作步骤如下：

1 将光标放置到需要插入嵌套表格的单元格中。

2 执行“插入→表格”命令或者在“常用”面板上单击“表格”按钮，再设置相应的行列数。如图 6-23 所示。

图 6-23　插入嵌套表格

现场练兵

隔距边框表格

隔距边框表格在网页中主要用来排列各个栏目或频道，使用隔距边框可以使浏览者对各栏目一目了然，方便浏览者的阅读，完成后的效果如图 6-24 所示。

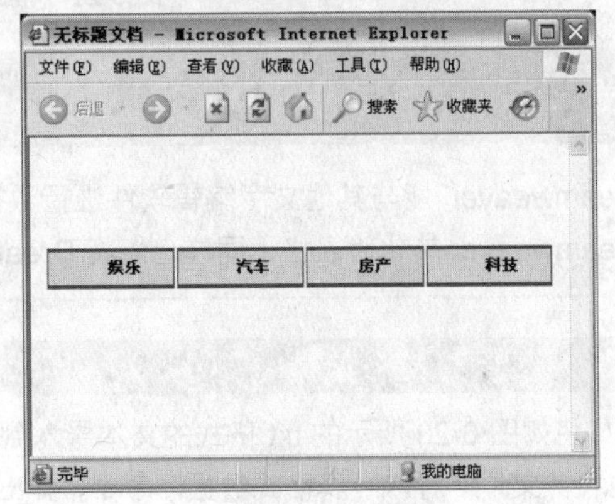

图 6-24　完成效果

具体操作方法如下：

1 在网页文档中插入一个 1 行 4 列，边框粗细为 0 的表格。

2 选中表格，在“属性”面板上将“宽”设置为 400 像素，将“填充”和“间距”分别设置为 1 和 2，如图 6-25 所示。

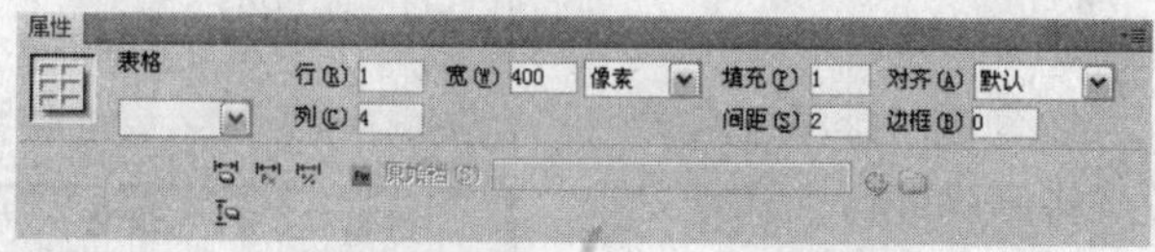

图 6-25 “属性”面板

3 将表格的背景颜色设置为红色（#FF0000），然后依次在表格的 4 个单元格中插入一个 1 行 1 列的嵌套表格。在“属性”面板上将嵌套表格的“宽”设置为 100%，将“填充”、“间距”、“边框”全部设置为 0，将“背景颜色”设置为黄色（#FFFF00），如图 6-26 所示。

图 6-26 “属性”面板

4 分别在插入的嵌套表格中输入文本，完成后按 F12 键预览，如图 6-27 所示。

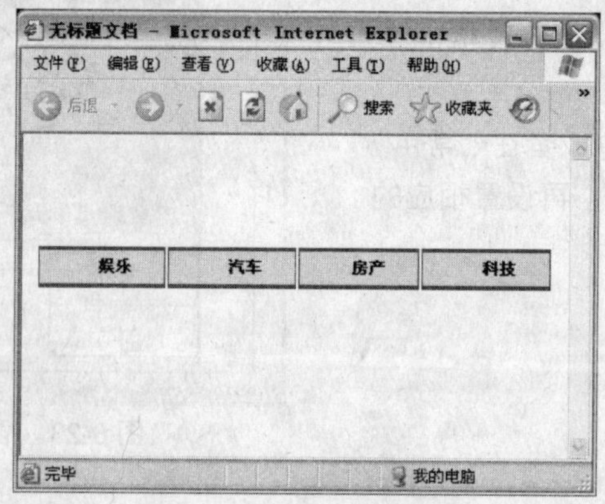

图 6-27 隔距边框表格

6.3 导入和导出表格数据

Dreamweaver 能与其他文字编辑软件进行数据交换。在其他软件创建的表格数据能导进 Dreamweaver 转化为表格，同样也能将 Dreamweaver 中的表格数据导出。

6.3.1 导入表格数据

如将如图 6-28 所示的 txt 格式的文本导入到 Dreamweaver CS4 中，操作步骤如下：

1 执行“文件→导入→表格式数据”命令，弹出如图 6-29 所示的“导入表格式数据”对话框。

2 单击“数据文件”文本框右侧的 浏览... 按钮，弹出“打开”对话框，选择要导入的数据文件。

3 在“定界符”的下拉列表中，选择导入的文件中所使用的分隔符。

4 在“表格宽度”选项区域中选中“匹配内容”或“指定宽度”单选按钮。选中“匹配内容”

单选按钮，创建的表格列宽可以调整到容纳最长的句子；选中“指定宽度”单选按钮，系统以占浏览器窗口的百分比或像素为单位指定表格的宽度。

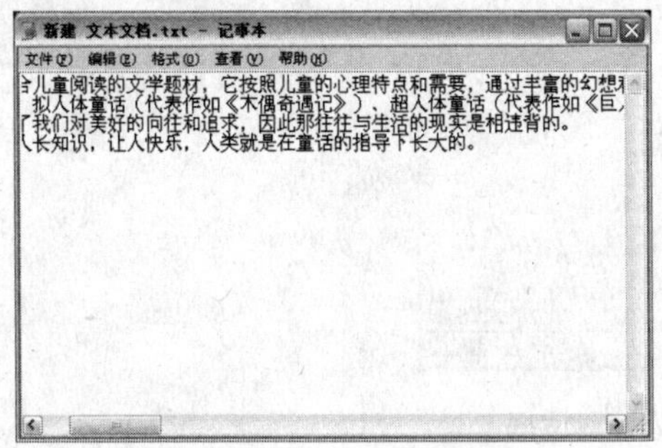

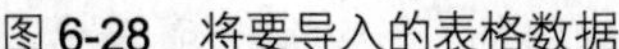

图 6-28　将要导入的表格数据

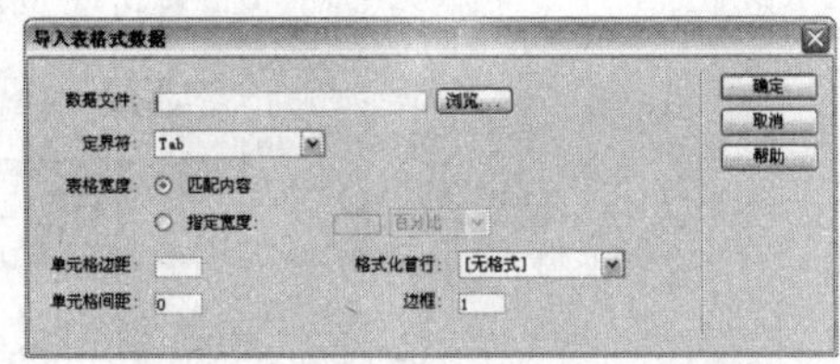

图 6-29　“导入表格式数据”对话框

5 在“单元格边距”文本框里输入单元格内容与单元格边框之间的距离，这里是以像素为单位。

6 在“单元格间距”文本框里输入单元格与单元格之间的距离，这里是以像素为单位。

7 单击“格式化首行”右侧的下拉按钮，打开下拉列表，其中包括“无格式”、“粗体”、“斜体”、“加粗斜体”四项，选择其中一项。

8 设置完成后，单击 确定 按钮，即可导入数据，如图 6-30 所示。

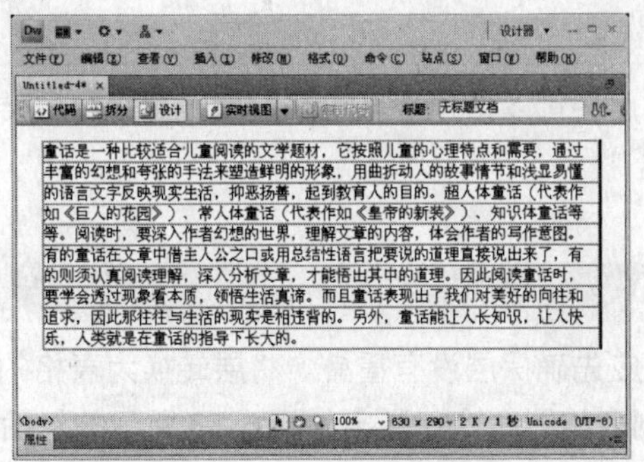

图 6-30　导入数据

6.3.2　导入表格数据

导出表格数据的操作步骤如下：

1 将光标放置到要导出数据的表格中。

2 执行“文件→导出→表格”命令，弹出如图 6-31 所示的对话框。

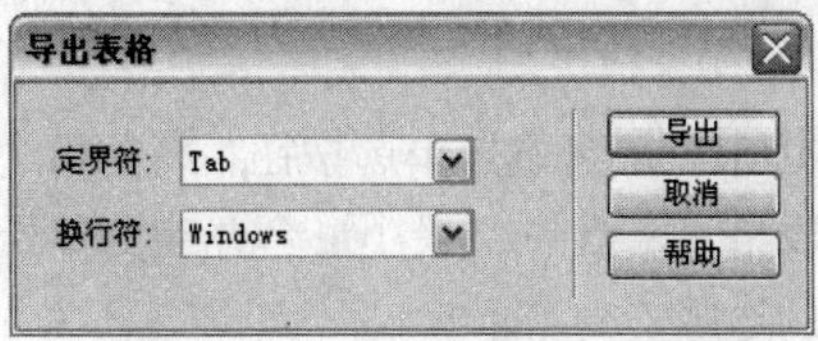

图 6-31　“导出表格”对话框

3 在“定界符”下拉列表中选择分隔符。这里包括“空白键”、“逗号”、“分号”、“冒号”四项。

4 在“换行符”下拉列表中选择将要导出文件的操作系统。这里包括 Windows、Mac、UNIX 三种。

5 单击 导出(E)... 按钮，打开“表格导出为”对话框，如图 6-32 所示。

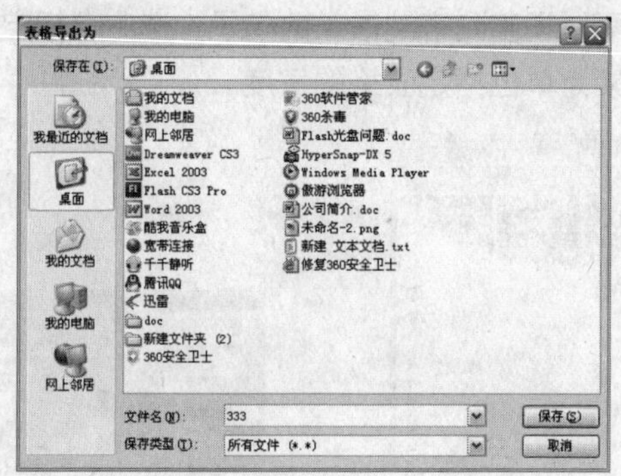

图 6-32 “表格导出为”对话框

6 在“文件名”文本框中输入导出文件的名称。

7 单击 保存(S) 按钮，表格数据文件即被导出了。

6.4 表格与层的转换

通过前面的学习，读者应该已经掌握了表格的基础知识，下面就读者在学习的过程中遇到的疑难问题进行解析。

在 Dreamweaver 中，用户可以使用层来布局页面，然后将层转换为表格，也可以将表格转换为层。

6.4.1 层转换为表格

在层转换为表格之前，应先确保层没有重叠。将层转换为表格的操作步骤如下：

1 执行“修改→转换→层到表格”命令，弹出如图 6-33 所示的对话框。

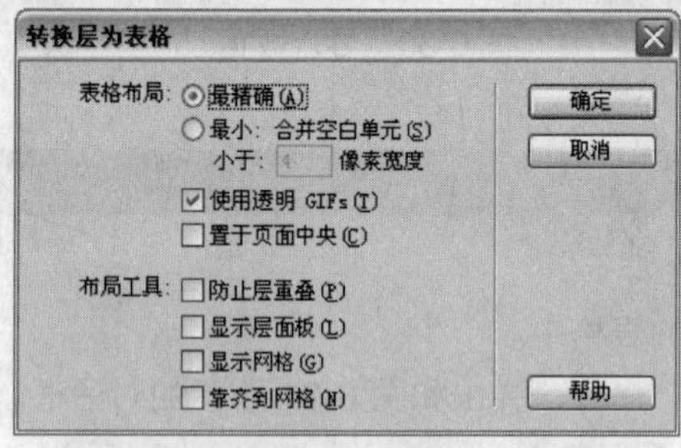

图 6-33 “转换层为表格”对话框

2 在“表格布局”区域中，若选中“最精确”单选按钮，将把每个层都转换为表格，并附加保留层之间的空间所必须的任何表格；若选中“最小：合并空白单元”单选按钮，则指定如果层定位在指定数目的像素内，层的边缘应对齐。

3 勾选“使用透明 GIFs”复选框，将用透明的 GIFs 填充表格的最后一行，这将确保该表格在所有浏览器中都以相同的列宽显示。

4 勾选“置于页面中央”复选框，则转换好的表格将放置在页面的中央。

5 在“布局工具”区域中选择所需的布局工具和网格选项。

6 单击 确定 按钮，层就转换为了表格。

6.4.2　表格转换为层

将表格转换为层的操作步骤如下：

1 确保网页文档中包含表格。

2 执行“修改→转换→表格到层”命令，弹出如图 6-34 所示的对话框。

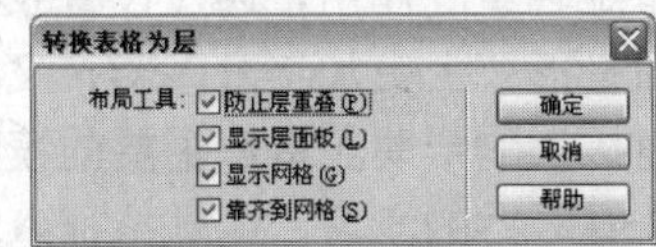

图 6-34　“转换表格为层”对话框

3 勾选“防止层重叠”复选框，可以在创建、移动层和调整层大小时约束层的位置，使之不会重叠。

4 勾选“显示层面板”复选框，可以在转换后显示层面板。

5 勾选“显示网格”、“靠齐到网格”复选框，可以在转换后使用网格来协助对层进行定位。

6 单击 确定 按钮，表格就转换为了层。

6.5　疑难解析

通过前面的学习，读者应该已经掌握了表格的基础知识，下面就读者在学习的过程中遇到的疑难问题进行解析。

1　如何使切分后的图像在 Dreamweaver 中用表格排列时没有空隙?

在运用表格排列切分后的图像时，需要将表格的“边框粗细”、“单元格边距”和“单元格间距”的参数都设为 0，或者在表格插入后，在“属性”面板上将“填充”、“间距”和“边框”的值设为 0。

2　在制作嵌套表格的时候，有什么需要注意的地方呢?

制作嵌套表格时，表格嵌套的级数不能太多，太多会降低网页的下载速度。一般网站中的表格嵌套最多使用 3~4 级。

3　如何让表格贴紧网页的右上方?

打开“页面属性”对话框，然后将“右边距”和“上边距”都设置为 0 即可。

4　为什么创建的表格不能转换为层?

空白表格不能转换为层，除非它们具有背景颜色。

6.6　上机实践

（1）创建一个表格，并输入内容，然后为表格排序。

（2）在文档中插入一个 2 行 3 列的表格，然后在表格中插入一个 1 行 2 列的嵌套表格。

6.7 巩固与提高

在网页布局方面，表格可谓起着举足轻重的作用，通过设置表格以及单元格的属性，对页面中的元素进行准确定位，使页面在形式上更加丰富多彩，又能对页面进行更加合理的布局。同时，对协调页面的均衡也有极大的帮助。本章主要向读者介绍了通过使用表格来排版网页的方法，希望读者通过对本章内容的学习，能掌握插入表格以及设置表格属性、表格与单元格的编辑等知识。

1. 选择题

（1）Dreamweaver CS4 删除当前行操作的快捷键是（　　）。

A. Ctrl+Alt+S　　B. Ctrl+M

C. Ctrl+Shift+A　　D. Ctrl+Shift+M

（2）在 Dreamweaver CS4 中，用来插入表格的按钮是（　　）。

A.　　B.　　C.　　D.

（3）要选择多个不连续的单元格，应该先按住（　　）键，再单击需要选定的单元格。

A．Ctrl　　B．Shift　　C．Alt　　D．Tab

2. 填空题

（1）当光标在表格的一个单元格中，按下________可以将光标移到下一个单元格中。

（2）选定一个单元格，按住_____键的同时单击另一个单元格，就可以选定连续的单元格。

（3）在表格的“属性”面板上，按钮表示________，按钮表示________。

（4）在表格的单元格内，如果要添加列可以按________组合键。

Study

第7章

表单的使用

表单是网页中实现交互功能的主要途径，它主要用来实现浏览网页的用户与服务器之间的信息交流。本章主要向读者介绍了表单的使用方法，希望读者通过对本章内容的学习，了解表单的组成、掌握表单与表单对象的创建方法。

学习指南

- 表单的创建及修改
- 创建表单对象

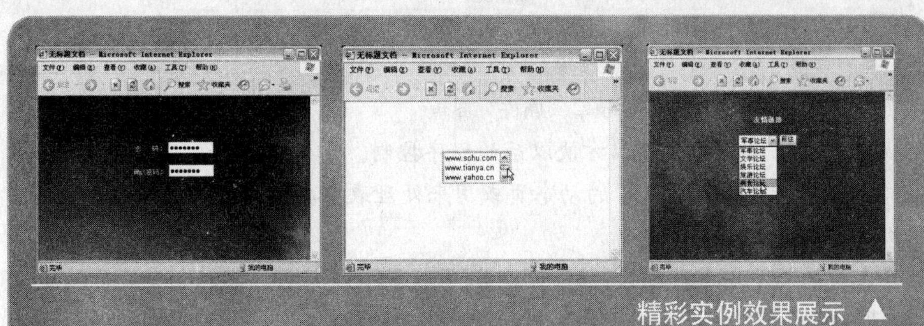

精彩实例效果展示 ▲

7.1 表单的创建及修改

用户可以使用 Dreamweaver CS4 创建表单，完成之后使用其中的对象来验证用户输入信息的正确性。还可以通过使用“行为”来验证用户输入信息的正确性。

7.1.1 创建表单

执行“插入→表单→表单”命令，或者将“插入”面板切换至“表单”面板，单击“表单”按钮，即可插入一个表单，这时在文档中将出现一个红色虚线框，如图 7-1 所示。

这时会看到网页中有一个红色虚线区域所围起来的表单域，各种表单对象都必须插入这个红色虚线区域才能起作用。

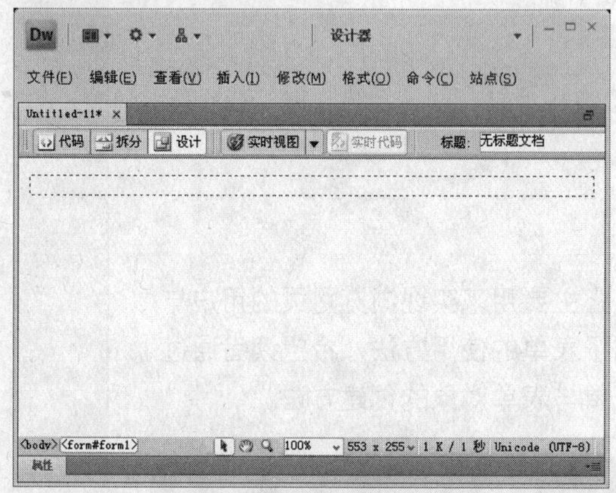

图 7-1 插入表单

将“表单”按钮拖动到页面上需要插入表单的位置，也能插入表单。

7.1.2 修改表单

将光标放置于表单域中，再选择“属性”面板，如图 7-2 所示。可以在“属性”面板上设置表单的属性。

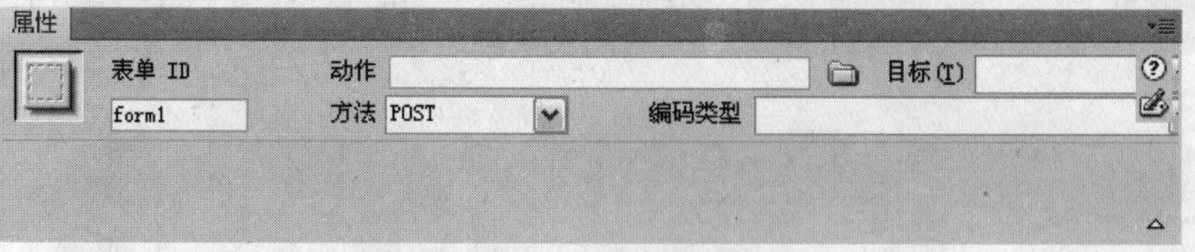

图 7-2 表单“属性”面板

- 表单 ID：用来设置表单名称，可以方便以后的程序控制。
- 动作：在文本框中输入处理该表单的动态页或用来处理表单数据的程序的路径。也可以单击右侧的文件夹图标来选择。
- 方法：选择表单的提示方式，包括“默认”、GET 和 POST 三种，默认值是 GET。
  ①默认：使用浏览器默认设置将表单数据发送到服务器。
  ②GET：将值追加到请求 URL 上。
  ③POST：在 HTTP 请求中嵌入表单数据。
- 目标：列表框中共包括：_blank、_parent、_self、_top 四项。

①_blank：表示目标文档将在窗口中打开。

②_parent：表示将目标文档在上级框架集成或包含该目标文档的窗口中打开。

③_self：表示在提交表单所使用的窗口中打开目标文档，此目标为默认，因此无须指定。

④_top：表示将目标文档载入到整个浏览器窗口中，将删除所有框架。

- 编码类型：设置服务器端处理表单数据的文件源。

7.2 创建表单对象

Dreamweaver 表单可以包含标准表单对象。Dreamweaver 中的表单对象有文本域、文本区域、输入框、按钮、图像域、复选框及隐藏域、跳转菜单等。

7.2.1 文本域

"文本域"用来在表单中插入文本，访问者浏览网页时可以在文本域中输入相应的信息。文本域又分为：单行文本域、多行文本域与密码域。

1. 插入单行文本域

单行文本域通常提供单字或短语响应，如姓名、地址。

创建单行文本域的具体操作步骤如下：

1 将光标放置到表单中需要插入单行文本域的位置。

2 将"插入"面板切换至"表单"面板，单击"文本字段"按钮，此时在光标处插入一个文本字段，如图 7-3 所示。

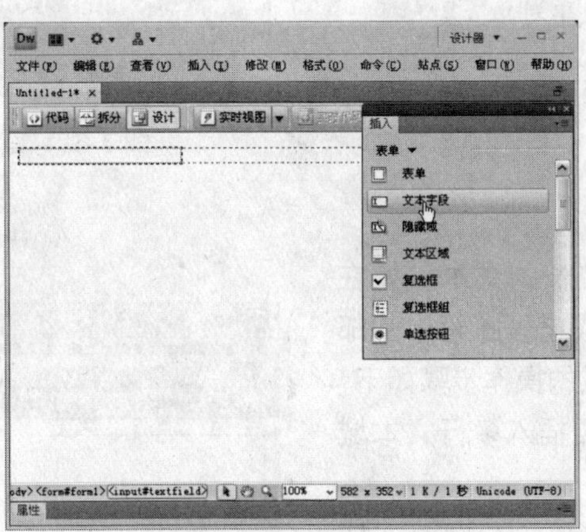

图 7-3　插入文本字段

3 选中插入的文本字段，"属性"面板如图 7-4 所示。

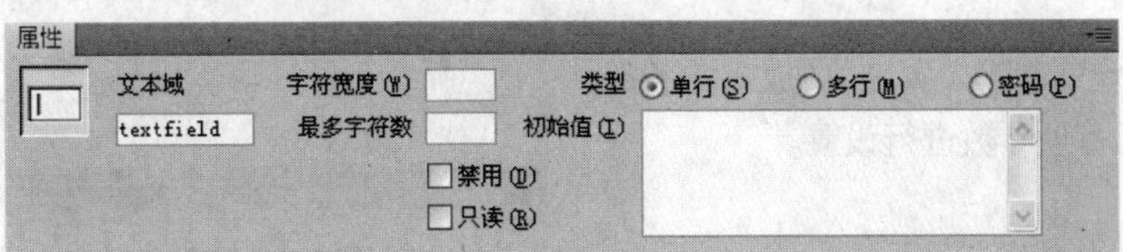

图 7-4　文本域"属性"面板

- 文本域：在该文本框中输入该文本域的名称。

- 字符宽度：指定文本域的最大长度，文本域的最大长度是该域一次最多可显示的字符数。
- 最多字符数：在该文本框中输入一个值，该值用于限定用户可在文本域中输入的最多字符数，这个值定义文本域的大小限制，而且用于验证该表单。
- 类型：在区域中，可以指定文本域的类型，包括“单行”、“多行”、“密码”三项。
- 初始值：在该文本框中输入默认文本，当用户浏览器载入此表单时，文本域中将显示此文本。

4 在“类型”区域中选中“单行”单选按钮，并在插入的文本字段前输入文本，浏览网页时就可以在文本域中输入文本，如图 7-5 所示。

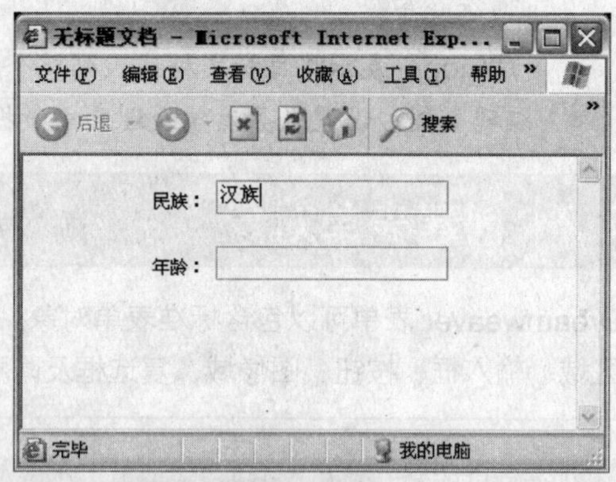

图 7-5　输入文本

当向表单中插入表单对象时，会弹出“输入标签辅助功能”对话框，在该对话框中可对表单对象的样式与位置进行设置。如果用户觉得每次插入表单对象都弹出该对话框很麻烦，可执行“编辑→首选参数”命令，在弹出的“首选参数”对话框中的“分类”列表下选择“辅助功能”选项，然后取消“表单对象”复选框的勾选，如图 7-6 所示。

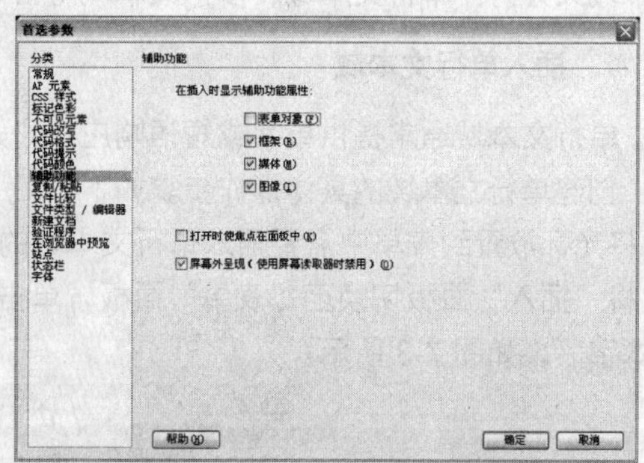

图 7-6　“首选参数”对话框

2. 插入多行文本域

多行文本域用于接收较长的文本，如在 BBS 中用于发言的文本框或电子邮箱中的邮件编辑区等。插入多行文本域的操作步骤如下：

1 将光标放置到表单中需要插入多行文本域的位置。

2 在“表单”面板上单击“文本区域”按钮，此时在光标处插入了一个多行文本域，如图 7-7 所示。

3 选中插入的多行文本域，“属性”面板如图 7-8 所示。在其中可对各项参数进行设置。

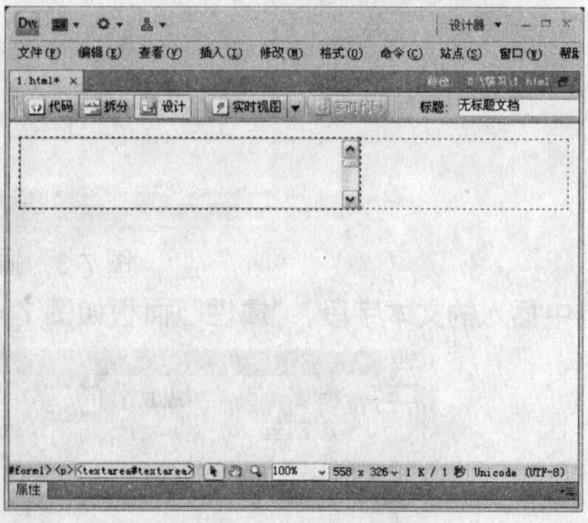

图 7-7　插入多行文本域

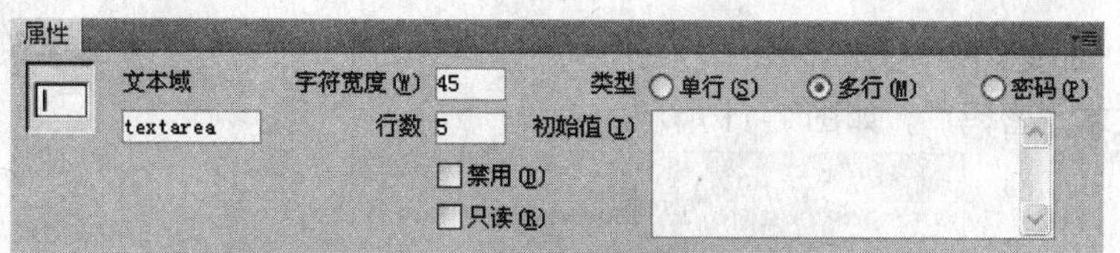

图 7-8　文本域“属性”面板

- 字符宽度：指定文本区域的最大长度，文本区域的最大长度是该域一次最多可显示的字符数。
- 行数：在该文本框中指定要显示的最多行数。
- 类型：在区域中，可以指定文本域的类型，包括“单行”、“多行”、“密码”三项。
- 初始值：在该文本框中输入默认文本，当用户浏览器载入此表单时，文本域中将显示此文本。

插入密码域

密码域是特殊类型的文本域。当用户在密码域中输入文本时，所输入的文本被替换为星号或圆点以隐藏该文本，保护这些信息不被看到，如图 7-9 所示。

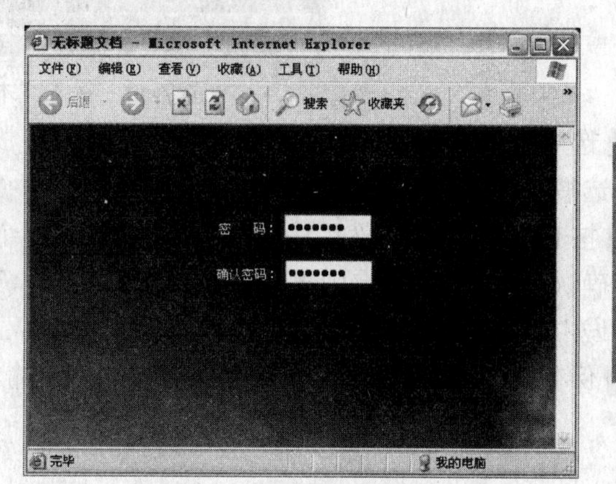

图 7-9　完成效果

具体操作方法如下：

1 新建一个网页文档，单击“属性”面板上的 页面属性... 按钮，打开“页面属性”对话框，单击“背景图像”文本框右侧的 浏览(B)... 按钮，为网页设置一幅背景图像，如图 7-10 所示，完成后单击 确定 按钮。

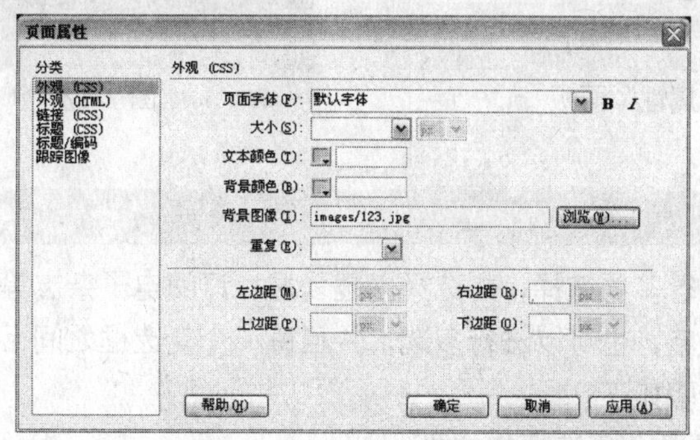

图 7-10　“页面属性”对话框

2 执行“插入→表单→表单”命令，或者将“插入”面板切换至“表单”面板，单击“表单”按钮，插入一个表单。

3 将光标放置到表单中需要插入密码域位置。

4 单击“表单”面板上的“文本字段” 按钮，此时在光标处插入一个文本字段，然后在文本字段前输入文本“密码:”，如图 7-11 所示。

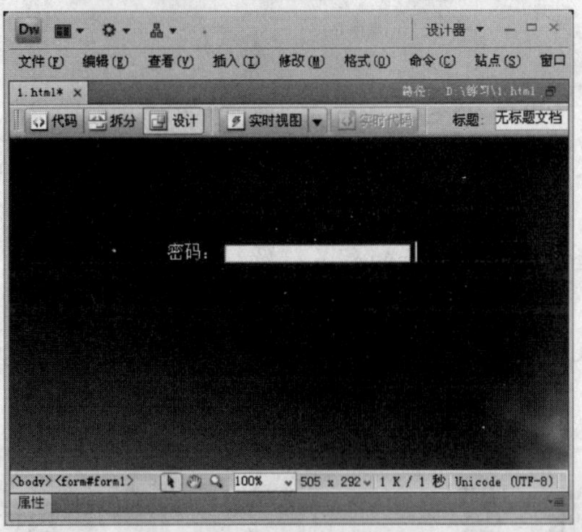

图 7-11 输入文本“密码:”

5 选中插入的文本字段，打开“属性”面板，在“属性”面板上“类型”区域中，选中“密码”单选按钮，如图 7-12 所示。

6 按 Enter 键换行，然后按照同样的方法插入一个文本字段，并在插入的文本字段前输入文本“确认密码:”，最后选中插入的文本字段，打开“属性”面板，在“属性”面板上的“类型”区域中，选中“密码”单选按钮。

7 保存文件，按 F12 键浏览网页，在文本框中输入文本时，将以圆点代替，如图 7-13 所示。

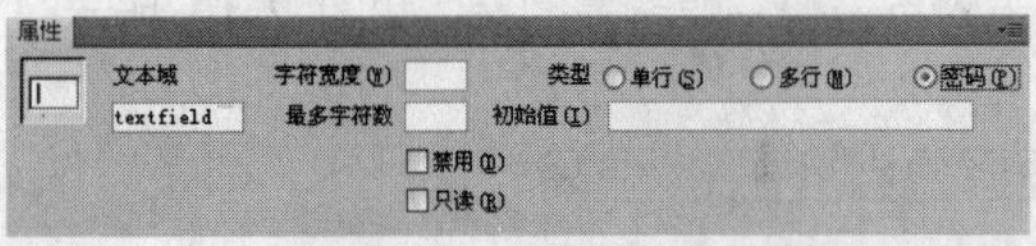

图 7-12 “属性”面板

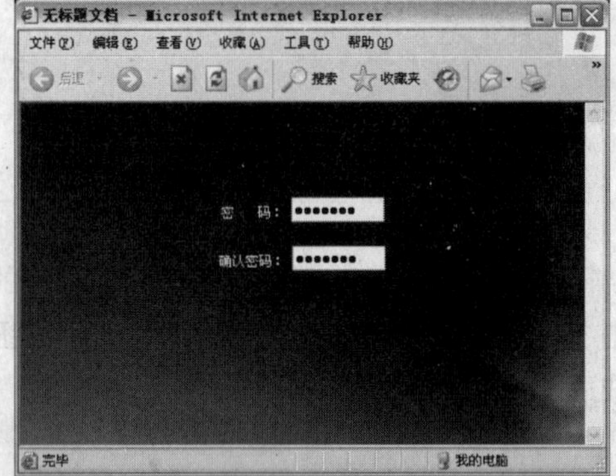

图 7-13 浏览网页

7.2.2 复选框

复选框控件常用于进行多项选择，如选择兴趣爱好、订阅电子杂志等。在同一个表单中，复选框控件既可以全部为空，也可以进行多选，并且每一个复选框之间互不影响。

创建复选框的操作步骤如下:

1 将光标放置到表单中要插入复选框的位置。

2 单击“表单”面板上的“复选框”按钮，即可插入一个复选框，需要插入几个复选框就单击按钮几次。如图 7-14 所示，插入了 5 个复选框。

喜欢的书籍类型：□ 艺术　□ 军事　□ 娱乐　□ 科技　□ 历史

图 7-14　插入复选框

3 选中复选框，“属性”面板如图 7-15 所示。在“复选框名称”文本框中输入复选框唯一的一个描述性名称。

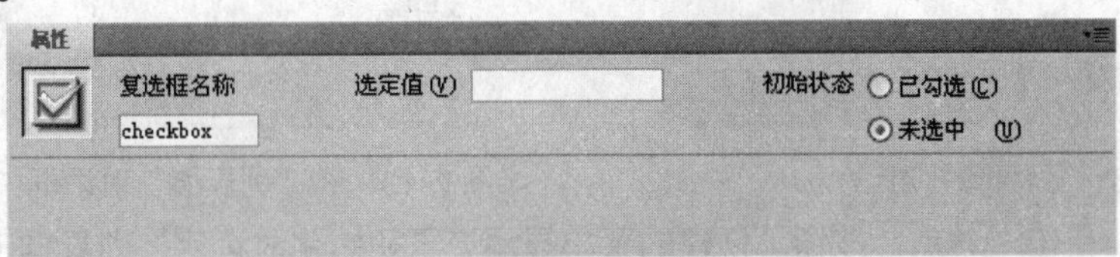

图 7-15　复选框“属性”面板

4 在“选定值”文本框中输入复选框键的值。

5 在“初始状态”区域中设置复选框的初始状态，选中“已选中”单选按钮，插入的复选框中会出现“√”号标志，表示该复选框被选中；选中“未选中”单选按钮，表示复选框初始状态下未被选中。

7.2.3　单选按钮

单选按钮常用于进行取舍选择，如选择婚姻状况（已婚或未婚）、性别（男或女）等。单选按钮以组的形式存在，每一组中只能有一个单选按钮被选中。创建单选按钮的操作步骤如下：

1 将光标放置到表单中要插入单选按钮的位置。

2 单击“表单”面板上的“单选按钮”按钮，即可插入一个单选按钮。需要插入几个单选按钮就单击按钮几次。如图 7-16 所示，插入了 2 个单选按钮。

图 7-16　插入单选按钮

7.2.4　下拉菜单

下拉菜单使访问者可以从由多项组成的列表中选择一项。当空间有限，但需要显示多个菜单项时，就可以使用下拉式菜单。创建下拉菜单的操作步骤如下：

1 将光标放置于表单中需要插入下拉菜单的位置。

2 在“表单”面板上单击“列表/菜单”按钮，在光标处插入一个列表框。

3 选中插入的列表框，在“属性”面板上的“类型”中选中“菜单”单选按钮，如图 7-17 所示。

图 7-17　列表/菜单“属性”面板

4 单击 列表值... 按钮，弹出如图 7-18 所示的对话框，将光标放置于“项目标签”区域中后，输入要在该下拉菜单中显示的文本。在“值”区域中，输入在用户选择该项时将发送到服务器的数据。若要向选项列表中添加其他项，请单击 + 按钮，然后重复上面的步骤，若想删除项目，则可以单击 − 按钮，如图 7-19 所示，就是在“列表值”对话框中添加项目的情形。

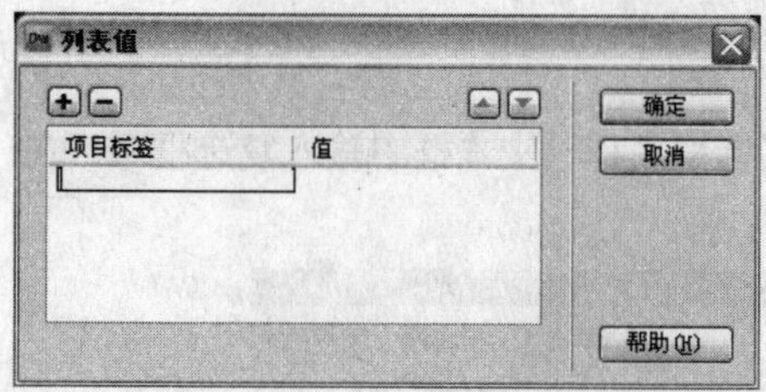

图 7-18 “列表值”对话框

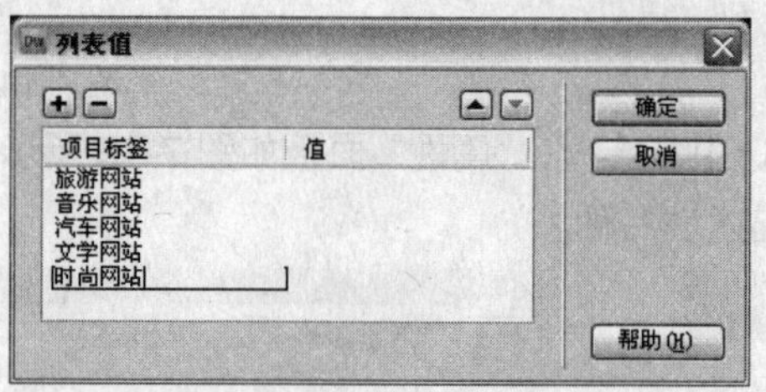

图 7-19 在“列表值”对话框中添加项目

5 设置完成后，单击 确定 按钮。创建的菜单显示在“初始化时选定”列表框中，如图 7-20 所示。

6 下拉菜单设置完成，按 F12 键浏览，当下拉菜单在浏览器中显示，只有一个选项是可见的，若要显示其他选项，用户可单击向下箭头以显示整个列表，如图 7-21 所示。

图 7-20 列表项目显示

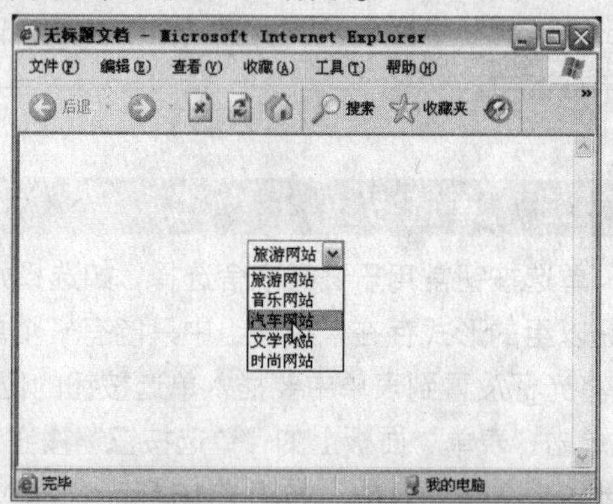

图 7-21 下拉式菜单

现场练兵

创建滚动列表

滚动列表可以在有限的空间中显示多个选项，如图 7-22 所示，用户可以滚动整个列表，并选择其中的多个项。在“属性”面板上的“类型”区域中，选中“列表”单选按钮即可。

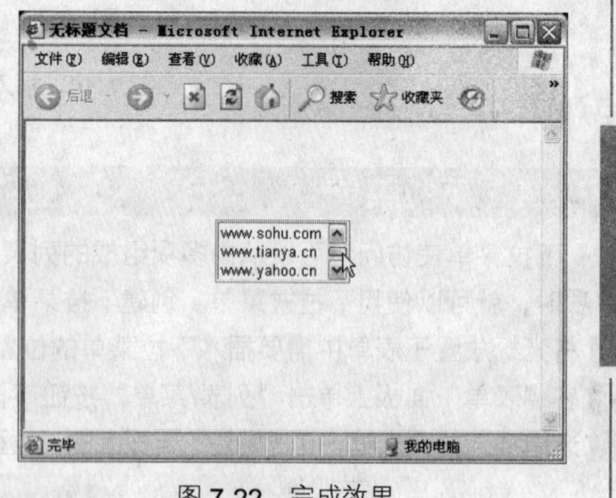

图 7-22 完成效果

具体操作方法如下：

1 插入一个表单，将光标放置于表单中需要插入滚动列表的位置。

2 在“表单”面板上，单击“列表/菜单”按钮，在光标处插入一个列表框。

3 选中插入的列表框，在“属性”面板上的“类型”中选择“列表”选项，如图 7-23 所示。

4 在“高度”文本框中输入一个数值，指定该列表将显示的行（或项）数，如果指定的数字小于该列表包含的选项数，则出现滚动条。如果允许用户选择该列表中的多个项，请勾选下面的“允许多选”复选框。

5 单击 列表值... 按钮，弹出“列表值”对话框，将光标放置于“项目标签”区域中后，输入要在该列表中显示的文本。若要向选项列表中添加其他项，请单击+按钮，然后重复上面的步骤，若想删除项目，则可以单击−按钮，如图 7-24 所示，就是在“列表值”对话框中添加项目的情形。

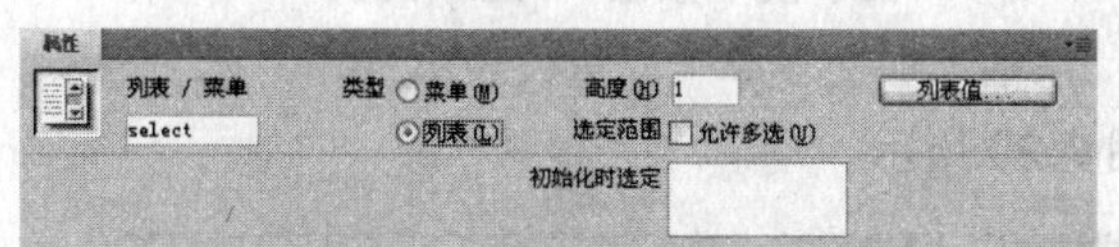

图 7-23　列表/菜单“属性”面板

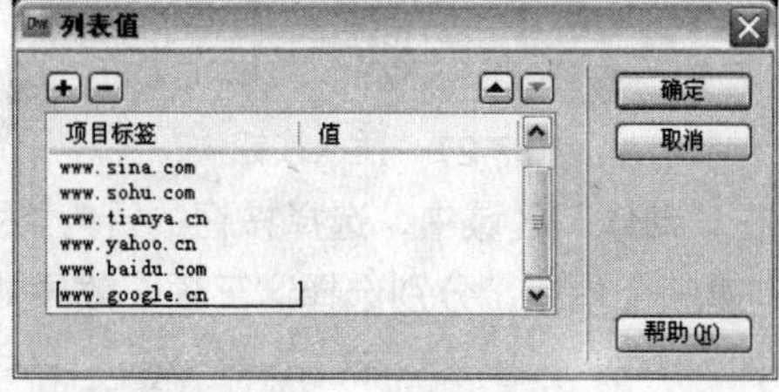

图 7-24　“列表值”对话框

6 设置完成后，单击 确定 按钮。创建的列表项目显示在“初始化时选定”列表框中，如图 7-25 所示。

7 滚动列表设置完成，按 F12 键浏览，效果如图 7-26 所示。

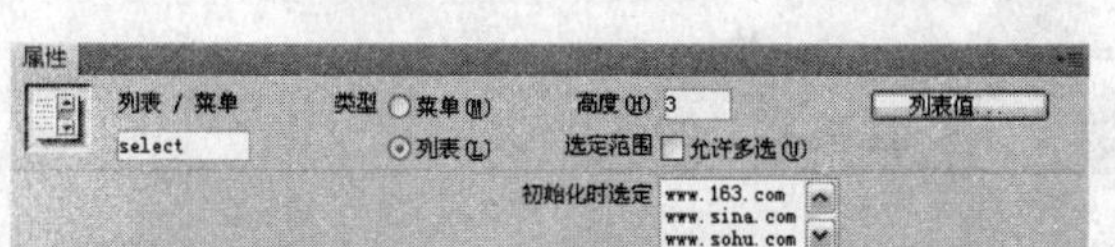

图 7-25　列表项目显示

图 7-26　滚动列表

7.2.5　表单按钮

表单按钮控制表单操作，使用表单按钮将输入表单的数据提交到服务器，或者重置该表单，还可以将其他已经在脚本中定义的处理任务分配给按钮。

创建表单按钮的操作步骤如下：

1 将光标放置于表单中需要插入按钮的位置。

2 单击“表单”面板上的□按钮，即在光标处插入一个按钮，如图 7-27 所示。

3 选中按钮，“属性”面板如图 7-28 所示。

4 在“值”文本框里输入显示在按钮上的文本。

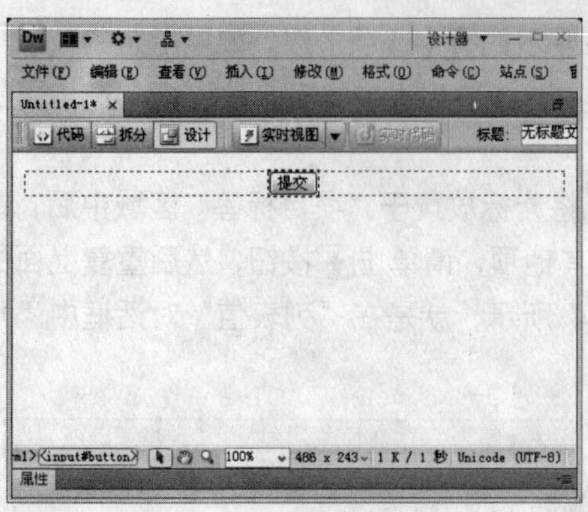

图 7-27　插入按钮

图 7-28　按钮“属性”面板

5 在“动作”区域中，选择按钮的行为类型，包括“提交表单”、“重设表单”和“无”三项。如创建三个按钮，分别选择这三项，效果如图 7-29 所示。

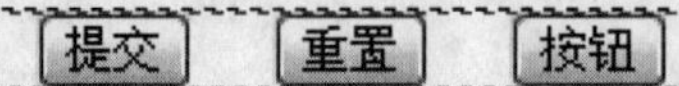

图 7-29　插入按钮

7.2.6　创建标签

标签用来设置表单对象的辅助功能选项，浏览器会阅读该对象的“标签文字”属性。

创建标签的操作步骤如下：

1 将光标放置于表单中需要插入标签的位置。

2 单击“表单”面板上的abc按钮，文档自动切换到“拆分”视图中，代码中已经添加了<label>标签和</label>标签，如图 7-30 所示。

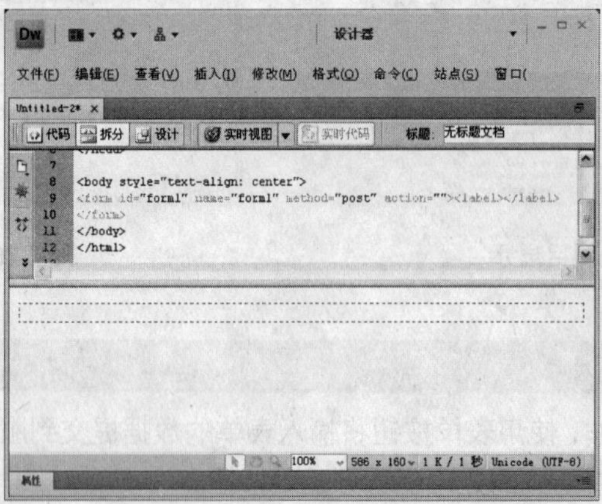

图 7-30　插入标签

3 在<label>和</label>标签之间可以添加文字，添加的文字会在文档中显示。如输入“网页设计”四个字，如图 7-31 所示。

```
<body style="text-align: center">
<form id="form1" name="form1" method="post" action=""><label>网页设计</label>
</form>
</body>
</html>
```

图 7-31　在<label>和</label>标签之间添加文字

4 在文档窗口中单击鼠标，即可看到效果，如图 7-32 所示。

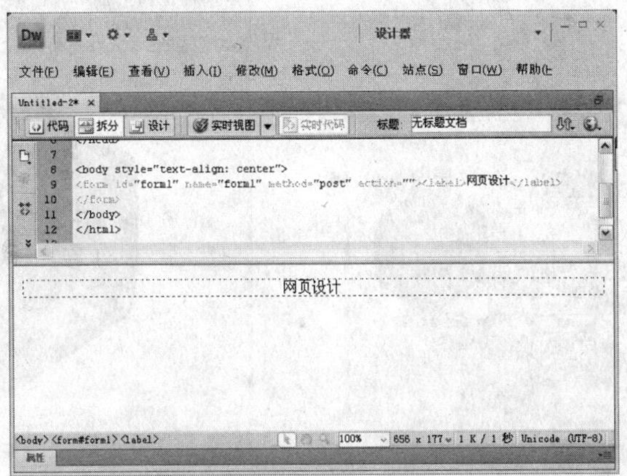

图 7-32　在文档中插入标签的效果

7.2.7　创建字段集

创建字段集的操作步骤如下：

1 将光标放置于表单中需要插入字段集的位置。

2 单击“表单”面板上的□按钮，弹出如图 7-33 所示的对话框。

3 在文本框里输入文字，如这里输入“网页制作”，然后单击 确定 按钮。文档窗口如图 7-34 所示。

图 7-33　“字段集”对话框

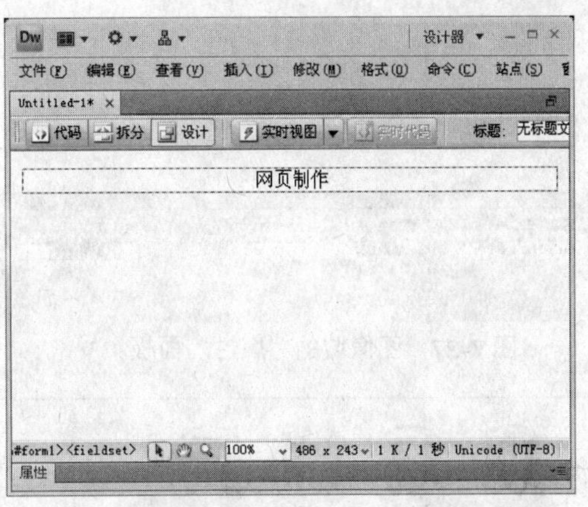

图 7-34　在文档中插入字段集

7.2.8　图像域

利用图像域控件可以制作图像类型的提交按钮，起到了美化表单的作用。创建图像域的操作步骤如下：

1 将光标放置到表单中需要插入图像域的位置。

2 单击“表单”面板上的“图像域”按钮，弹出如图 7-35 所示的对话框。

3 选择一个图片文件，然后单击 确定 按钮，将图片插入到表单中，如图 7-36 所示。

4 选中在表单中插入的图像域，“属性”面板如图 7-37 所示。

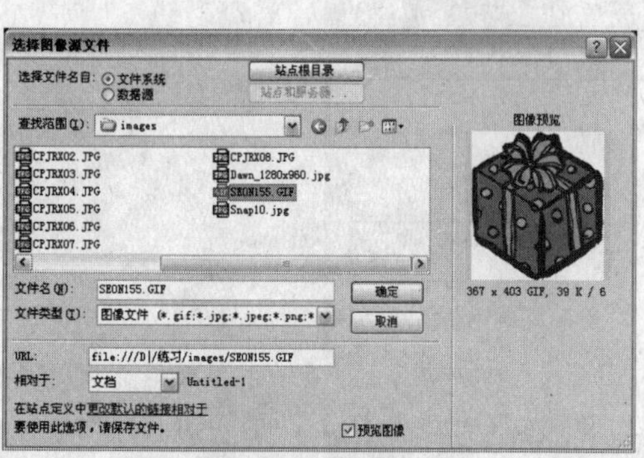

图 7-35 “选择图像源文件”对话框

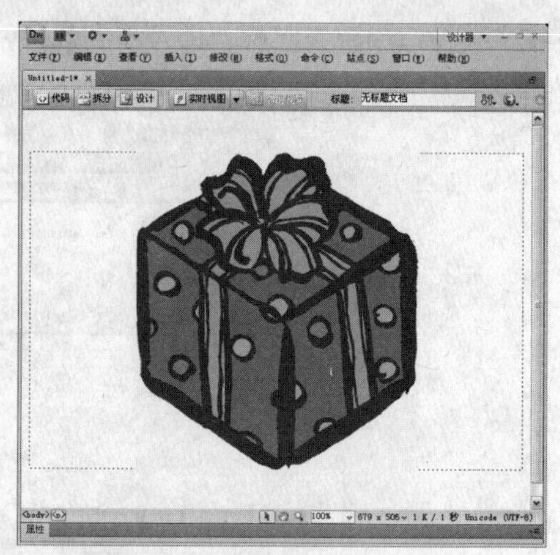

图 7-36 插入图像域

5 在“替换”文本框中可以输入图像的替换文字。若在浏览器中不显示图像时，将显示该替换文字，这里输入“精美的礼物!”。

6 图像域创建完成，按 F12 键浏览，效果如图 7-38 所示。

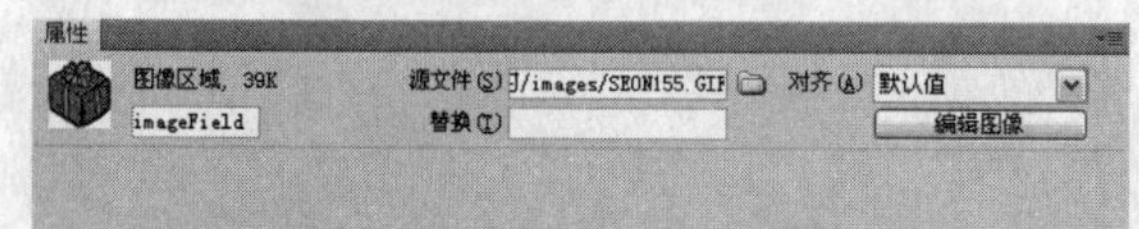

图 7-37 图像域的“属性”面板

图 7-38 浏览网页

创建跳转菜单

当前互联网站上随处可见的跳转菜单是一种选项弹出菜单，菜单上的选项通常链接到另外一些网页（或其他对象）。当浏览者选择菜单上的选项时，将激活相应链接，如图 7-39 所示。

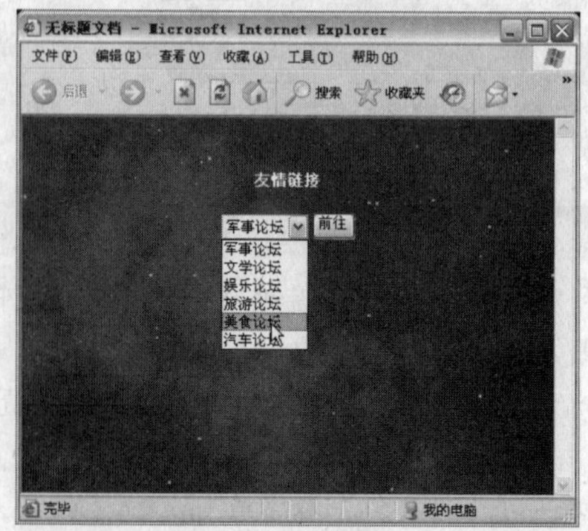

图 7-39 完成效果

具体操作方法如下：

1 新建一个网页文档，单击“属性”面板上的 页面属性... 按钮，打开“页面属性”对话框，单击“背景图像”文本框右侧的 浏览(B)... 按钮，为网页设置一幅背景图像。完成后单击 确定 按钮。

2 执行“插入→表单→表单”命令，在文档中插入一个表单。

3 将光标放置到表单中需要插入跳转菜单的位置。

4 单击“表单”面板上的“跳转菜单”按钮，弹出“插入跳转菜单”对话框。

5 在“菜单项”中单击 + 按钮，添加新项，单击 - 按钮，删除所选的项，单击 ▲ ▼ 按钮，调整“菜单项”中各项的顺序。

6 在“文本”文本框中输入显示该菜单项的文本，如图 7-40 所示。

7 在“打开 URL 于”下拉列表中指定目标文件的打开位置。

8 在“菜单 ID”文本框中输入菜单名称，这一步通常可以省略。

9 在“选项”区域中，若选中“菜单之后插入前往按钮”复选框，前往 按钮将作为触发跳转按钮；若选中“更改 URL 后选择第一个项目”复选框，可以跳转后重新定义菜单的第一个选项为默认选项。

10 设置完成，单击 确定 按钮，即成功地创建了跳转菜单。保存文件，按 F12 键浏览网页，如图 7-41 所示。

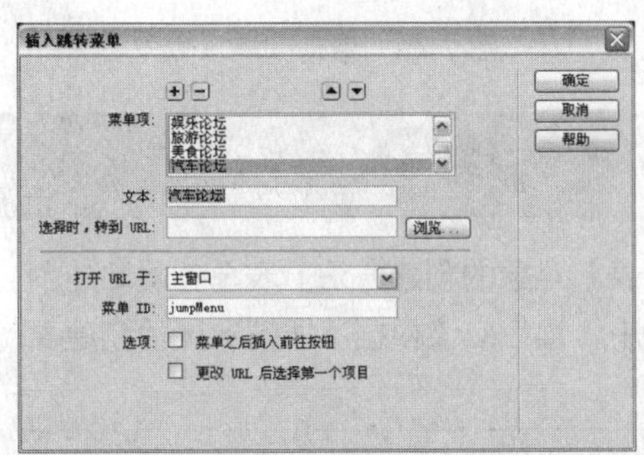

图 7-40 输入文本

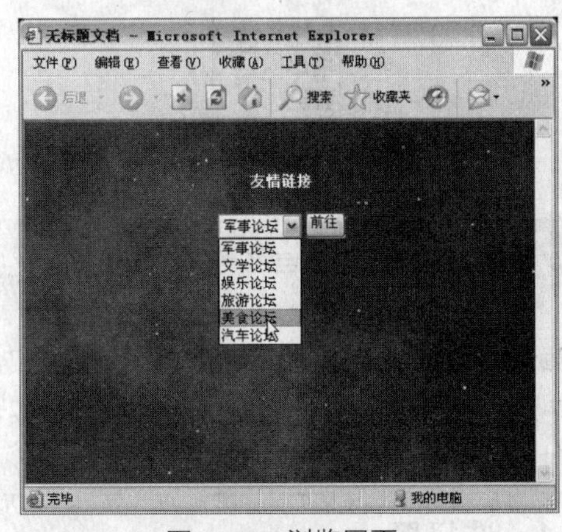

图 7-41 浏览网页

7.3 疑难解析

通过前面的学习，读者应该已经掌握了表格的基础知识，下面就读者在学习的过程中遇到的疑难问题进行解析。

1 单击表单按钮后，页面中没有出现红色虚线框怎么办？

在没有出现红色虚线框的情况下，执行“查看→可视化助理→不可见元素”命令，即可出现红色虚线框。

2 什么是动态表单对象？

作为一种表单对象，动态表单对象的初始状态由服务器在页面被从服务器中请求时确定，

而不是由表单设计者在设计时确定。例如，当用户请求的 PHP 页上包含带有菜单的表单时，该页中的 PHP 脚本会自动使用存储在数据库中的值填充该菜单。然后，服务器将完成后的页面发送到该用户的浏览器中。

3 什么是表单的客户端角色？

表单支持客户端-服务器关系中的客户端。当访问者在 Web 浏览器中显示的表单中输入信息，然后单击提交按钮时，这些信息将被发送到服务器，服务器端脚本或应用程序在该处对这些信息进行处理。用于处理表单数据的常用服务器端技术包括 Macromedia ColdFusion、Microsoft Active Server Pages（ASP）和 PHP。服务器进行响应时会将被请求信息发送回用户（或客户端），或基于该表单内容执行一些操作。

7.4 上机实践

1 创建一个如图 7-42 所示的跳转菜单。

2 使用 Dreamweaver 制作一个如图 7-43 所示的滚动列表。

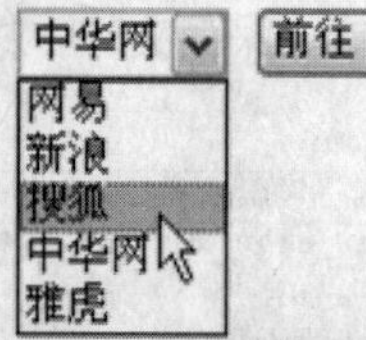

图 7-42 跳转菜单

图 7-43 滚动列表

7.5 巩固与提高

本章介绍了表单的创建和使用，并且通过实例讲述表单对象的创建方法。表单在网站的创建中起着重要的作用，应该重点掌握。在实际运用中，读者应该根据不同情况灵活创建表单对象，制作出适用的网页。

1. 选择题

（1）表单按钮“属性”面板上的“动作”选区中不包括（ ）。

A．接收表单　　B．提交表单　　C．重设表单　　D．无

（2）在 Dreamweaver 中，要创建表单对象，应该执行（ ）菜单中的命令。

A．编辑　　B．查看　　C．修改　　D．插入

（3）下列按钮中，可以插入文本域的是（ ）。

A．　　B．　　C．　　D．

2. 判断题

（1）在“表单”面板上，将“表单”按钮拖动到页面需要插入表单的位置，也能插入表单。（ ）

（2）表单就是表单对象。（ ）

（3）表单中包含各种对象，例如文本域、复选框和图像域。（ ）

第8章

插入多媒体对象

虽然有了文字和图像，但网页还不能做到有声有色。只有适当地加入各种对象，网页才能成为多媒体的呈现平台甚至交互平台。本章主要向读者介绍插入多媒体对象的知识，希望读者通过对本章内容的学习，能掌握背景音乐的添加及多媒体对象的插入等知识。

学习指南

- 认识多媒体
- 插入 Shockwave 影片
- 插入 Flash 动画
- 插入 Java Applet
- 插入声音
- 插入 ActiveX 控件

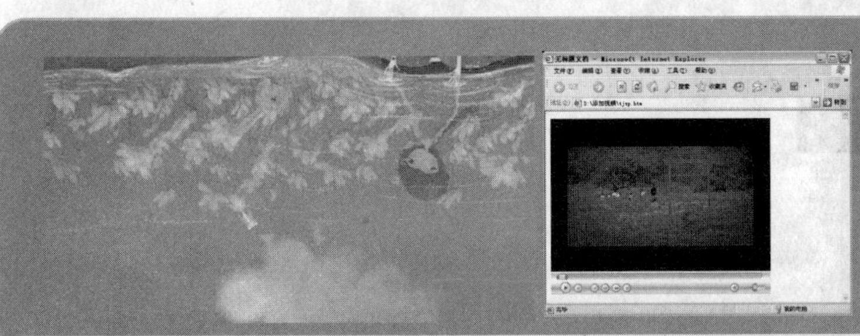

精彩实例效果展示 ▲

8.1 认识多媒体

随着网络的迅速增长，多媒体在网络中占有很大的比例，并且出现许多专业性的网站，如音乐网、电影网、动画网等，这些都属于多媒体的范畴。除专业网站外，许多企业、公司的网站中都会有一些 Flash、公司的宣传视频等。如搜狐、雅虎、网易等门户网站都有专门的板块用于放置多媒体，以供访问者使用。由此可见，多媒体给网络带来了强大的生命力。

多媒体的英文单词是 Multimedia，它由 media 和 multi 两部分组成，一般理解为多种媒体的综合。媒体（Media）就是人与人之间实现信息交流的中介，简单地说，就是信息的载体，也称为媒介。多媒体就是多重媒体的意思，可以理解为直接作用于人感官的文字、图形、图像、动画、声音和视频等各种媒体的统称，即多种信息载体的表现形式和传递方式。

8.2 插入 Shockwave 影片

Shockwave 是 Web 上用于交互式媒体的 Adobe 标准，能够被快速下载，并且可以在大多数的浏览器中播放。

播放 Shockwave 电影的软件可以作为 ActionX 控件也可以作为 Netscape Navigator 插件。当插入一个 Shockwave 影片时，Dreamweaver CS4 将同时使用 Object 标签和 Embed 标签，以便在所有的浏览器类型中都能获得最佳效果。当用户在“属性”面板上对电影作修改时，Dreamweaver CS4 将同时对 Object 标签和 Embed 标签中的参数作适当的修改。

Shockwave 电影可以集动画、位图视频和声音于一体，并将其组成一个交互式界面。插入 Shockwave 电影的具体操作如下：

1 在“文档”窗口中，将光标放到要插入 Shockwave 影片的位置。

2 执行“插入→媒体→Shockwave”命令，打开“选择文件”对话框，如图 8-1 所示，并在对话框中选择一个影片文件。

3 单击 确定 按钮，将选中的文件插入到文档中，如图 8-2 所示。

图 8-1 “选择文件”对话框

图 8-2 插入 Shockwave 电影文件

在插入 Shockwave 影片后，选定 Shockwave 电影图标，打开 Shockwave “属性”面板，

如图 8-3 所示。

图 8-3　Shockwave "属性" 面板

Shockwave "属性" 面板上各项目的含义为：

- 名称：指定影片的名称以便在脚本中识别。在 Shockwave 下的文本框中输入 Shockwave 影片的名称。
- 宽：指电影浏览器所打开时的宽度，默认以像素为单位。也可以指定以下单位：pc（十二点活字）、pt（磅）、in（英寸）、mm（毫米）、cm（厘米）和这些单位的组合（如 4mm+3pc）。
- 高：指电影浏览器所打开时的高度，默认以像素为单位。也可以指定以下单位：pc（十二点活字）、pt（磅）、in（英寸）、mm（毫米）、cm（厘米）和这些单位的组合（如 4mm+3pc）。
- 文件：指 Shockwave 影片文件的路径。单击文件夹图标，找到想要的源文件或在输入文本框中直接输入文件的路径。
- 播放：单击该按钮可以看到 Shockwave 电影的播放效果。
- 参数...：单击该按钮打开如图 8-4 所示的"参数"对话框，可以在其中输入传递给影片的附加参数。

参数的设置方法如下：

1 在"参数"对话框中，单击 + 按钮，在弹出的"选择参数值"对话框中选择相应的参数和所对应的值，如图 8-5 所示。

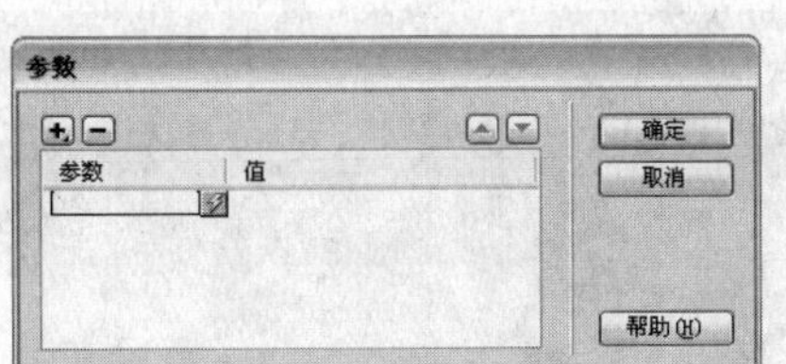

图 8-4 "参数"对话框

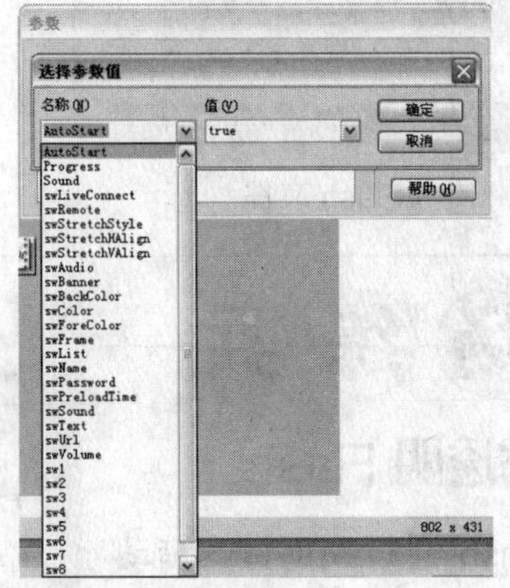

图 8-5 "选择参数值"对话框

2 如果要删除参数，请先选中要删除的参数，然后单击 − 按钮。

3 若要对参数进行排序，可以选择某一参数并单击 ▲▼ 按钮。

8.3 插入 Flash 动画

当一家公司做好了一个宣传贵公司形象的动画或广告时，为了使其与网站内容连接，需要将 Flash 的播放文件（.swf 文件）插入到 Dreamweaver 中。

插入 Flash 的具体操作步骤如下：

1 在“文档”窗口中，将光标放到要插入 Flash 的位置。

2 执行“插入→媒体→SWF”命令或按 Ctrl+Alt+F 组合键，打开“选择文件”对话框，如图 8-6 所示。

3 在对话框中选择 Flash 文件，单击 确定 按钮，将文件图标插入到文档中，如图 8-7 所示。

4 保存文件，按 F12 键浏览动画，此时动画会自动播放，如图 8-8 所示。

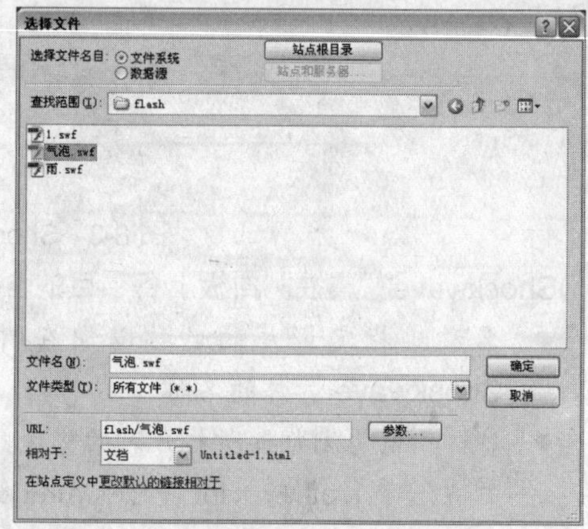

图 8-6 “选择文件”对话框

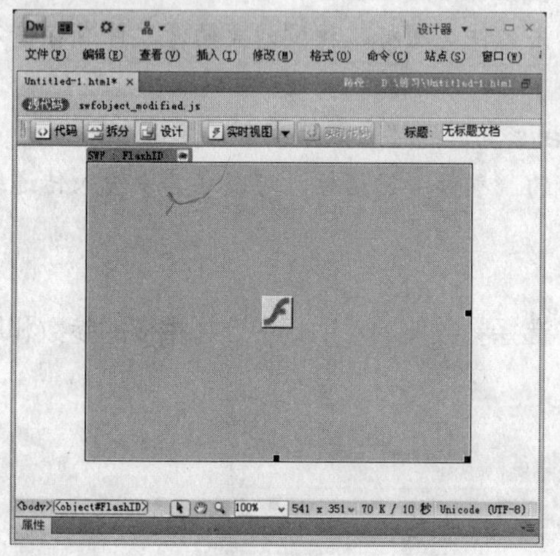

图 8-7 插入 Flash 文件

图 8-8 浏览动画

现场练兵

制作透明 Flash

透明 Flash 可以使网页充满动感，变得生动活泼，如图 8-9 所示。

图 8-9 完成效果

具体操作方法如下：

1 在 Dreamweaver CS4 中新建一个网页，并执行“插入→图像”命令，将一幅图片插入到文档中。然后执行“插入→布局对象→AP div”命令，在文档中插入一个层，并将其移动到图片上，如图 8-10 所示。

2 将光标放置于层中，然后执行“插入→媒体→SWF”命令，插入一个 Flash 动画到层中，如

图 8-11 所示。

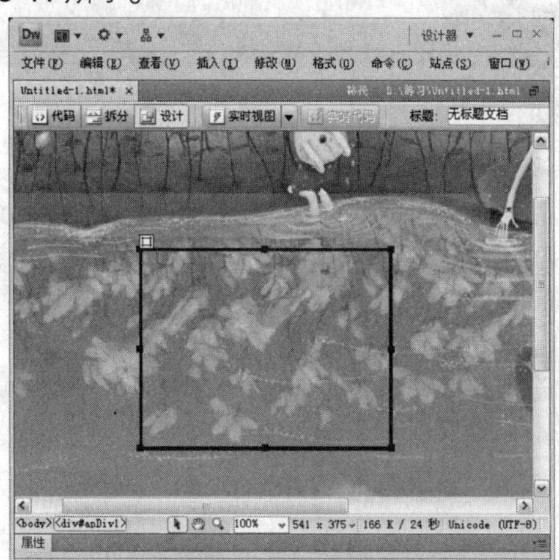

图 8-10　插入图片与层

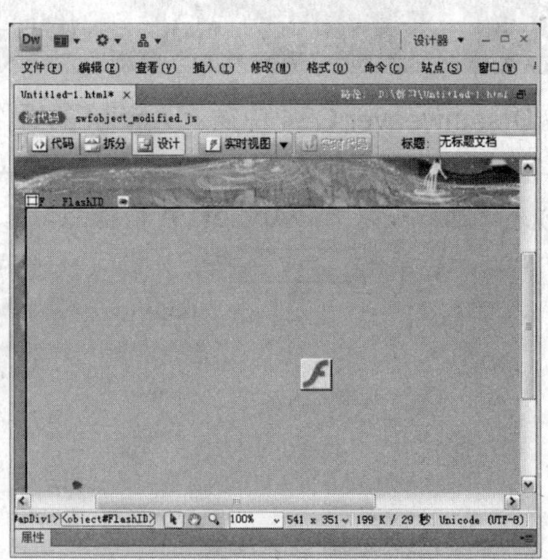

图 8-11　插入 Flash 动画

3 选中插入的 Flash，单击“属性”面板上的［播放］按钮，可以看到 Flash 动画的背景并不透明，与整个页面毫不搭配，如图 8-12 所示。

4 单击“属性”面板上的［参数...］按钮，打开“参数”对话框。在对话框中的“参数”文本框中输入 wmode，在“值”文本框中里输入 transparent，如图 8-13 所示。完成后单击［确定］按钮。

图 8-12　播放 Flash 动画

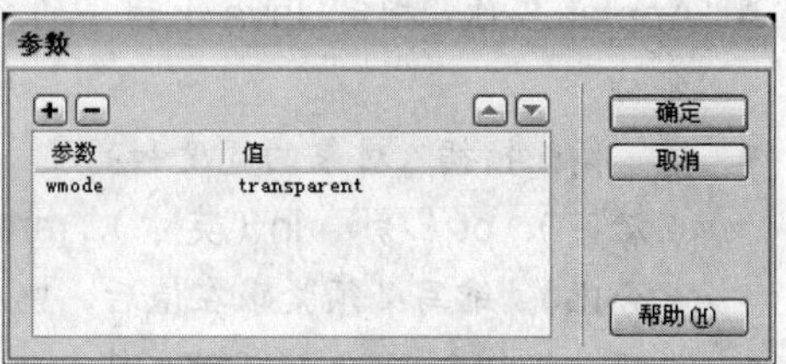

图 8-13　编辑 Flash 参数

5 保存网页后按 F12 键浏览，Flash 显示出透明的效果，如图 8-14 所示。

图 8-14　浏览网页

8.4 插入 Java Applet

在 Dreamweaver CS4 中插入 Applet 的操作方法如下。

1 执行“插入→媒体→Applet（A）”命令，在如图 8-15 所示的对话框中，选择包含 Java Applet 的文件，然后单击 确定 按钮，即可插入 Applet 程序。

图 8-15 “选择文件”对话框

2 在插入 Applet 之后，还需要使用“属性”面板来设置参数，Applet“属性”面板如图 8-16 所示。Applet“属性”面板上各项的设置说明如下。

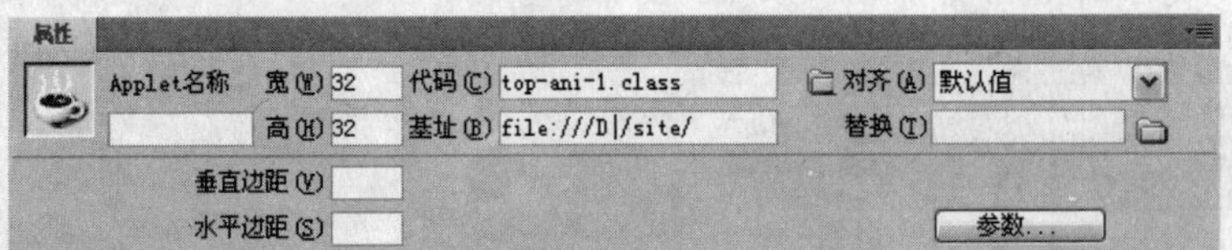

图 8-16 Applet“属性”面板

- Applet 名称：指定 Java 小程序的名称。在“属性”面板上左边的空白域中输入一个名称。
- 宽、高：指插入对象的宽度和高度，默认单位为像素。也可以指定以下单位：pc（十二点活字）、pt（磅）、in（英寸）、mm（毫米）、cm（厘米）或%（相对于父对象的值的百分比）。缩写必须紧跟在值后，中间不留空格。
- 代码：指包含 Java 代码的文件。单击文件夹图标选取文件，或者输入文件名。
- 基址：标识包含选定 Java 程序的文件夹。当选择程序后，该域将自动填充。
- 对齐：设置影片在页面上的对齐方式。“默认值”通常指与基线对齐；“基线”和“底部”将文本或同一段落的其他元素的基线与选定对象的底部对齐；“顶端”将影片的顶端与当前行中最高端对齐；“居中”将影片的中部与当前行的基线对齐；“文本上方”将影片的顶端与文本行中最高字符的顶端对齐；“绝对居中”将影片的中部与当前文本行中文本的中部对齐；“绝对底部”将影片底部与文本行的底部对齐；“左对齐”将所选影片放置在左边，文本在影片的右侧换行；“右对齐”将影片放置在右面，文本在影片的左侧换行。
- 替换：如果用户的浏览器不支持 Java 小程序或者 Java 被禁止，该选项将指定一个替代显示的内容。

- 垂直边距、水平边距：指在页面上插入的 Applet 四周的空白数量值。
- 参数...：单击该按钮，可以在打开的对话框中输入为 Shockwave 和 Flash 影片、ActiveX 控件、Obiject、Enbed、Applet 标签共同使用。参数将为插入对象设置专门的属性。例如：Flash 影片对象可以拥有品质参数<param name="quality" value="best">。

8.5 插入声音

对于网页来说，视频文件会减慢网页的下载速度，因此只有个别专业网站才会大量运用视频。相比之下，小巧的声音文件可以在网页中得到更好的利用，甚至可以将声音文件作为网页的背景音乐。

为网页添加背景音乐的方法一般有两种：一种是通过<bgsound>标签来添加；另一种是通过<embed>标签来添加。

1. 使用<bgsound>标签

在 Dreamweaver 中新建一个网页，单击代码按钮切换到“代码”视图，在<body>< /body>之间输入“<bgsound”，如图 8-17 所示。

```
"http://www.w3.org/TR/xhtml1/DTD/xhtml1-transitional.dtd">
<html xmlns="http://www.w3.org/1999/xhtml">
<head>
<meta http-equiv="Content-Type" content="text/html; charset=gb2312" />
<title>无标题文档</title>
</head>

<body>
<bgsound |
</body>
</html>
```

图 8-17　输入代码

在“<bgsound”代码后按空格键，代码提示框会自动将 bgsound 标签的属性列出来供用户选择，bgsound 标签共有 5 个属性，如图 8-18 所示。

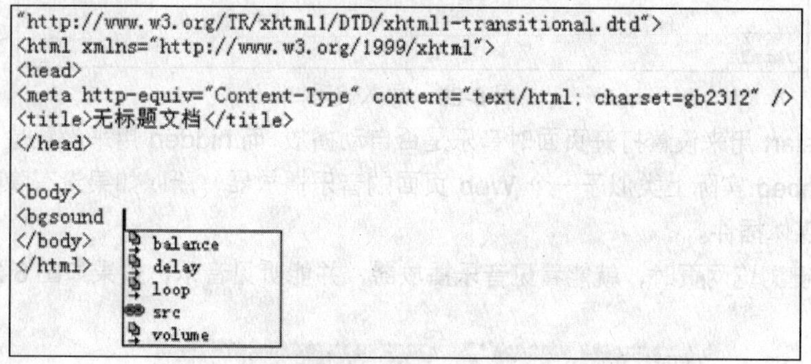

```
"http://www.w3.org/TR/xhtml1/DTD/xhtml1-transitional.dtd">
<html xmlns="http://www.w3.org/1999/xhtml">
<head>
<meta http-equiv="Content-Type" content="text/html; charset=gb2312" />
<title>无标题文档</title>
</head>

<body>
<bgsound |
</body>   balance
</html>   delay
          loop
          src
          volume
```

图 8-18　代码提示框

其中 balance 是设置音乐的左右均衡；delay 是进行播放延时的设置；loop 是循环次数的控制；src 则是音乐文件的路径；volume 是音量设置。一般在添加背景音乐时，并不需要对音乐进行左右均衡以及延时等设置，只需设置几个主要的参数就可以了。最后的代码如下：

```
< bgsound src="music.mid" loop="-1">
```

其中，loop="-1"表示音乐无限循环播放，如果你要设置播放次数，则改为相应的数字即可。

按 F12 键浏览网页，就能听见悦耳动听的背景音乐了。

2．使用<embed>标签

<embed>标签的功能非常强大，其与一些播放控件相结合就可以打造出一个完整的网页播放器。

在 Dreamweaver 中新建一个网页，单击“代码”按钮切换到“代码”视图，在< body>< /body>之间输入“<embed>”。

在“<embed”代码后按空格键，代码提示框会自动将 embed 标签的属性列出来供用户选择使用，如图 8-19 所示。

```
"http://www.w3.org/TR/xhtml1/DTD/xhtml1-transitional.dtd">
<html xmlns="http://www.w3.org/1999/xhtml">
<head>
<meta http-equiv="Content-Type" content="text/html; charset=gb2312" />
<title>无标题文档</title>
</head>
<body>
<embed
</body>    align
</html>    autostart
           class
           dir
           height
           hidden
           hspace
           lang
           loop
           src
```

图 8-19　代码提示框

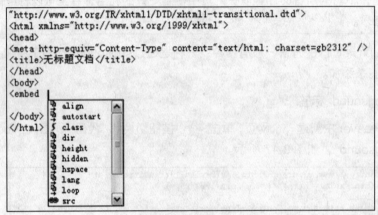

从图中可看出 embed 的属性比 bgsound 的 5 个属性多一些，最后的代码为：<embed src="111.wma" autostart="true" loop="true" hidden="true"></embed>，如图 8-20 所示。

```
"http://www.w3.org/TR/xhtml1/DTD/xhtml1-transitional.dtd">
<html xmlns="http://www.w3.org/1999/xhtml">
<head>
<meta http-equiv="Content-Type" content="text/html; charset=gb2312" />
<title>无标题文档</title>
</head>
<body>
<embed src="111.wma" autostart="true" loop="true" hidden="true"></embed>

</body>
</html>
```

图 8-20　插入代码

其中 autostart 用来设置打开页面时音乐是否自动播放，而 hidden 用来设置是否隐藏媒体播放器。因为 embed 实际上类似于一个 Web 页面的音乐播放器，所以如果没有隐藏，则会显示出系统默认的媒体插件。

当按 F12 键浏览网页时，就能看见音乐播放器，并能听见音乐，效果如图 8-21 所示。

图 8-21　音乐播放器

8.6 插入 ActiveX 控件

ActiveX 控件是可以充当浏览器插件的可重复使用的组件，有些像微型的应用程序。ActiveX 控件可在 Windows 系统的 Internet Explorer 中运行，但不能在 Macintosh 或 Netscape Navigator 中运行。Dreamweaver 中的 ActiveX 对象使设计者能为访问者的浏览器中的 ActiveX 控件提供参数。

Dreamweaver 使用 Object 标签来标识网页中 ActiveX 控件出现的位置，并为 ActiveX 控件提供参数。

将光标放到“文档”窗口中要插入 ActiveX 的位置，执行“插入→媒体→ActiveX（C）”命令。在文档页面上将会出现一个图标，它标记出 ActiveX 控件在页面中的位置。

在插入 ActiveX 控件后，就可以使用“属性”面板设置 Object 标签的属性以及 ActiveX 控件的参数，“属性”面板如图 8-22 所示。ActiveX 控件“属性”面板上各属性的设置说明如下。

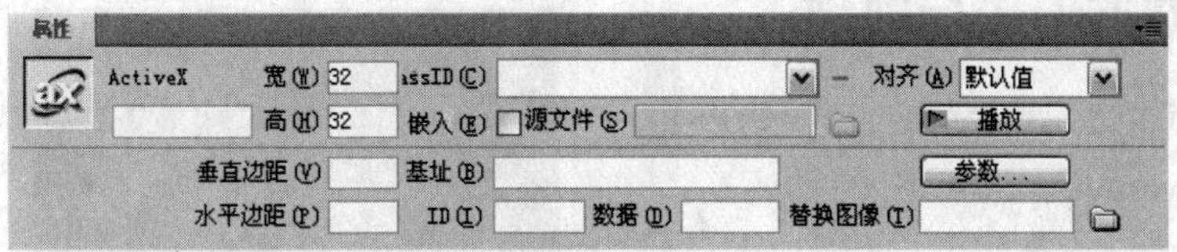

图 8-22 “属性”面板

- ActiveX：用来标识 ActiveX 控件对象以进行脚本编写的名称。在“属性”面板最左侧的未标记文本框中输入名称。
- 宽、高：指插入对象的宽度和高度，默认单位为像素。也可以指定以下单位：pc（十二点活字）、pt（磅）、in（英寸）、mm（毫米）、cm（厘米）或%（相对于父对象的值的百分比）。缩写必须紧跟在值后，中间不留空格。
- ClassID：为浏览器标识 ActiveX 控件。可以从弹出的快捷菜单中选择一个值或直接输入一个值。在加载页面时，浏览器使用该类 ID 来确定与该页面关联的 ActiveX 控件所需的 ActiveX 控件的位置。如果浏览器未找到指定的 ActiveX 控件，则它将尝试从“基址”指定的位置下载。
- 嵌入：为该 ActiveX 控件在 Object 标签内添加 Embed 标签。如果 ActiveX 控件具有等效的 Netscape Navigator 插件，则 Embed 标签将激活该插件。Dreamweaver 将用户作为 ActiveX 属性输入的值指派给等效的 Netscape Navigator 插件。
- 对齐：设置影片在页面上的对齐方式。“默认值”通常指与基线对齐；“基线”和“底部”将文本或同一段落的其他元素的基线与选定对象的底部对齐；“顶端”将影片的顶端与当前行中最高端对齐；“居中”将影片的中部与当前行的基线对齐；“文本上方”将影片的顶端与文本行中最高字符的顶端对齐；“绝对居中”将影片的中部与当前文本行中文本的中部对齐；“绝对底部”将影片底部与文本行的底部对齐；“左对齐”将所选影片放置在左边，文本在影片的右侧换行；“右对齐”将影片放置在右边，文本在影片的左侧换行。
- 参数...：单击该按钮，可以在打开的对话框中输入传递给 ActiveX 对象的附加参数。

- 源文件：定义如果启用了“嵌入”选项，则要用 Netscape Navigator 插件的数据文件。如果没有输入值，那么 Dreamweaver 将根据已经输入的 ActiveX 属性确定值。
- 垂直边距、水平边距：指在页面上插入的 ActiveX 四周的空白数量值。
- “基址”：指包含 ActiveX 控件的 URL。如果浏览者的系统中尚未安装该 ActiveX 控件，则 Internet Explorer 从该位置下载它。如果没有指定“基址”参数并且浏览者未安装相应的 ActiveX 控件，则浏览器不能显示 ActiveX 控件对象。
- 替换图像：是指浏览器在不支持 Object 标签的情况下要显示的图像，只有取消对“嵌入”选项的选择后此选项才可以使用。
- 数据：是为需要加载的 ActiveX 控件指定数据文件。许多 ActiveX 控件（例如 Shockwave 和 RealPlayer）不使用此参数。

在网页中添加视频

在网页中添加视频剪辑，可以使用 Dreamweaver CS4 中的插入 ActiveX 控件功能来实现。在网页中加上一些不同功能的 ActiveX 控件，就可以播放 wmv 视频、显示日历等，只要访问者的浏览器支持 ActiveX 控件，就会自动下载并执行它，如图 8-23 所示。

图 8-23　完成效果

具体操作方法如下：

1 新建一个网页文档，在“文档”窗口中，将光标放到要插入 ActiveX 的位置。

2 执行“插入→媒体→ActiveX（C）”命令，在页面中插入 ActiveX 控件。

3 在“属性”面板上将 ClassID 设置为 CLSID:22d6f312-b0f6-11d0-94ab-0080c74c7e95，此控件为微软的 Active Movie 控件，可以在网页上播放视频文件（wmv 文件），如图 8-24 所示。

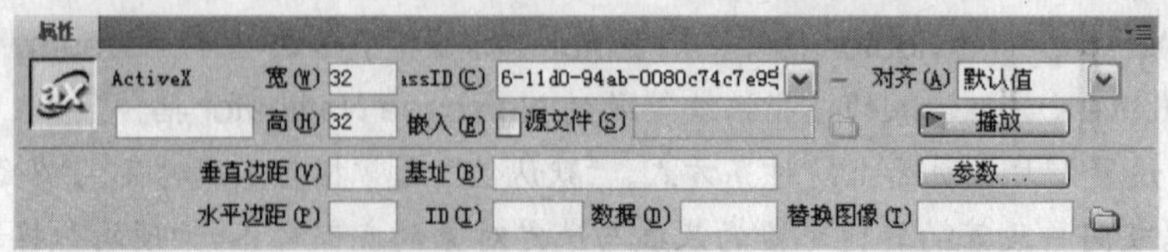

图 8-24　ActiveX “属性”面板

4 单击 参数... 按钮，弹出“参数”对话框，在其中添加 Active Movie 控件的播放参数。添加参数“FileName”，并设置其值为“D:\添加视频\ldh.wmv”，此项参数用于指定要播放的视频文件，如图 8-25 所示。完成后单击 确定 按钮。

5 按 F12 键浏览网页，在网页中就能看到这段视频了，如图 8-26 所示。

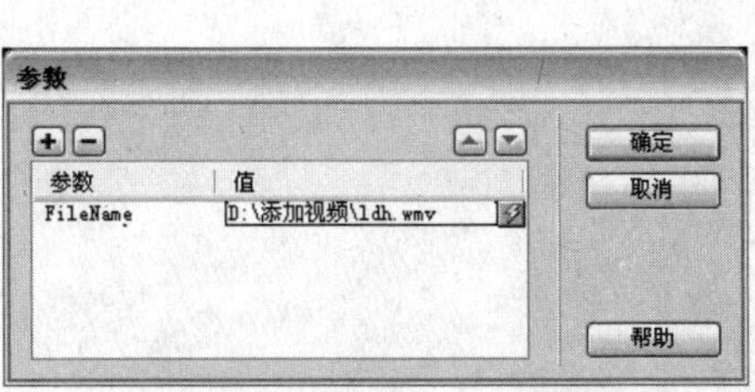

图 8-25　“参数”对话框

图 8-26　浏览网页

在线播放 rm 文件

现在许多网站提供了在线收听音乐的服务，这是一项非常有用的功能，如图 8-27 所示，下面就讲述在线播放 rm 文件的操作方法。

要在网页中在线播放 rm 文件，可以通过在<body> </body>之间输入代码来实现。

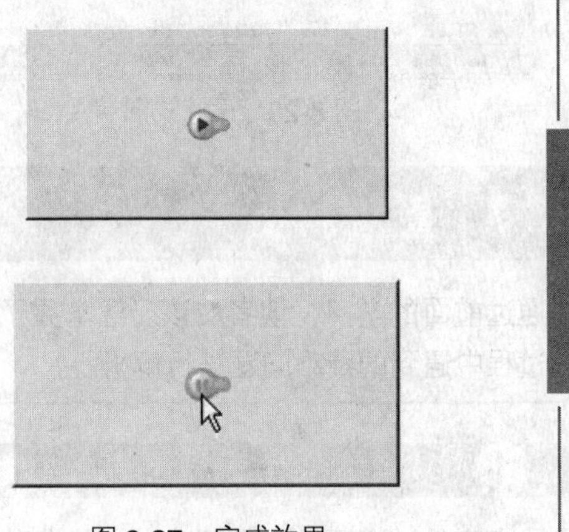

图 8-27　完成效果

具体操作方法如下：

1 新建一个网页文档，单击代码按钮切换到“代码”视图，在<body> </body>之间输入“<embed height=113 src="yl.rm" type=audio/x-pn-realaudio-plugin width=221 autostart="false" controls="PlayButton">”，如图 8-28 所示。其中 src="yl.rm"就是需要播放的 rm 文件名称。

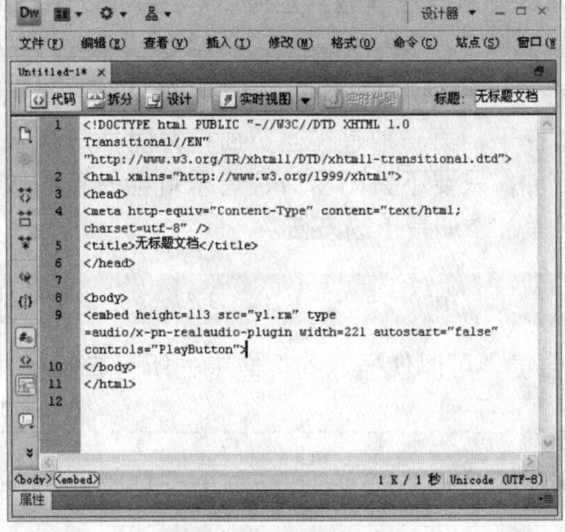

图 8-28　添加代码

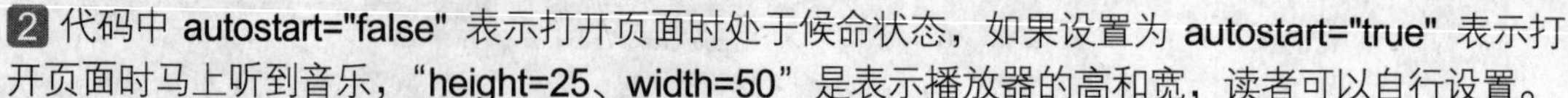

2 代码中 autostart="false" 表示打开页面时处于候命状态，如果设置为 autostart="true" 表示打开页面时马上听到音乐，“height=25、width=50”是表示播放器的高和宽，读者可以自行设置。

3 单击 设计 按钮返回设计视图，可以看到文档中已出现控件图标，如图 8-29 所示。

4 保存网页文件，按 F12 键浏览网页，如图 8-30 所示。

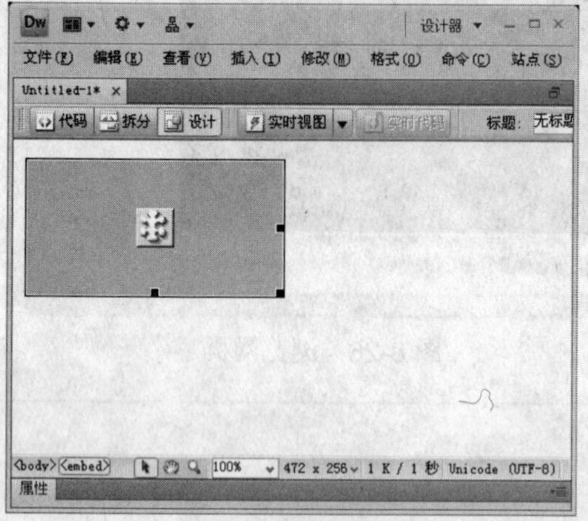

图 8-29 设计视图

图 8-30 浏览网页

8.7 疑难解析

通过前面的学习，读者应该已经掌握了插入多媒体对象的基础知识，下面就读者在学习的过程中遇到的疑难问题进行解析。

1 多媒体的主要特征是什么？

多媒体的主要特征有两个：一是多种媒体形式并存；二是强大的交互功能。

2 网页中能添加什么格式的音乐文件？

现在主流的音乐格式有 WAV、MID、MP3 等。如果要顾及到网速较低的浏览者，则可以使用 MID 音效作为网页的背景音乐，因为 MID 音乐文件小，这样在网页打开的过程中能很快加载并播放，但是 MID 也有不足的地方，它只能存放音乐的旋律，没有好听的和声以及唱词。如果你的网速较快，或是觉得 MID 音乐有些单调，也可以添加 MP3 格式的音乐。

3 使用<bgsound>标签与使用<embed>标签添加音乐的方法有什么不同

这两种方法的不同之处在于，第一种是在当页面打开时播放音乐，将页面最小化以后音乐会自动暂停。如果使用第二种，只要不关闭窗口，音乐就会一直播放。所以大家在操作过程中要根据自己的实际需要来选择、添加音乐的方法。

4 怎样使插入到页面中的所有 Flash 对象与动画同时播放？

按 Ctrl+Alt+Shift+P 组合键，可以使插入到页面中的所有 Flash 对象与动画同时播放。

8.8 上机实践

（1）新建一个网页，然后为网页添加一个视频。

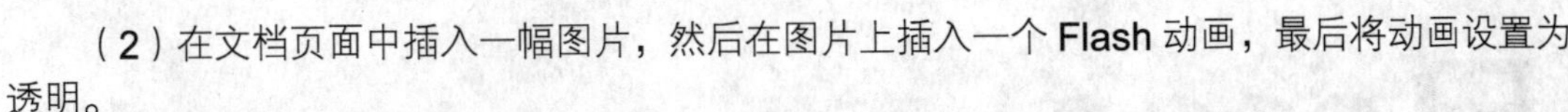

（2）在文档页面中插入一幅图片，然后在图片上插入一个 Flash 动画，最后将动画设置为透明。

（3）制作一个在线播放 rm 文件的网页。

8.9 巩固与提高

本章主要讲述了在页面中插入多媒体对象的知识，并对各多媒体的属性参数设置进行了介绍，在网页中插入多媒体对象可以使页面动感十足，使页面的浏览者在访问时对页面充满了兴趣，以吸引更多的人访问站点。

1．选择题

（1）（　　）电影可以集动画、位图视频和声音于一体，并将其组成一个交互式界面。

A．ActiveX 控件　　B．Java Applet

C．Flash　　D．Shockwave

（2）在 Dreamweaver CS4 中，插入 Flash 影片需要执行（　　）菜单中的命令。

A．插入　　B．编辑　　C．查看　　D．修改

（3）在 Dreamweaver CS4 中单击按钮图标，可以在文档中插入（　　）。

A．Shockwave　　B．ActiveX 控件

C．Flash　　D．Java Applet

2．填空题

（1）按________组合键能快速插入 Shockwave 影片。

（2）多媒体的主要特征有两个：一是________；二是________。

（3）为网页添加背景音乐的方法一般有两种：一种是通过普通的________标签来添加；另一种是通过________标签来添加。

读书笔记

第 9 章

使用行为制作网页特效

借助 JavaScript 等网页客户端代码可以和用户进行大量且丰富的交互，Dreamweaver 将最常用的交互功能放在内置行为中。本章将介绍在 Dreamweaver 中最常用的行为。

学习指南

- 行为简介
- 使用行为面板
- 制作网页特效
- 行为的管理与修改

精彩实例效果展示 ▲

9.1 行为简介

本节首先介绍关于“行为”的含义以及与“行为”相关的几个重要概念——对象、事件和动作。

“行为”是事件和动作的组合。在 Dreamweaver CS4 中，事件可以是任何类似使用者在某个链接上单击的这样具有交互性的事物，或者类似于一个网页的载入过程这样的具有自动化的事情。行为被规定附属于用户页面上某个特定的元素，不论是一个文本链接、一幅图像或者 **<body>**标签。为了更好地理解行为的概念，下面就分别介绍与行为相关的：对象、事件和动作。

“对象”是产生行为的主体，许多网页元素都可以成为对象，如图片、文字、多媒体文件等，甚至是整个页面。

“事件”是触发动态效果的原因，它可以被附加到各种页面元素上，也可以被附加到 HTML 标记中。事件总是针对页面元素或标记而言的。比如，将鼠标指针移到图像上、将鼠标指针放在图像之外或者单击鼠标，这些是关于鼠标最常见的三个事件（onMouseOver、onMouseOut、onClick）。不同版本的浏览器所支持的事件种类和数量是不一样的，通常高版本的浏览器支持更多的事件。

“行为”是通过动作来完成动态效果，如交换图像、打开浏览器窗口、弹出信息、播放声音等动作。动作通常是一段 JavaScript 代码，在 Dreamweaver 中使用 Dreamweaver 内置的行为系统会自动往页面中添加 JavaScript 代码，用户完全不必自己编写。

把“事件”和“动作”结合就构成了行为。比如，将 onClick 行为事件与 JavaScript 代码相关联，当鼠标指针放在对象上时就可以执行相应的 JavaScript 代码动作。每个事件可以同多个动作相关联，即发生事件时可以执行多个动作，为了实现需要的结果，用户还可以指定和修改动作发生的顺序。

在 Dreamweaver CS4 中内置了许多行为动作，形成了一个 JavaScript 库。用户还可以通过 Adobe 的官方网站下载并安装行为库中的文件以获得更多的行为。用户如果很熟悉 JavaScript 语言，也可以自己编写新动作，添加到 Dreamweaver 中。

9.2 使用行为面板

在 Dreamweaver CS4 中，对行为的添加和控制主要通过“行为”面板来实现。打开“行为”面板可以通过以下两种方法。

- 执行“窗口→行为”命令，打开“行为”面板，如图 9-1 所示。
- 按 Shift+F4 组合键，打开“行为”面板。

在“行为”面板上，单击按钮表示的是显示触发事件，也就是显示已经设置了的行为，当单击行为列表中所选事件名称旁边的箭头按钮时出现的菜单就是行为已经被设置。只有在选择了行为列表中的某个事件时才显示此菜单。所选对象不同，显示的事件也会有所不同。

单击按钮显示所有事件，在列表中有一个选择触发事件的下拉菜单的按钮，如图 9-2 所示。

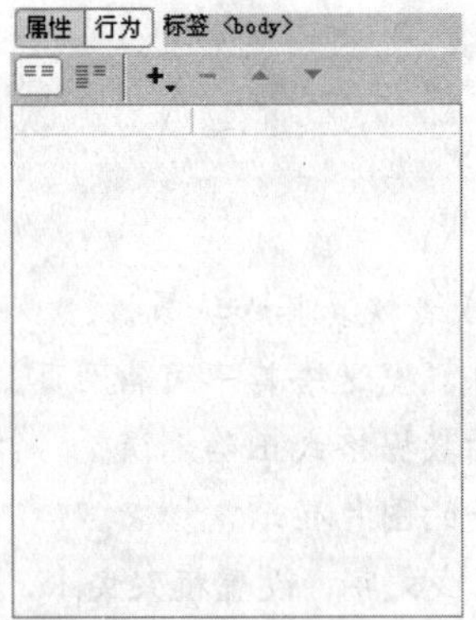

图 9-1 “行为”面板

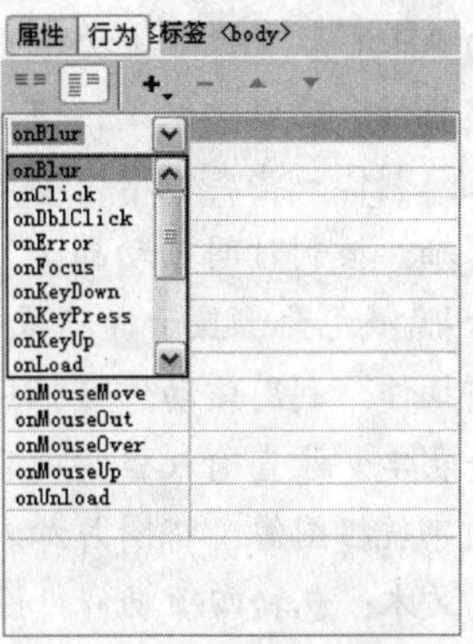

图 9-2 事件下拉菜单

窗口内容标题条上的 + 按钮，是为选定的对象加载动作，即自动生成一段 JavaScript 程序代码，单击该按钮，打开下拉菜单，如图 9-3 所示。用户可以在其中指定该动作的参数，需要注意的是，如果在空白的文档中打开此菜单，大部分菜单都是灰色的，这是由于对普通文本不能加载行为动作所致。

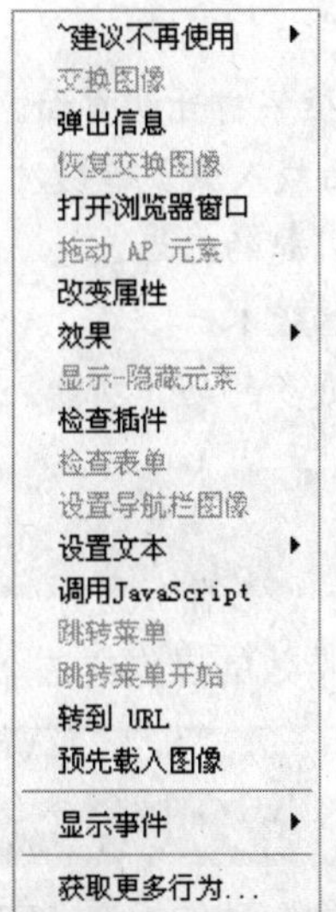

图 9-3 行为动作下拉菜单

- 按钮的作用是用来删除已加载的动作。由于未加载任何动作，所以呈灰色。

▲▼这两个按钮用来将特定事件的所选动作在行为列表中向上或向下移动。在多个动作都是相同的触发事件时，这个功能才有用处。图 9-3 中是 Dreamweaver CS4 在 NS4.0、IE4.0 及以上版本所支持的动作，下面就对此加以介绍，认识一下“行为”动作。

- 建议不再使用：建议不再使用的一些过时的行为动作。
- 交换图像：通过改变 IMG 标记的 SRC 属性，改变图像，利用该动作可创建活动按钮或其他图像效果。
- 弹出信息：显示带指定信息的 JavaScript 警告。用户可在文本中嵌入任何有效的 JavaScript 功能，如调用、属性、布局变量或表达式（需用“{}”括起来）。例如，本页面的 URL 为{window.location}、今天是{new Date()}。
- 恢复交换图像：恢复交换图像为原图。
- 打开浏览器窗口：在新窗口中打开 URL，并可设置新窗口的尺寸等属性。

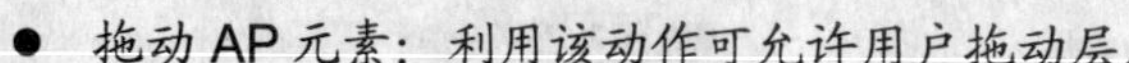

- 拖动 AP 元素：利用该动作可允许用户拖动层。
- 改变属性：改变对象属性值。
- 效果：制作一些类似增大/搜索等的效果。
- 时间轴：控制时间轴动画。
- 显示-隐藏元素：显示、隐藏一个或多个层窗口，或者恢复其默认属性。
- 检查插件：利用该动作可根据访问者所安装的插件，发送给其不同的网页。
- 检查表单：检查输入框的内容，以确保用户输入的数据格式正确无误。
- 设置导航栏图像：将图片加入导航条或改变导航条的图片显示。
- 设置文本：包括四项功能：设置层文本、设置文本域文字、设置框架文本、设置状态栏文本。
- 调用 JavaScript：执行 JavaScript 代码。
- 跳转菜单：当用户创建了一个跳转菜单时，Dreamweaver 将创建一个菜单对象，并为其附加行为。在“行为”面板上双击跳转菜单动作可编辑跳转菜单。
- 跳转菜单开始：当用户创建已经创建了一个跳转菜单时，在其后面会添加一个行为动作按钮前往。
- 转到 URL：在当前窗口或指定框架打开新页面。
- 预先载入图像：当该图片在页面载入浏览器缓冲区之后不会立即显示。它主要用于时间线、行为等。从而防止因下载引起的延迟。
- 显示事件：显示所适合的浏览器版本。
- 获取更多行为：从网站上获得更多的动作功能。

9.3 制作网页特效

下面就向读者介绍使用行为制作网页特效的操作方法。

9.3.1 交换图像

“交换图像”动作与“鼠标经过图像”动作类似，它通过修改<img>标签的 src 属性将一个图像和另一个图像进行交换。

因为这个动作只影响到 src 属性，所以变换图像的高度和宽度与初始图像要相同，否则交换的图像在显示时会被压缩或扩展。

使用“交换图像”动作，具体的操作步骤如下：

1 在页面中插入图像，并在图像“属性”面板上的“ID”文本框中输入图像的名称，如图 9-4 所示。

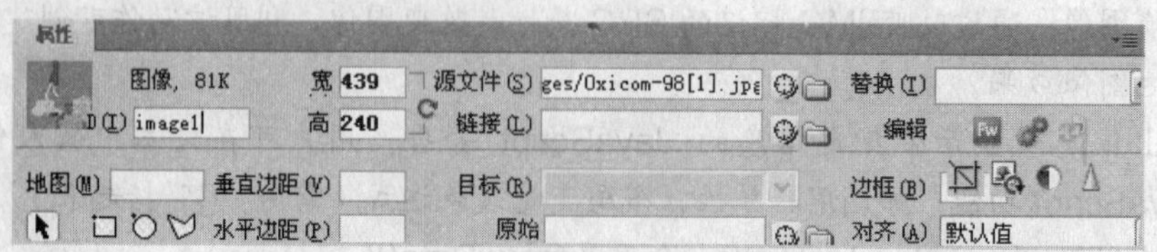

图 9-4　命名图像名称

2 选择要附加替换图像行为的图像。单击“行为”面板上的+.按钮，在打开的“动作”快捷菜单中选择“交换图像”命令，打开“交换图像”对话框，如图 9-5 所示。

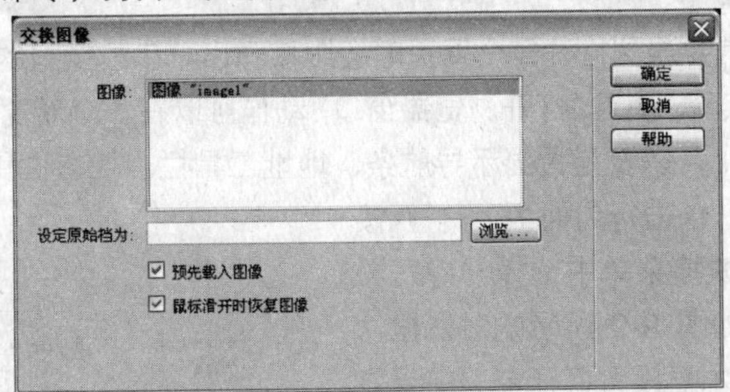

图 9-5 “交换图像”对话框

3 在“图像”列表框中，选择要设置替换图像的原始图像。

4 在“设定原始档为”文本框中输入替换后的图像文件的路径和名称，或单击浏览...按钮，选择图像文件，如图 9-6 所示。

5 如果要设置多个图像替换，可重复上面的步骤。

6 勾选“预先载入图像”和“鼠标滑开时恢复图像”复选框，表示无论图像是否被显示，都会被下载和当鼠标离开附加行为的对象时，恢复显示所有的原始图像。

7 设置完毕，单击确定按钮，确认操作。

8 在“行为”面板上出现“恢复交换图像”行为，如图 9-7 所示，选择相应的事件项。

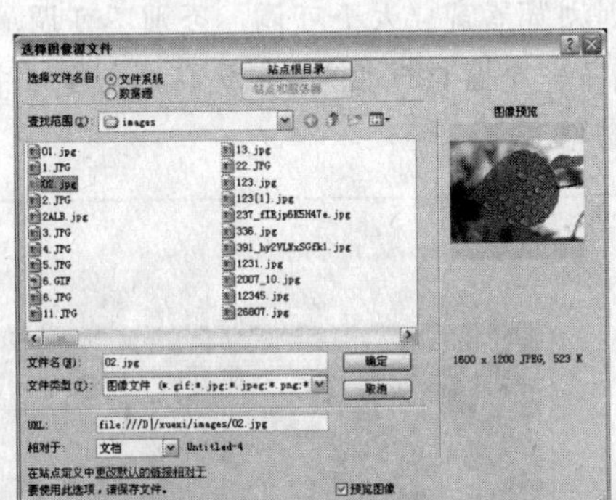

图 9-6 选择替换图像文件

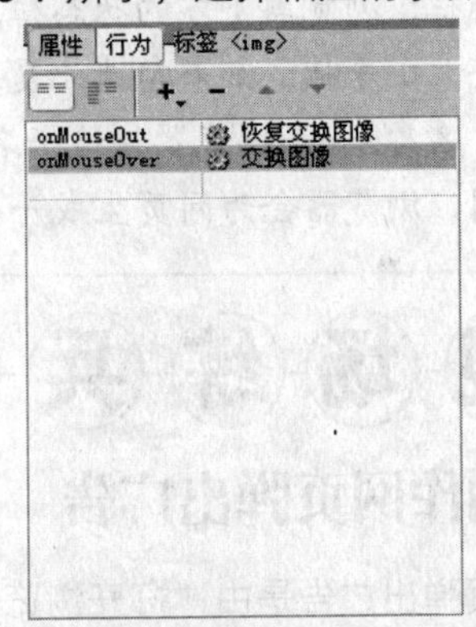

图 9-7 完成行为设置

9.3.2 恢复交换图像

“恢复交换图像”动作可以将被替换显示的图像恢复为原始图像。

如果在设置“交换图像”动作时，没有勾选“鼠标滑开时恢复图像”复选框，可以手工设置图像恢复动作，具体操作步骤如下：

1 选择网页中添加了交换图像的对象。

2 单击“行为”面板上的+.按钮，打开“动作”快捷菜单，选择“恢复交换图像”命令，打开“恢复交换图像”对话框，如图 9-8 所示。

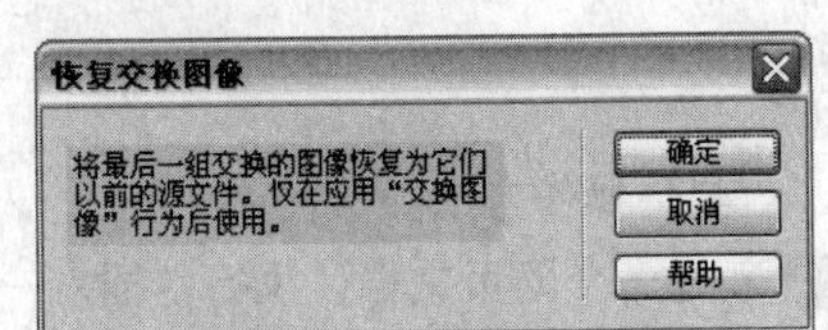

图 9-8 “恢复交换图像”对话框

3 单击确定按钮，确认操作，便可为对象附加恢复交换图像行为。

4 在“行为”面板上选择相应的事件项。

9.3.3 打开浏览器窗口

在浏览网页时，经常会遇到打开一个网页时会跟随弹出一串的窗口的情况。这可以通过“打开浏览器窗口”动作来实现。使用“打开浏览器窗口”动作可以在一个新窗口中打开指定的URL，并可以指定该窗口的大小，以及是否显示导航条、地址工具栏、状态栏和菜单栏等。

打开一个页面文档，单击行为面板上的 +. 按钮，在弹出的“动作”快捷菜单中选择“打开浏览器窗口”命令，弹出如图 9-9 所示的对话框，在“要显示的 URL”文本框设置打开窗口中要显示网页的 URL，再设置弹出窗口的宽度和高度，在“属性”栏中可选择弹出窗口是否包括以下组成部分。

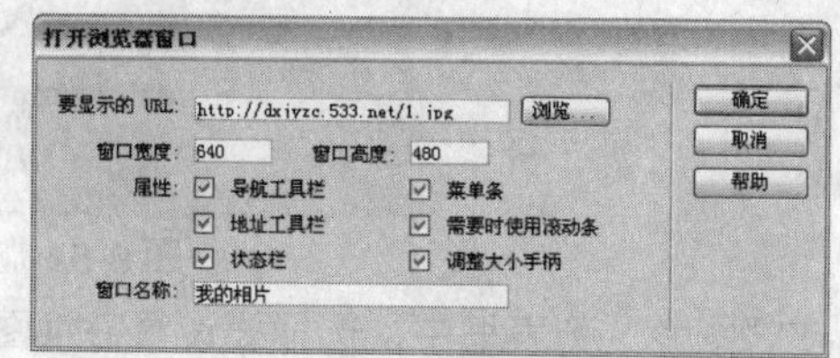

图 9- 9 设置弹出浏览器窗口

- 导航工具栏：浏览器窗口的导航基本工具栏。
- 菜单条：浏览器窗口的菜单。
- 地址工具栏：浏览器窗口中的地址栏。
- 需要时使用滚动条：如果勾选此复选框，那么如果页面内容较多，窗口会出现滚动条，否则不出现。
- 状态栏：浏览器下方的状态栏。
- 调整大小手柄：如果勾选此复选框，则浏览器窗口大小可调，否则不可调。
- 窗口名称：如果浏览器按这个名字找到了一个窗口或框架，它就在这个窗口中打开网页，否则，浏览器会为网页生成一个新的窗口。

现场练兵

制作网页弹出广告

网页弹出广告是由“打开浏览器窗口”动作来完成的。“打开浏览器窗口”动作是在新的窗口中打开 URL，包括设置窗口的属性、特性和名称，如图 9-10 所示。

图 9-10 完成效果

具体操作方法如下：

1 新建一个网页文档，执行“插入→图像”命令，在该文档中插入一幅图像，如图 9-11 所示。

图 9-11　插入图像

2 执行“文件→保存”命令，将网页文档保存，并将其命名为 tuxiang.html，然后新建一个网页文档，在“标题栏”处将标题设置为“弹出广告”，如图 9-12 所示。

图 9-12　标题栏

3 执行“插入→表格”命令，插入一个 1 行 1 列，宽为 500 像素的表格，并在“属性”面板上将其对齐方式设置为居中对齐，“填充”和“间距”都设置为 0，如图 9-13 所示。

4 将光标放置于表格中，执行“插入→图像”命令，将一幅图像插入到表格中，如图 9-14 所示。

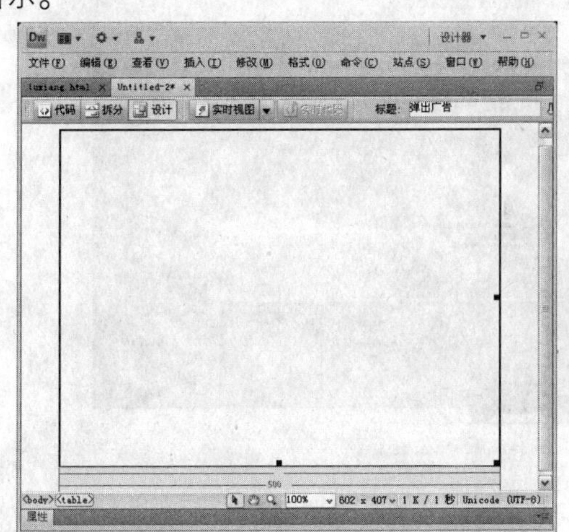

图 9-13　插入表格

图 9-14　插入图像

5 单击“属性”面板上的 页面属性... 按钮，弹出“页面属性”对话框，在“左边距”、“右边距”、“上边距”和“下边距”文本框中都输入“0”，如图 9-15 所示。完成后单击 确定 按钮。

6 执行“文件→保存”命令，将网页文档保存，并命名为 guanggao.html。完成后打开刚刚制作的 tuxiang.html，然后单击文档窗口左下角的 <body> 标记，如图 9-16 所示。

7 执行“窗口→行为”命令，打开“行为”面

图 9-15　“页面属性”对话框

板，在面板上单击+按钮，在弹出的快捷菜单中选择“打开浏览器窗口”命令，弹出“打开浏览器窗口”对话框，如图 9-17 所示。

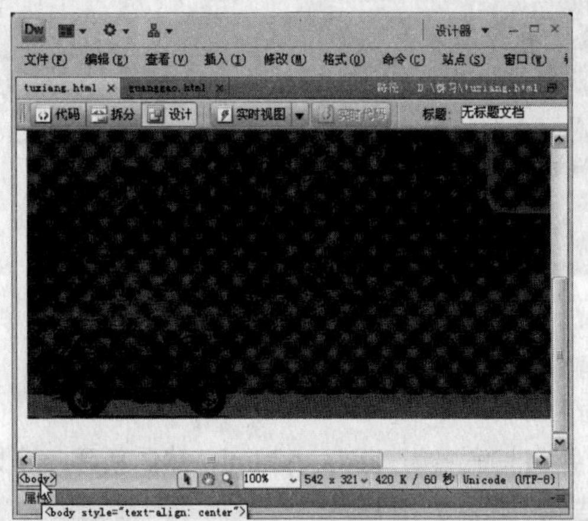

图 9-16　单击<body>标记

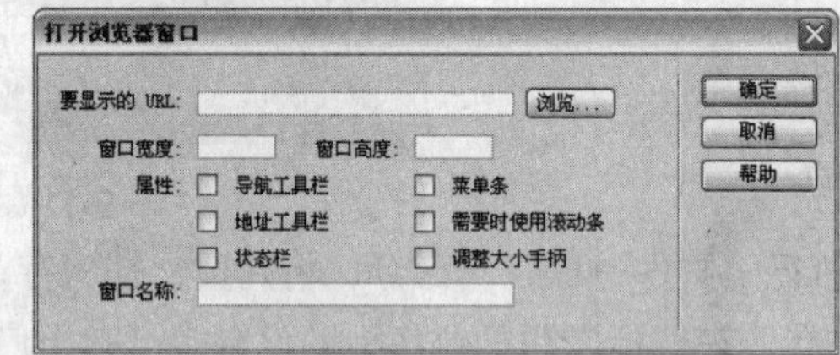

图 9-17　“打开浏览器窗口”对话框

8 在“要显示的 URL”文本框中输入“guanggao.html”，在“窗口宽度”和“窗口高度”文本框中分别输入 500 与 285，完成后单击 确定 按钮。然后在“行为”面板上选择 onLoad 事件，如图 9-18 所示。

9 保存文件，按 F12 键浏览网页，在打开网页的同时弹出广告窗口，如图 9-19 所示。

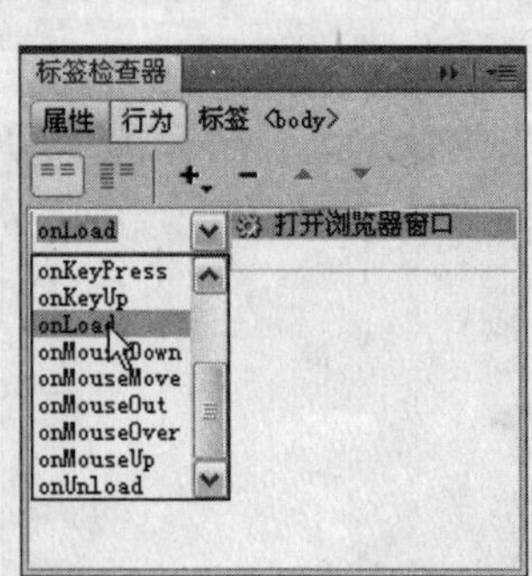

图 9-18　“行为”面板

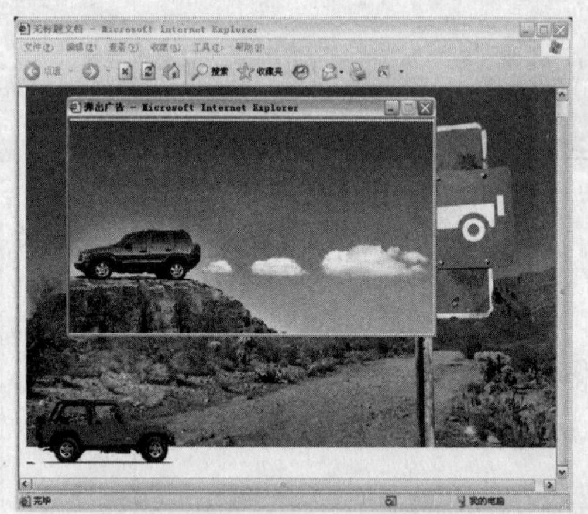

图 9-19　浏览网页

9.3.4　改变属性

使用“改变属性”动作可以更改对象的某个属性。可以使用该动作控制的对象有层、图片、表单等。

要使用“改变属性”动作，具体的操作步骤如下：

1 在页面中选择需要改变属性的对象。

2 单击“行为”面板的+按钮，打开“动作”下拉菜单，选择“改变属性”命令，打开“改变属性”对话框，如图 9-20 所示。

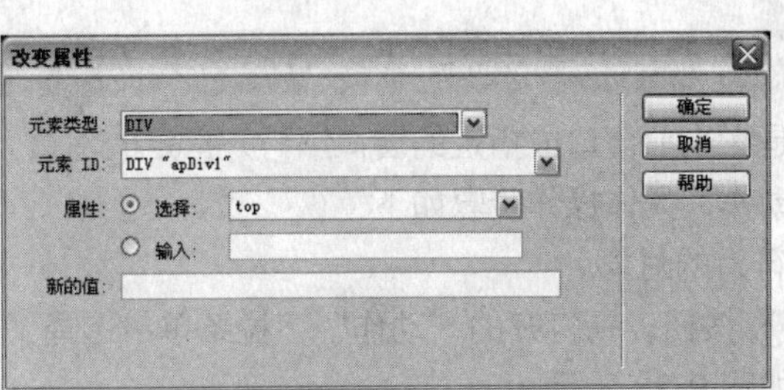

图 9-20 "改变属性"对话框

3 在"元素类型"下拉列表中选择需要更改其属性的对象类型。

4 在"元素 ID"下拉列表中选择一种对象类型。

5 在"属性"区域中选择一个属性，或在文本框中输入该属性的名称。如果查看每个浏览器中可以更改的属性，可以从浏览器弹出菜单中选择不同的浏览器或浏览器版本。如果要输入属性名称，那么需要使用该属性的准确的 JavaScript 名称。

6 在"新的值"文本框中输入该属性的新值。

7 设置完成后单击 确定 按钮。

8 在"行为"面板上选择相应的事件。

9.3.5 调用 JavaScript

"调用 JavaScript"动作允许用户使用"行为"面板来指定当发生某个事件时应该执行的自定义函数或 JavaScript 代码行。

使用"调用 JavaScript"动作，具体的操作步骤如下：

1 在网页中选择一个附加行为的对象，比如一个按钮。

2 单击"行为"面板上的 + 按钮，打开"动作"下拉菜单，选择"调用 JavaScript"命令，打开"调用 JavaScript"对话框，如图 9-21 所示。

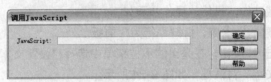

图 9-21 "调用 JavaScript"对话框

3 在 JavaScript 文本框中输入要触发的函数名称。比如如果要创建一个关闭当前页面的按钮，可以输入"window.close ( )"。

4 单击 确定 按钮，确定操作。

5 在"行为"面板上选择相应的事件项，如 onClick。

6 保存页面，按 F12 键浏览页面。当鼠标单击按钮时，则弹出如图 9-22 所示的对话框，单击 是(Y) 按钮则关闭页面。

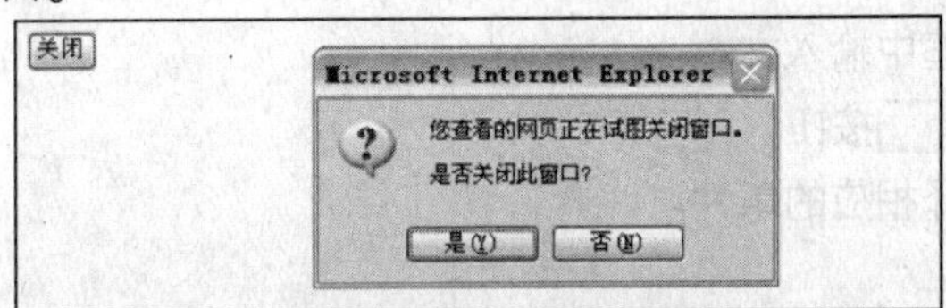

图 9-22 关闭页面对话框

9.3.6 转到 URL

“转到 URL”动作是在当前窗口或指定的窗口中打开指定的网页。

使用“转到 URL”动作，具体操作步骤如下：

1 在页面上选择要附加行为的对象。

2 单击“行为”面板的 +. 按钮，在打开的“动作”下拉菜单中选择“转到 URL”命令，打开“转到 URL”对话框，如图 9-23 所示。

图 9-23 “转到 URL”对话框

3 在“打开在”列表中选择打开链接目标锚端文档的窗口。

4 在 URL 文本框中输入设置链接的 URL 地址或单击 浏览... 按钮，选择链接文档。

5 设置完成后单击 确定 按钮，确认操作。

6 在“行为”面板上选择相应的事件。

9.3.7 设置文本

1. 设置文本域文字

“设置文本域文字”动作是用户以指定的内容替换表单文本域的内容。可以在文本中嵌入任何有效的 JavaScript 函数调用、属性、全局变量或其他表达式。若要嵌入一个 JavaScript 表达式，必须将其放置在大括号“{}”中。

在页面中使用文本域动作，具体的操作步骤如下：

1 在页面上选择已经创建的文本域，打开“行为”面板。

2 在“行为”面板上单击 +. 按钮，在弹出的下拉菜单中选择“设置文本→设置文本域文字”命令，弹出“设置文本域文字”对话框，如图 9-24 所示。

图 9-24 “设置文本域文字”对话框

3 在对话框中的“文本域”下拉列表中选择目标文本域。

4 在“新建文本”文本框中输入文本。

5 设置完毕，单击 确定 按钮。

6 在“行为”面板上选择相应的事件。

2. 设置框架文本

“设置框架文本”动作允许用户动态设置框架的文本，以用户指定的内容替换框架的内容和格式。此内容可以包含任何有效的 HTML 代码。使用“设置框架文本”动作可以动态显示信息。

尽管“设置框架文本”动作会替换框架的格式设置，但是仍可以在“设置框架文本”对话框中选中“保留背景色”复选框以保留页背景和文本颜色属性。

可以在文本中嵌入任何有效的 JavaScript 函数调用、属性、全局变量或其他表达式。若要嵌入一个 JavaScript 表达式，必须将其放置在大括号“{}”中。

要使用“设置框架文本”动作，具体操作步骤如下：

1 在已设置框架结构的页面上打开“行为”面板。

2 在“行为”面板上单击 + 按钮，在弹出的下拉菜单中选择“设置文本→设置框架文本”命令，弹出“设置框架文本”对话框，如图 9-25 所示。

3 在“设置框架文本”对话框中的“框架”下拉列表中选择目标框架。

4 单击 获取当前 HTML 按钮复制当前目标框架 body 部分的内容。在“新建 HTML”文本框中输入代码，如图 9-26 所示。

图 9-25　“设置框架文本”对话框

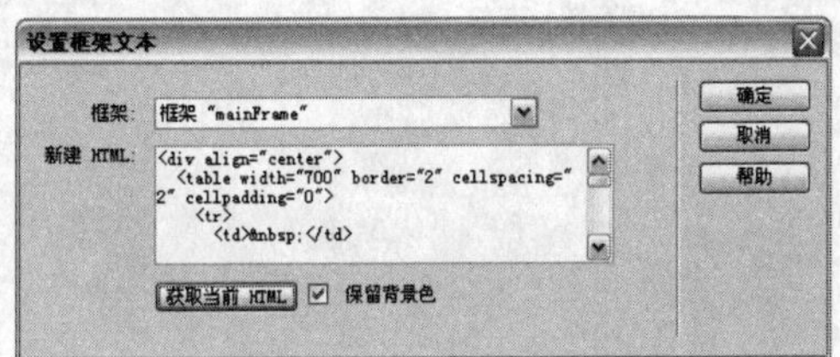

图 9-26　设置框架文本

5 设置完毕后，单击 确定 按钮。

6 在“行为”面板上选择相应的事件。

设置状态栏文本

状态栏文本可以用来显示一些提示性信息，例如帮助信息、说明信息等。下面就通过一个实例来讲述“状态栏文本”动作在网页制作中的具体应用，如图 9-27 所示。

图 9-27　完成效果

具体操作方法如下：

1 执行“插入→表格”命令，插入一个 1 行 1 列的表格，并在“属性”面板上将“填充”和“间距”都设置为 0，然后将一幅图像插入到表格中，如图 9-28 所示。

2 单击文档窗口左下角的 <body> 标记，在“行为”面板上单击 + 按钮，在弹出的下拉菜单中选择“设置文本→设置状态栏文本”命令，弹出“设置状态栏文本”对话框。

图 9-28　插入图像

3 在"设置状态栏文本"对话框中的"消息"文本框中输入文本，如"欢迎各位朋友光临我的网站!"，如图 9-29 所示。

4 在"行为"面板上打开事件菜单，选择 onLoad 事件。保存页面，按 F12 键浏览页面。页面左下角会出现在"消息"文本框中所输入的文本，如图 9-30 所示。

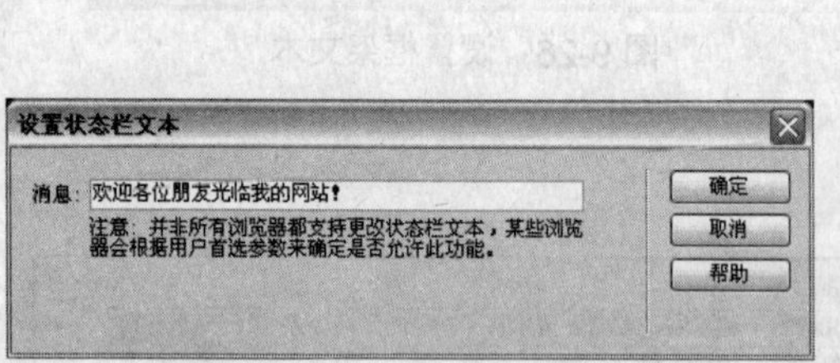

图 9-29　"设置状态栏文本"对话框

图 9-30　浏览网页

9.3.8　弹出信息

"弹出信息"动作显示一个带有用户指定的 JavaScript 警告，最常见的信息对话框只有一个 确定 按钮，可以在网页中显示信息对话框，起到显示指定信息、提示信息的作用，而不能为用户所选择。制作弹出信息框的具体操作如下：

1 新建一个网页文档，在文档中输入文本"欢迎您!"，如图 9-31 所示。

2 选中文本，单击"行为"面板上的 + 按钮，在打开的"动作"下拉菜单中选择"弹出信息"命令，打开"弹出信息"对话框，如图 9-32 所示。

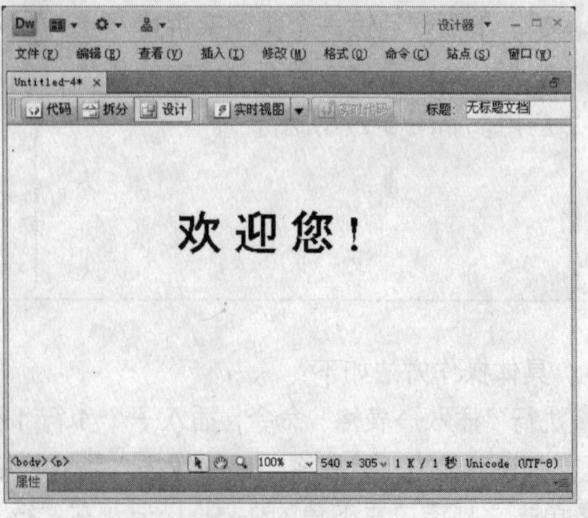

图 9-31　输入文本

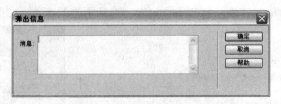

图 9-32　“弹出信息”对话框

3 在“消息”文本框中输入所要弹出的文字信息。比如“如果您觉得本网站还不错，请将它收藏！”。

4 单击 确定 按钮，确定操作。

5 在“行为”面板上打开事件菜单，选择相应的事件，这里选择 onClick，如图 9-33 所示。

6 保存页面，按 F12 键浏览页面。单击文本对象，则弹出如图 9-34 所示的提示信息。

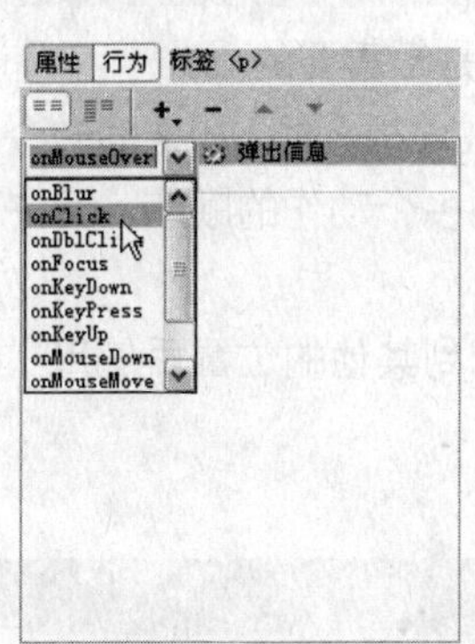

图 9-33　选择行为事件

图 9-34　弹出提示信息

9.4 行为的管理与修改

在介绍了有关行为的动作和事件后，本节再讲一下关于行为参数的修改、行为的排序以及如何删除行为。

9.4.1 行为参数的修改

在 Dreamweaver 中在页面中附加了行为后，用户可以更改触发动作的事件、更改动作的参数以及添加或删除动作。

要更改行为的事件的参数，具体操作步骤如下：

1 先选择一个附加行为的对象，执行“窗口→行为”命令或按 Shift+F4 组合键，打开“行为”面板。

2 在文档对象或标签选择器中，选择已设置的行为对象，如图 9-35 所示。

3 双击要改变的动作，打开所选择的相应参数设置对话框，如图 9-36 所示。在对话框中可以动作进行修改。

4 设置完毕，单击 确定 按钮。

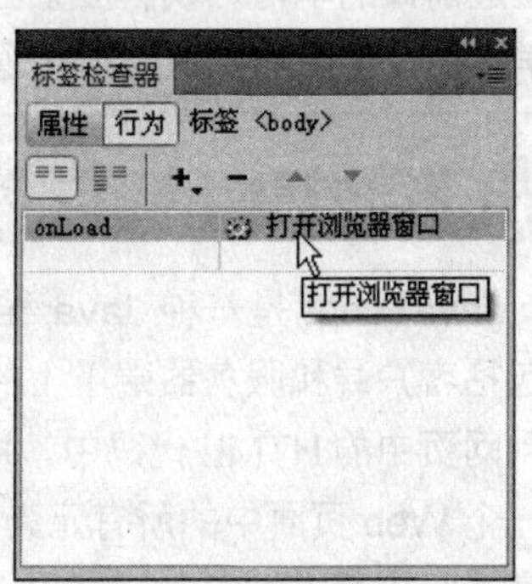

图 9-35　选择行为对象

5 将鼠标移至事件处，单击事件，打开下拉列表，选择更改的事件，如图 9-37 所示。

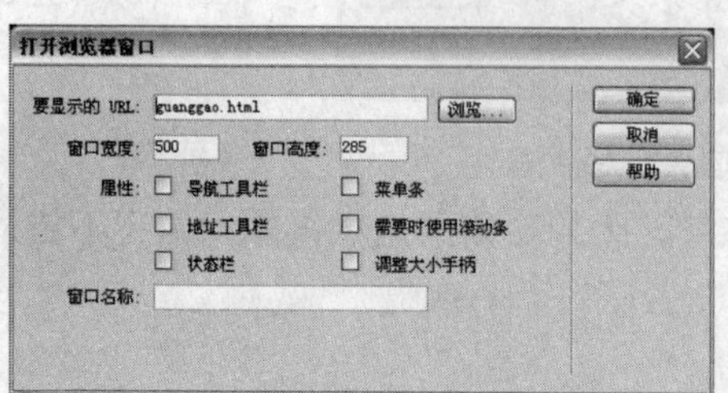

图 9-36　参数对话框

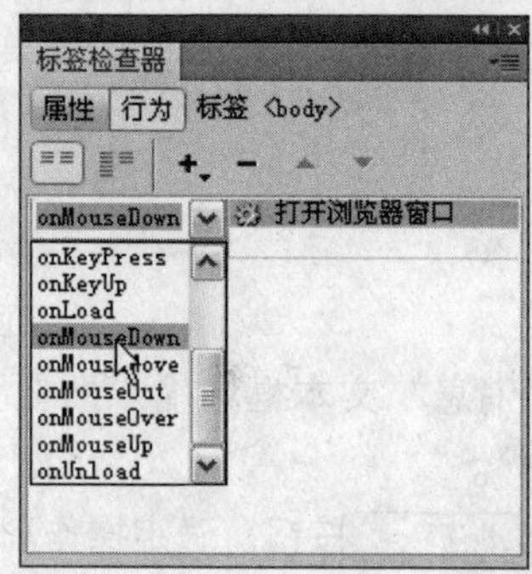

图 9-37　选择事件

9.4.2　行为排序

当有多个行为设置在一个特定的事件上时，动作之间的次序是很重要的。

在 Dreamweaver 中，多个行为是以按事件的字母顺序显示在面板上的。如果同一个事件有多个动作，则以执行的顺序显示这些动作。若要更改指定事件的多个动作的顺序，用户可以用鼠标单击选择动作，然后再单击▲ ▼按钮进行上下移动排序。

还有一种方法是选择该动作后使用“剪切”命令，将其剪切到其他的位置后使用“粘贴”命令，这样也可以实现行为的排序。

9.4.3　删除行为

在行为过多或者用户认为某些行为已经不需要时，可以对其进行删除。具体的操作比较简单，具体步骤如下：

1 先选择一个附加行为的对象，执行“窗口→行为”命令或按 Shift+F4 组合键，打开“行为”面板。

2 在“行为”面板上单击所要删除的行为对象。

3 单击“行为”面板上的 - 按钮，或者按 Delete 键即可删除所选的行为。

9.5　疑难解析

通过前面的学习，读者应该已经掌握了使用行为制作网页特效的基础知识，下面就读者在学习的过程中遇到的疑难问题进行解析。

1　什么是 JavaScript?

JavaScript 是一种 Java 程序语言的脚本语言。JavaScript 语言设计出来是用在 Web 网页（包括客户端和服务器端）上的，这个文档里的内容只涉及了客户端的 JavaScript（它是被嵌入到网页中的 HTML 代码中，并且由浏览器来执行的脚本语言）。JavaScript 语言可以设计和访问一个 Web 页面中的所有元素，如图片（images）、链接（links）等。这些对象属性在 JavaScript 程序运行中可以被复制、修改。JavaScript 还可以捕捉客户端用户对当前网页的动作，如鼠标的点击动作或者键盘的输入动作等。JavaScript 的这些功能使我们能够对用户的输入等动作做出相对应的反应动作，从而实现一些交互性。

2 怎样改变行为动作的执行顺序？

首先从“行为”面板上选中行为，然后单击▲▼按钮来调整行为的顺序。

3 怎样获取更多行为？

Dreamweaver 内置了 20 多个行为。执行“命令→获取更多行为”命令，可从 Adobe 网站上获取更多行为。若读者精通 JavaScript，也可自己动手编写行为。

9.6 巩固与提高

本章主要向读者介绍了 Dreamweaver CS4 中的行为，希望读者通过本章内容的学习，能够理解行为的概念、掌握内置行为的使用等知识。学习并掌握本章中所讲述的内容，对于制作网页中的特效是非常有用的。

1. 选择题

（1）打开“行为”面板的快捷键是（　　）。

A．Shift+F4　　B．Ctrl+Alt+F4

C．F4　　D．Shift+Alt+4

（2）（　　）动作用于改变 img 标签的 src 属性，即用另一张图像替换当前的图像。

A．恢复交换图像　　B．交换图像

C．改变图像属性　　D．转到 URL

（3）在行为事件中，表示用鼠标经过元素而触发事件的是（　　）。

A．Ondblclick　　B．onClick

C．onLoad　　D．onMouseOver

2. 填空题

（1）在 Dreamweaver CS4 中，对行为的添加和控制主要通过________来实现。

（2）使用________动作可以更改对象某个属性（比如层的背景颜色或表单的动作）的值。

3. 上机习题

（1）制作一个网页，在网页被浏览器打开时，出现如图 9-38 所示的对话框。

图 9-38　弹出提示信息对话框

（2）使用“打开浏览器窗口”动作制作一个网页弹出广告。

（3）按照本章所讲述的方法，为一个网页设置状态栏文本，如图 9-39 所示。

图 9-39 设置状态栏文本

Study

第 10 章

框架、模板和库

框架的布局功能体现在不同页面的组织上，而不是在同一页面中不同元素的组织上。

模板和库的功能就是把网页的布局和网页的内容相分离，在页面的布局设置好以后将其保存为模板，将经常使用的图像或文字信息保存为库。这样相同布局的页面可以通过模板创建，并插入相同的库项目，这样极大地提高了工作的效率。

学习指南

- 创建框架
- 框架或框架集的操作
- 框架和框架集的属性
- 链接框架的内容
- 模板和库的概念
- 定制库项目

精彩实例效果展示 ▲

10.1 创建框架

框架具有使文档与结构分离的功能，所以使用框架布局会使网页布局效率大大提高。框架的主要作用在于将浏览器窗口划分成多个区域，每个区域显示一个 HTML 文档，并实现网页的导航。

10.1.1 创建自定义框架

创建自定义框架操作步骤如下：

1 执行"查看→可视化助理→框架边框"命令，使框架边框在文档窗口中可见，如图 10-1 所示。

图 10-1 显示框架边框

2 执行下列操作之一，创建一个框架。

- 执行"修改→框架集"命令，选择其子菜单中的命令，其中包括"拆分左框架、拆分右框架、拆分上框架、拆分下框架"四项，可根据需要，选择其中一项来创建框架。
- 将光标移到文档窗口的边界线上，拖动光标至相应的位置，即可创建一条边框线，如图 10-2 所示。

3 按住 Alt 键并拖动任意一条框架边框，可以垂直或水平分割文档。

4 将光标移到边框框架一个角上拖动框架边框，可拖出四个边框，如图 10-3 所示。

图 10-2 拖动边框线

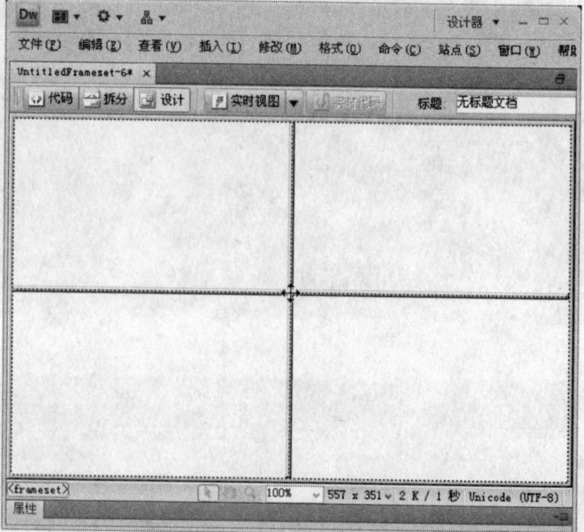

图 10-3 创建框架

10.1.2 创建预定义框架

在 Dreamweaver CS4 中，提供了 13 种常见的框架结构。使用预定义框架，可以很轻松地创建框架。

创建一个预定义框架的操作步骤如下：

1 将光标放置到要插入框架的位置。

2 将“插入”面板切换至“布局”面板，单击“框架”按钮，弹出的下拉菜单中包括 13 种预定义的框架结构，如图 10-4 所示。

3 选择其中的“上方和下方框架” 按钮，创建的框架效果如图 10-5 所示。

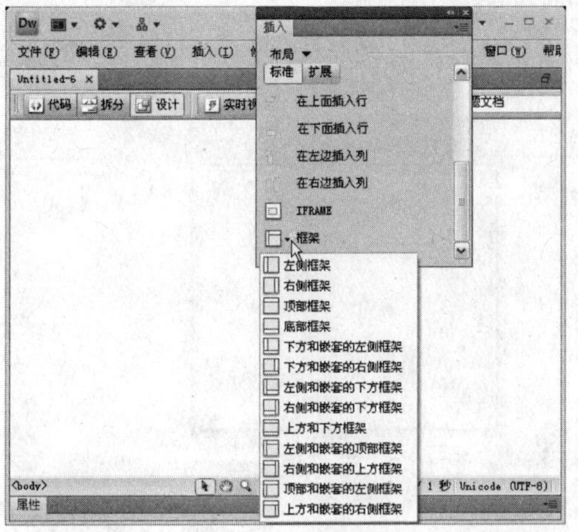

图 10-4　下拉菜单

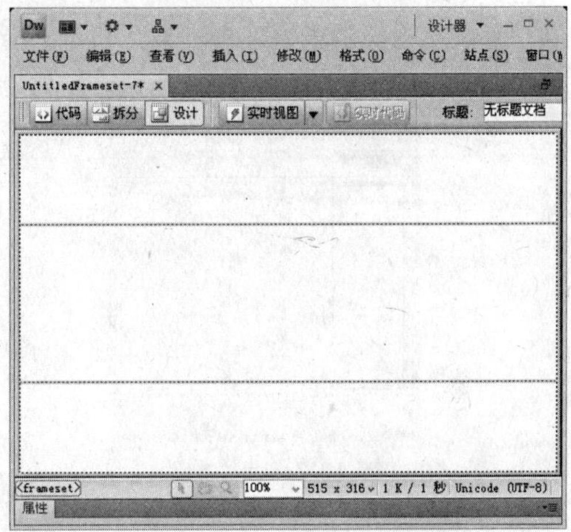

图 10-5　上方和下方框架

10.1.3　创建嵌套框架

在 Dreamweaver 中可以创建嵌套框架。

创建嵌套框架的操作步骤如下：

1 将光标放置到要插入嵌套框架的框架中。

2 单击“布局”面板上的“框架”按钮，即可插入嵌套框架，如图 10-6 所示。

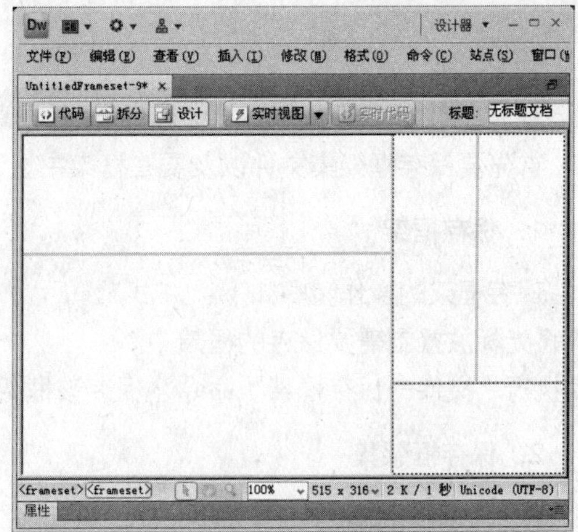

图 10-6　插入嵌套框架

10.2　框架或框架集的操作

框架是把浏览器窗口划分为若干区域，分别在不同的区域显示不同的网页文档。它由单个框架和框架集组成。框架是指框架网页所包含的每个独立的区域，每个框架区域用于显示一个独立的 HTML 文档。框架集是一个独立的 HTML 文件，它定义了整个窗口中包含的框架的布局和属性，包括框架的数量、大小、位置及每个框架显示哪个文件。

10.2.1 选择框架和框架集

选择框架和框架集可以在“框架”面板中进行，在“框架”面板中选择框架或框架集的操作步骤如下：

1 执行“窗口→框架”命令，打开“框架”面板。“框架”面板形象地显示了框架的分布状态，每个矩形块表示一个框架。

2 在“框架”面板中单击某个框架，即可选择这个框架，如图 10-7 所示。单击包围框架的边框，即可选择框架集，如图 10-8 所示。

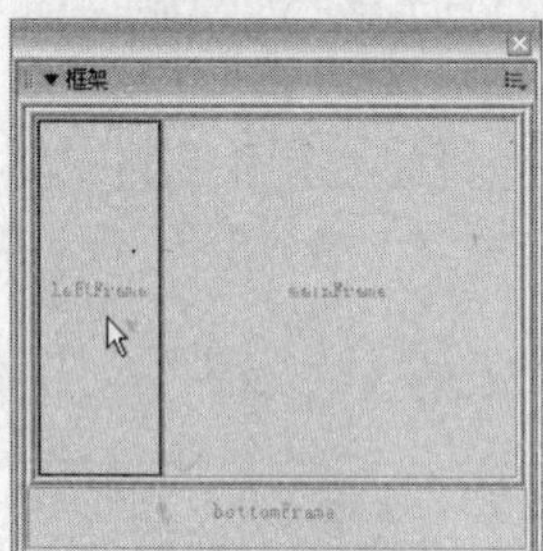

图 10-7 选择框架

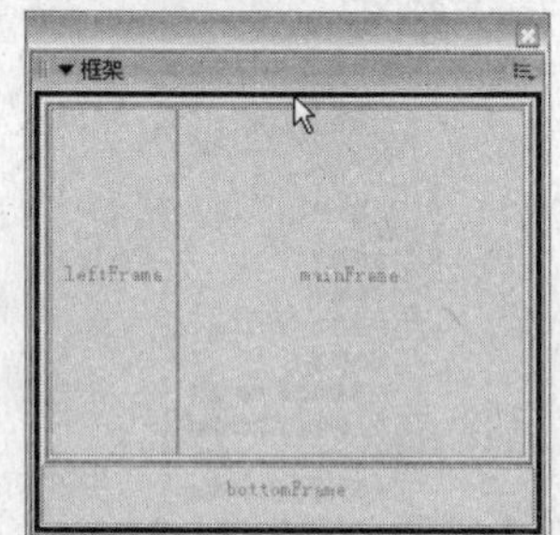

图 10-8 选择框架集

“框架”面板直观地显示了框架集的层次结构，框架集的边框较粗，框架的边框较细，并且每个框架由框架名称标识。

10.2.2 保存框架和框架集

首先要保存框架集文件以及要在框架中显示的所有文档，然后才能在浏览器中预览框架集。

1. 保存框架

保存框架的操作步骤如下：

1 将光标放置到需要保存的框架中。

2 执行“文件→保存框架”命令，保存该框架文件。

2. 保存框架集

保存框架集的操作步骤如下：

1 在“框架”面板中选择要保存的框架集。

2 执行“文件→框架集另存为”命令，保存框架集。

10.3 框架和框架集的属性

下面就来了解框架和框架集的属性。

10.3.1　框架属性

在“框架”面板中单击框架区域选取框架，其“属性”面板如图 10-9 所示。各参数的功能如下。

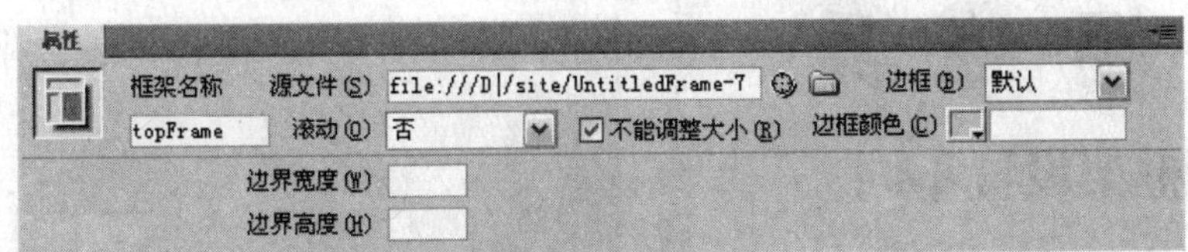

图 10-9　框架“属性”面板

- 框架名称：在文本框中设置框架的名称。框架名称必须是以英文字母开头的字符，可以含有数字及下划线，但不允许使用连字符（-）、句点（.）和空格。
- 源文件：在当前框架中显示的文档路径。
- 边框：设置在浏览器中是否显示或隐藏当前框架的边框，该处设置的框架将覆盖框架集属性中设置的值。
- 滚动：设置在当前框架中是否显示滚动条。大多数浏览器默认情况为“自动”，即当框架内容在浏览器窗口中不能完全显示时可以通过拖动滚动条来显示。
- 不能调整大小：勾选该复选框后，访问者不能通过拖动框架边框来改变浏览器中框架的大小。
- 边框颜色：为所选框架的边框设置边框颜色。
- 边界宽度：以像素为单位设置内容距框架左边和右边的宽度。
- 边界高度：以像素为单位设置内容距框架上边和下边的高度。

10.3.2　框架集属性

在“框架”面板中选取框架集后，“属性”面板如图 10-10 所示，各参数功能如下。

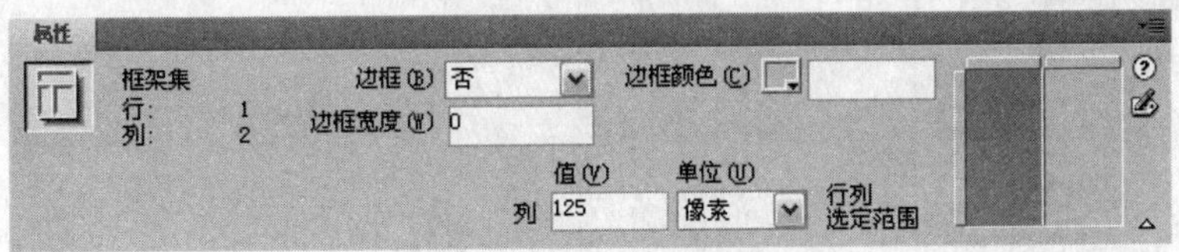

图 10-10　框架集“属性”面板

- 边框：确定所选框架集中的框架在浏览器中是否显示边框，输入“0”表示无框架边框。
- 边框宽度：指定框架集中所有边框的宽度。
- 边框颜色：设置所有框架边框的颜色。
- ：表示选取的框架集为左右框架划分，则“值”下方显示为“列”，如图 10-7 所示。若选择的框架集为上下框架划分则属性面板中显示为“行”。
- 列/行：“值”文本框中设置的值为右侧预览图中深灰色区域的列宽或行高值，在“单位”下拉列表框中可选择“像素”、“百分比”和“相对”为单位。各选项的作用如下所示。
- 像素：为绝对大小单位，因此“值”中的数据为一个具体的宽度或高度。
- 百分比：设置一个对象与另一个对象的相对比例，在框架分配中是指其他框架用像素分配后，当前框架占剩余空间的百分比。

- 相对：指在用像素与百分比分配剩余的相对余下空间的大小。一般设置为 1，即使设置为其他值，框架也会自动伸展占满整个窗口。

为框架设置不同的背景

将光标放置到不同的框架中，在“页面属性”对话框中设置背景，如图 10-11 所示。

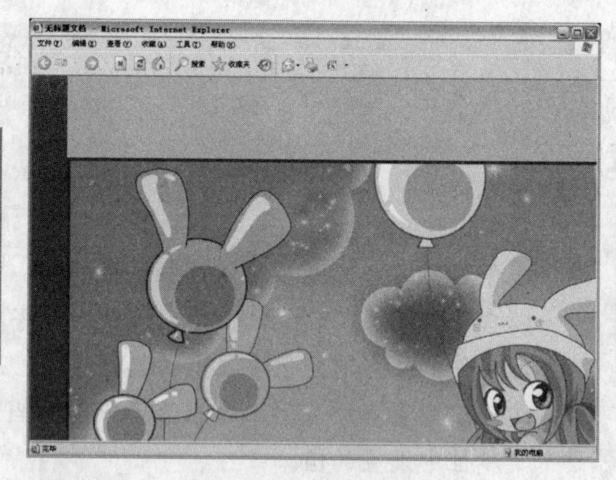

图 10-11　完成效果

具体操作方法如下：

1 新建一个网页，在“布局”面板中单击框架按钮右侧的下拉按钮，选择“左侧和嵌套的上方框架”，如图 10-12 所示。在文档页面中插入框架，如图 10-13 所示。

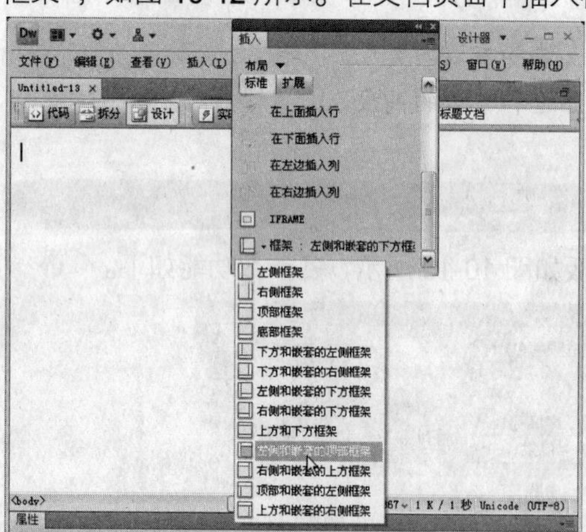

图 10-12　选择框架

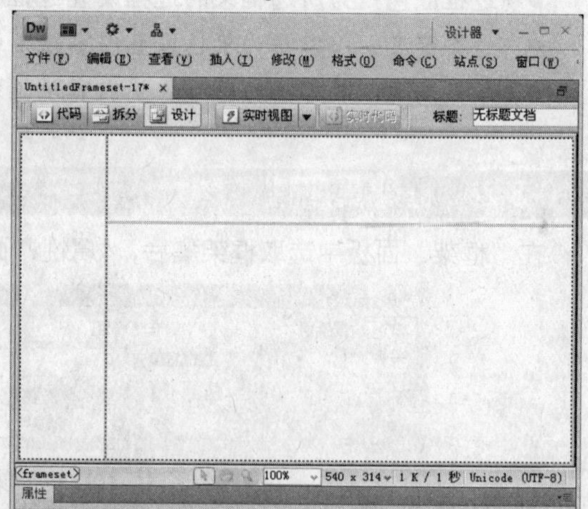

图 10-13　插入框架

2 将光标放置到左方的框架中，执行“修改→页面属性”命令，打开“页面属性”对话框，将其背景颜色设置为红色，如图 10-14 所示。完成后单击 确定 按钮。

3 将光标放置到上方的框架中，执行“修改→页面属性”命令，打开“页面属性”对话框，将其背景颜色设置为黄色（#FC3），如图 10-15 所示。完成后单击 确定 按钮。

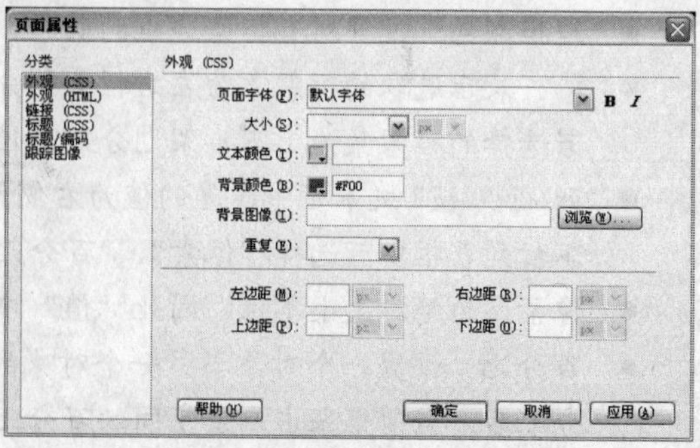

图 10-14　设置框架的背景颜色

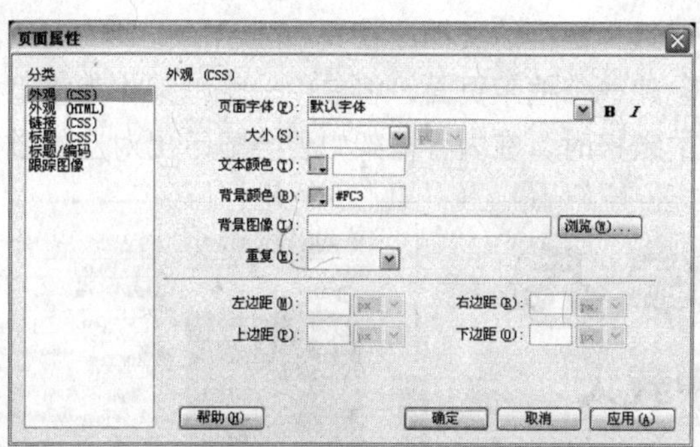

图 10-15　设置框架的背景颜色

4 将光标放置到下方的框架中，执行“修改→页面属性”命令，打开“页面属性”对话框，为其设置一幅背景图像，如图 10-16 所示。完成后单击 确定 按钮。

5 保存文件，按 F12 键浏览网页，如图 10-17 所示。

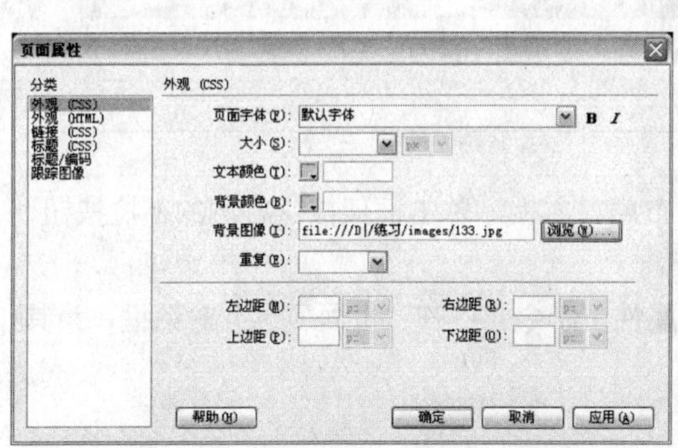

图 10-16　设置框架的背景图像

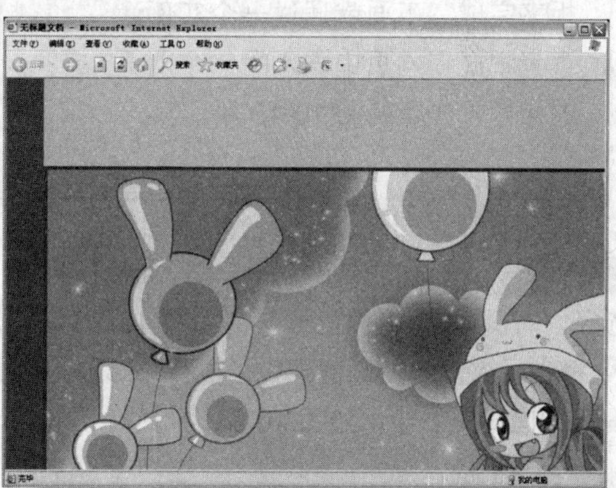

图 10-17　浏览网页

10.4 链接框架的内容

要在一个框架中使用链接以打开另一个框架中的文档，必须设置链接目标。例如导航条位于左框架，并且链接的材料显示在右侧的主要内容框架中，则必须将主要内容框架的名称指定为每个导航条链接的目标，当访问者单击导航链接时，将在主框架中打开指定的内容。

设置目标框架的操作步骤如下：

1 在设计视图中，选择文本或对象。

2 打开“属性”面板，如图 10-18 所示，单击链接框旁边文件夹图标，选择要链接到的文件，或直接在链接输入框里输入要链接文件的路径。

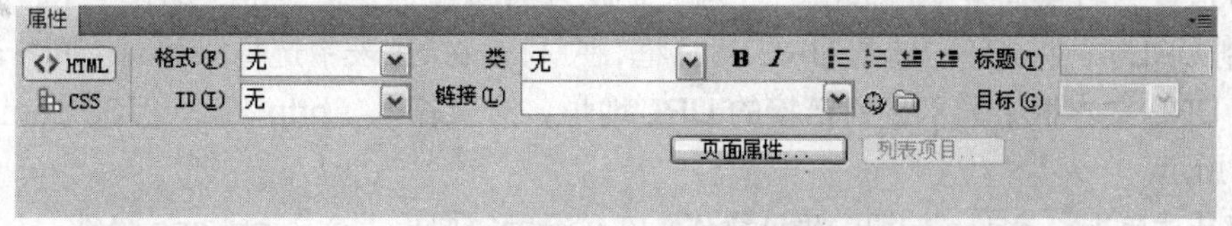

图 10-18　“属性”面板

当文本或对象被指定了超级链接之后，“属性”面板中的超级链接目标框变为激活状态。在

"目标"框的下拉菜单中，选择链接的文档应在其中显示的框架或窗口。这就给页面设计带来了极大的方便。用户可以创建一个框架页面，将其中一个框架作为索引框架，另一个作为内容框架。当单击索引框架中的链接时，在内容框架中便会显示出对应的链接内容。

现场练兵

在框架中载入其他网页

如果需要在网页中载入另一个网页，可以使用框架与"行为"面板来完成。下面就通过一个实例让读者掌握在网页中载入另一个网页的操作方法，如图 10-19 所示。

图 10-19　完成效果

具体操作方法如下：

1 新建一个网页文档，将"插入"面板切换至"布局"面板，单击框架按钮右侧的下拉按钮，选择"右侧框架"，插入框架，如图 10-20 所示。

2 将光标放置到左侧框架中，执行"修改→页面属性"命令，打开"页面属性"对话框，为其设置一幅背景图像，如图 10-21 所示。

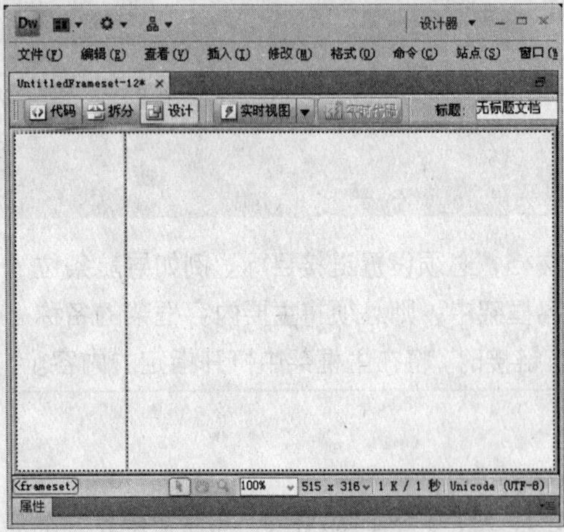

图 10-20　插入框架

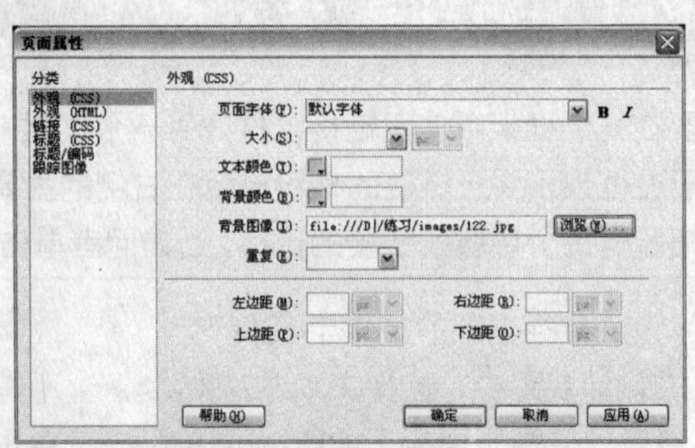

图 10-21　"页面属性"对话框

3 将光标放置到右侧框架中，单击"行为"面板的 + 按钮，在打开的"动作"下拉菜单中选择"转到 URL"命令，打开"转到 URL"对话框，在"打开在"列表中选择"框架'rightFrame'"选项，在 URL 文本框中输入设置链接的 URL 地址，这里输入"http://www.163.com/"，如图 10-22 所示。

4 设置完成后单击 确定 按钮，确认操作。在"行为"面板上选择 onLoad 事件。

5 保存页面，按 F12 键浏览，如图 10-23 所示。

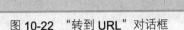

图 10-22　“转到 URL”对话框

图 10-23　浏览网页

10.5　模板和库的概念

在设计一个网站时，通常是根据网站的需要设计一整套页面风格一致、功能相似的页面。使用 Dreamweaver CS4 的模板功能可以制作出风格一致的页面。通过模板来创建和更新网页，不但可以极大地提高设计者的工作效率，而且对网站的维护也会变得更加轻松。

在设置网站的过程中，很多时候需要把有些页面元素（如图片或文字），应用到上百个页面中。而且当对每个页面进行修改时，如果要对其逐一地修改，其工作量可想而知。如果使用 Dreamweaver CS4 中的库项目则可以减少这种重复劳动，使网站的维护变得更为简便。

10.5.1　模板的概念

模板是制作其他网页文档时使用的基本文档，一般在制作统一风格的网页时会经常使用该功能。在 Dreamweaver CS4 中，模板能够帮助设计者快速制作出一系列具有相同风格的网页。制作模板与制作普通的网页相同，只是不把网页的所有部分都制作完成，而是只把导航条和标题栏等各个页面共有的部分制作出来，而把其他部分留给各个页面安排设置具体内容。

模板实质上就是作为创建其他文档的基础文档。模板具有下列的优点：

- 能使网站的风格保持一致。
- 有利于网站建成以后的维护，在修改共同的页面元素时不必每个页面都修改，只要修改应用的模板就可以了。
- 极大地提高了网站制作的效率，同时省去了许多重复的劳动。

模板也不是一成不变的，即使在已经使用一个模板创建文档之后，也还可以对该模板进行修改，在更新模板创建的页面时，页面中所对应的内容也会被更新，而且与模板的修改相匹配。

10.5.2　库的概念

库是指将页面中的版权信息，公司商标等常用的构成元素转换为库保存起来，在需要的时候调用。

在 Dreamweaver CS4 中允许将网站中需要重复使用或需要经常更新的页面元素（比如图

像、文本、版权信息等）存入库中，存入库中的元素称为库项目。它包含已创建并且便于放在 Web 页上的单独资源或资源副本的集合。

当页面需要时，可以把库项目拖放到页面中。此时 Dreamweaver CS4 会在页面中插入该库项目的 HTML 代码的拷贝，并创建一个对外部库项目的引用。这样，如果对库项目进行修改并使用更新命令，即可以实现整个网站各页面上与库项目相关内容的更新。

库本身是一段 HTML 代码，而模板本身是一个文件。Dreamweaver CS4 中将所有的模板文件都存放在站点根目录下的 Templates 子目录中，扩展名为“.dwt”；而将库项目存放在每个站点的本地根目录下的 Library 文件夹中，扩展名为“.lib”。

10.6 使用模板

模板是在 Dreamweaver CS4 中提供的一种机制，它能够帮助设计者快速制作出一系列具有相同风格的网页。模板的制作与普通的网页相同，不制作网页的所有内容，而只是把导航栏和标题栏等各个网页所公有的部分制作出来，而把中间部分留给各个网页设置具体内容。

在 Dreamweaver CS4 中，模板有下面的四个主要功能。

- 模板可选区：在从模板中派生出文档时，可以选择该区域的内容是否显示。
- 模板重复区：在从模板派生出的文档中可能有需要重复出现的区域，例如可以定义表格的一个单元格为重复区域，这一单元格在文档中就能被重复利用，从而生成一种具有多个格的表格。
- 模板的可编辑性标签属性：如果将模板的某个标签属性设置为可编辑，则在派生出的文档中就可以修改它。
- 模板的嵌套：在一个模板中可以嵌入另外的一个模板，从而生成比较复杂的页面布局。

10.6.1 创建模板

创建模板一般有两种方法：一种是可以新建一个空白模板，另一种是可以从某个页面生成一个模板。

1. 新建一个空白模板

使用 Dreamweaver 创建一个空白模板，具体操作步骤如下：

1 执行“窗口→资源”命令，打开“资源”面板，如图 10-24 所示。

2 单击“资源”选项卡左下部的“模板”按钮，进入“模板”选项卡，如图 10-25 所示。

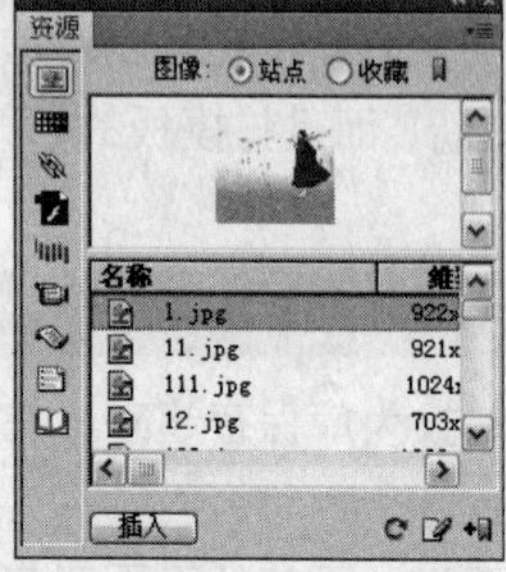

图 10-24 “资源”面板

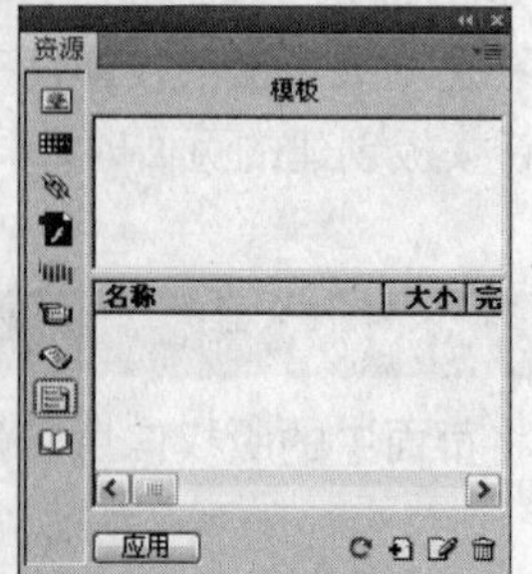

图 10-25 “模板”选项卡

3 单击“资源”选项卡右上角的按钮，在弹出的下拉菜单中选择“新建模板”命令，如图 10-26 所示；或单击“资源”选项卡右下角的“新建模板”按钮。这时面板上添加了一个未命名的模板，如图 10-27 所示。

4 输入模板名称，例如 moban，按 Enter 键确定，如图 10-28 所示。现已完成新空白模板的创建。

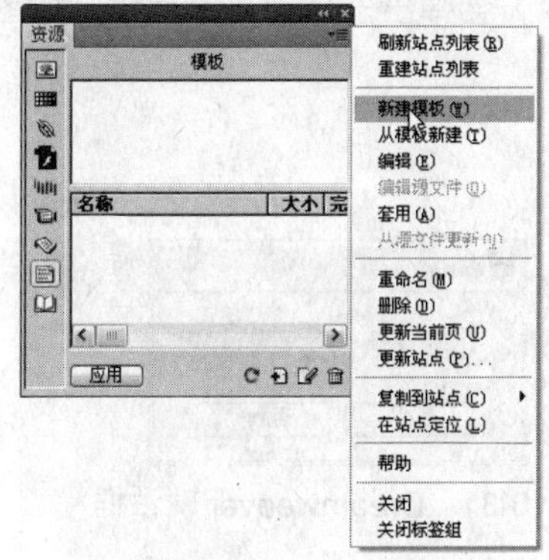

图 10-26　选择“新建模板”命令

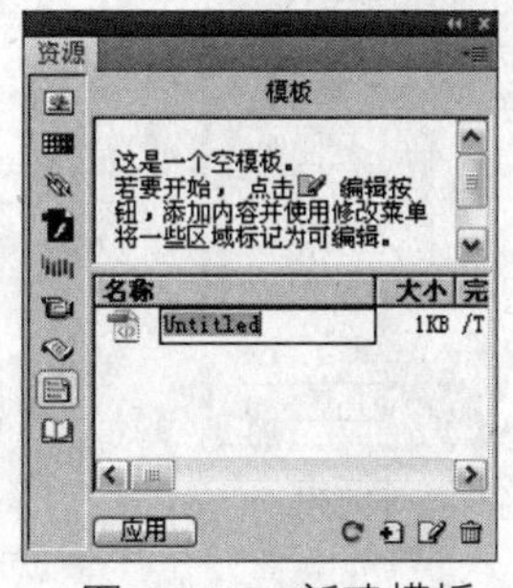

图 10-27　新建模板

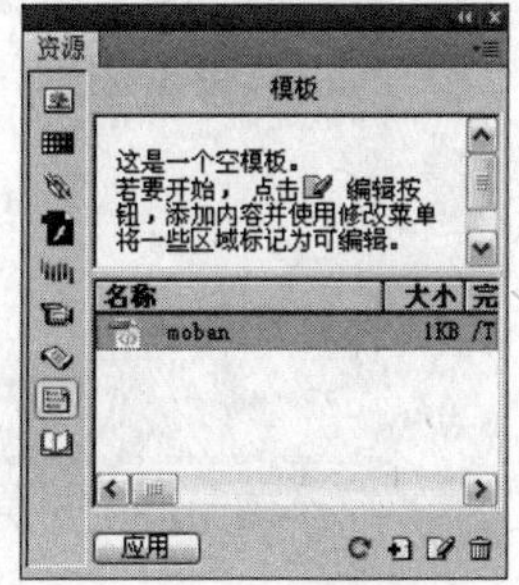

图 10-28　输入模板名称

2. 将文档保存为模板

Dreamweaver 中也可以将当前正在编辑的页面或已经完成的页面保存为模板，具体操作步骤如下：

1 打开要保存为模板的页面文件。

2 执行“文件→另存为模板”命令，打开“另存模板”对话框，如图 10-29 所示。

3 在“站点”下拉列表中选择一个站点，在“现存的模板”文本框中显示的是当前站点中存在的模板，在“另存为”文本框中输入创建模板的名称。

4 单击 保存(S) 按钮，保存设置。系统将自动在站点文件夹下创建模板文件夹 Templates，并将创建的模板保存到该文件夹中。

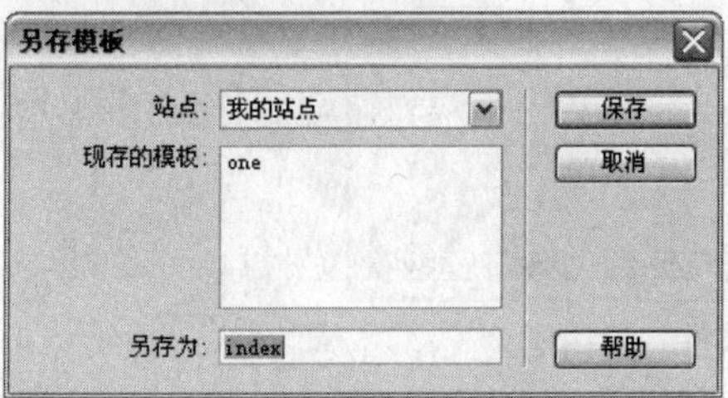

图 10-29　“另存模板”对话框

小提示

不能将 Templates 文件夹移动到本地站点文件夹之外，否则将使模板中的对象或链接路径发生错误。

10.6.2　设计模板

要对创建好的空白模板或现有模板进行编辑，具体操作步骤如下：

1 打开“资源”选项卡，单击模板按钮。

2 在“模板”选项卡中双击模板名，或在“模板”选项卡的右下角单击按钮，即可打开模板编辑窗口。

3 根据需要，编辑和修改打开的文档。

4 编辑完毕后，执行“文件→保存”命令，保存模板文档。

如果要重命名模板，可以在“资源”选项卡中选中需要重命名的模板并右击，在弹出的快捷菜单中选择“重命名”命令，然后输入新的模板名称即可。

当模板的文件名称被修改后，会弹出一个“更新文件”对话框，如图 10-30 所示。单击 更新 按钮更新所有应用模板的文档。

要删除模板，可以先选中要删除的模板，然后单击“资源”选项卡右下方的按钮或在想要删除的模板上右击，在弹出的快捷菜单中选择“删除”命令，会弹出一个消息对话框，如图 10-31 所示。单击 是(Y) 按钮，即可删除模板。

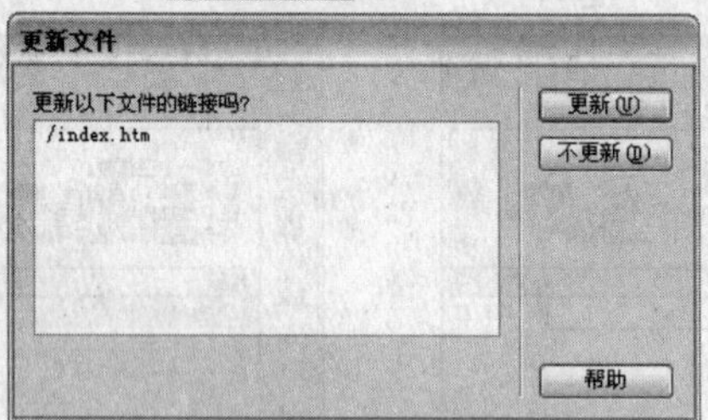

图 10-30 “更新文件”对话框

图 10-31 Dreamweaver 对话框

10.6.3 设置模板文档的页面属性

应用模板的文档将会继承模板中除页面标题外的所有部分，因此应用模板后只可以修改文档的标题，而不能更改其页面的属性。设置模板文档的页面属性的操作与设置文档页面属性操作相似，具体的操作步骤如下：

1 打开要设置页面属性的文档。

2 执行“修改→页面属性”命令，打开“页面属性”对话框，如图 10-32 所示。

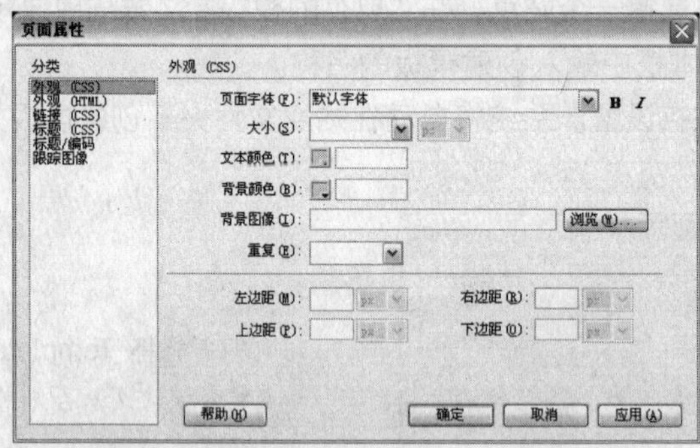

图 10-32 “页面属性”对话框

3 可以看到对话框与设置页面属性一致，参照设置普通文档页面属性的方法设置模板文档的页面属性。设置完成后，单击 确定 按钮。

10.6.4 定义模板区域

Dreamweaver 中共有四种类型的模板区域，即可编辑区域、重复区域、可选区域和可编辑标记属性。

- 可编辑区域：是基于模板的文档中的未锁定区域。它是模板用户编辑的部分。用户可以将模板的任何区域定义为可编辑的。要让模板生效，它应该至少包括一个可编辑区域；否则，基于该模板的页面将无法编辑。

- 重复区域：是文档中设置为重复的部分。例如，可以重复一个表格行。通过重复表格行，可以允许模板用户创建扩展列表，同时使设计处于模板创作者的控制之下。在基于模板的文档中，使用重复区域控制选项添加或删除重复区域的拷贝。可以在模板中插入两种类型的重复区域，即重复区域和重复表格。
- 可选区域：是设计者在模板中定义为可选的部分，用于保存有可能在基于模板的文档中出现的内容（如可选文本或图像）。在基于模板的页面上，通常由内容编辑器控制内容是否显示。
- 可编辑标记属性：使用户可以在模板中解锁标记属性，以便该属性可以在基于模板的页面中编辑。例如，可以“锁定”在文档中出现的图像，但让页面创作者将对齐设为左对齐、右对齐或居中对齐。

1. 定义可编辑区

在模板文件上，用户可以指定哪些元素可以修改、哪些元素不可以修改，即设置可编辑区和不可编辑区。可编辑区是指在一个页面中可以更改的部分；不可编辑区是指在所在页面中不可更改的部分。

定义可编辑区域时可以将整个表格或单独的单元格标记为可编辑的，但不能将多个单元格标记为单个可编辑区域。如果 td 标签被选中，则可编辑区域中包括单元格周围的区域；如果未选中，则可编辑区域将只影响单元格中的内容。

层和层内容是单独的元素。层可编辑是可以更改层的位置及内容；而层的内容可编辑时则只能改变层的内容而不是位置。若要选择层的内容，应将光标移至层内再执行“编辑→全选”命令。若要选中该层，则应确保显示了不可见元素，然后再单击层的标记图标。

定义可编辑区域的具体操作步骤如下：

1 将光标放到要插入可编辑区的位置。

2 执行“插入→模板对象→可编辑区域”命令；或者按 Ctrl+Alt+V 组合键，打开“新建可编辑区域”对话框，如图 10-33 所示。

3 为了方便查看，在“名称”文本框中输入有关可编辑区域的说明，例如“此处为可编辑区域”。

4 单击 确定 按钮，即可在光标位置插入可编辑区域，如图 10-34 所示。

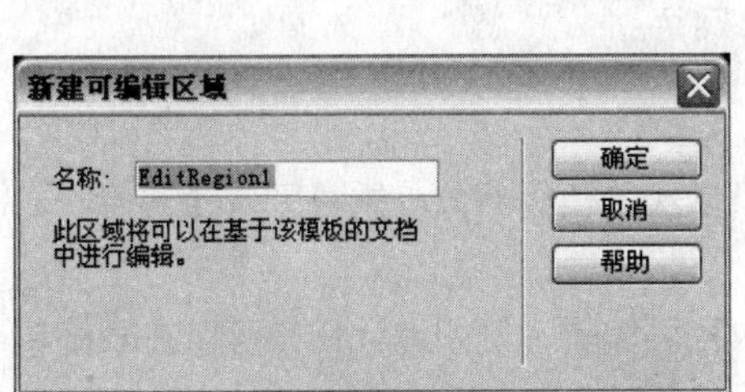

图 10-33　“新建可编辑区域”对话框

图 10-34　插入可编辑区域

5 插入可编辑区域后，可以发现状态栏上出现<mmtemplate:editable>标签项，如图 10-35 所示。

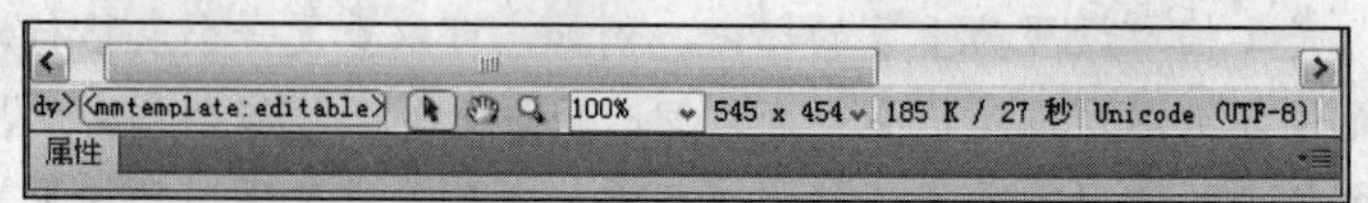

图 10-35　状态栏上出现可编辑区域标签项

6 单击该标签项，可以选定可编辑区域，按 Delete 键，可以删除可编辑区域。

2. 定义可选区域

使用可选区域可以控制不一定基于模板的文档中显示的内容。可选区域是由条件语句控制的，它位于单词 if 之后。根据模板中设置的条件，用户可以定义该区域在自己创建的页面中是否可见。

可编辑的可选区域让模板用户可以在可选区域内编辑内容。例如，如果可选区域中包括文本图像，模板用户即可设置此内容是否显示，并根据需要对该内容进行编辑。可编辑区域是由条件语句控制的。用户可以在“新建可选区域”对话框中创建模板参数和表达式，或通过在“代码”视图中输入参数和条件语句来创建。

定义可选区域的具体操作步骤如下：

1 将光标放到要定义可选区域的位置。

2 执行“插入→模板对象→可选区域”命令，打开“新建可选区域”对话框，如图 10-36 所示。

3 在“名称”文本框中输入可选区域的名称。

4 勾选“默认显示”复选框，可以设置要在文档中显示的选定区域。取消勾选该复选框将把默认值设置为假。

5 选择“高级”选项卡，如图 10-37 所示。

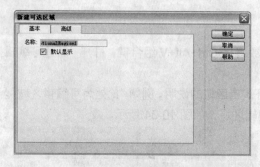

图 10-36 “新建可选区域”对话框

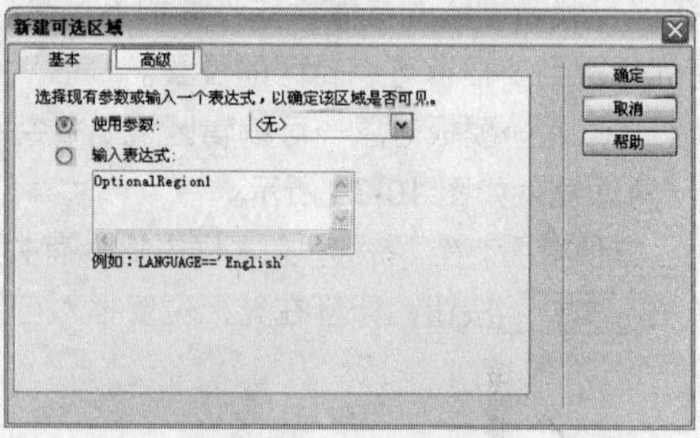

图 10-37 “高级”选项卡

6 选择“使用参数”单选按钮，在右边的下拉列表中选择要与选定内容链接的现有参数。

7 选择“输入表达式”单选按钮，然后在下面的组合框中输入表达式内容。

8 单击 确定 按钮，即可在模板文档上插入可选区域。

3. 定义重复区域

重复区域是可以根据需要在基于模板的页面中拷贝多次的模板部分。重复区域通常用于表格，但也可以为其他页面元素定义重复区域。

重复区域不是可编辑区域。若要使重复区域中的内容可编辑（例如，让用户可以在表格单元格中输入文本），必须在重复区域内插入可编辑区域。

在模板中定义重复区域的具体操作步骤如下：

1 将光标放到要定义重复区域的位置。

2 执行“插入→模板对象→重复区域”命令，打开“新建重复区域”对话框，如图 10-38 所示。

3 在“名称”文本框中输入重复区域的提示信息，单击 确定 按钮，即可在光标处插入重复区域，如图 10-39 所示。

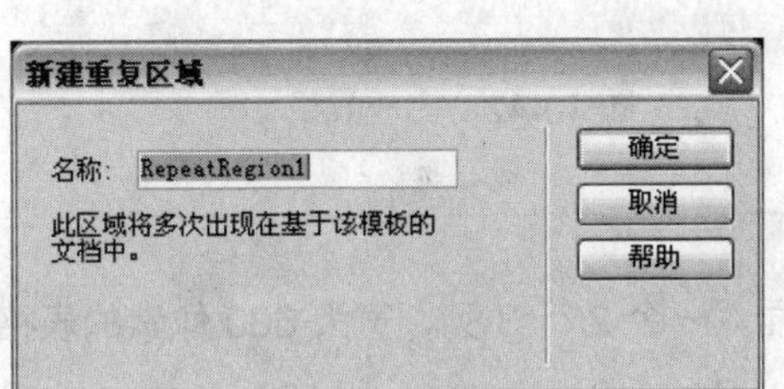

图 10-38 “新建重复区域”对话框

图 10-39 插入重复区域

4. 定义可编辑标签属性

用户可以为一个页面元素设置多个可编辑属性。定义可编辑标记属性的具体操作步骤如下：

1 勾选要设置可编辑标签属性的对象。

2 执行“修改→模板→令属性可编辑”命令，打开“可编辑标签属性”对话框，如图 10-40 所示。

3 在“属性”下拉列表中选择可编辑的属性，若没有需要的属性，则单击 添加... 按钮，打开 Dreamweaver 对话框，如图 10-41 所示。在文本框中输入想要添加的属性名称，单击 确定 按钮。

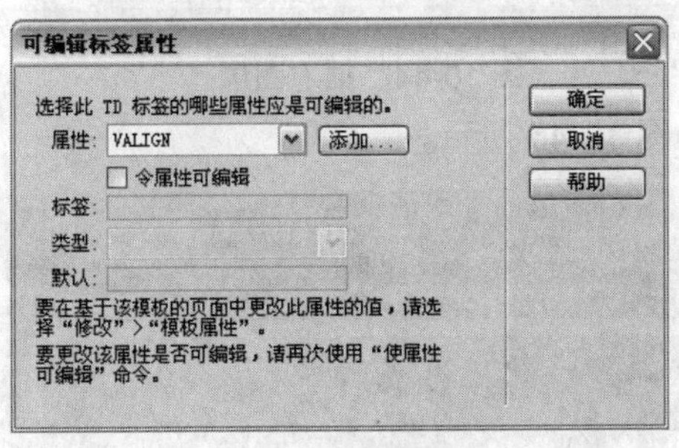

图 10-40 “可编辑标签属性”对话框

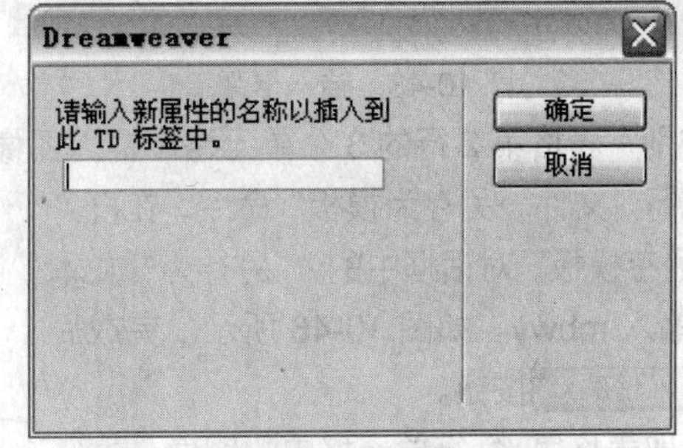

图 10-41 Dreamweaver 对话框

4 勾选“令属性可编辑”复选框，在“标签”文本框中输入标签的名称。

5 从“类型”下拉列表中选择该属性允许具有的值的类型。

6 在“默认”文本框中输入所选标签属性的值。

7 完成后单击 确定 按钮。

应用模板

在网页中插入可编辑区域，再进行制作，如图 10-42 所示。

图 10-42　完成效果

具体操作方法如下：

1 新建一个网页文档，执行“插入→表格”命令，插入一个 2 行 3 列，宽为 600 像素的表格，并将其对齐方式设置为居中对齐，如图 10-43 所示。

2 将表格第 1 行单元格合并，然后在合并后的单元格中插入一幅图像，如图 10-44 所示。

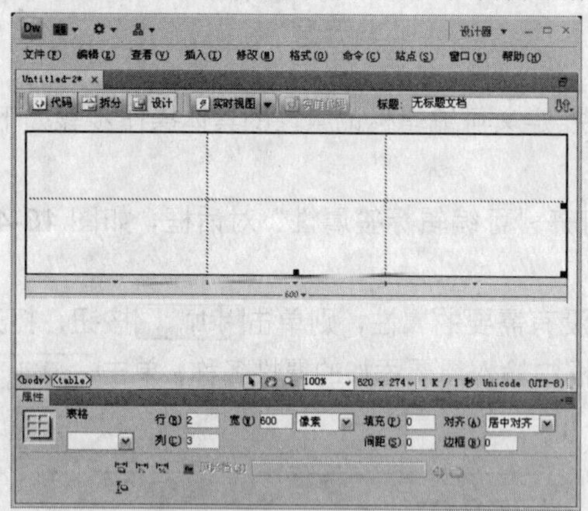

图 10-43　插入框架

图 10-44　插入图像

3 分别在表格第 2 行的 3 个单元格中插入图像，如图 10-45 所示。

4 执行“文件→另存为模板”命令，在打开的“另存模板”对话框中的“另存为”文本框中输入 mbwy，如图 10-46 所示。完成后单击 保存 按钮。

5 选取表格第 1 行单元格中的图像，执行“插入→模板对象→可编辑区域”命令，打开“新建可编辑区域”对话框，在对话框中设置名称为 tu1，如图 10-47 所示。

6 单击 确定 按钮，图像所在区域添加为可编辑区域，如图 10-48 所示。

图 10-45　插入图像

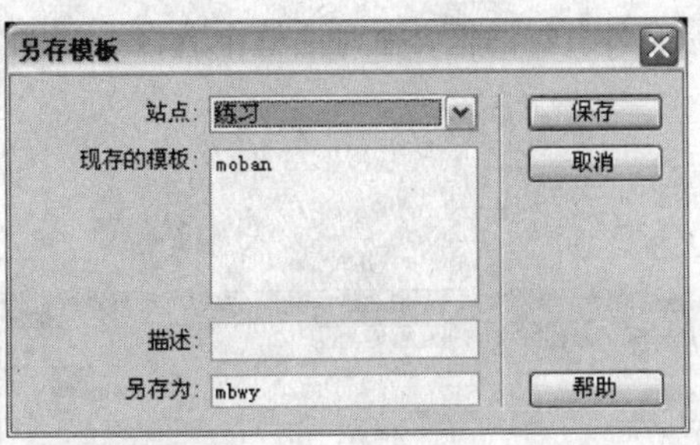

图 10-46 “另存模板”对话框

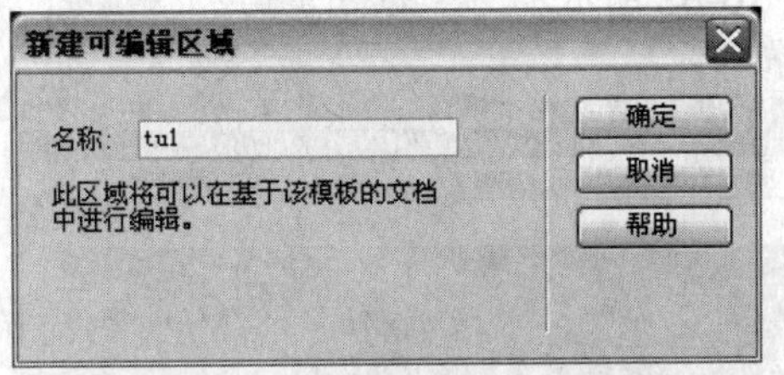

图 10-47 “新建可编辑区域”对话框

7 选取表格第 2 行最左列的图像，执行“插入→模板对象→可编辑区域”命令，打开“新建可编辑区域”对话框，在对话框中设置名称为 tu2，如图 10-49 所示。

图 10-48 图像区域为可编辑区域

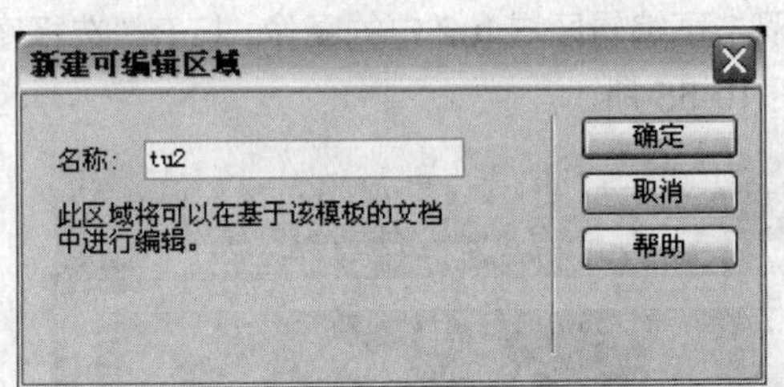

图 10-49 “新建可编辑区域”对话框

8 单击 确定 按钮，图像所在区域添加为可编辑区域，如图 10-50 所示。

9 按 Ctrl+S 组合键保存模板，并关闭文档。

10 执行“文件→新建”命令，打开“新建文档”对话框。单击“模板中的页”选项，打开“从模板新建”对话框。

11 在“站点”列表中选择应用模板所在的站点名称，再在右侧列表中选择要应用的模板 mbwy，如图 10-51 所示。

图 10-50 图像区域为可编辑区域

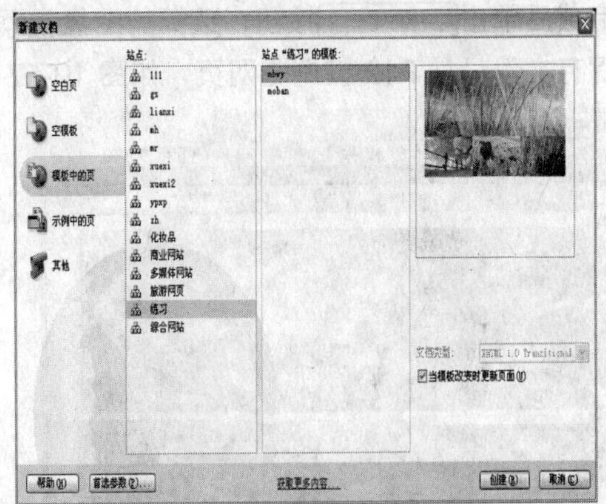

图 10-51 “新建文档”对话框

12 单击 创建(R) 按钮，创建一个新文档，如图 10-52 所示。右上角黄色区域的“模板 mbwy”，表示该文档是基于模板 mbwy 文件创建的。

13 双击可编辑区域 tu1 中的图像，打开“选择图像源文件”对话框，在对话框中选择一幅图像，如图 10-53 所示。

图 10-52 用模板创建的新文档

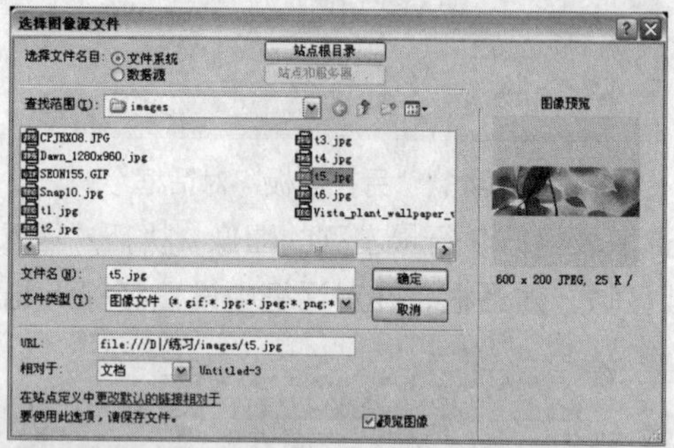

图 10-53 “选择图像源文件”对话框

14 完成后单击 确定 按钮，选择的图像就添加到可编辑区域 tu1 中，如图 10-54 所示。

15 双击可编辑区域 tu2 中的图像，打开“选择图像源文件”对话框，在对话框中选择一幅图像，如图 10-55 所示。

图 10-54 添加图像

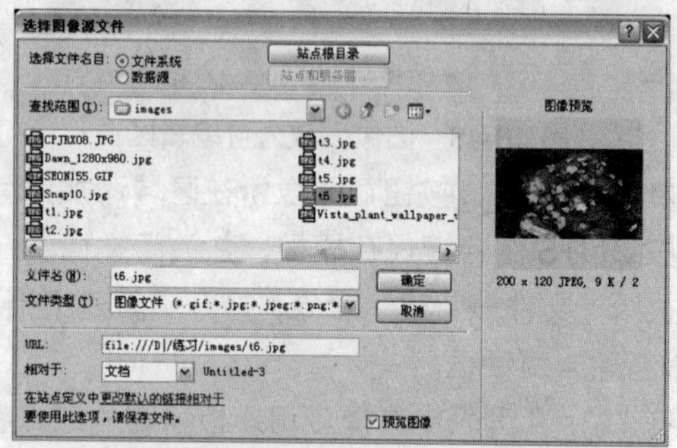

图 10-55 “选择图像源文件”对话框

16 完成后单击 确定 按钮，选择的图像就添加到可编辑区域 tu2 中，如图 10-56 所示。

17 保存文件，按 F12 键浏览网页，如图 10-57 所示。

图 10-56 添加图像

图 10-57 浏览网页

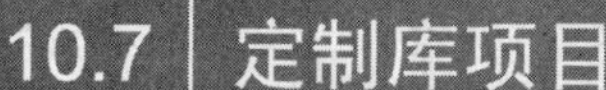

10.7 定制库项目

库是一种用来存储网站中经常出现或重复使用页面元素。简单的说，库主要用来处理重复出现的内容。例如每一个网页都会使用版权信息，如果一个一个地设置就会十分地繁琐。这时可以将其收集在库中，使之成为库项目，当需要这些信息时，直接插入该项目即可。而且使用库比模板具有更大的灵活性。

10.7.1 创建库项目

在 Dreamweaver 中，用户可以将网页中<body>部分中的任意元素创建库项目，这些元素包括文本、图像、表格表单、插件、导航条等。库项目的文件扩展名为“.lbi”，所有的库项目都被默认放置在文件夹“站点文件夹/Libxry”内。

对于链接项（比如图像），库只存储对该项的引用。原始的文件必须保留在指定的位置才能使库项目正确工作。

在库项目中存储图像还是非常有用的。例如在库项目中可以存储一个完整的<img>标签，它将使用户方便地在整个站点中更改图像的 alt 文本，甚至更改它的 src 属性。

创建库项目的具体操作如下：

1 在网页文档窗口中，选定要创建成库项目的元素。

2 执行下列操作之一，可创建库项目。

- 执行主菜单“窗口→资源”命令，打开“资源”选项卡，单击按钮，打开“库”面板，将选择的对象拖入库选项窗口中，如图 10-58 所示。
- 单击“资源”选项卡右下方的“新建库项目”按钮，选中要添加的对象，执行“修改→库→增加对象到库”命令。

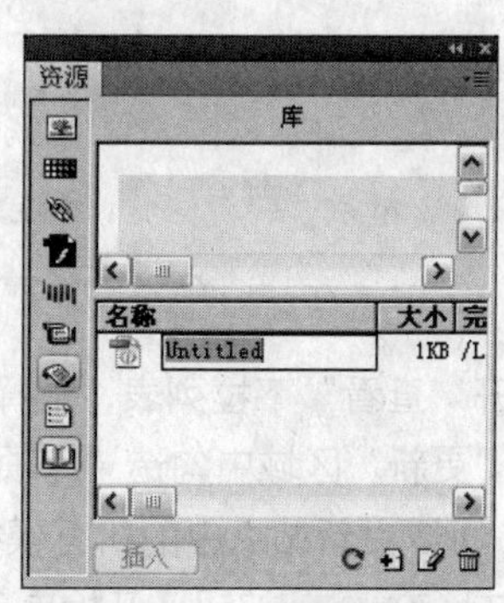

图 10-58　新建库项目

10.7.2 库项目属性面板

通过库项目的“属性”面板，可以设置库项目的源文件、编辑库项目等。具体的操作步骤为：

在页面中选中已插入的库项目，“属性”面板即会显示库项目的属性，如图 10-59 所示。

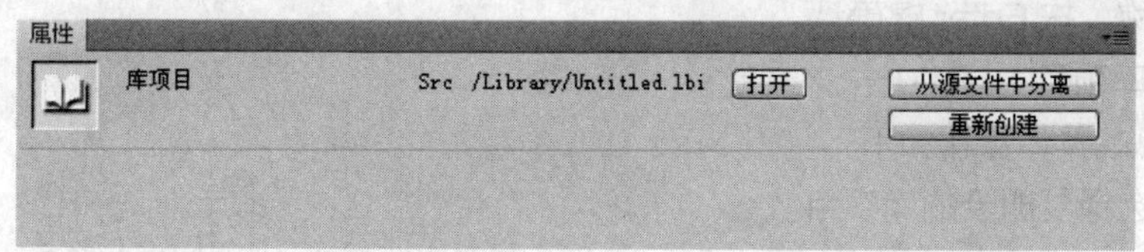

图 10-59　库项目“属性”面板

库项目的“属性”面板上各项的作用如下。

- Src：表示当前库项目源文件的路径和文件名。
- 打开：单击该按钮，可以打开库项目的源文件，并对其进行编辑和修改。

- 从源文件中分离：单击该按钮，弹出如图 10-60 所示的对话框，使库项目同它的源文件分离，可以直接编辑其中的内容。

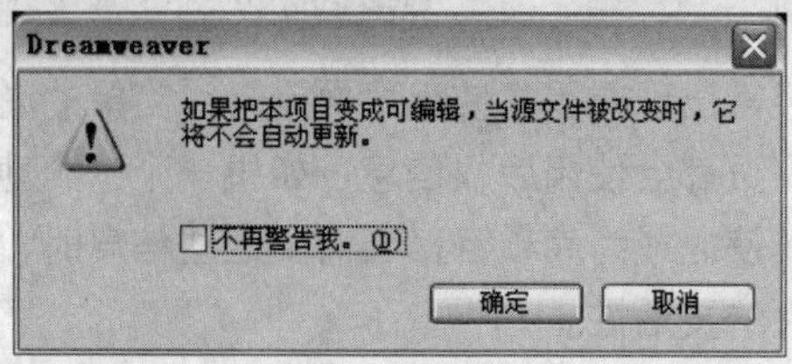

图 10-60　Dreamweaver 对话框

- 重新创建：通过该按钮，可以重新创建新的库项目。

10.7.3　编辑库项目

编辑库项目，包括更新库项目、重命名项目名、删除库项目和编辑库项目中的行为。

（1）更新库项目

更新库项目的具体操作如下：

1 执行“修改→库→更新页面”命令，打开“更新页面”对话框，如图 10-61 所示。

图 10-61　“更新页面”对话框

2 打开“查看”下拉列表，选择需要的项目。

3 在“更新”区域中勾选“库项目”复选框，可以更新站点中所有的库项目，勾选“模板”复选框，可以更新站点中的所有模板。

4 单击开始(S)按钮，开始更新。更新完毕后，单击关闭(C)按钮。

（2）重命名库项目

重命名库项目即表示将库项目的名称重新命名，其操作步骤如下：

1 选定库面板上要命名的项目。

2 单击面板右上角的下拉按钮，在弹出的快捷菜单中选择“重命名”命令；或在库项目上右击，在弹出的快捷菜单中选择“重命名”命令。

3 输入新的名称，按 Enter 键确认。

（3）删除库项目

删除库项目的具体操作如下：

1 在库面板中选择要删除的库项目。

2 单击右上角的下拉按钮，在弹出的快捷菜单中选择“删除”命令，或在库项目上右击，在弹出的快捷菜单中选择“删除”命令，在库面板上单击右下角的🗑按钮，或按 Delete 键，都可以执行“删除”库项目命令。

3 在弹出的对话框中单击是(Y)按钮。

（4）编辑库项目中的行为

编辑库项目中的行为按以下步骤进行：

1 打开包含该库项目的文档，请注意库项目的名称以及它所包含的准确的标记。

2 选择该库项目并在属性检查器中单击“从源文件中分离”按钮。

3 选择附着了该行为的元素。

4 执行“窗口→行为”命令，打开“行为”面板。在“行为”面板中双击想要更改的动作。

5 在出现的对话框中进行必要的更改，然后单击 确定 按钮。

6 执行“窗口→资源”命令，打开“资源”选项卡的库类别。

7 确保已经记录了原始库项目的准确名称；然后选择该原始库项目，再通过单击“资源”选项卡中的“删除”按钮来删除它。

8 在网页编辑器窗口中选择组成该库项目的所有元素。

9 选择与原始库项目中完全相同的元素。

10 在“资源”选项卡中单击“新建库项目”按钮，并给新项目重新命名，名称与前两步中删除的项目名称相同。务必使用完全相同的拼写和大小写。

11 若要更新站点的其他文档中的库项目，执行“修改→资源”命令，在“资源”选项卡的库中，选中文件后右击，在快捷菜单中选择“更新页面”命令来更新页面。

12 在“更新页面”对话框的“文件使用…”下拉列表中选择库项目，如图 10-62 所示。

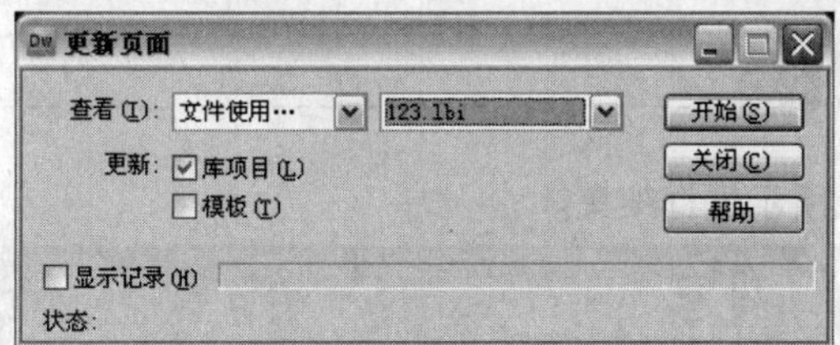

图 10-62　“更新页面”对话框

13 在相邻的快捷菜单中，选择刚创建的库项目的名称。

14 在“更新”区域中，勾选“库项目”复选框，然后单击 开始(S) 按钮。

15 当完成更新时，单击 关闭(C) 按钮退出“更新页面”对话框。

10.7.4　添加库项目

当向页面添加库项目时，将把实际内容以及对该库项目的引用一起插入到页面。将创建好的库项目添加到页面上，具体的操作如下：

1 打开要添加库项目的页面，并将光标放置到插入的位置。

2 执行“窗口→资源”命令，打开“资源”选项卡，选择库项目。

3 单击库面板右下角的 插入 按钮，或者在库项目上右击，在弹出的快捷菜单中选择“插入”命令，都可将库项目应用到网页中。

模板和库项目都是在网页设计和制作过程中，为设计出不同风格的网站所使用的一种辅助工具。通过使用模板和库项目可以设计出具有统一风格的网站，并且模板和库项目为网站的更新和维护提供了极大的便捷，仅修改网站的模板即可完成对整个网站中页面的统一修改。

使用库项目可以完成对网站中某个板块的修改。在定义模板的可编辑区域时需要仔细研究整个网站中各个页面所具有的共同风格和特性，这样才能设计出适合整个网站且使用合理的模板。

10.8 疑难解析

通过前面的学习，读者应该已经掌握了使用行为制作网页特效的基础知识，下面就读者在学习的过程中遇到的疑难问题进行解析。

1 能不能在新建文档时就创建一个框架页面？

回答是“能”。执行“文件→新建”命令，在弹出的“新建文档”对话框中选择“示例中的页”选项，在“示例文件夹”中选择“框架页”选项，右侧会显示出框架的设置类型，可以选择需要的框架结构。

2 怎样更改在浏览器中显示的框架的背景颜色？

框架只是浏览器中的一个区域，真正显示在其中的是一个 HTML 文档。所以要改变框架的背景颜色实际上是改变该 HTML 文档的背景颜色。执行“修改→页面属性”命令，在弹出的“页面属性”对话框上设置框架的背景颜色即可。

10.9 上机实践

（1）创建如图 10-63 所示的框架集。

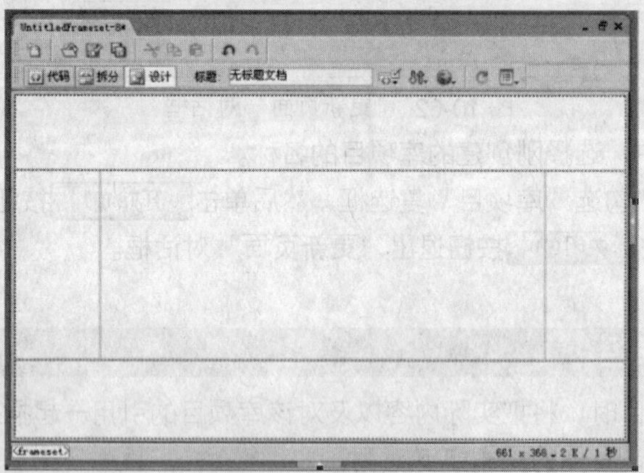

图 10-63　创建框架集

（2）建立一个库项目，并应用到页面中。

（3）建立一个模板，将模板应用到网页中，并对可编辑区域进行编辑。

10.10 巩固与提高

本章主要向读者介绍了 Dreamweaver CS4 中框架、模板和库的使用，使用框架能将其他网页载入到当前网页的目标框架中，应该重点掌握。在实际运用中，读者应该根据不同情况灵活创建框架，制作出适用的网页。使用模板和库能节省制作网页的时间，这样就极大地提高了工作的效率。

1．选择题

（1）在 Dreamweaver 中，要创建无框架内容，应执行（　　）菜单中的命令。

A．插入　　B．查看　　C．命令　　D．修改

（2）创建预定义框架指的是（　　）。

A．创建嵌套框架

B．Dreamweaver 提供的 13 种框架结构，使用预定义框架，可以轻松地创建框架页

C．创建框架集

D．与创建自定义框架是一个意思

（3）下列关于框架或框架集说法不正确的是（　　）。

A．框架是浏览器窗口中的一个区域，它可以显示与浏览器窗口的其余部分所显示内容无关的 HTML 文档

B．在 Dreamweaver 中，几个框架组合在一起称为框架集

C．保存框架就是将整个框架保存起来，而不是单个保存框架

D．框架提供将一个浏览器窗口划分为多个区域，每个区域都可以显示不同 HTML 文档的方法

（4）模板文档的扩展名为（　　）。

A．.doc　　B．.html　　C．.dwt　　D．.lbi

（5）库项目文档的扩展名为（　　）。

A．.doc　　B．.html　　C．.dwt　　D．.lbi

（6）下面对于模板的说法，正确的是（　　）。（多选）

A．模板是一种特殊类型的文档，可以一次更新多个页面

B．保存模板时，系统将自动创建文件夹 Templates 到根目录下

C．模板就是一段 HTML 代码

D．模板是由 Dreamweaver 自带的，用户只能修改不能新建

（7）下面关于库的说法，不正确的是（　　）。

A．库实际是一段 HTML 代码

B．库文件被放置在 Templates 文件夹内

C．库项目的文件扩展名为.lib

D．库是用存储网站中经常出现或重复使用的页面元素

2．判断题

（1）如果看不到框架边框，执行“查看→可视化助理→框架边框”命令可以使框架边框可见。（　　）

（2）框架就是框架集。（　　）

（3）在“文档”窗口的“设计”视图中，按住 Alt 键的同时单击一个框架，就可以选择此框架。（　　）

（4）框架集是 HTML 文件，它定义一组布局和属性。（　　）

（5）可编辑区域是基于文档中的锁定区域。（　　）

（6）在模板中可以插入两种类型的重复区域：重复区域和重复表格。（　　）

（7）模板和库项目不能删除。（　　）

读书笔记

Study

第 11 章

HTML 代码的使用

HTML（HyperText Markup Language）是超文本标记语言，是为“网页创建和其他可在网页浏览器中看到的信息“设计的一种标记语言。HTML 被用来结构化信息，如标题、段落和列表等，也可用来在一定程度上描述文档的外观和语义。本章就来学习 HTML 的知识。

学习指南

- 认识 HTML
- HTML 的基本语法
- HTML 中图像
- 使用提示菜单
- 编辑 HTML 代码

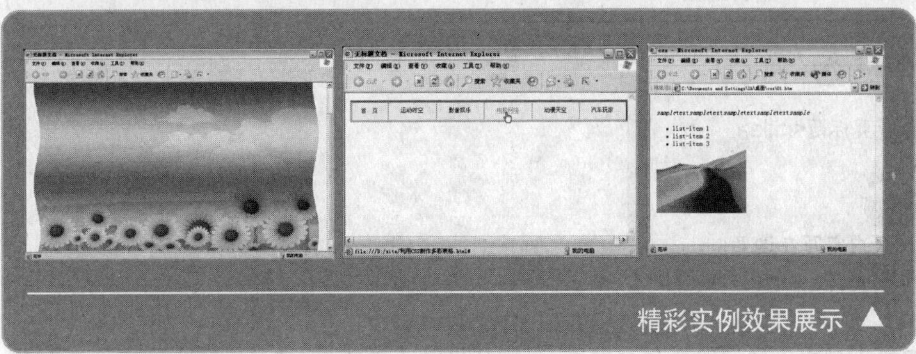

精彩实例效果展示 ▲

11.1 认识 HTML

HTML 是 HyperText Markup Language(超文本标记语言)的缩写。所谓超文本，是指 HTML 可以加入图片、声音、动画、影视等内容，它可以从一个文件跳转到另一个文件。它是在网页中按照一定格式显示文本、图像和其他对象的一种语言规范，浏览器通过解读 HTML 标记以完成网页的显示。

通常在访问一个网页时，网页所在的服务器将用户请求的网页以 HTML 标记的形式发送到用户端，用户端的浏览器接收 HTML 代码，并使用自带的解释器解释并执行 HTML 标记，然后将执行结果以网页的形式展现给用户。

HTML 标记是被客户端的浏览器解读并显示的，所以是完全公开的。如图 11-1 所示，在 IE 浏览器中单击“查看”菜单，从中选择“源文件”命令，在打开的记事本中即可看到当前网页的 HTML 代码，如图 11-2 所示。

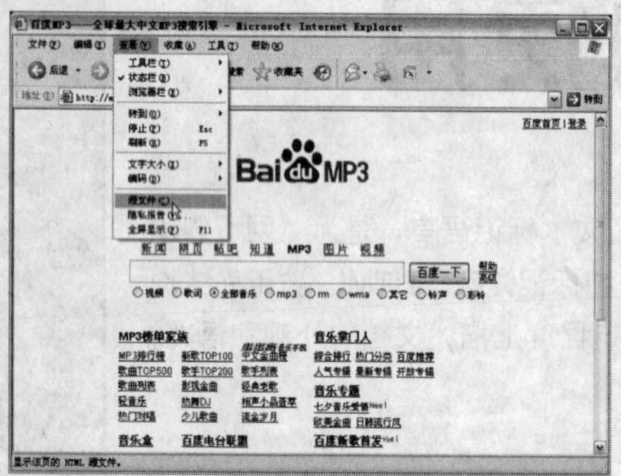

图 11-1　选择“源文件”命令

图 11-2　网页中的 HTML 代码

HTML 文件是一种纯文本文件，可以用任何文本编辑器来创建和编辑，如 Windows 中的记事本程序。

11.2 HTML 的基本语法

HTML 语言的功能是通过各种标记来实现的，其中有些标记是 HTML 文件不可缺少的，一个最基本网页的 HTML 代码格式如下：

```
<html>
  <head>
    <title>网页标题</title>
  </head>
  <body>
    请将网页内容写在这里……
  </body>
</html>
```

将这段代码输入到文本编辑器（如 Windows 中的记事本程序），保存为 HTML 文件（扩展名为.htm 或.html），然后用 IE 浏览器打开它，显示效果如图 11-3 所示。

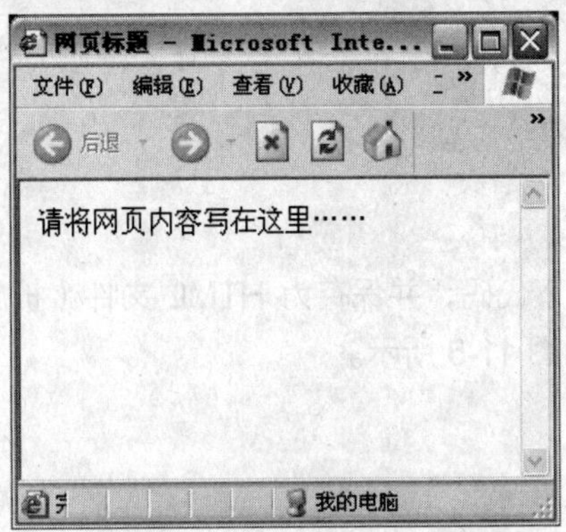

图 11-3　显示效果

下面对常用的 HTML 标记作一些介绍。

1．基本标记

（1）<html>…</html>

html 文件必须包含 html 标记，该标记由<html>和</html>构成，<html>是起始标记，</html>是结束标记。<html>和</html>之间包含所有代码。网页浏览器在读入 html 文件时，会根据 html 标记将文件识别和解释为网页文件。

（2）<head>…</head>

head 标记为文件头标记，由<head>和</head>构成，用来定义文件头信息。

（3）<title>…</title>

title 标记为标题标记，由<title>和</title>构成，包含于<head>和</head>之间，用来定义网页的标题。该标题将显示在浏览器窗口的标题栏中。

（4）<body>…</body>

<body>…</body>是 HTML 文档的主体部分，包含表格<table>…</table>、超链接<a herf>…</a>、换行
、水平线<hr>等许多标记，如图 11-4 所示。<body>…</body>中所定义的文本及图像等将通过浏览器而显示出来。

```
<!DOCTYPE html PUBLIC "-//W3C//DTD XHTML 1.0 Transitional//EN"
"http://www.w3.org/TR/xhtml1/DTD/xhtml1-transitional.dtd">
<html xmlns="http://www.w3.org/1999/xhtml">
<head>
<meta http-equiv="Content-Type" content="text/html; charset=utf-8" />
<title>图像底片效果</title>
<style type="text/css">
<!--
body {
    background-image: url(images/bg1.jpg);
}
.STYLE4 {font-size: 12px}
.h2 {
    filter: Invert;
}
.STYLE6 {font-family: "黑体"; font-size: 16px; color: #FFFFFF; }
.STYLE7 {color: #FFFFFF}
-->
</style>
</head>

<body>
<table width="650" height="112" border="0" align="center" cellpadding="0" cellspacing="0">
  <tr>
    <td bgcolor="#E3DFE0"><img src="images/1.JPG" width="555" height="178" /></td>
  </tr>
</table>
<table width="650" height="391" border="0" align="center" cellpadding="0" cellspacing="0">
```

图 11-4　<body>…</body>部分

（5）<hn>…</hn>

它用来定义标题文本大小，其中 n 取 1~6 的数字，共有 h1、h2、h3、h4、h5、h6 这 6 级标题。以下列出所有等级的标题：

```
<h1>…</h1>          第一级标题
<h2>…</h2>          第二级标题
<h3>…</h3>          第三级标题
<h4>…</h4>          第四级标题
<h5>…</h5>          第五级标题
<h6>…</h6>          第六级标题
```

如在文本编辑器中输入以下代码，并保存为 HTML 文件（扩展名为.htm 或.html），然后用 IE 浏览器打开它，显示效果如图 11-5 所示。

```
<html>
<head>
<title>标题示例</title>
</head>
<body>
定义标题文本大小<p>
<h1>网站一</h1>
<h2>网站二</h2>
<h3>网站三</h3>
<h4>网站四</h4>
<h5>网站五</h5>
<h6>网站六</h6>
</body>
</html>
```

定义标题文本大小

网站一

网站二

网站三

网站四

网站五

网站六

图 11-5　显示效果

可以看出，每一个标题的字体为加粗体，内容文字前后都插入了空行。

（6）

在 HTML 语言规范里，每当浏览器窗口被缩小时，浏览器会自动将右边的文字转折至下一行。对于决定需要换行的地方，应加上
换行标记，
为单标记。
标记无论放在什么位置，都能够强制换行。

如在文本编辑器中输入以下代码，并保存为 HTML 文件（扩展名为.htm 或.html），然后用 IE 浏览器打开它，显示效果如图 11-6 所示。

```
<html>
<head>
<title>使用换行标记</title>
</head>
<body>
换行标记<br>换行标记<br>换行标记<br>换行标记<br>换行标记<br>换行标记<br>换行标记
</body>
</html>
```

换行标记
换行标记
换行标记
换行标记
换行标记
换行标记
换行标记

图 11-6　显示效果

（7）<p>…</p>

为了使文档在显示时排列得整齐、清晰，在文字段落之间，通常用<p>…</p>来作标记。文件段落的开始使用<p>标记，</p>是可以省略的，因为下一个<p>的开始就意味着上一个<p>的结束。

<p>标签有一个属性“align”，它用来指明字符显示时的对齐方式。一般有 center、left、right 三种。center 表示居中显示文档内容；left 表示靠左对齐显示文档内容；right 则表示靠右对齐显示文档内容。

在文本编辑器中输入以下代码：

```
<html>
<head>
<title>段落标签</title>
</head>
<body>
<p align=center>
段落标签
<p align=left>段落标签
<p align=right>段落标签
<p align=left>段落标签
<p align=right>段落标签</p>
</body>
</html>
```

将这段代码保存为 HTML 文件（扩展名为.htm 或.html），然后用 IE 浏览器打开它，显示效果如图 11-7 所示。

段落标签

段落标签

段落标签

段落标签

段落标签

图 11-7 显示效果

（8）<hr>

<hr>标记可以在屏幕上显示一条水平线，用以分割页面中的不同部分，<hr>也是单标记。<hr>有四个属性：size、width、align 和 noshade。它们的含义如下：

- size：表示水平线的高度。
- width：表示水平线的宽，用占屏幕宽度的百分比或像素值来表示。
- align：表示水平线的对齐方式，有 left、right、center 三种对齐方式。
- noshade：表示线段无阴影，为实心线段。

2．文本标记

在 HTML 中关于设置文本的标签有<font>…</font>、<B>…</B>、<I>…</I>等标签。

提供设置文字字号大小的是<font>…</font>标签，而<font>标签又有 size、face、color 等属性。

（1）size 属性

通过指定 size 属性就能设置字号大小，而 size 属性的有效值范围为 1～7，其中默认值为 3。size 属性的语法标签为：

```
<font size="字号">
```

可以在 size 属性值之前加上“+”、“–”字符，来指定相对于字号初始值的增量或减量。

在文本编辑器中输入以下代码：

```
<html>
<head>
<title>设置字号</title>
</head>
<body>
<font size=7>网页制作</font><p>
<font size=6>网页制作</font><p>
<font size=5>网页制作</font><p>
<font size=4>网页制作</font><p>
<font size=3>网页制作</font><p>
<font size=2>网页制作</font><p>
<font size=1>网页制作</font><p>
<font size=-1>网页制作</font><p>
```

```
</body>
</html>
```

将这段代码保存为 HTML 文件（扩展名为.htm 或.html），然后用 IE 浏览器打开它，显示效果如图 11-8 所示。

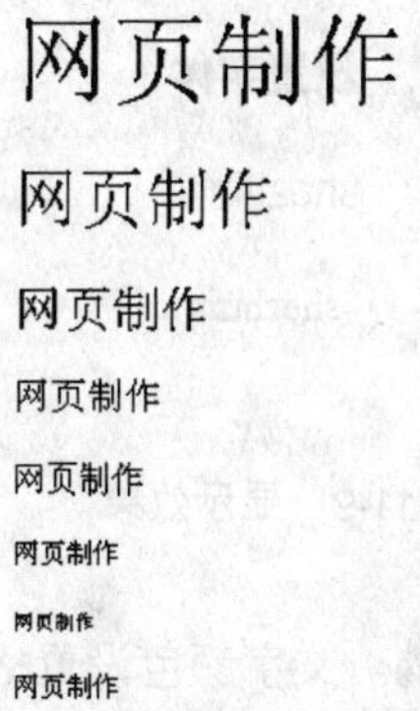

网页制作

网页制作

网页制作

网页制作

网页制作

网页制作

网页制作

网页制作

图 11-8　显示效果

（2）face 属性设置文字的字体与样式

设置文字的字体与样式可以使用 face 属性，其属性值可以是本机上的任意字体类型，但只有访问者的电脑系统中装有相同的字体，才能浏览出预先设计的字体风格。face 属性的语法标签为：<font face="字体">。

在文本编辑器中输入以下代码：

```
<html>
<head>
<title>文字的字体与样式</title>
</head>
<body>
<center>
<font face="宋体">设置字体</font><p>
<font face="楷体_GB2312">设置字体</font><p>
<font face="仿宋_GB2312">设置字体</font><p>
<font face="黑体">设置字体</font><p>
<font face="Arial">shezhiziti.</font><p>
<font face="gautami">shezhiziti</font><p>
</center>
</body>
</html>
```

将这段代码保存为 HTML 文件（扩展名为.htm 或.html），然后用 IE 浏览器打开它，显示效果如图 11-9 所示。

设置字体

设置字体

设置字体

设置字体

shezhiziti

shezhiziti

图 11-9　显示效果

（3）color 属性设置字体的颜色

字体的颜色是通过 color 属性来调整的。文字颜色设置格式如下：

```
<font color=value>…</font>
```

在文本编辑器中输入以下代码，并保存为 HTML 文件（扩展名为.htm 或.html），然后用 IE 浏览器打开它，显示效果如图 11-10 所示。

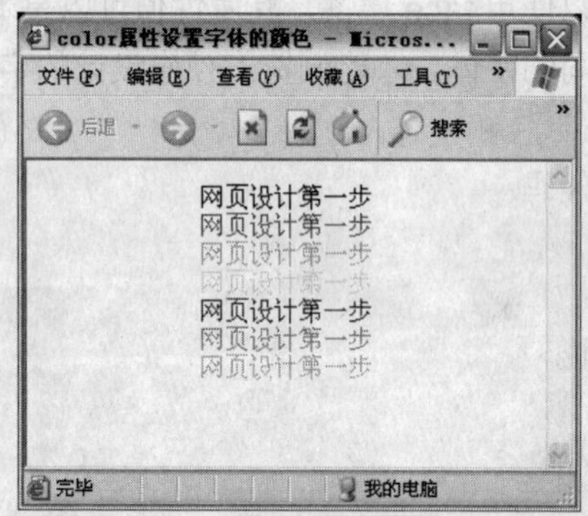

图 11-10　显示效果

```
<html>
<head>
<title> color 属性设置字体的颜色</title>
</head>
<body>
<center>
<font color=Black>网页设计第一步</font><br>
<font color=Red>网页设计第一步</font> <br>
<font color=#00FFFF>网页设计第一步</font><br>
<font color=#FFFF00>网页设计第一步</font><br>
<font color=#800000>网页设计第一步</font> <br>
<font color=#00FF00>网页设计第一步</font><br>
<font color=#C0C0C0>网页设计第一步</font><br>
</center>
</body>
</html>
```

（4）其他设置文本的标签

为了让文字富有变化，或者为了着意强调某一部分，HTML 提供了一些标记产生这些效果，现将常用的标记列举如下。

- <B>…</B>：表示将字体显示为粗体。
- <I>…</I>：表示将字体显示为斜体。
- <U>…</U>：表示将字体显示为加下划线。
- <TT>…<TT>：表示将字体显示为打字机字体。
- <BIG>…</BIG>：表示将字体显示为大型字体。
- <SMALL>…</SMALL>：表示将字体显示为小型字体。
- <BLINK>…</BLINK>：表示将字体显示为闪烁效果。
- <EM>…</EM>：表示强调，一般为斜体。
- <STRONG>…</STRONG>：表示特别强调，一般为粗体。
- <CITE>…</CITE>：用于引证、举例，一般为斜体。

在文本编辑器中输入以下代码：

```
<html>
<head>
<title>设置文本的标签</title>
</head>
<body>
<B>网页设计第一步</B>
<P> <I>网页设计第一步</I>
<P> <U>网页设计第一步</U>
<P> <BIG>网页设计第一步</BIG>
<P> <SMALL>网页设计第一步</SMALL>
<P> <BLINK>网页设计第一步</BLINK>
<P><EM>网页设计第一步</EM>
<P><STRONG>网页设计第一步</STRONG>
<P><CITE>网页设计第一步</CITE></P>
</body>
</html>
```

将这段代码保存为 HTML 文件（扩展名为.htm 或.html），然后用 IE 浏览器打开它，显示效果如图 11-11 所示。

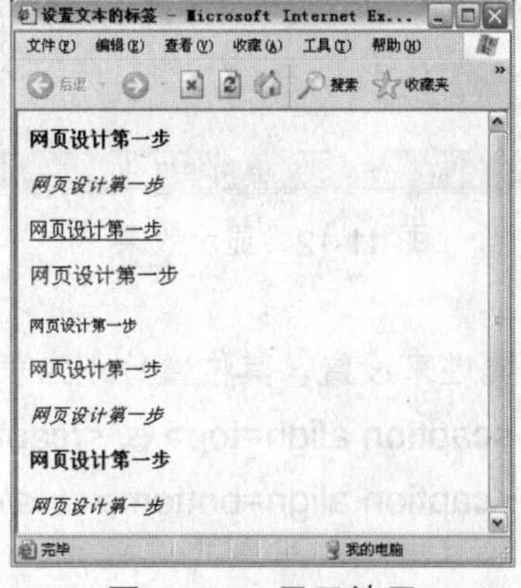

图 11-11　显示效果

3．表格标记

表格是用<table>标记定义的，是 HTML 中重要的标记。表格被划分为行（使用<tr>标记），每行又被划分为数据单元格（使用<td>标记）。td 表示“表格数据”（Table Data），即数据单元格的内容。数据单元格可以包含文本、图像、列表、段落、表单、水平线、表格等。

（1）表格的基本结构

- <table>...</table>：表示定义表格。
- <caption>...</caption>：表示定义标题。
- <tr>：表示定义表行。
- <th>：表示定义表头。
- <td>：表示定义表元即表格的具体数据。

在文本编辑器中输入以下代码：

```
<html>
<head>
<title>表格标记</title>
</head>
<body>
<table border=3>
<tr><th>语文</th><th>数学</th><th>英语</th>
<tr><td>物理</td><td>化学</td><td>生物</td>
</table>
</body>
</html>
```

将这段代码保存为 HTML 文件（扩展名为.htm 或.html），然后用 IE 浏览器打开它，显示效果如图 11-12 所示。

图 11-12　显示效果

（2）表格的标题

表格标题的位置，可由 align 属性来设置，其位置分别为表格上方和表格下方。

- 设置标题位于表格上方：<caption align=top> ... </caption>
- 设置标题位于表格下方：<caption align=bottom> ... </caption>

（3）表格的尺寸设置

一般情况下，表格的总长度和总宽度是根据各行和各列的总和自动调整的，如果要直接固定表格的大小，可以使用下列方式：

```
<table width=n1 height=n2>
```

width 和 height 属性分别指定表格一个固定的宽度和长度，n1 和 n2 可以用像素来表示，也可以用百分比（与整个屏幕相比的大小比例）来表示。

一个长为 300 像素，宽为 150 像素的表格用代码表示为：<table width="200" height="100">；一个长为屏幕的 20%，宽为屏幕的 10%的表格用代码表示为：<table width=20% height=10%>。

（4）表格的边框尺寸设置

表格边框的设置是用 border 属性来体现的，将 border 设成不同的值，则会有不同的效果。

在文本编辑器中输入以下代码：

```
<html>
<head>
<title>表格的边框尺寸设置</title>
</head>
<body>
<table border=15   width=300>
<caption>李大涛</caption>
<tr><th>语文</th><th>数学</th><th>英语</th>
<tr><td>95</td><td>87</td><td>92</td>
</table>
</body>
</html>
```

将这段代码保存为 HTML 文件（扩展名为.htm 或.html），然后用 IE 浏览器打开它，显示效果如图 11-13 所示。

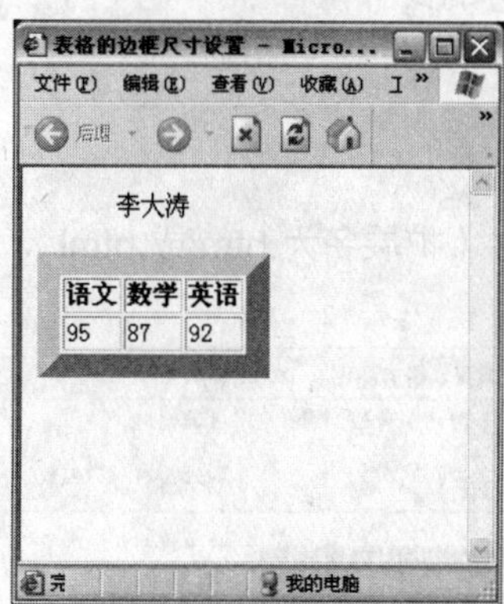

图 11-13　显示效果

（5）表格的间距调整

表格的间距可以使用<table>中的 cellspacing 属性加以调节。格式为：

```
< table   cellspacing=n>        n 表示要取用的像素值
```

（6）表格内容与格线之间宽度的设置

表格内容与格线之间的宽度称为“填充”。可以在<table>中设置 cellpadding 属性进行设置，其格式为：

```
<table   cellpadding=n>        n 表示要取用的像素值
```

（7）表格内数据的对齐

Dreamweaver 中表格数据的排列方式分为左右排列和上下排列两种。左右排列是由 align 属性来设置，而上下排列则由 valign 属性来设置。其中左右排列有居左（left）、居右（right）和居中（center）三种；而上下排列常用的有上齐（top）、居中（middle）、下齐（bottom）和基线（baseline）四种。

（8）表格的颜色设置

在表格中，既可以对整个表格填入底色，也可以对任何一行、一个表元使用背景色。

- 表格的背景色：<table bgcolor=#>
- 行的背景色：<tr bgcolor=#>
- 表元的背景色：<th bgcolor=#>或 <td bgcolor=#>

表格的颜色值同文本的颜色值设置相同，可以是一个十六进制数（用“#”作为前缀）的色标值。

在文本编辑器中输入以下代码：

```
<html>
<head>
<title>设置表格的颜色</title>
</head>
<table border=bgcolor=" Red ">
<tr>
<th bgcolor="#66CC00">表格颜色</th> <th bgcolor="#FF6600 ">表格颜色</th> <th rowspan=2>
表格颜色</th>
<tr bgcolor=" #FF6666 ">
<td>表格颜色</td><td>表格颜色</td>
</table>
</body>
</html>
```

将这段代码保存为 HTML 文件（扩展名为.htm 或.html），然后用 IE 浏览器打开它，显示效果如图 11-14 所示。

图 11-14 显示效果

4. 链接标记

超链接是 HTML 的重要特性之一，通过超链接可以很精确地从一个页面直接跳转到其他的

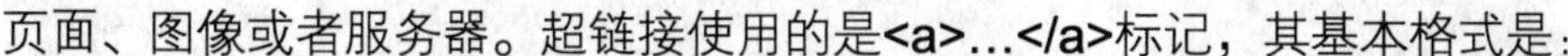

页面、图像或者服务器。超链接使用的是<a>…</a>标记，其基本格式是：

```
<a href="资源地址">链接文字或图像</a>
```

标记<a>表示一个链接的开始，</a>表示链接的结束；属性 herf 定义了这个链接所指的地方；通过点击“链接文字或图像”可以到达指定的文件。

超链接分为本地链接、URL 链接和目录链接。在各种链接的各个要素中，资源地址是最重要的，一旦路径上出现差错，该资源就无法取得。

（1）本地链接

在前面讲过，本地链接使用 UNIX 或 DOS 系统中文件路径的表示方法，采用绝对路径或相对路径来指向一个文件。这几种路径的表示方法在超链接中则表示为：

- 以绝对路径表示：<a href="file://D:/html/index.htm">文件的链接</a>
- 以相对路径表示：<a href="index.htm">文件的链接</a>
- 链接上一目录中的文件：<a href ="../../Internet/IP 地址">IP 地址</a>

（2）URL 链接

URL 意思是统一资源定位器，通过它可以以多种通信协议与外界沟通来存取信息。如果链接的文件在其他服务器上，就需要知道所指向的文件时采用的 URL 地址。

URL 链接的形式是：“协议名：//主机.域名 / 路径 / 文件名”这里的协议包括：

- File：本地系统文件
- http：WWW 服务器
- ftp：ftp 服务器
- telnet：基于 TELNET 的协议
- mailto：电子邮件
- news：Usenet 新闻组
- gopher：GOPHER 服务器
- wais：WAIS 服务器

在 HTML 文件中，链接其他主机上的文件时，格式如下：

```
<a href="URL 地址">文件的链接</a>
```

（3）锚链接

前面所讲到的链接地址，是链接一个页面或文件，如果直接链接到某文件上部、下部或是中央部分，就需要用锚链接。制作锚链接需要先在页面或文件中相应的位置建立“锚记”，即把某段落设置为链接位置，格式是：

```
<a name="链接位置名称"></a>
```

在调用此链接部分的文件，定义链接格式为：

```
< a href ="文件名# 链接位置名称">链接文字</a>
```

如果是在一个文件内跳转，文件名可以省略不写。

11.3 HTML 中的图像

在 HTML 中也可以设置图像。下面就来学习在一个页面中如何使用 HTML 代码设置图像。

1．插入图像的基本格式

超文本支持的图像格式一般有 X Bitmap（XBM）、GIF、JPEG 三种，所以我们对图片处理后要保存为这三种格式中的任何一种，这样才可以在浏览器中看到。

插入图像的标签是<img>，其基本语法是：

```
<img src="图形文件地址">
```

src 属性指明了所要链接的图像文件地址，这个图形文件可以是本地计算机上的图形，也可以是位于远端服务器上的图形。地址的表示方法同超级链接中 URL 地址表示方法相同。

例如：<img src="images/ball.gif">

img 还有两个属性是 height 和 width，分别表示图形的高和宽。通过这两个属性，可以改变图形的大小，如果图像没有设置，则按原大小显示，例如：

```
<html>
<head>
<title>图像的设置</title>
</head>
<body>
<img src="imge057.gif">
</body>
</html>
```

将以上代码保存为 HTML 文件，使用浏览器浏览，效果如图 11-15 所示。

图 11-15　图像的默认设置

```
<html>
<head>
<title>图像的设置</title>
</head>
<body>
<img src="imge057.gif"width="490"height="300">
</body>
</html>
```

将以上代码保存为 HTML 文件，使用浏览器浏览，效果如图 11-16 所示。

图 11-16　对图像进行设置

2. 图像与文字的对齐方式

由 img 中的 align 属性来设置图文的对齐方式，有以下几种对齐方式：

- align=top　　文本的顶部对齐
- align=middle　　文本的中央对齐
- align=bottom　　文本的底部对齐
- align=texttop　　图像的底部对齐
- align=baseline　　图像的基线对齐
- align=left　　图像的靠左对齐
- align=right　　图像的靠右对齐

以下将分别举例说明图像与文本的各种对齐方式。

（1）图像与文本的顶部对齐。请看以下示例代码：

```
<html>
<head>
<title>图像与文本的顶部对齐</title>
</head>
<body>
<img src="imge057.gif"align=top>美丽的太阳花
</body>
</html>
```

将以上代码保存为 HTML 文件，使用浏览器浏览，效果如图 11-17 所示。

图 11-17　图像与文本的顶部对齐

（2）图像与文本的中央对齐。请看以下示例代码：

```
<html>
<head>
<title>图像与文本的中央对齐</title>
</head>
<body>
<img src="imge057.gif"align=middle>美丽的太阳花
</body>
</html>
```

将以上代码保存为 HTML 文件，使用浏览器浏览，效果如图 11-18 所示。

图 11-18　图像与文本的中央对齐

（3）图像与文本的底部对齐。请看以下示例代码：

```
<html>
<head>
<title>图像与文本的底部对齐</title>
</head>
<body>
<img src="imge057.gif"align =bottom>美丽的太阳花
</body>
</html>
```

将以上代码保存为 HTML 文件，使用浏览器浏览，效果如图 11-19 所示。

图 11-19　图像与文本的底部对齐

（4）图像的底部对齐。请看以下示例代码：

```
<html>
<head>
<title>图像底部对齐</title>
</head>
<body>
<img src="imge057.gif"align =texttop>美丽的太阳花
</body>
</html>
```

将以上代码保存为 HTML 文件，使用浏览器浏览，效果如图 11-20 所示。

图 11-20　图像底部对齐

（5）图片的基线对齐。请看以下示例代码：

```
<html>
<head>
<title>图片的基线对齐</title>
</head>
<body>
<img src="imge057.gif"align =baseline>美丽的太阳花
</body>
</html>
```

将以上代码保存为 HTML 文件，使用浏览器浏览，效果如图 11-21 所示。

图 11-21　图片的基线对齐

（6）图像的靠左对齐。请看以下示例代码：

```
<html>
<head>
<title>图像的靠左对齐</title>
</head>
<body>
<img src="imge057.gif"align=left>美丽的心灵，有着数不清的爱心，像天空里的星星，明亮晶莹。
</body>
</html>
```

将以上代码保存为 HTML 文件，使用浏览器浏览，效果如图 11-22 所示。

图 11-22　图像的靠左对齐

（7）图像的靠右对齐。请看以下示例代码：

```
<html>
<head>
<title>图像的靠右对齐</title>
</head>
<body>
<img src="imge057.gif"align=right>美丽的心灵，有着数不清的爱心，像天空里的星星，明亮晶莹。
</body>
</html>
```

将以上代码保存为 HTML 文件，使用浏览器浏览，效果如图 11-23 所示。

图 11-23　图像的靠右对齐

3．图像文字之间的距离设置

在 HTML 文件里图像水平位置的距离配置是通过设置 hspace 属性来完成；图像垂直位置的距离配置是通过设置 vspace 来实现的。关于 hspace 属性的设置，请看以下示例代码：

```
<html>
<head>
<title>图像的水平距离设置</title>
</head>
<body>
<img src="imge057.gif"hspace=40>美丽的太阳花
</body>
</html>
```

将以上代码保存为 HTML 文件，使用浏览器浏览，效果如图 11-24 所示。

关于 vspace 属性的设置，请看以下示例代码：

```
<html>
<head>
<title>图像的垂直距离设置</title>
</head>
<body>
<img src="imge057.gif"vspace=40>美丽的太阳花
</body>
</html>
```

将以上代码保存为 HTML 文件，使用浏览器浏览，效果如图 11-25 所示。

图 11-24　图像的水平距离设置

图 11-25　图像的垂直距离设置

4．图形按钮（图像的链接）

图形按钮就是用户通过点击图像，而链接到某个地址上去。同超级链接相同，基本语法如下：

```
<a href="资源地址"><img src="图形文件地址"></a>
```

请看以下示例代码：

```
<html>
<head>
```

```
<title>图像的链接</title>
</head>
<body>
<a href=http://www.cctv.com/><img src="imge057.gif"></a>
</body>
</html>
```

将以上代码保存为 HTML 文件，使用浏览器浏览，效果如图 11-26 所示。

图 11-26 图像的链接

在图中可以看到鼠标光标变为手形，浏览器下方显示了链接地址，说明图像的链接成功了。

11.4 使用提示菜单

在 Dreamweaver CS4 的代码视图窗口中，如果输入“<”或其他有效标签的第一个字母，就会产生一个下拉菜单，我们称为提示菜单。提示菜单上面显示编辑标记的所有属性标签，如图 11-27 所示。

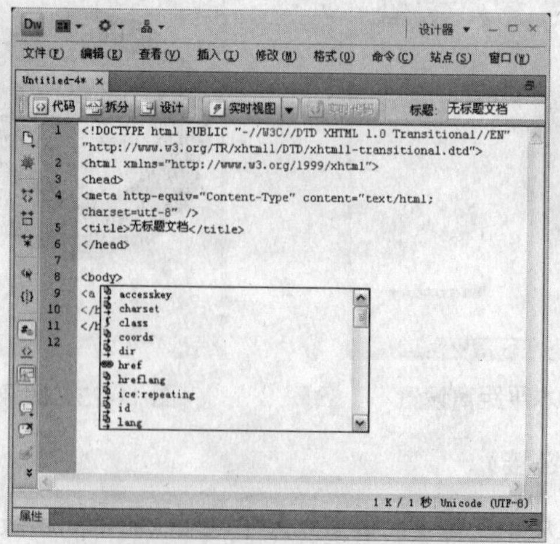

图 11-27 代码视图的提示菜单

使用提示菜单是用鼠标在提示菜单中选择所需要的属性，双击该属性；或者使用键盘的上、下方向键，选择需要的标记，然后按 Enter 键，就可以将属性名称输入到代码或快速标签编辑器的相关区域中。

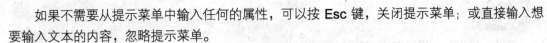

如果不需要从提示菜单中输入任何的属性，可以按 Esc 键，关闭提示菜单；或直接输入想要输入文本的内容，忽略提示菜单。

当然，对于初学者还是希望有提示菜单的出现，毕竟提示菜单有助于代码的编写和修改。不过，在代码编辑过程中要显示提示菜单，只有在输入的标签为有效标签时才行。

11.5　编辑 HTML 代码

在前面几节我们介绍了 HTML 的基本语法及常用标签，本节将介绍如何在 Dreamweaver 中编辑和修改 HTML 代码。

11.5.1　在页面中编辑 HTML 代码

Dreamweaver 就是一个 HTML 的可视化视图编辑文档，是一个很直观的网页编辑器。它使不懂 HTML 代码的人，也可以很轻松地制作出网页。但这并不能说明 HTML 已经完全被取代了，在网页的动态效果、加入 Script、后台编程等，HTML 依然是专业的网页设计师必须掌握的网页编程基础。

打开 Dreamweaver CS4，单击「代码」按钮，则出现 Dreamweaver 自动默认的 HTML 新建代码，如图 11-28 所示。

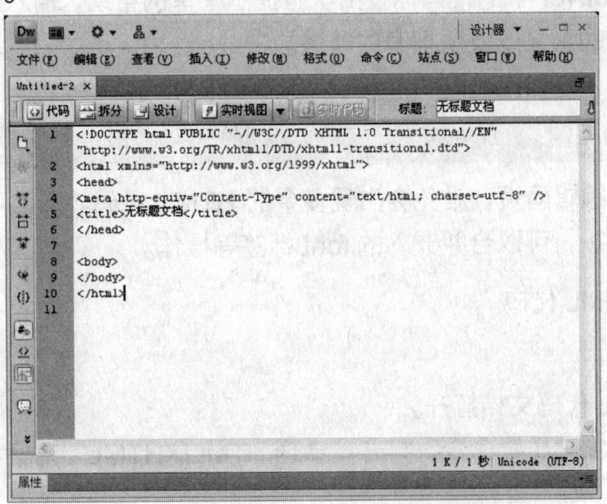

图 11-28　新建 HTML 文档代码

从图中可以看出在 Dreamweaver 的“代码”视图中，已经列出基本标签：<html>…</html>、<head>…</dead>、<title>…</title>、<body>…</body>。我们只需在相应的标签内输入想要设计内容的标签就可以了。例如：先插入一个 2 行 1 列的表格，将其宽设为 150 像素，在第一行中插入图像，在第二行中输入文字如“文字链接”并对其加入超级链接链接到新浪网。那么只需将下列代码添加到<body>…</body>中。

```
<table width="150">
<tr>
<td><img src="image/Sunset.jpg"width="150"height="200"></td>
</tr>
<tr>
<td> <a href="http://www.sina.com.cn">文字链接</a></td>
```

```
</tr>
</table>
```

下面，我们就分析一下这些代码。

<img src="image/Sunset.jpg"width="150"height="200">，这段代码表示在表格第一行中插入了一幅宽为 150 像素（width="150"），高为 200 像素（height="200"）的图像，图像的地址为本地文件夹下的 image 文件夹中的 Sunset.jpg 文件。<img>是图像的标签，其基本语法为<img src="图形文件地址">。

<a> …</a>是超文本链接标签，其基本语法是<a href="资源地址">链接文字</a>。

在输入时，可以是使用提示菜单帮助输入，比如在输入<img src="image/Sunset.jpg"width="150"height="200">时，先输入“<”，在提示菜单中选中 img，双击鼠标或按 Enter 键，然后按下空格键，又会出现属性标签的提示菜单，选择 Src 双击鼠标或按 Enter 键，这时出现了一个浏览图片的快捷菜单，如图 11-29 所示，单击要插入的图片，继续按下空格键，选择 width 确定，输入像素大小“150”，再输入“height”以及它的像素值，就写完了这段代码。

```
<img src=""</td>
```

浏览...

图 11-29　浏览图片的快捷菜单

总之，在 Dreamweaver 中的代码标签由于有提示菜单的帮助，输入就会相对简单，关键是要掌握各种标签所代表的含义以及所拥有的属性。

11.5.2　清理 HTML 代码

在 Dreamweaver 编辑网页，难免会出现多余的 HTML 代码。那么可以通过清除多余代码的功能删除多余的空标签，可以合并嵌入的 font 标签等操作。

1. 清除多余的 HTML 代码

具体的操作步骤如下：

1 将想要删除的 HTML 代码文档打开。

2 执行“命令→清理 XHTML”命令，打开“清理 HTML/XHTML”对话框，如图 11-30 所示。

3 设置完成后，单击 确定 按钮。

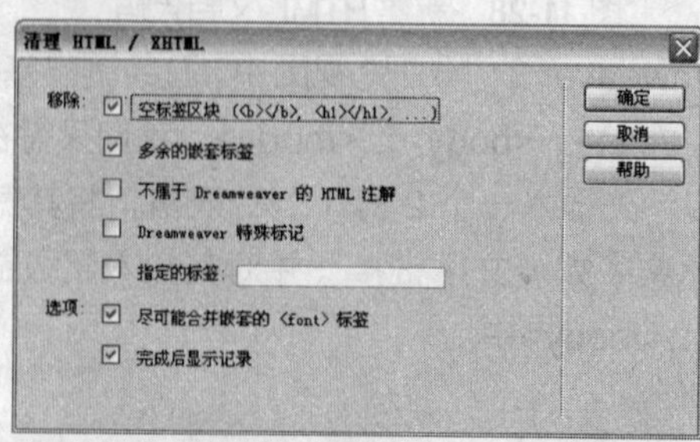

图 11-30　“清理 HTML/XHTML”对话框

“清理 HTML/XHTML”对话框上各项的设置所代表的含义如下：

- 空标签区块：勾选该复选框，将会删除所有没有内容的标签。
- 多余的嵌套标签：勾选该复选框，将删除所有多余的标签。

- 不属于 Dreamweaver 的 HTML 注解：勾选该复选框，将删除不是由 Dreamweaver 插入的批注。
- Dreamweaver 特殊标记：勾选该复选框，将删除所有 Dreamweaver 的特殊标记。
- 指定的标签：勾选该复选框，将删除从后面文本框中输入的标签。
- 尽可能合并嵌套的<font>标签：勾选该复选框，将两个或更多控制相同文本区域的标签组合在一起。
- 完成后显示记录：勾选该复选框，清理完成后将显示包含文档修改的详细资料。

2. 清除多余的 Word 代码

在 Dreamweaver 中导入 Word 文档，执行“文件→导入→Word 文档”命令。

系统会将其自动保存为 HTML 格式，并自动生成 HTML 代码，系统也可以清除多余的 Word 代码，具体的操作步骤如下：

1 首先打开一个用于导入的 Word 文档。

2 执行“命令→清理 HTML”，打开“清理 Word 生成的 HTML”对话框，如图 11-31 所示。

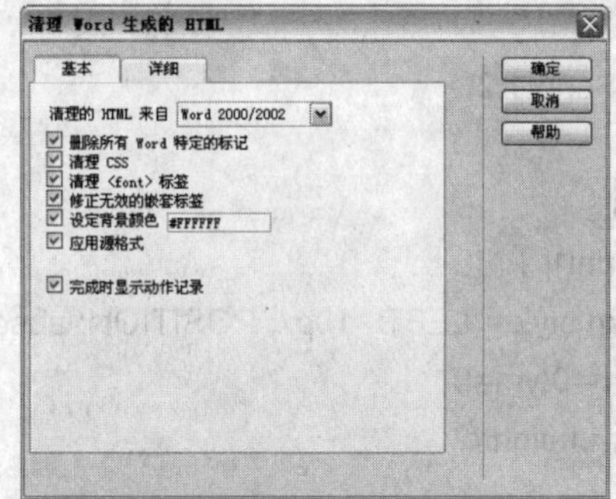

图 11-31 “清理 Word 生成的 HTML”对话框

3 单击 确定 按钮进行清除。

制作弹性运动图像

若要在网页中制作图像的特殊效果，可以通过在 Dreamweaver CS4 中的“代码”视图添加代码来实现，如图 11-32 所示。

图 11-32 完成效果

具体操作方法如下：

1 新建一个网页文档，打开“页面属性”对话框，为网页设置一幅背景图像，如图 11-33 所示。完成后单击 确定 按钮。

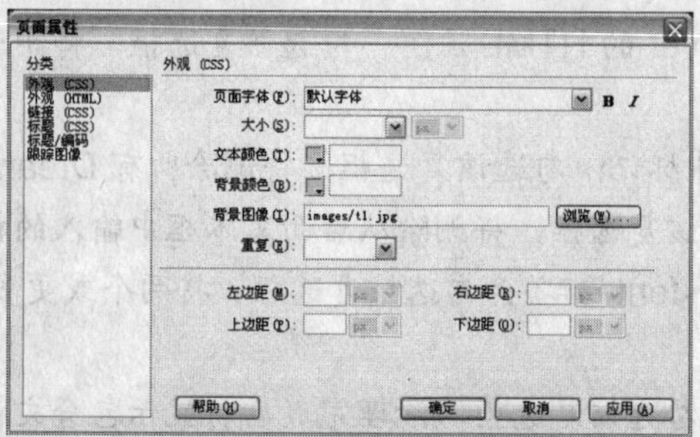

图 11-33　设置背景图像

2 单击代码按钮，显示代码视图，在<body>和</body>标签之间输入如下代码，如图 11-34 所示。

```
<STYLE>
v\:* {
 BEHAVIOR: url(#default#VML)
}
</STYLE>
 <SCRIPT language="JavaScript1.2">
var stringcolor="white"
var ballsrc="images/ tt1.png "
if (document.all&&window.print){
document.write('<IMG id=Om style="LEFT: -10px; POSITION: absolute" src="'+ballsrc+'">')
ddx=0;ddy=0;PX=0;PY=0;xm=0;ym=0
OmW=Om.width/2;OmH=Om.height/2
}
function Ouille(){
 x=Math.round(PX+=(ddx+=((xm-PX-ddx)*3)/100))
 y=Math.round(PY+=(ddy+=((ym-PY-ddy)*3-300)/100))
 Om.style.left=x-OmW
 Om.style.top=y-OmH
 elastoc.to=x+","+y
elastoc.strokecolor=stringcolor
 setTimeout("Ouille()",1)
}
function momouse(){
 xm=window.event.x+5
 ym=window.event.y+document.body.scrollTop+15
 elastoc.from=xm+","+ym
}
if(document.all&&window.print){
code="<v:line id=elastoc style='LEFT:0;POSITION:absolute;TOP:0'
strokeweight='1.5pt'></v:line>"} else {
code="<v:group style='LEFT:-10;WIDTH:100pt;POSITION:absolute;TOP:0;HEIGHT:100pt'
coordsize='21600,21600'><v:lineid=elastoc
```

```
style='LEFT:0;WIDTH:100pt;POSITION:absolute;TOP:0;HEIGHT:100pt'
strokeweight='1.5pt'></v:line></v:group>"}
    if(document.all&&window.print){
    document.body.insertAdjacentHTML("afterBegin",code)
    document.onmousemove=momouse
    Ouille()
    }
    </SCRIPT>
```

```
<body>
<STYLE>
v\:* {
 BEHAVIOR: url(#default#VML)
}
</STYLE>
 <SCRIPT language="JavaScript1.2">
var stringcolor="white"
var ballsrc="images/ tt1.png "
if (document.all&&window.print){
document.write('<IMG id=Om style="LEFT: -10px; POSITION: absolute" src="'+ballsrc+'">')
ddx=0;ddy=0;PX=0;PY=0;xm=0;ym=0
OmW=Om.width/2;OmH=Om.height/2
}
function Ouille(){
 x=Math.round(PX+=(ddx+=((xm-PX-ddx)*3)/100))
 y=Math.round(PY+=(ddy+=((ym-PY-ddy)*3-300)/100))
 Om.style.left=x-OmW
 Om.style.top=y-OmH
 elastoc.to=x+","+y
elastoc.strokecolor=stringcolor
 setTimeout("Ouille()",1)
}
function momouse(){
 xm=window.event.x+5
 ym=window.event.y+document.body.scrollTop+15
 elastoc.from=xm+","+ym
}
if(document.all&&window.print){
code="<v:line id=elastoc style='LEFT:0;POSITION:absolute;TOP:0' strokeweight='1.5pt'></v:line>"} else {
code="<v:group style='LEFT:-10;WIDTH:100pt;POSITION:absolute;TOP:0;HEIGHT:100pt' coordsize='21600,21600'>
<v:lineid=elastoc style='LEFT:0;WIDTH:100pt;POSITION:absolute;TOP:0;HEIGHT:100pt' strokeweight='1.5pt'>
</v:line></v:group>"}
if(document.all&&window.print){
```

图 11-34　代码

在 var ballsrc="images/ tt1.png "中，读者可以根据需要自行替换为自己的图片路径及名称。

3 保存文件，执行“文件→在浏览器中预览→iexplore”命令，或按 F12 键预览，效果如图 11-35 所示。

图 11-35　预览网页

网页光柱效果

网页中的文字效果总是千篇一律，提不起浏览者的兴趣，如果要制作生动活泼的文字效果，可以通过在 Dreamweaver CS4 中的“代码”视图添加代码来实现，如图 11-36 所示。

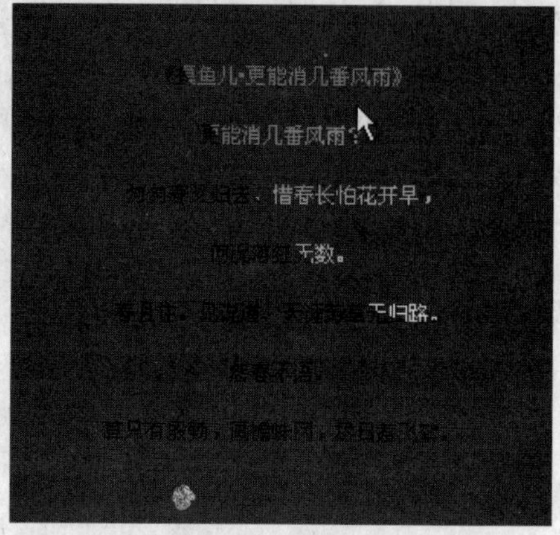

图 11-36　完成效果

具体操作方法如下：

1 新建一个网页文档，打开“页面属性”对话框，将网页的背景颜色设置为红色，如图 11-37 所示。完成后单击 确定 按钮。

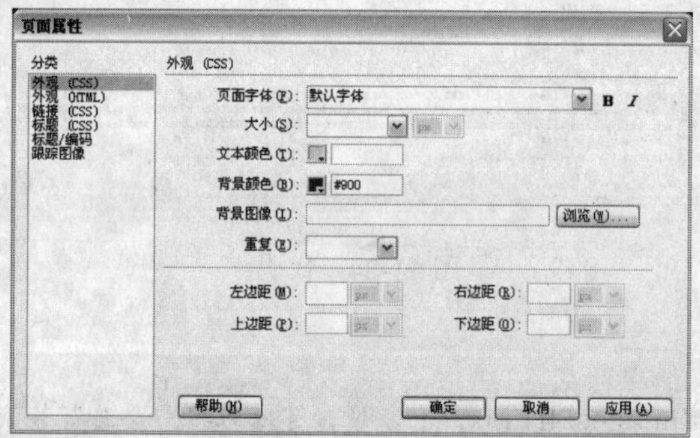

图 11-37　设置背景颜色

2 单击 代码 按钮，显示代码视图，在<body>和</body>标签之间输入如下代码，如图 11-38 所示。

```
<div id="myLightObject" style="position: relative; height: 400px; width: 400px; top: 10px; left: 0px;
color: White; filter: light">
<p align="center"><br />
  《摸鱼儿·更能消几番风雨》</p>
<p align="center">更能消几番风雨？</p>
<p align="center">匆匆春又归去。惜春长怕花开早，</p>
<p align="center">何况落红无数。</p>
<p align="center">春且住。见说道、天涯芳草无归路。</p>
<p align="center">怨春不语。</p>
<p align="center">算只有殷勤，画檐蛛网，尽日惹飞絮。 <br>
</p>
</div>
<script language="VBScript">
Option Explicit
```

```
sub window_OnLoad()
call myLightObject.filters.light(0).addambient(0,0,255,30)
call myLightObject.filters.light(0).addcone(400,400,200,100,100,200,204,200,80,10)
end sub

sub document_onMouseMove()
call myLightObject.filters.light(0).MoveLight(1,window.event.x,window.event.y,0,1)
end sub
</script>
```

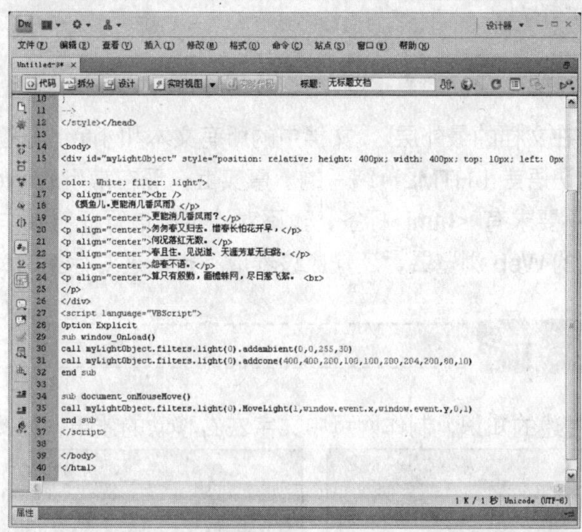

图 11-38　代码

3 保存文件，执行“文件→在浏览器中预览→iexplore”命令，或按 F12 键预览，效果如图 11-39 所示。

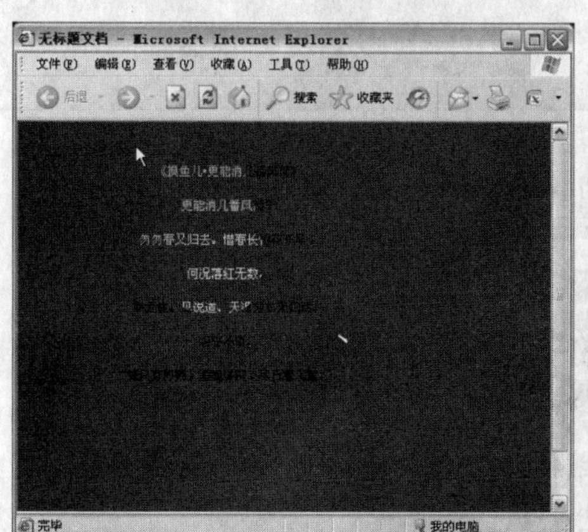

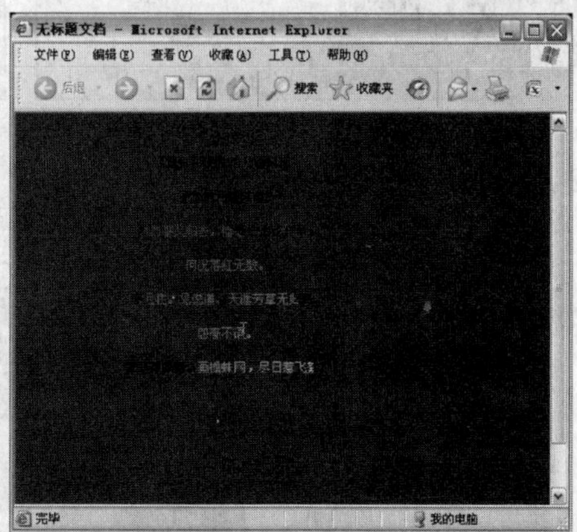

图 11-39　完成效果

11.6 疑难解析

通过前面的学习，读者应该已经掌握了创建网页图像的基础知识，下面就读者在学习的过程中遇到的疑难问题进行解析。

1 怎样在 HTML 中添加音乐？

将音乐做成一个链接，只需用鼠标在上面单击，就可以听到动人的音乐了，这样做的方法很简单，其基本语法是：

```
<a href="音乐地址">乐曲名</a>
```

例如：播放一段 MIDI 音乐：

```
<a href="midi.mid">MIDI</a>
```

播放一段 AU 格式音乐：

```
<a href="you.au">飘雨</a>
```

2 <HTML> </HTML>标签有什么作用？

<HTML></HTML>在文档的最外层， 文档中的所有文本和 html 标签都包含在其中，它表示该文档是以超文本标识语言（HTML）编写的。事实上，现在常用的 Web 浏览器都可以自动识别 HTML 文档，并不要求有 <html>标签，也不对该标签进行任何操作，但是为了使 HTML 文档能够适应不断变化的 Web 浏览器，还是应该养成不省略这对标签的良好习惯。

11.7 上机实践

（1）利用本章所讲述的知识，制作网页中文字左右移动的效果，如图 11-40 所示。

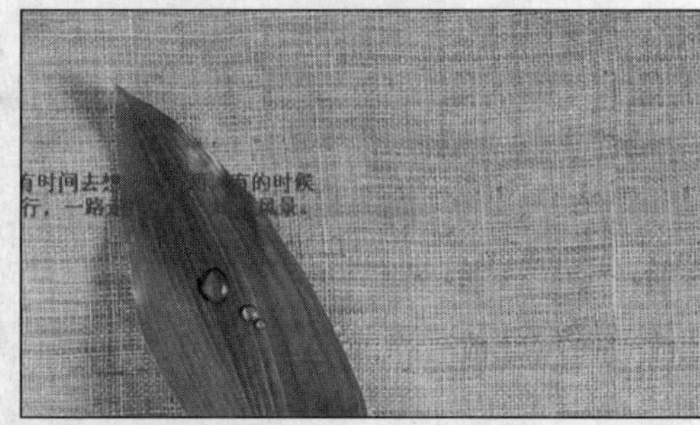

图 11-40　文字左右移动

（2）为网页中的文字下方添加虚线，如图 11-41 所示。

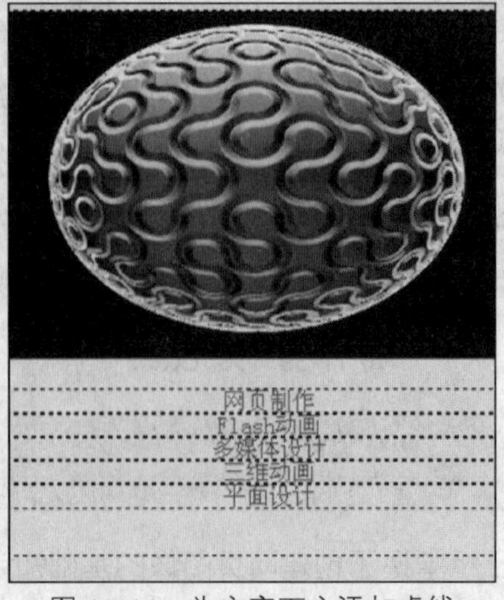

图 11-41　为文字下方添加虚线

11.8 巩固与提高

HTML 语言是由 HTML 命令组成的描述性语言，HTML 命令可以说明文字、图形、动画、声音、表格、链接等。HTML 的结构包括头部（Head）、主体（Body）两大部分，其中头部描述浏览器所需的信息，而主体则包含所要说明的具体内容。HTML 语言的目的是为了能把存放在一台计算机中的文本或图形与另一台计算机中的文本或图形方便地联系在一起，形成有机的整体，这些内容可以被网上任何其他人浏览到，无论使用的是什么类型的计算机或浏览器。

1. 填空题

（1）HTML，全称为 HyperText Markup Language，表示________。

（2）双标签由________和________两部分构成，必须成对使用。

（3）表格是用________标签定义的，是 HTML 中重要的标签。

（4）表格中数据的排列方式有两种，分别是左右排列和上下排列。左右排列是以________属性来设置，而上下排列则由________属性来设置。

2. 判断题

（1）<title>…</title>标签对所包含的就是网页的标题，即浏览器上方标题栏所显示的内容。(　　)

（2）表格标题的位置，可由 align 属性来设置，其位置有表格上方和表格下方之分。(　　)

（3）表格边框的设置是用 width 属性来体现的，它表示表格的边框厚度和框线。(　　)

（4）字体的颜色是通过 color 属性来调整的。(　　)

读书笔记

第12章

CSS样式表

CSS是Cascading Style Sheets（层叠样式表单）的简称。顾名思义，它是一种设计网页样式的工具。借助CSS（层叠样式表单）强大的功能，网页将在用户丰富的想象力下千变万化，极大的丰富了网页的内容。

学习指南

- CSS样式表的分类
- CSS的基本语法
- CSS中的字体与文本属性
- CSS中颜色控制属性
- CSS中的分类属性
- 创建与应用CSS样式表

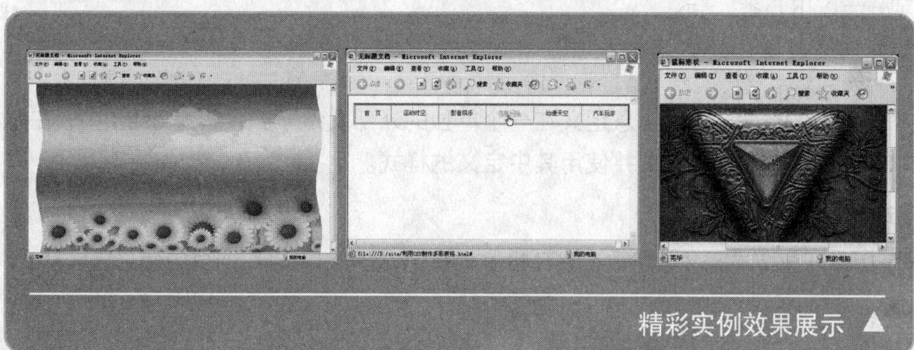

精彩实例效果展示 ▲

12.1 认识 CSS 样式表

从 1990 年代初 HTML 被发明开始 CSS 样式表就以各种形式出现了，不同的浏览器结合了它们各自的样式语言，读者可以使用这些样式语言来调节网页的显示方式。CSS 是 Cascading Style Sheet 的缩写。译作“层叠样式表”。是用于（增强）控制网页样式并允许将样式信息与网页内容分离的一种标记性语言。

CSS 的每一个样式表由相对应的样式规则组成，使用 HTML 中的 style 组件就可以将样式规则加入到 HTML 中。style 组件位于 HTML 的 head 部分，其中也包含网页的样式规则。可以看出 CSS 的语句是内嵌在 HTML 文档内的。所以，编写 CSS 的方法和编写 HTML 文档的方法是一样的。如以下代码：

```
<html>
<style type="text/css">
<!--
body {font:   15pt "宋体"}
h1 {font:   14pt/17pt "宋体"; font-weight:   bold; color:   yellow}
h2 {font:   13pt/15pt "宋体"; font-weight:   bold; color:  red}
p {font:   9pt/12pt "宋体"; color:   blue}
-->
</style>
<body>
```

CSS 最重要的目标是将文件的内容与它的显示分隔开来。在 CSS 出现以前，几乎所有的 HTML 文件内都包含文件显示的信息，比如字体的颜色、背景应该是怎样的、如何排列、边缘、连线等都必须一一在 HTML 文件内列出，因此有时会重复列出。CSS 使设计者可以将这些信息中的大部分隔离出来，简化 HTML 文件。这些信息被放在一个辅助的、用 CSS 语言编写的文件中。这样，HTML 文件中只包含结构和内容的信息，CSS 文件中只包含样式的信息。

12.2 CSS 样式表的分类

CSS 样式表可分为以下几类。

1. 外联样式表

所谓外联样式表就是将一些样式信息定义在一个单独的外部文件（扩展名为.css）中，在整个站点的所有文件中都可以链接此文件并使用其中定义的样式。

2. 内联样式表

内联样式表是指将一些样式定义信息放在 HTML 文件头部，只可以在当前网页中使用这些样式。

3. 内嵌样式表

内嵌样式表是将样式定义信息直接绑定到网页中特定对象的标签上，例如一个表格、一个图片、一段文字，这些样式信息并不会被页面上其他的元素使用。

多样式套用的优先级为：

嵌入样式>内联样式>导入样式>链接样式>浏览器默认样式

多层样式套用，若发生属性冲突，对象显示效果将取决于优先级最高的 CSS，不冲突的属性将得到继承。当然，语法不正确的 CSS 将被浏览器忽略。

12.3 CSS 的基本语法

在网页设计中为了操作的简便，常用 CSS 样式来控制字体的大小、行间距、背景图像的反复调用、表格效果的设置等。

CSS 的代码都是由一些最基本的语句构成的。下面认识一下它的基本语法。

```
Selector { property:   value }
```

其中 Selector 表示为选择符，property：value 指的是样式表定义。property 表示属性，value 表示属性值。属性与属性值之间用冒号“：”隔开，属性值与属性值之间用分号“;”隔开。因此以上语法也可以表示为：

```
选择符{属性：属性值}
```

或为：

```
选择符{属性 1：属性值 1;属性 2：属性值 2}
```

Selector 选择符一般用来定义样式 HTML 的标记，如 table、body 和 p 等。比如：

```
p { font-size:  35;font-style:  bold ;color:  red;}
```

这里 P 是用来定义该段落内的格式的。font-size、font-style 和 color 是属性，分别定义<P>中字体的大小 size、样式 style 和颜色 color，而 48、bold 和 red 是属性值，意思是以 35pt、粗体、红色的样式显示该段落。

12.4 CSS 中的字体与文本属性

网页是由大量的文字组成的，可以说 90%以上的网页的主要元素都是文本，因此如何设置文本的字体，突出整个网页的重点，就显得非常重要。下面就介绍 CSS 中的字体与文本属性。

1. 字体属性

字体属性是最基本的属性，经常都会使用到。它主要包括以下这些属性：

（1）font-family

font-family 用于改变 HTML 标志或元素的字体。用户可设置一个可用字体清单，浏览器将由前向后选用字体。基本语法是：

```
font-family:  字体名称
```

代码如：<p style="font-family：微软简综艺">网页设计</p>

这行代码定义了“网页设计”四个字将以“微软简综艺”的字体显示，效果如图 12-1 所示。

网页设计

图 12-1　文字显示

如果在 font-family 后添加多种字体，浏览器会按字体名称的顺序由前向后在用户的计算机里寻找已经安装的字体，如果查找到相匹配的字体，就按这种字体显示网页内容，并立即停止搜索；如果不匹配就继续搜索，直到查找到为止。如果样式表里的所有字体用户都没有安装的话，浏览器就会用自己默认的字体来显示网页的内容。

（2）font-style

font-style 使文本显示为斜体或倾斜等以表示强调。属性值为 italic（斜体），bold（粗体），oblique（倾斜）三个值。基本语法如下：

```
font-style:  斜体字的属性值
```

代码如：<p style="font-style：italic">网页设计</p>

这行代码定义了“网页设计”四个字将以 italic（斜体）显示，效果如图 12-2 所示。

网页设计

图 12-2　斜体显示

（3）line-weight

line-weight 表示字体的粗细。属性值为 normal（正常），bold（粗体），bolder（特粗），lighter（细体），100-900（数字选择）等。基本语法为：

```
line-weight:  粗细字的属性值
```

（4）font-size

font-size 用各种度量单位控制文本字体大小。基本语法为：

```
font-size:  字号属性值
```

字号的单位如下。

- Point：以 Point（点）为单位，单位在所有的浏览器和操作平台上都适用。
- Em：以 Em 为单位，Em 是相对长度单位。相对于当前对象内文本的字体尺寸。如当前对行内文本的字体尺寸未被人为设置，则相对于浏览器的默认字体尺寸。以 Pixes 为单位，像素可以使用于所有的操作平台，但可能会因为浏览者的屏幕分辨率不同，而造成显示上的效果差异。
- In：以 in（英寸）为单位，英寸是绝对长度单位，1in = 2.54cm = 25.4 mm = 72pt = 6pc。
- Cm：以 cm（厘米）为单位，厘米是绝对长度单位。
- Mm：以 mm（毫米）为单位，毫米是绝对长度单位。
- Pc：以 pc（打印机的字体大小）为单位，pc 是绝对长度单位，相当于新四号铅字的尺寸。
- Ex：以 ex（x-height）为单位，ex 是相对长度单位。相对于字符 x 的高度。此高度通常为字体尺寸的一半。如当前对行内文本的字体尺寸未被人为设置，则相对于浏览器的默认字体尺寸。

（5）text-transform

text-transform 用来设置一个或几个元素的大写标准。基本语法如下：

```
text-transform:  大小写参数的属性值
```

属性值为：uppercase 表示将所有文本设置为大写；lowercase 表示将所有文本设置为小写；capitalize 表示每个单词的第 1 个字母以大写显示；none 表示不改变文本的大小写。注意：继承是指 HTML 的标识符对于包含自己的标识符的参数会继承下来。

（6）text-decoration

text-decoration 是文本修饰，用于控制文本元素所用的效果，特别适用于引人注意的说明、警告等文本效果。基本语法如下：

```
text-decoration: 下划线属性值
```

- Underline：为文字加下划线。
- Overline：为文字加上划线。
- line-through：为文字加删除线。
- blink：使文字闪烁。
- none：无文本修饰，默认设置。

（7）font-variant

font-variant 用于在正常与小型大写字母字体间切换。

```
font- variant: 正常与小型大写字母字体的属性值
```

normal 表示如果该标志继承父元素的 small-caps 设置，则关键字 normal 将 font-variant 设置为正常字体。small-caps 表示把小写字母显示为字体较小的大写字母。

2．文本属性

（1）word-spacing

word-spacing 表示控制文本元素单词间的间距，所设置的距离适用于整个元素。单词间距指的是英文每个单词之间的距离，不包括中文文字。基本语法如下：

```
word-spacing:  间隔距离属性值
```

间隔距离的属性值为 points、em、pixes、in、cm、mm、pc、ex、normal 等。

（2）letter-spacing

letter-spacing 表示控制文本元素字母间的间距，所设置的距离适用于整个元素。功能、用法及参数的设置和单词间距很相似。基本语法如下：

```
letter-spacing:  字母间距属性值
```

字母间距的属性值与单词间距相同，分别为 points、em、pixes、in、cm、mm、pc、ex、normal 等。

（3）text-align

text-align 是将对元素里的文本向左、右、中间或者两端对齐。基本语法如下：

```
text-align:  属性值
```

- left：左对齐。
- right：右对齐。
- center：居中对齐。
- justify：相对左右对齐；但要注意，text-alight 是块级属性，只能用于<p>、<blockquqte>、<ul>、<h1>~<h6>等标识符里。

（4）line-height

line-height 为段落等元素设置行高，它并不改变字体的尺寸。它的值可以是长度、百分比或者默认的 normal。基本语法如下：

```
line-height:  行间距离属性值
```

行间距离取值：不带单位的数字是以 1 为基数，相当于比例关系的 100%；带长度单位的数字是以具体的单位为准。

如果文字字体很大，而行距相对较小的话，可能会发生上下两行文字互相重叠的现象。

（5）text-indent

text-indent 依据用户设置的长度或者百分比值对文本段落的第一行进行缩进。在印刷业中经常会用到这样的格式，然而在像网页这样的电子媒体中并不常用。基本语法如下：

```
text-indent:   缩进距离属性值
```

缩进距离属性值：带长度单位的数字或比例关系。需要注意的是，在使用比例关系的时候，有人会认为浏览器默认的比例是相对段落的宽度而言的，其实事实并非如此，整个浏览器的窗口才是浏览器所默认的参照物。另外，text-indent 是块级属性，只能用于<p>、<blockqute>、<ul>、<h1>~<h6>等标识符里。

（6）vertical-align

vertical-align 表示文本垂直对齐。文本的垂直对齐应当是相对于文本母体的位置而言的，不是指文本在网页里垂直对齐。比如说，表格的单元格里有一段文本，那么对这段文本设置垂直居中就是针对单元格来衡量的，也就是说，文本将在单元格的正中显示，而不是整个网页的正中。基本语法如下：

```
vertical-align:   属性值
```

- top：顶对齐。
- bottom：底对齐。
- text-top：相对文本顶对齐。
- text-bottom：相对文本底对齐。
- baseline：基准线对齐。
- middle：中心对齐。
- sub：以下标的形式显示。
- super：以上标的形式显示。

12.5 CSS 中颜色控制属性

颜色是 CSS 中定义最多的属性，网页正是因为颜色才显得富有活力。下面就来学习 CSS 中的颜色控制属性。

1．对颜色属性的控制

颜色属性允许网页制作者指定一个元素的颜色。在查看单位时可以知道颜色值的描述。基本语法如下：

```
color:   颜色参数值
```

CSS 拥有 1677216 种颜色供用户选择，可以用名字、RGB（红绿蓝）值或者十六进制代码（hex）来表示。例如：

红色 red

- 相同于 RGB（255，0，0）。
- 相同于 RGB（100%，0%，0%）。
- 相同于#FF0000。

- 相同于#F00。

2. 对背景颜色的控制

对背景颜色的控制基本语法如下：

```
background-color: 参数值
```

属性值同颜色属性取值相同：可以用 RGB 值表示；也可以使用十六进制数字色标值表示或者以默认颜色的英文名称表示，如 background-color: #ff0000，或者 background-color:红色。

3. 对背景图像的控制

对背景图像的控制基本语法如下：

```
background-image:   url（URL）
```

background-image 的主要功能是用来显示图片。如果需要显示图片的话，只要在后面加上 url（图片的地址）就可以了。例如：

```
body { background-image:   url(/images/123.jpg) }
p { background-image:   url(http: //www.162.com/123.jpg) }
```

4. 对于背景图像重复的控制

有时候背景图像重复显示是很有必要的，背景图片重复控制的是背景图像是否平铺，当值为 repeat-x 时，图像横向重复；当值为 repeat-y 时，图像纵向重复。也就是说，结合背景定位的控制可以在网页上的某处单独显示一幅背景图像。基本语法如下：

```
background-repeat:   属性值
```

bcackground-repeat 后面加上 repeat-x（水平方向铺开）、repeat-y（垂直方向铺开）、repeat（两个方向铺开）。当然，它可以控制图片的重复，也可以控制图片不重复的。no-repeat 是用来表示只显示一幅背景图片，而不是重复出现。此属性默认的是重复显示背景图片（repeat）。

5. 背景定位

背景定位用于控制背景图片在网页中显示的位置。基本语法如下：

```
background-position: 属性值
```

属性值为带长度单位的数字参数：top 表示相对前景对象顶对齐；bottom 表示相对前景对象底对齐；left 表示相对前景对象左对齐；right 表示相对前景对象右对齐；center 表示相对前景对象中心对齐。参数中的 center 如果用于另外一个参数的前面，表示水平居中；如果用于另外一个参数的后面，表示垂直居中。

6. 背景图像固定控制

如果网页有滚动条，那么设置的背景图片就不会永远定位在那个位置。如果想要图片永远定位在那个位置，就只有让这张图片随着页面的内容的滚动而滚动，这时 background-attachment 就可以帮助用户。基本语法如下：

```
background-attachment: 属性值
```

用户只要在 background-attachment 后加入 scroll（静止）或 fixed（滚动）就可以了。scroll 是默认的，也就是不让图片随页面的内容而滚动。

12.6 CSS 中的分类属性

CSS 分类属性允许用户规定如何以及在何处显示元素。下面就来介绍 CSS 中的分类属性。

1. 显示控制样式

改变元素的显示值，显示控制样式的基本语法如下：

```
display:  属性值
```

属性值为 block（默认）时，是在对象前后都换行；为 inline 时，是在对象前后都不换行；为 list-item 时，是在对象前后都换行，增加了项目符号；none 无显示。

2. 空白控制样式

空白属性决定如何处理元素内的空格。空白控制样式的基本语法如下：

```
white-space:  属性值
```

属性值为 normal 时，把多个空格替换为一个来显示；属性值为 pre 时，按输入显示空格；属性值为 nowrap 时，禁止换行。但要注意的是，write-space 也是一个块级属性。

3. 列表项前的项目编号控制

在列表项前的项目编号的基本语法如下：

```
list-style-type:  属性值
```

其中属性值为：

- none：无强调符。
- disc：碟形强调符（实心圆）。
- circle：圆形强调符（空心圆）。
- square：方形强调符（实心）。
- decimal：十进制数强调符。
- lower-roman：小写罗马字强调符。
- upper-roman：大写罗马字强调符。
- lower-alpha：小写字母强调符。
- upper-alpha：大写字母强调符。

例如以下代码：

```
LI.square { list-style-type:  square }
UL.plain  { list-style-type:  none }
OL        { list-style-type:  upper-alpha }  /* A B C D E etc. */
OL OL     { list-style-type:  decimal }      /* 1 2 3 4 5 etc. */
OL OL OL  { list-style-type:  lower-roman }  /* i ii iii iv v etc. */
```

4. 在列表项前加入图像

在列表项前加入图像的基本语法如下：

```
list-style-image:  属性值
```

其中属性值为：URL 是加入图像的 url 地址；none 为不加入图像。例如以下代码：

```
UL.check { list-style-image:   url（/123/123.jpg） }
UL LI.x   { list-style-image:   url（123.jpg）}
```

5．目录样式位置

目录样式位置的基本语法如下：

```
list-style-position:   属性值
```

目录样式位置属性可以取值 inside（内部）缩排或 outside（外部）伸排，其中 outside 是默认值。整个属性决定关于目录项的标记放置的位置。如果使用 inside 值，换行会移到标记下，而不是缩进。应用的例子如下：

```
Outside rendering:
* List item 1
second line of list item
Inside rendering:
* List item 1
second line of list item
```

6．目录样式

目录样式属性是目录样式类型、目录样式位置和目录样式图像属性的略写。将所有目录样式属性放在一条语句中。基本语法如下：

```
list-style:   属性值
```

属性值为“目录样式类型”、“目录样式位置”或 url。

例如以下代码：

```
LI.square { list-style:   square inside }
UL.plain   { list-style:   none }
UL.check   { list-style:   url(/LI-markers/checkmark.gif) circle }
OL           { list-style:   upper-alpha }
OL OL       { list-style:   lower-roman inside }
```

下面来看一个关于分类属性的例子：

```
<html>
<head>
<title> fenji css </title>
<style type="text/css">//*目录样式*//
<!—
p{display: block; white-space: normal}
em{display: inline}
li{display: list-item; list-style: square}
img{display: block}
-->
</style>
</head>
```

```
<body>
<p><em>网页制作</em>网页制作<em>网页制作</em>网页制作<em>网页制作</em>
网页制作<em>网页制作</em>网页制作<em>网页制作</em></p>
<ul><li>网页制作</li>
<li>网页制作</li> <li>网页制作</li> </ul>
<p><img src="333.jpg" width="300"height="260"
alt="invisible"></p>
</body>
</html>
```

上段代码的显示效果，如图 12-3 所示。

图 12-3　分类属性示例

7. 控制鼠标光标属性

我们可以用 CSS 来改变鼠标的属性，就是当鼠标移动到不同的元素对象上面时，让光标以不同的形状、图案显示。在 CSS 当中，这种样式是通过 cursor 属性来实现的。基本语法如下：

```
cursor ： 属性值
```

其中属性值为 auto、crosshair、default、hand、move、help、wait、text、w-resize、s-resize、n-resize、e-resize、ne-resize、sw-resize、se-resize、nw-resize、pointer、url。它们所代表的含义如下。

- style="cursor: hand"：手形
- style="cursor: crosshair"：十字形
- style="cursor: text"：文本形
- style="cursor: wait"：沙漏形
- style="cursor: move"：十字箭头形
- style="cursor: help"：问号形
- style="cursor: e-resize"：右箭头形
- style="cursor: n-resize"：上箭头形
- style="cursor: nw-resize"：左上箭头形
- style="cursor: w-resize"：左箭头形

- style="cursor: s-resize": 下箭头形
- style="cursor: se-resize": 右下箭头形
- style="cursor: sw-resize": 左下箭头形

如以下的代码:

```
<html>
<head>
<title>鼠标形状</title>
<span style="cursor: se-resize">
<body>
<div align="center"><img src="images/222.jpg" width="857" height="642" class="q1" /></div>
</body>
</html>
```

将代码保存并用浏览器打开，如图 12-4 所示。在图中可以看到，光标发生了变化，变成了右下箭头形状。

图 12-4　控制鼠标光标形状

12.7 创建与应用 CSS 样式表

前面介绍了关于 CSS 样式的常用属性以及基本语法。在 Dreamweaver CS4 中，CSS 样式的使用变得更为简便、直观和易于操作。

12.7.1 创建 CSS 样式表

执行"窗口→CSS 样式"命令打开"CSS 样式"面板，如图 12-5 所示。单击按钮，打开"新建 CSS 规则"对话框，如图 12-6 所示。

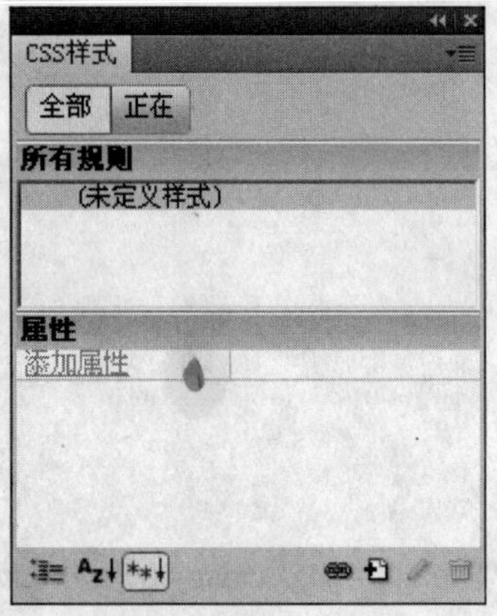

图 12-5 “CSS 样式”面板

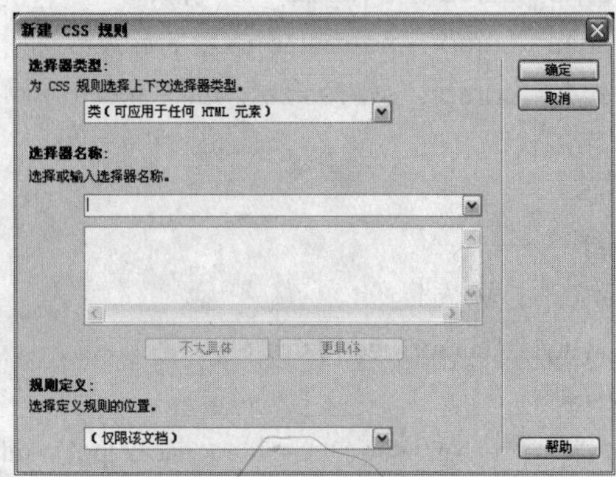

图 12-6 “新建 CSS 规则”对话框

“新建 CSS 规则”对话框中各项的功能如下。

- 选择器类型：在“选择器类型”区域中选择新建的 CSS 类型。
- 选择器名称：在“选择器名称”下拉列表中输入样式的名称。
- 规则定义：在“规则定义”区域选择是新建样式表文件还是对当前文档应用 CSS 样式。

设置完成后单击 确定 按钮，打开“将样式表文件另存为”对话框，如图 12-7 所示。为该文件命名之后选择保存位置，单击 保存(S) 按钮，打开定义 CSS 样式规则的对话框，如图 12-8 所示。

图 12-7 “将样式表文件另存为”对话框

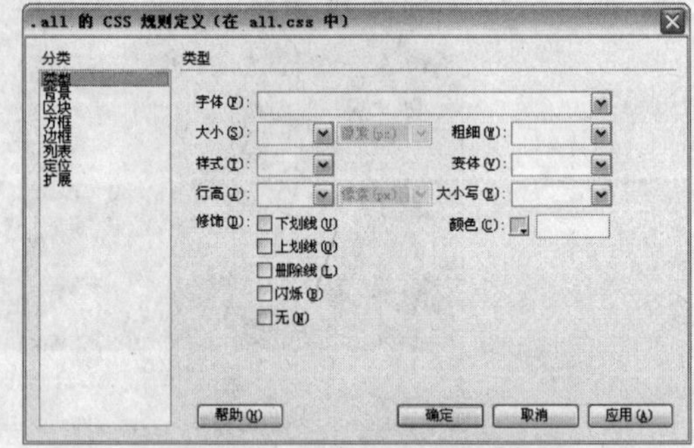

图 12-8 定义 CSS 样式规则

在“定义 CSS 样式属性”对话框左边文本框列表中，显示了设置 CSS 样式的不同属性，其中各项的作用如下。

（1）类型

- 字体：设置文本的字体类型。
- 大小：设置文本字体的大小字号。
- 样式：设置字体的特殊格式。如正常、斜体或偏斜体。
- 行高：设置文本的行高。如果选择“正常”选项，则由系统自动计算行高和字体大小。如果希望具体指定行高值，直接在其中输入需要的数值，然后在其后的下拉列表中选择单位。
- 颜色：设置字体颜色。

- 修饰：设置字体的修饰格式，包括“下划线”、“上划线”、“删除线”和“闪烁”等格式。如果不希望使用某种格式，可以取消相应复选框的勾选，选择“无”，则表示不设置任何格式。

在默认状态下，普通的文本修饰格式为“无”；超级链接的默认修饰格式为下划线。

（2）背景

选择“分类”下拉列表下的“背景”选项，在“背景”区域设置有关 CSS 样式的背景格式，如图 12-9 所示。

- 背景颜色：单击背景颜色按钮选择背景颜色或在文本框直接输入背景颜色的十六进制色标值。
- 背景图像：在下拉列表中输入样式背景图像文件的 URL 地址，或单击 浏览... 按钮，选择该图像文件，如果选择“无”则表明不设置背景图像。
- 重复：在重复下拉列表中有以下四种选择。
- 不重复：在应用样式后，只显示一次背景图像。
- 重复：在应用样式后，在水平方向和垂直方向上重复显示该图像。
- 横向重复：在应用样式后，在水平方向上重复显示该图像。
- 纵向重复：在应用样式后，在垂直方向上重复显示该图像。
- 附件：在下拉列表中，设置背景图像是固定在原始位置还是可以滚动的。“固定”表示背景图像固定在原始位置。“滚动”则表示背景图像跟随滚动轴而上下滚动。
- 水平位置：指定背景图像相对于应用样式的元素的水平位置，包括“左对齐”、“居中”和“右对齐”。也可以输入一个数值，并在其后的下拉列表中选择数值和单位。
- 垂直位置：指定背景图像相对于应用样式的元素的垂直位置，包括“顶部”，“居中”和“底部”。也可以输入一个数值，并在其后的下拉列表中选择数值和单位。

（3）区块

选择“分类”下拉列表中的“区块”选项，在“区块”区域设置有关 CSS 样式的区块格式，如图 12-10 所示。

图 12-9　设置 CSS 背景格式

图 12-10　CSS 设置样式的区块格式

- 单词间距：在下拉列表中设置单词之间的间距。
- 字母间距：在下拉列表中设置字符间距。设置的字符间距会覆盖任何由文本调整而产生的字符间距。

- 垂直对齐：在下拉列表中设置指定元素相对于其父级元素在水平方向上的对齐方式，也可以直接输入一个数值，其后的下拉列表中会显示百分号。
- 文本对齐：在下拉列表中设置文本元素的对齐方式。
- 文本缩进：编辑框中输入文本第一行的缩进距离。
- 空格：在下拉列表中有三种方法设置空格。
- 正常：按照正常的方法处理空格，多个空格会被当作一个空格来看待。
- 保留：保留元素中空格的原始形象。
- 不换行：不会对应用样式元素中的过长文本自动换行，要实现换行必须强制使用断行标记
。
- 显示：在下拉列表中设置以上关于 CSS 样式块在网页中的具体应用。

（4）方框

选择“分类”列表中的“方框”选项，在“方框”区域设置有关 CSS 样式的方框格式，如图 12-11 所示。

- 宽：在下拉列表中设置元素的宽度，如选择“自动”选项，可以由浏览器自行控制元素宽度，也可以直接输入一个值，并选择数值单位。
- 高：在下拉列表中设置元素的高度，如选择“自动”选项，可以由浏览器自行控制元素宽度，也可以直接输入一个值，并选择数值单位。
- 浮动：在下拉列表中设置应用样式的元素的浮动位置。选择“左对齐”可以将元素放置到左页面空白处；选择“右对齐”可以将元素放置到右页面空白处。
- 清除：在下拉列表中定义不允许层出现应用样式的元素的某个侧边。选择“左对齐”，表示不允许层出现应用样式的元素左侧；选择“右对齐”，表示不允许层出现应用样式的元素右侧。
- 填充：是定义应用样式的元素内容和元素边界之间的大小。可以分别输入相应的值，在其下拉列表中选择适当的数值单位。
- 边界：是定义应用样式的元素边界和其他元素之间的空白大小。可以分别输入相应的值，在其下拉列表中选择适当的数值单位。
- 全部相同：选中此复选框后，只需在“上”文本框中输入所要设置的数值或单位，下面的几项就会自动和“上”文本框中所设置的一致。

（5）边框

选择“分类”下拉列表中的“边框”选项，在“边框”区域设置有关 CSS 样式的边框格式，如图 12-12 所示。

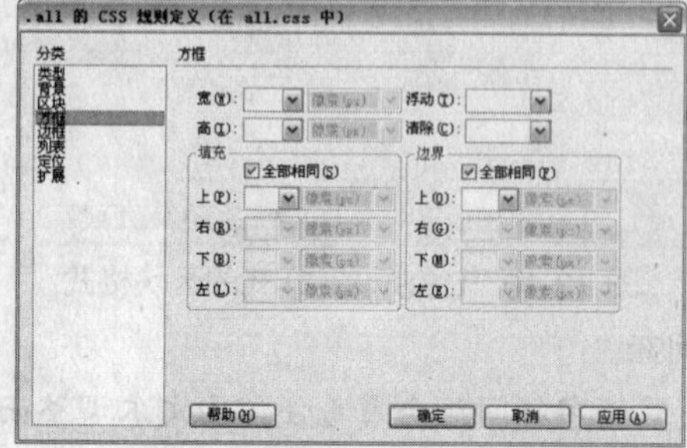

图 12-11　设置 CSS 样式的方框格式

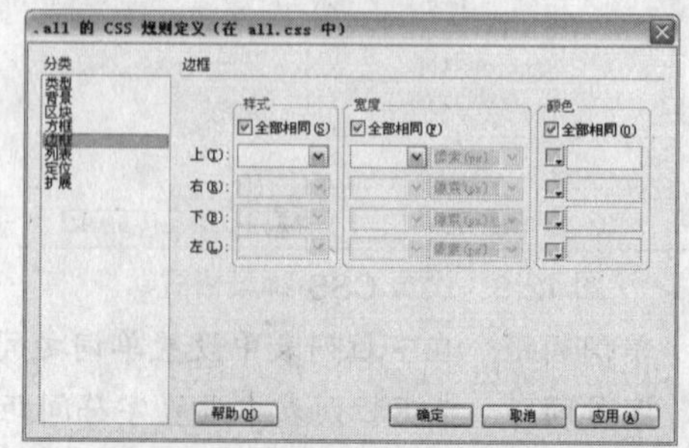

图 12-12　设置 CSS 样式的边框格式

- 全部相同：勾选此复选框后，只需在“上”编辑框中输入所要设置的数值或单位，下面的几项就会自动和“上”编辑框中所设置的一致。
- 样式：在下拉列表中，设置边框的格式。
- 宽度：定义应用样式的元素的边框宽度。可以选择其下拉列表中的选项，也可以分别输入相应的值，再在其下拉列表中选择适当的数值单位。
- 颜色：指定应用样式的元素的边框颜色。单击颜色按钮选择颜色或在编辑框直接输入颜色的十六进制色标值。

（6）列表

打开“CSS 样式属性”对话框，选择“分类”下拉列表中的“列表”选项，在“列表”区域设置有关 CSS 样式的列表格式，如图 12-13 所示。

- 类型：在下拉列表中，设置项目符号或编号的列表符号类型。
- 项目符号图像：在其下拉列表中，可以设置图片作为列表的项目符号，也可以直接输入图片文件的 URL 地址或单击 浏览... 按钮选择图片文件。
- 位置：在下拉列表中，设置列表项的换行位置。选择“内”选项，表示当列表项过长而换行时，直接显示在旁边的空白处，不进行缩进；选择“外”选项，表示当列表项过长而自动换行时以缩进方式显示。

（7）定位

打开“CSS 样式属性”对话框，选择“分类”下拉列表中的“定位”选项，在“定位”区域设置有关 CSS 样式的定位格式，如图 12-14 所示。

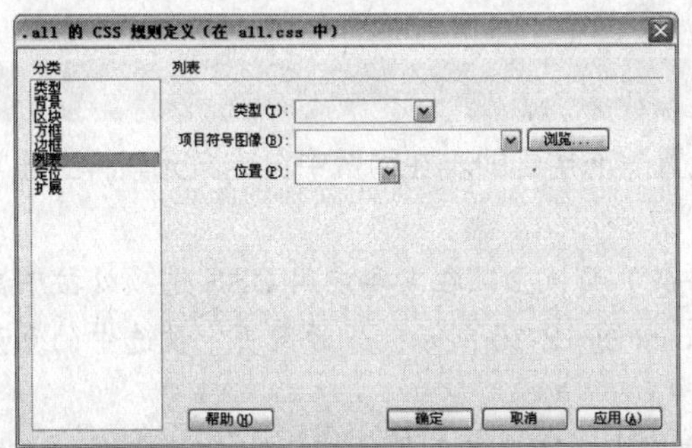

图 12-13　设置 CSS 样式的列表格式

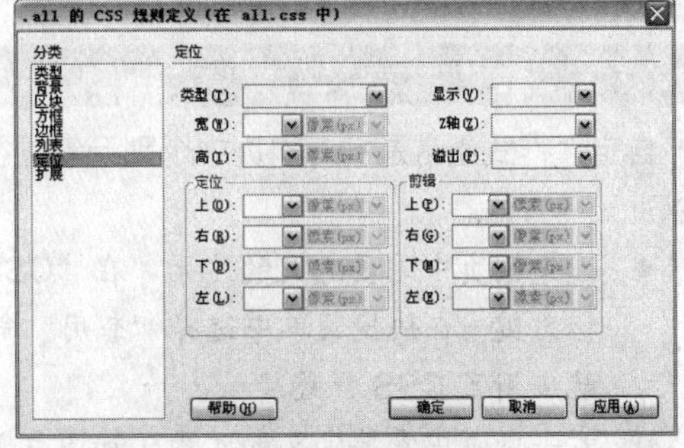

图 12-14　设置 CSS 样式的定位格式

- 类型：在下拉列表中，设置浏览器如何放置层。“绝对”选项，可以使用绝对坐标放置层；“相对”选项，可以使用相对坐标放置层；“静态”选项，可以在文本中的层的位置上放置层。
- 显示：在下拉列表中，设置层的初始化显示位置。如果没有设置该属性，在大多数浏览器中，以层的父级元素相应的属性作为其可视性属性。“继承”选项，可以继承父级元素的可视性属性；“可见”选项，层的父级元素无论是否可见，都显示层内容；“隐藏”选项，层的父级元素无论是否可见，都隐藏层的内容。
- 宽：在下拉列表中，自定义层的宽度数值和单位。
- 高：在下拉列表中，自定义层的高度数值和单位。
- Z 轴：在下拉列表中，定义层在堆栈中的顺序，即层重叠的顺序。较高值所在的层会位于较低值所在层的上面。

- 溢出：在下拉列表中，定义如果层中的内容超出层的边界后，将会发生什么事情。“可见”选项，层中的内容超出层范围时，层就会自动向下或向右扩展它的大小，以容纳层的内容使之可见；“隐藏”选项，层中的内容超出层范围时，层的大小不变，超出层的内容将被隐藏而不可见；“滚动”选项，无论层中的内容是否超出层范围，层上总会出现滚动条，这样即使层内容超出层范围，也可以利用滚动条浏览；“自动”选项层中的内容超出层范围时，层的大小不变，会出现滚动条。
- 定位：可以设置层的位置和大小。它表示取决于下拉列表中选择的位置类型。在下拉列表中，可以分别输入相应的值，并选择相应的数值单位，默认的单位是像素。
- 剪辑：定义可视层的局部区域的位置和大小。如果指定了层的碎片区域，可以通过脚本语言和 JavaScript 来进行操作。在下拉列表中，可以分别输入相应的值，并选择相应的数值单位，默认的单位是像素。

（8）扩展

打开“CSS 样式属性”对话框，选择“分类”下拉列表中的“扩展”选项，在“扩展”区域设置有关 CSS 样式的扩展格式，其中各个选项含义如下。

- 分页：设置在打印页面是强制分页的位置。在“之前”、“之后”下拉列表中，可以分别设置分页前和分页后的位置。
- 视觉效果：设置样式的一些可视效果。在“光标”下拉列表中，可以改变鼠标指针经过应用了的样式对象时，改变的光标的图像。
- 过滤器：指定应用了样式的特殊效果，如模糊、反转等。

12.7.2 应用自定义样式

自定义样式通常是针对网页中个别元素进行设置时而用到的。在网页中自定义元素样式通常有以下三种方法。

- 选中网页中需要定义的元素，在“CSS 样式”面板上，在需要应用 CSS 选项处按下鼠标右键，在快捷菜单中选择“套用”命令，如图 12-15 所示。此时网页中被选中的元素就应用了 CSS 样式。
- 右击网页中需要定义的元素（如图片），在弹出的快捷菜单中选择“CSS 样式”下要应用的自定义样式，如图 12-16 所示。
- 选中网页中需要定义的元素，在“属性”面板上的“样式”下拉列表中选择要应用的 CSS 样式。

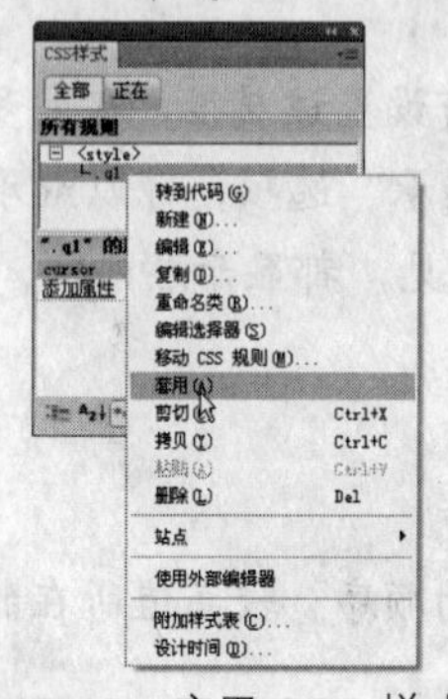

图 12-15 应用 CSS 样式 1

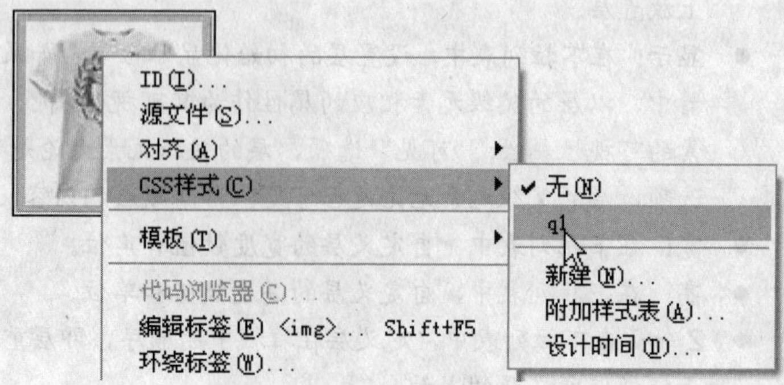

图 12-16 应用 CSS 样式 2

制作图像波浪效果

可以使用 CSS 样式为网页添加特殊效果。本实例在设计时，考虑使用 CSS 的滤镜属性。滤镜属性中的 Wave 属性用来把对象按照垂直的波纹样式打乱，可以使用它来制作图像的波浪效果，如图 12-17 所示。

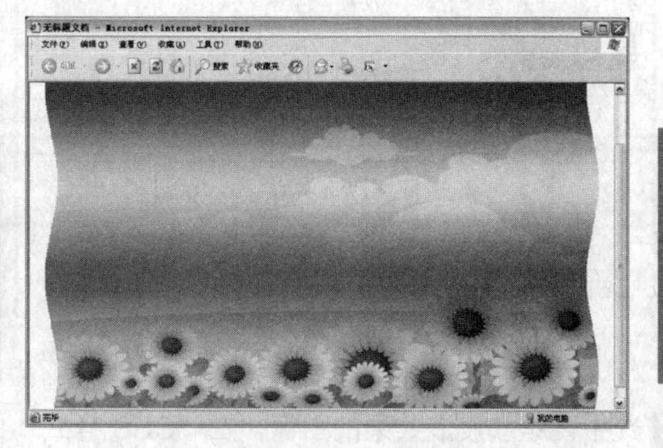

图 12-17　完成效果

具体操作方法如下：

1 执行“插入→图像”命令，在网页中插入一幅图像，执行“窗口→CSS 样式”命令，打开“CSS 样式”面板，单击“新建 CSS 规则”按钮，打开“新建 CSS 规则”对话框，如图 12-18 所示。

2 在“选择器类型”下拉列表中选择“类（可应用于任何 HTML 元素）”选项，在“选择器名称”文本框中输入 CSS 文件名“.css1”，如图 12-19 所示。完成后单击 确定 按钮。

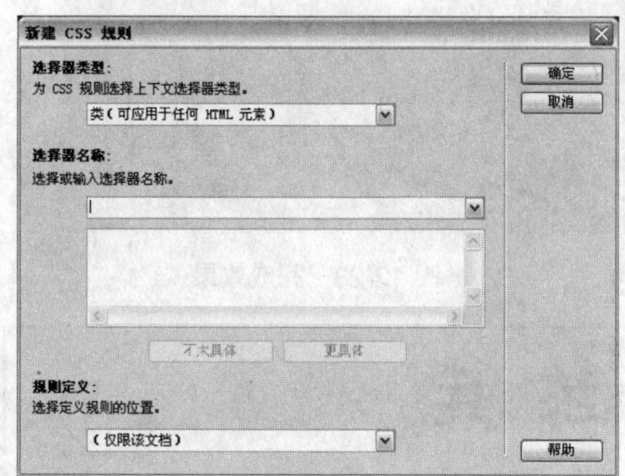

图 12-18　“新建 CSS 规则”对话框

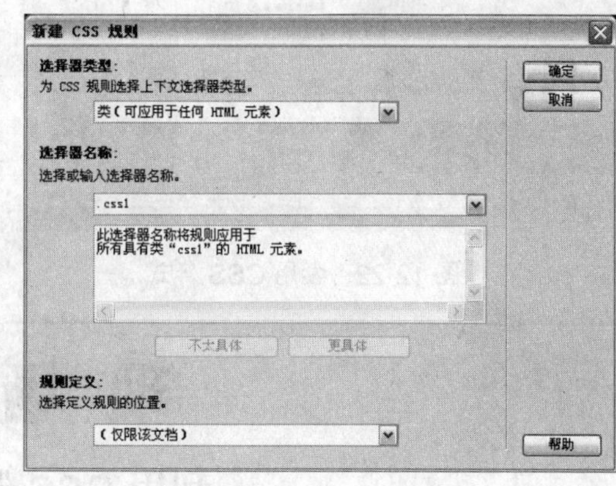

图 12-19　输入名称

3 弹出如图 12-20 所示的对话框，选择“扩展”选项，在“过滤器”下拉列表框中选择“Wave(Add=？, Freq=？, LightStrength=？, Phase=？, Strength=？)”选项。

4 将选择的“Wave(Add=？, Freq=？, LightStrength=？, Phase=？, Strength=？)”设置为“Wave(Add=add, Freq=2, LightStrength=50, Phase=45, Strength=10)”，如图 12-21 所示。完成后单击 确定 按钮即可。

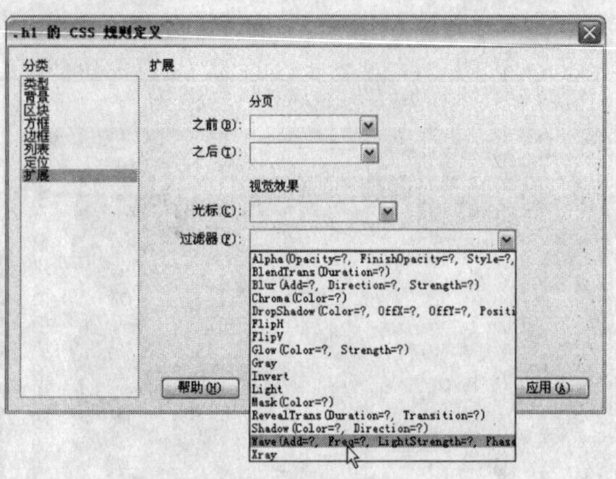

图 12-20　选择“扩展”选项

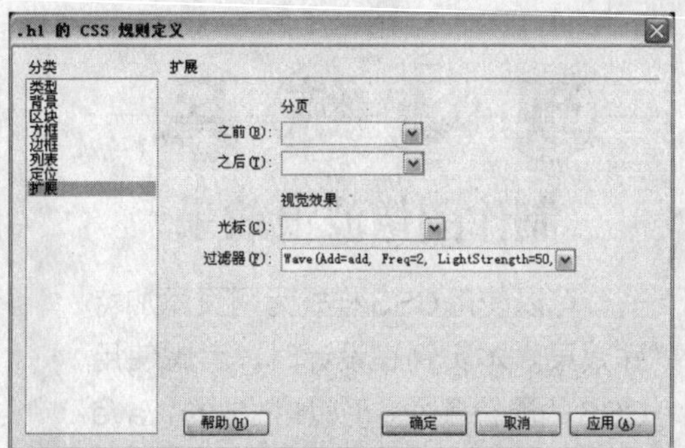

图 12-21　设置效果

5 选中要添加波浪效果的图像，在“CSS 样式”面板上右击“.css1” 样式，在弹出的快捷菜单中选择“套用”命令，如图 12-22 所示。

6 执行“文件→在浏览器中预览→iexplore”命令，或按 F12 键预览，效果如图 12-23 所示。

图 12-22　套用 CSS 样式

图 12-23　完成效果

现场练兵

利用 CSS 制作多彩表格

网页中表格的样式总是千篇一律，如果要制作特殊的表格效果，可以使用 CSS 来实现，利用 CSS 的边框属性能制作五颜六色的表格，如图 12-24 所示。

图 12-24　完成效果

具体操作方法如下：

1 新建一个网页文档，执行“插入→表格”命令，在文档中插入 1 行 6 列，宽为 600 像素，边框粗细为 4 像素的表格，并将表格设置为居中对齐，如图 12-25 所示。

2 在表格的各个单元格中输入文字，并分别为这些文字设置空链接，如图 12-26 所示。

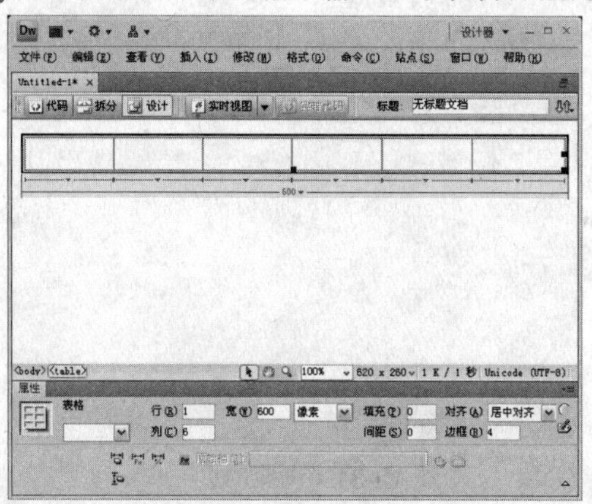

图 12-25　插入表格

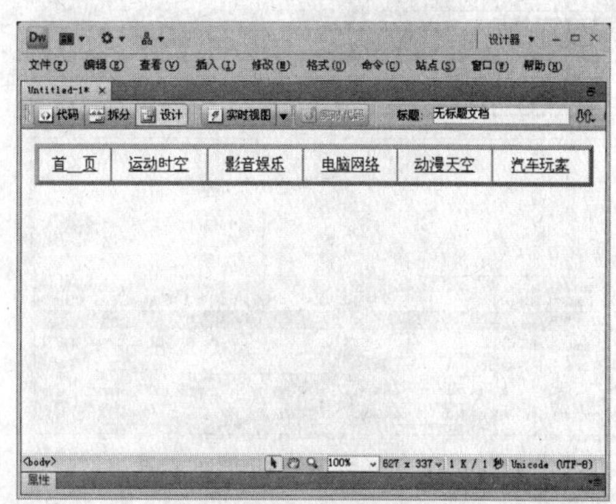

图 12-26　输入文字并设置空链接

3 打开“CSS 样式”面板，单击“新建 CSS 规则”按钮，打开“新建 CSS 规则”对话框，新建名为“.a1”的样式表文件，然后对“边框”的样式、宽度、颜色进行如图 12-27 所示的设置。完成后单击 确定 按钮。

4 选中表格，在“CSS 样式”面板上右击新建的样式“.a1”，在弹出的快捷菜单中选择“套用”命令，为表格套用“.a1”样式，如图 12-28 所示。

图 12-27　设置边框属性

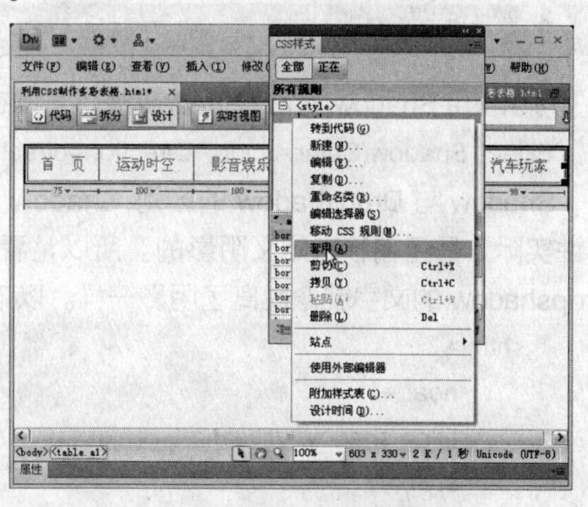

图 12-28　套用样式

5 在页面空白处单击，然后在“属性”面板上单击 页面属性... 按钮，打开“页面属性”对话框，在“分类”列表中选择“链接”选项，然后进行如图 12-29 所示的设置。完成后单击 确定 按钮。

6 选中表格，打开“属性”面板，将表格的各个单元格的背景颜色设置为黄色，如图12-30所示。

7 保存文件，然后按 F12 键浏览网页，效果如图 12-31 所示。

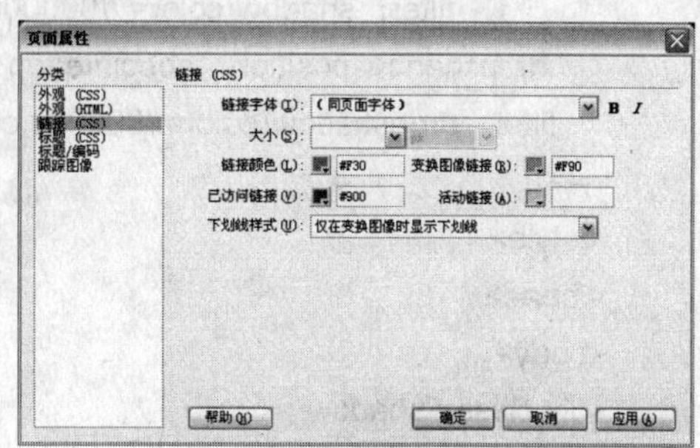

图 12-29　“页面属性”对话框

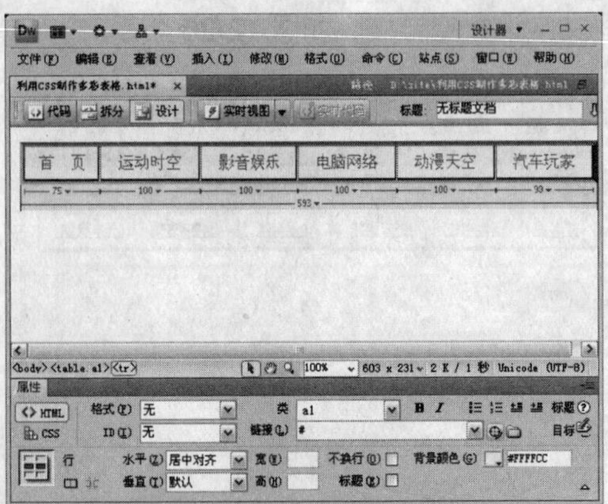

图 12-30 设置单元格背景颜色

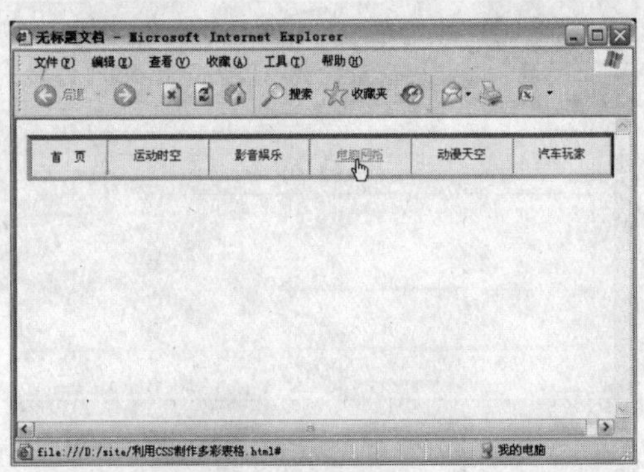

图 12-31 浏览网页

12.8 疑难解析

通过前面的学习，读者应该已经掌握了 CSS 样式表的基础知识，下面就读者在学习的过程中遇到的疑难问题进行解析。

1 若要制作网页中的投影效果，应该使用 CSS 中的什么属性？

可以使用 Shadow 属性，Shadow 属性可以在指定的方向建立物体的投影。它的基本语法如下。

```
Filter: Shadow(Color=color, Direction=direction)
```

Shadow 与 Dropshadow 的区别：Shadow 属性可以在任意角度进行投射阴影，Dropshadow 属性实际上是用偏移来定义阴影的。所以，看上去 Shadow 的文字和阴影就像是一体的，而 Dropshadow 的文字就像脱离了阴影一样。以下代码将说明两者的区别：

```
<html>
    <head>
    <title> shadow</title>
    <style>
    <!--
    .shadow{position: absolute;top: 20;width: 300;
            filter: shadow(color= #000000,direction=225);}
      .dropshadow{position: absolute;top: 180;width: 300;
      filter: dropshadow(color=#000000,offx=11,offy=11,positive=2);}
    -->
   </style>
   </head>
   <body>
   <div class="shadow">
   <p style="font-family: bailey;font-size: 38px;
              font-weight: bold;color: #FF0000;">
    CSS 在网页中的应用</p>
    </div>
```

```
        <div class="dropshadow">
        <p style="font-family: 黑体;font-size: 40px;
                font-weight: bold;color: #CC0000;">
        CSS 在网页中的应用</p>
        </div>
        </body>
    </html>
```

效果如图 12-32 所示。

CSS在网页中的应用

CSS在网页中的应用
CSS在网页中的应用

图 12-32　投影效果

2　要在 Dreamweaver CS4 中制作图像的底片效果，应该怎么操作呢？

可以新建一个 CSS 样式，然后在“分类”列表框中选择“扩展”选项，在“过滤器”下拉列表框中选择 Invert 选项。最后选中要添加底片效果的图像套用样式即可。

3　怎样链接到外部样式表呢？

打开“CSS 样式”面板，单击“附加外部样式表”按钮，打开“链接外部样式表”对话框，在对话框中选择要链接的外部样式表即可。

12.9 | 上机实践

（1）运用本章所讲述的知识，创建一个如图 12-33 所示的图像波浪效果。

图 12-33　图像波浪效果

（2）通过设置边框属性制作多彩表格效果，如图 12-34 所示。

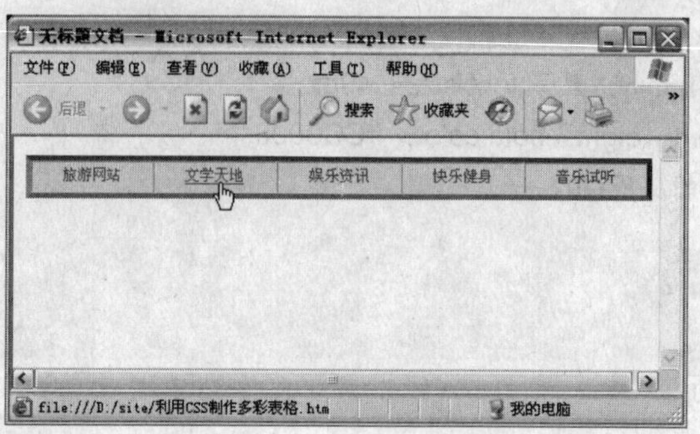

图 12-34 多彩表格效果

12.10 巩固与提高

CSS 样式表是一系列格式规则，使用 CSS 样式可以灵活控制网页外观，从精确的布局定位到特定的网页元素样式，都可以使用 CSS 样式来完成。希望读者通过本章内容的学习，能掌握 CSS 样式表的应用，制作出精美的网页效果。

1．选择题

（1）自定义 CSS 样式时，名称前应添加（ ）。

A．a: B．. C．# D．@

（2）（ ）是指将一些样式定义信息放在 HTML 文件头部，只可以在当前网页中使用这些样式。

A．内联样式表 B．外联样式表

C．内嵌样式表 D．外嵌样式表

（3）按（ ）组合键，能快速打开“CSS 样式”面板。

A．Shift+F9 B．Shift+F10

C．Shift+F11 D．Shift+F12

（4）要制作图像的波浪效果，需要设置 CSS 的（ ）格式。

A．方框 B．扩展 C．边框 D．区块

2．判断题

（1）CSS 的语句是内嵌在 HTML 文档内的。（ ）

（2）Flip 是 CSS 滤镜的翻转属性，FlipH 代表水平翻转，FlipV 代表垂直翻转。（ ）

（3）CSS 是 Cascading Style Sheets 的简称，也称为“层叠样式表”。 （ ）

（4）不能使用 Windows 下的记事本和写字板来编写 CSS。（ ）

（5）创建的 CSS 样式表只能应用到同一个网页文档中。（ ）

（6）通过设置 Invert 属性能制作图像波浪效果。（ ）

Study

第13章

制作企业网站流程

设计和制作一个网站需要进行合理的规划和精心的准备。通常完成一个网站要经过的流程是：筹划站点→准备素材→创建站点→制作页面→申请域名空间→上传站点。在本章中，要重点掌握筹划站点、创建站点、网页制作与上传站点等知识。

学习指南

- 站点筹划
- 建立网站
- 制作首页
- 使用 Flash 创建企业介绍子页
- 制作产品展示页面
- 更改库项目

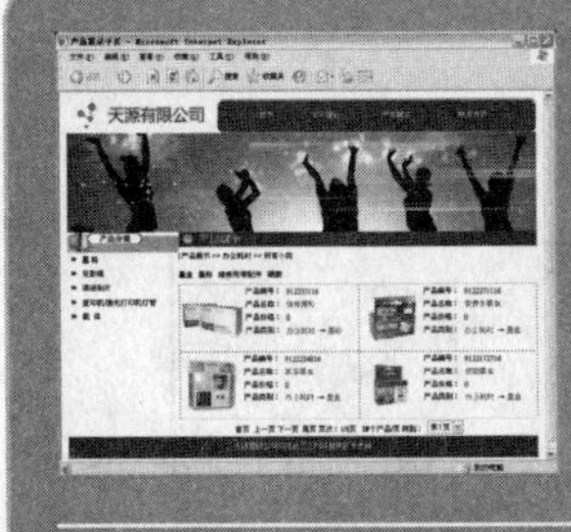

精彩实例效果展示 ▲

13.1 站点筹划

对一个网站来说，应该从其内容来定位它的设计思路。如商业网站应该是以盈利为目的，门户网站应该体现其强大的交互功能与多样性，企业网站应注意宣传企业与树立企业良好的形象，个人网站要表现个人的风采与个性。

一般进行网站设计最容易犯的错误就是在确定题材后马上开始制作网页，到制作完成后才发现，站点页面之间颜色不搭配、字体不好看、网站结构不清晰、不能吸引浏览者的眼光、站点的点击率也就不能提高。如果后期要改起来就相当麻烦。所以，在网站制作的前期就要筹划好。下面以一个企业类的站点为例，介绍一下站点的筹划工作。

13.1.1 设计站点的标志

就如同商标一样，站点的标志是站点特色和内涵的集中体现，看见标志就让大家联想起你的站点。站点的设计和创意来自网站的名称和内容。

商业网站的标志一般与公司的标志保持一致，这是符合形象、视觉设计的一贯原则，即使有些网站增加了许多颜色、形状方面的变化，但是这些动态效果并没有削弱公司的形象，反而更突出公司的视觉形象。

夏新电子的网站如图 13-1 所示，夏新公司的标志如图 13-2 所示。我们看到夏新网站大块分割，用色大胆且多。网站标志在整个页面中显得显眼。

图 13-1 夏新电子网站

AMOi 夏新

图 13-2 夏新公司的标志

有些商业网站具有一定的行业代表性，可以用本专业的代表物品来作为标志。比如奔驰汽车网站，如图 13-3 所示，奔驰的方向盘标志如图 13-4 所示。

图 13-3 奔驰汽车网站

图 13-4 奔驰汽车公司的标志

Tom.Com 正朝最大跨媒体平台的目标奋进，作为欧美最常用人名的 Tom 作为公司名称本身就是一种创意，在公司标志设计上用了很多心思，使 Tom 公司更为人们所熟记。Tom 公司的网站如图 13-5 所示，Tom 公司的标志如图 13-6 所示。

图 13-5　Tom.Com 网站

图 13-6　Tom 公司的标志

联想中国的网站如图 13-7 所示，联想中国的标志如图 13-8 所示。我们看到联想网站大块分割。网站标志在整个页面中显得显眼。

图 13-7　联想中国网站

图 13-8　联想公司的标志

看了上面那么多的网站及网站的标志，我们的站点标志也应该有个轮廓了吧。首先它要符合企业网站的主题：严肃、大气。由于浏览企业网站的大部分都是潜在客户，所以网站的标志还要有比较严谨，不能太过随意。

了解了企业网站对标志的要求，可在其他的图形编辑处理软件中设计出来，如图 13-9 所示。

图 13-9　网站标志

13.1.2　选择站点的标准色彩

在网上冲浪时，面对令人眼花缭乱的各种各样的网页。有的令人感觉愉悦，可以让我们停留很久。而有的则让人感觉很烦躁，不能吸引我们的眼光，从而点击率也不高。其中很大部分的原因就是网站的色彩没有制定好。

色彩对一个网站来说是很重要的。当我们打开一个网站的时候，网站的整体色彩和风格将直接带来视觉冲击。如果是公司网站的话，一般沿用公司的标准色，然后在这些标准色的基础上再进行变化。像 IBM 公司一贯采用的深蓝色，肯德基的红色条型，他们的网站也以这些颜色为主色调。这样使我们觉得很贴切、很和谐。如果将 IBM 网站的主色调改用绿色或红色，肯德基网站的主色调改为蓝色，我们会有什么感觉呢？

一般来说，一个网站的标准色彩不超过三种。标准色彩要用于网站的标志、标题、主菜单和主色块，要给人以整体统一的感觉。中间也可以采用一些其他颜色，但只是作为点缀和衬托，绝不能喧宾夺主。适合于网页标准色的颜色有蓝色、黑/灰/白色、黄/橙色三大系列色。

在面对色彩的时候，多少会有一些视觉的冲击。不同的色相和色调会产生不同的效果。例如，红色和黄色让人感觉温暖，深蓝、深绿让人感觉寒冷；高明度的色彩有前进感，低明度的色彩有后退感；深色的物体让人感觉沉甸甸，浅色的物体让人感觉轻飘飘。不注重色彩的心理效果，即使是很漂亮的颜色用在不恰当的场合也会给人造成不适的生理感觉。

色彩与人的心理感觉和情绪也有一定的关系，如：

- 红色：代表热情、活泼、热闹、温暖、吉祥、幸福。
- 橙色：代表光明、华丽、甜蜜、兴奋、快乐。
- 黄色：代表高贵、明朗、富有、愉快、希望。
- 绿色：代表植物、生命、生机、和平、柔和、安逸、新鲜、青春。
- 蓝色：代表天空、清爽、沉静、理智、诚实、深远。
- 紫色：代表浪漫、优雅、魅力、自傲。
- 黑色：代表严肃、夜晚、沉着、刚健、坚实、崇高。
- 白色：代表纯洁、简单、纯真、朴素、神圣、明快。
- 灰色：代表消极、阴暗、谦虚、平凡、沉默、中庸、寂寞。

除了主色调之外，颜色的搭配也很重要，主色搭配不同的辅助色会有不同的效果。

（1）红色代表温暖、刚烈，是一种给人带来很强刺激性的颜色。红色容易引人注意，也容易使人兴奋、激动、紧张，是一种容易让人视觉疲劳的颜色。

- 在红色中加入少量的黄，会使其热力强盛，越加躁动、不安。
- 在红色中加入少量的蓝，会使其热性减弱，越加文弱、柔弱。
- 在红色中加入少量的黑，会使其变得沉稳，越加厚重、朴实。
- 在红色中加入少量的白，会使其变得温柔，越加含蓄、羞涩、娇嫩。

（2）黄色的性格高傲、敏感，具有扩张和不安宁的视觉印象。黄色是各种色彩中最为娇气的一种颜色。只要在纯黄色中混入少量的其他颜色，其色相感和颜色性格都会发生较大的变化。

- 在黄色中加入少量的蓝，会使其转化为一种鲜嫩的绿色。趋于一种平和、鲜润的感觉。
- 在黄色中加入少量的红，会使其具有明显的橙色感觉，性格也会从高傲、敏感转化为热情、温暖。
- 在黄色中加入少量的黑，其色性和色感变化最大，成为一种具有明显橄榄绿的复色印象。色性也变得成熟、随和。
- 在黄色中加入少量的白，其色感变得柔和，性格也会从高傲、敏感变为含蓄，易于接近。

（3）蓝色的性格朴实而内向，是一种有助于人头脑冷静的颜色。蓝色的朴实、内向性格，常为那些性格活跃、扩张力强的色彩提供一个深远、平静的空间。蓝色还是一种在淡化后仍然能保持较强个性的颜色。

（4）绿色是具有黄色和蓝色两种成分的颜色。在绿色中，将黄色的扩张感和蓝色的收缩感相结合，将黄色的温暖感与蓝色的寒冷感相抵消。这样使绿色的性格最为平和、安稳，是一

种柔顺、优美、恬静的颜色。

- 在绿色中加入黄的成分较多时，其性格趋于活泼、友善，具有幼稚性。
- 在绿色中加入少量的白，其性格就趋于洁净、清爽、鲜嫩。
- 在绿色中加入少量的黑，其性格就趋于老练、庄重。

（5）紫色的明度在色料中是最低的。紫色的低明度给人一种沉闷、神秘的感觉。

- 在紫色中加入少量的黑，其感觉趋于沉闷、伤感。
- 在紫色中加入红的成分较多时，就具有压抑感、威胁感。
- 在紫色中加入白色，可使紫色沉闷的感觉消失，变得优雅、娇气、充满女性的魅力。

（6）白色的色感光明，性格朴实、纯洁。白色具有圣洁的不容侵犯性。

- 在白色中加入少量的红，就成为淡淡的粉色，鲜嫩而充满诱惑。
- 在白色中加入少量的橙，有一种干燥的感觉。
- 在白色中加入少量的黄，就成为一种乳黄色。
- 在白色中加入少量的绿，给人一种稚嫩、柔和的感觉。
- 在白色中加入少量的蓝，给人一种洁净、清冷的感觉。
- 在白色中加入少量的紫，会变得优雅起来。

13.1.3　选择站点的标准字体

字体是网页的主要组成部分，是信息的重要载体，正确选择字体，不仅关系到网页的美观，还对访问者的阅读及信息的传达有直接的影响。

一般网页默认的字体是宋体。为了体现站点的"与众不同"和特有风格，可以根据需要选择一些特别字体。例如，为了体现专业可以使用粗仿宋体，体现设计精美可以用广告体，体现亲切随意可以用手写体等等。可以根据自己网站所表达的内涵，选择更贴切的字体。目前常用的中文字体有二三十种，常用的英文字体有近百种，网络上还有许多专用的艺术字体下载，要寻找一款满意的字体并不算困难。

但在网站设计中，也不宜用多种字体和一些不常用的字体。浏览者在访问我们的网站时，可能他的计算机上并没有安装这些字体。很可能我们的辛苦设计制作便付之东流啦！所以在网页设计的过程中，最好使用系统默认的字体。如果确实需要用到其他的字体，最好将其做成图片的格式。

13.2　制作企业网站

制作企业宣传网页不能太过随意，而是需要根据企业的文化、背景、产品、服务项目以及企业形象等多方面的内容进行考虑，在制作时更要力求页面精美、色调统一、布局合理。接下来我们就来制作一个企业宣传网站，为了突出企业的专业性，网站使用深绿色与白色搭配，创造出严谨、大气的效果。网页上宣传企业产品的文字不宜过大或过小，过大会显得突兀；过小则让浏览者阅读起来感到吃力。

另外，网站页面布局应采用较经典的商业网站布局，主体内容在网页中间显示，让浏览者很容易地了解到关于该企业与企业产品的各种信息。本例的完成效果如图 13-10 所示。

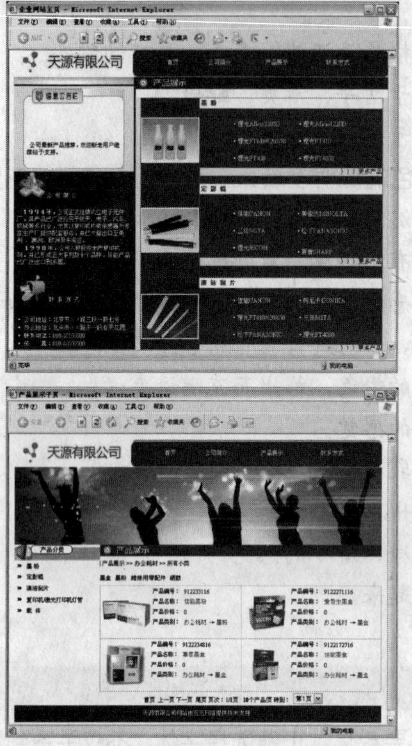

图 13-10　完成效果

13.2.1　建立网站

1 在硬盘上建立一个新文件夹作为本地根文件夹，用来存放相关文档。如在 D 盘根目录下创建一个名为“企业网站”的文件夹，在企业网站文件夹里再创建一个名为 image 的文件夹和一个名为 flash 的文件夹，分别用来存放网站中用到的图像文件和媒体文件。

2 启动 Dreamweaver CS4，执行“站点→新建站点”命令，弹出“企业的站点定义为”对话框。单击上方的“高级”选项，在“站点名称”文本框中输入“企业”两个字。单击“本地根文件夹”文本框右侧的“文件夹”按钮，选择刚刚在 D 盘根目录下创建的名为“企业网站”的文件夹。单击“默认图像文件夹”文本框右侧的“文件夹”按钮，选择在“企业网站”文件夹里创建的名为 image 的文件夹。设置完成后，“企业的站点定义为”对话框如图 13-11 所示。

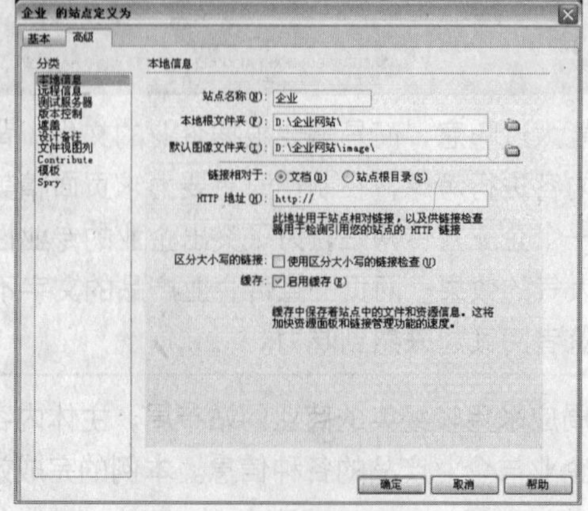

图 13-11　“企业的站点定义为”对话框

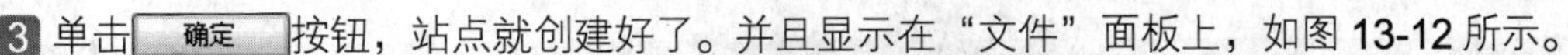

3 单击 确定 按钮，站点就创建好了。并且显示在“文件”面板上，如图 13-12 所示。

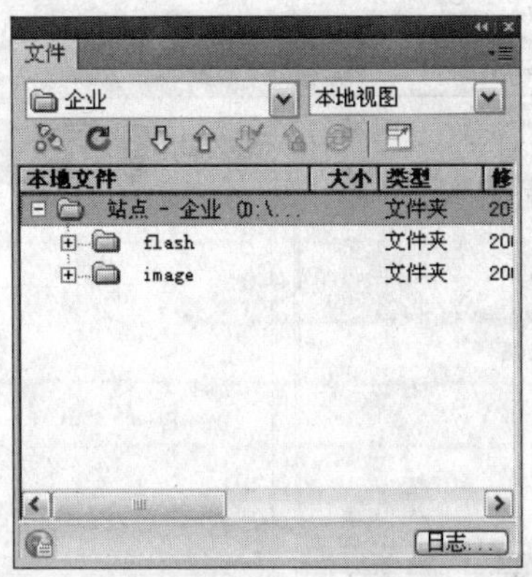

图 13-12　“文件”面板

13.2.2　制作首页

1 新建一个网页文件，执行“插入→表格”命令，在文档中插入一个行数为 1，列数为 2，表格宽度为 778 像素，边框粗细、单元格边距和单元格间距均为 0 的表格，并在“属性”面板上将表格设置为“居中对齐”，如图 13-13 所示。

2 将光标放置于表格左侧单元格中，执行“插入→图像”命令，在单元格中插入一幅图像，如图 13-14 所示。

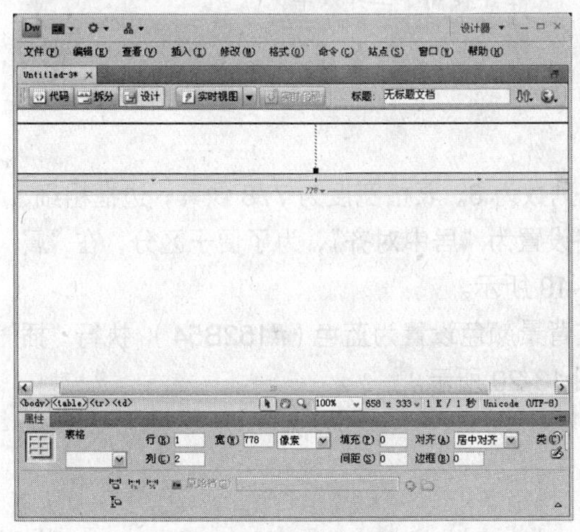

图 13-13　插入表格

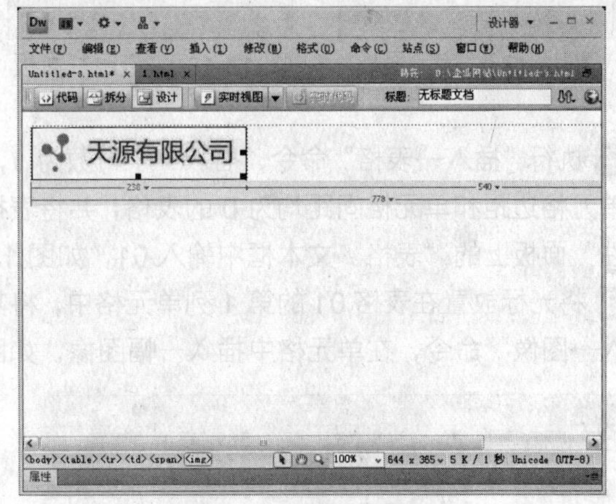

图 13-14　插入图像

3 将光标放置在表格的右侧单元格中，单击 代码 按钮切换到代码视图，在<td width="540"后输入 background="image/t2.jpg">，如图 13-15 所示，表示使用 t2.jpg 作为表格的背景图像。

4 单击 设计 按钮返回到设计视图，在设置了背景图像的单元格中输入文字，文字大小为 12 像素，颜色为白色，如图 13-16 所示。

5 执行“窗口→资源”命令，打开“资源”面板，单击按钮打开“库”面板，如图 13-17 所示。

6 选择插入的表格，在库“资源”面板上单击按钮，在弹出的菜单中选择“新建库项”命令，或者单击按钮创建库项目。在“资源”面板上将库命名为 k1，如图 13-18 所示。

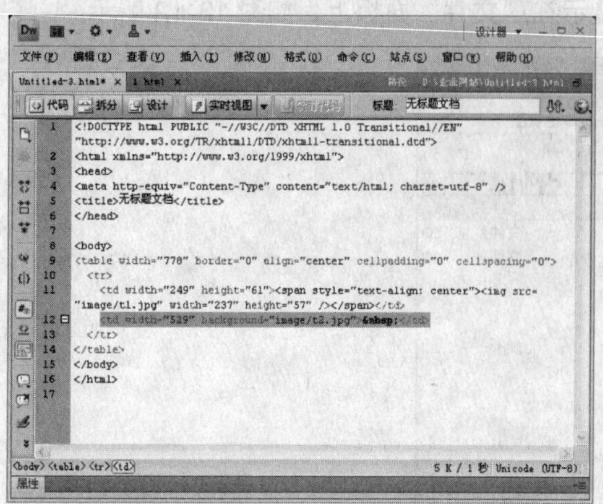
图 13-15　添加代码

图 13-16　输入文字

图 13-17　“库”面板

图 13-18　“资源”面板

由于在网站的其他几个页面中，有关导航栏的内容、链接以及布局是相同的，所以将其保存为库项目，这样避免重复制作导航栏，提高了工作效率。

7 执行“插入→表格”命令，插入一个行数为 1，列数为 3，表格宽度为 778 像素，边框粗细、单元格边距和单元格间距均为 0 的表格，并将表格设置为“居中对齐”，为了便于区分，在“属性”面板上的“表格”文本框中输入 01，如图 13-19 所示。

8 将光标放置在表格 01 的第 1 列单元格中，将其背景颜色设置为蓝色（#152B54），执行“插入→图像”命令，在单元格中插入一幅图像，如图 13-20 所示。

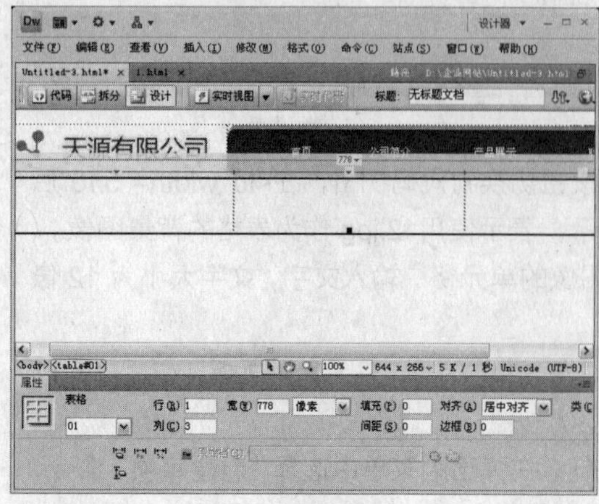
图 13-19　插入表格

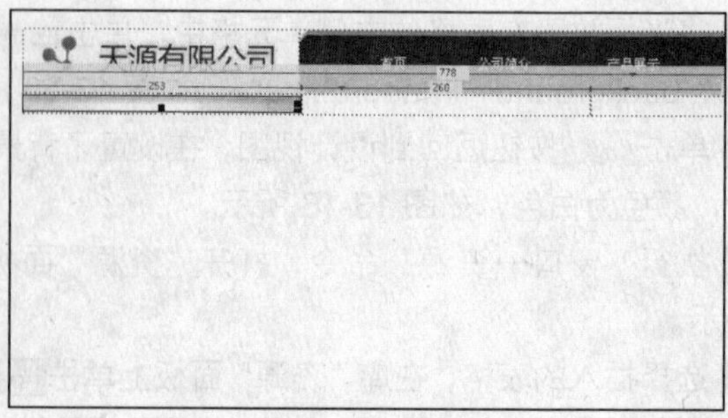
图 13-20　插入图像

9 在表格 01 的第 1 列单元格中插入一个行数和列数都为 1，宽度为 253 像素，边框粗细、单元格边距和单元格间距均为 0 的嵌套表格，将表格 Id 命名为 01-2，将光标放置嵌套表格中，将其背景颜色设置为#ECECEC，并将表格高设置为 170，如图 13-21 所示。

10 将光标放置在表格 01-2 中，在“属性”面板上单击居中对齐按钮，插入一个行数和列数为 1，宽度为 214 像素，边框粗细、单元格边距和单元格间距均为 0，将“表格 Id”命名为 01-2-1，并将光标放置在 01-2-1 表格中，将单元格的高度设置为 160，并设置一幅背景图像，如图 13-22 所示。

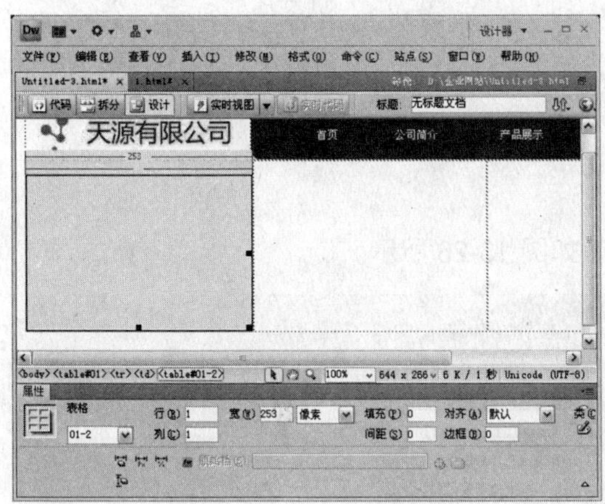

图 13-21　插入嵌套表格

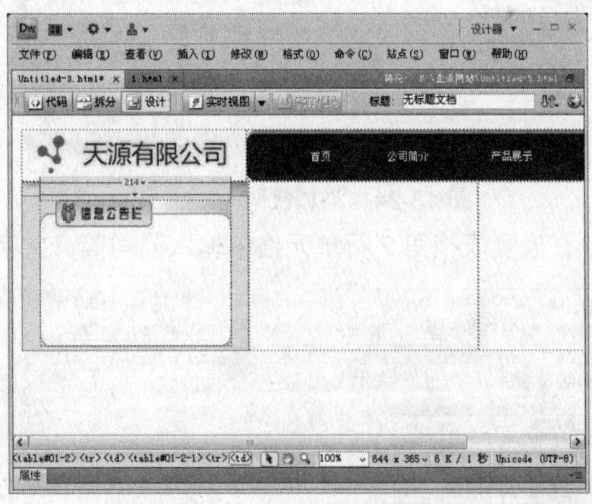

图 13-22　设置单元格背景图像

11 将垂直对齐设置为“底部”对齐，01-2-1 表格中再插入一个行数和列数为 1，宽度为 214 像素，边框粗细、单元格边距和单元格间距均为 0 的嵌套表格，并将光标放置单元格中，在“属性”面板上，将单元格高度设置为 125，垂直对齐方式设置为“顶端”对齐，在 01-2-1-1 表格中输入公告文字，并设置空链接，如图 13-23 所示。

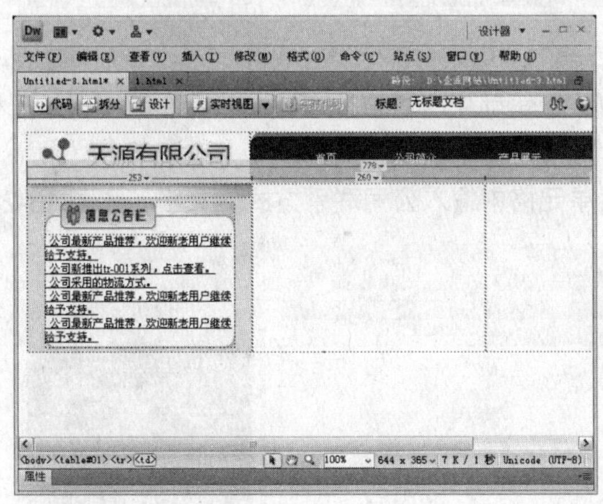

图 13-23　输入公告文字

12 单击代码按钮，显示代码视图，在输入的文字前后添加以下代码：<marquee scrollAmount=2 scrollDelay=200 width=200 direction=up height=130></marquee>，加入代码后如图 13-24 所示。

13 将光标放置在表格 01-2 外，插入一个 2 行 1 列，宽度为 253 像素的嵌套表格，然后在第 1 行单元格中插入图像并输入文字，如图 13-25 所示。

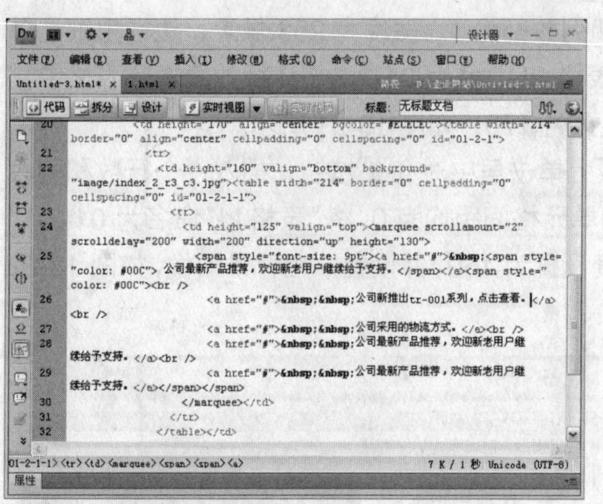

图 13-24　添加代码

小提示

这段代码表示在表格中将所输入的文字滚动显示，<marquee>标签表示对文字进行滚动设置，其他的属性值如 scrollAmount、direction 等代码是对滚动的速度、滚动方向以及高度进行控制。关于所滚动的文字可以根据实际需要进行编辑。

14 在嵌套表格第 2 行单元格中输入公司简介文字，如图 13-26 所示。

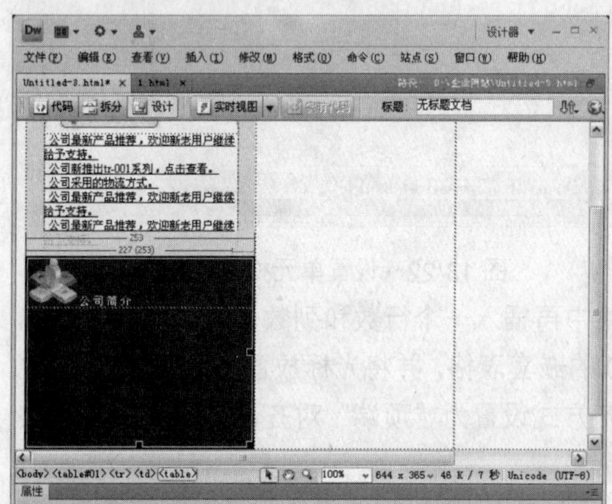

图 13-25　插入图像并输入文字

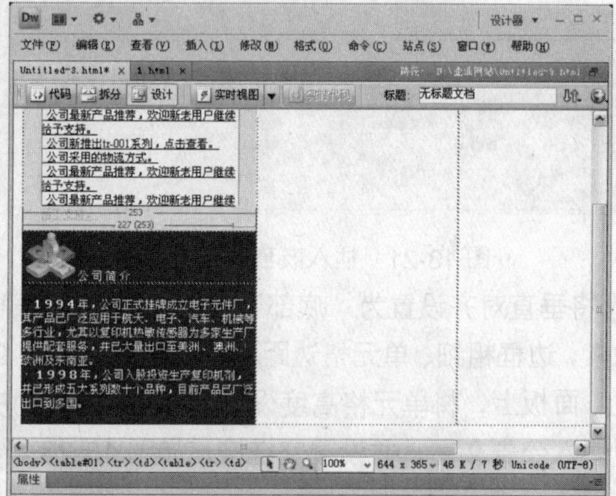

图 13-26　输入文字

15 插入一个 2 行 1 列，宽度为 95%的嵌套表格，然后在第 1 行单元格中插入图像并输入文字，如图 13-27 所示。

16 在嵌套表格第 2 行单元格中输入公司联系方式的文字，如图 13-28 所示。

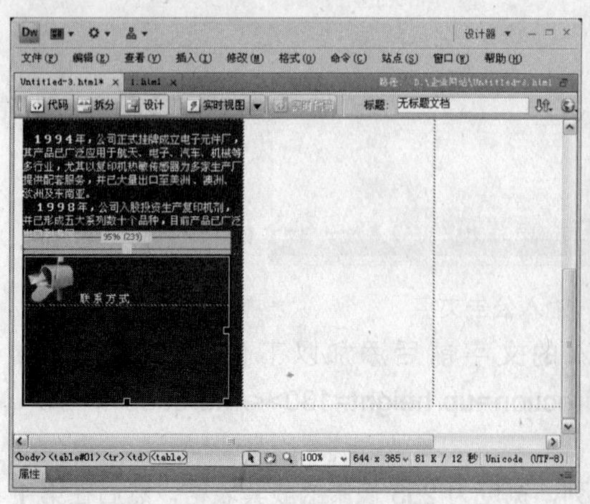

图 13-27　插入图像并输入文字

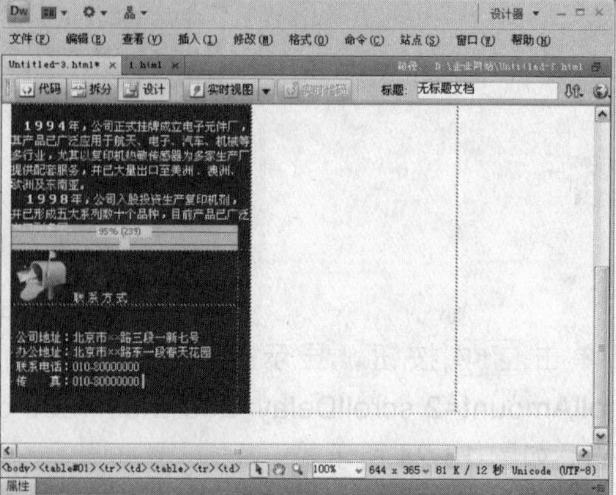

图 13-28　输入文字

17 插入一个 1 行 1 列，宽度为 253 像素的表格，然后在表格中插入一幅图像，如图 13-29 所示。

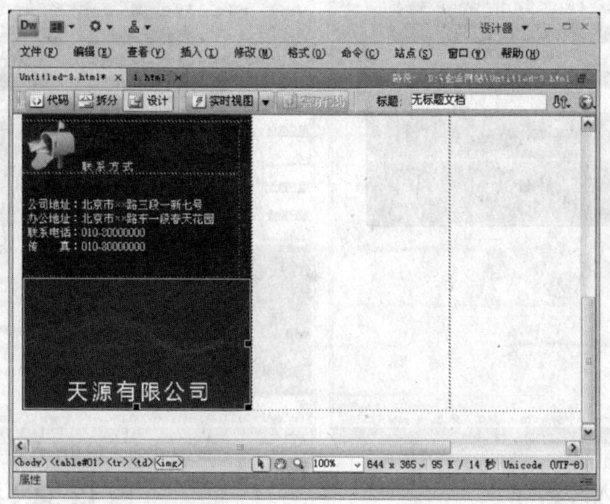

图 13-29　插入图像

18 将 01 表格的第 2 列单元格宽度设置为 4 像素，并将其背景颜色设置为蓝色（#152B54），如图 13-30 所示。

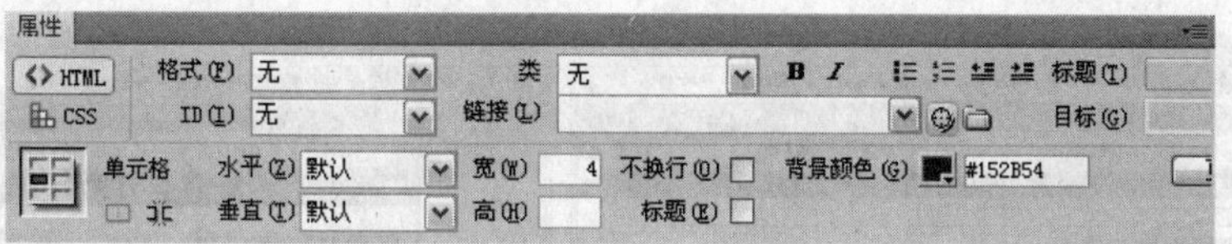

图 13-30　设置单元格属性

19 将光标移动到 01 表格的第 3 列单元格中，设置水平对齐方式为“居中对齐”，垂直对齐方式为“顶端对齐”，并将背景颜色设置为#ECECEC。插入一个 1 行 1 列，宽度为 100%的嵌套表格，并在嵌套表格中插入一幅图像，如图 13-31 所示。

20 插入一个行数和列数为 1，宽度为 100%，间距为 1，高度为 10 像素的表格，并将表格的背景颜色设置为白色，如图 13-32 所示。

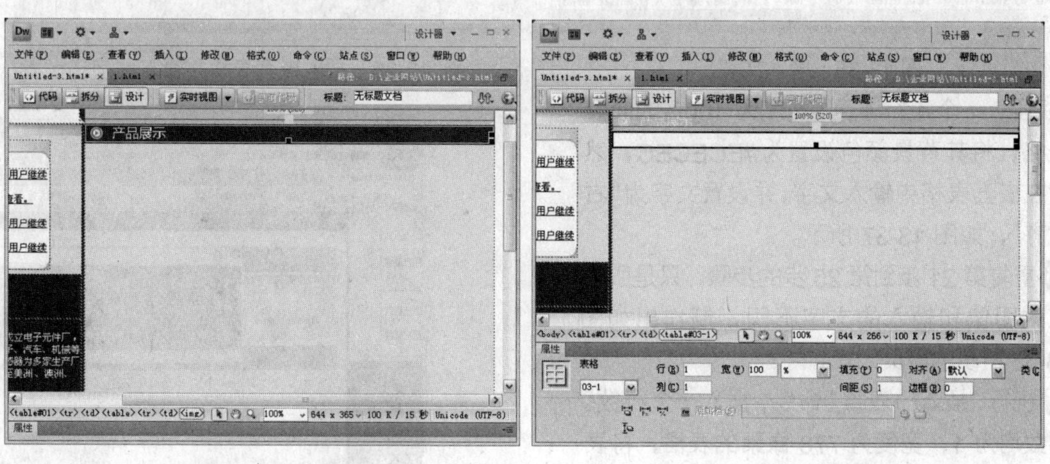

图 13-31　插入图像　　　　图 13-32　插入表格

21 插入一个行数和列数为 2，宽度为 96%，间距为 1 的表格，设置表格背景颜色为#17415A，将表格第 1 列的第 1 行和第 2 行单元格合并，如图 13-33 所示。

22 将光标放置到已经合并后的单元格中，插入一幅产品图像，如图 13-34 所示。

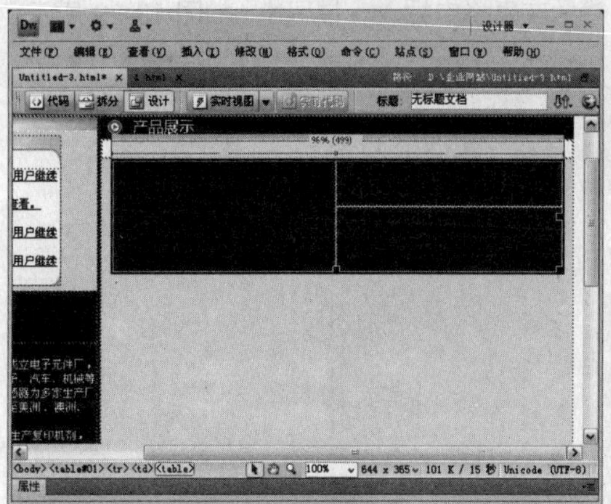

图 13-33 插入表格

图 13-34 插入图像

23 将第 2 列第 1 行单元格的背景颜色设置为白色，高度设为 20，并输入文字，如图 13-35 所示。

24 将光标放置于第 2 列第 2 行单元格中，插入一个行数为 3，列数为 2，宽度为 260 像素的嵌套表格，然后分别在嵌套表格各个单元格中输入文字，如图 13-36 所示。

图 13-35 输入文字

图 13-36 插入嵌套表格并输入文字

25 插入一个 1 行 1 列，宽度为 100%的嵌套表格，将其背景颜色设置为#ECECEC，然后在嵌套表格中输入文字，并设置文字为“右对齐”，如图 13-37 所示。

26 重复第 21 步到第 25 步的步骤，只是所插入的图像和输入的文字不同，制作出如图 13-38 所示的网页元素。

27 执行“插入→表格”命令，插入一个行数、列数均为 1，宽度为 778 像素的表格，将表格高度设置为 30，背景颜色设置为#152B54，然后在表格中输入文字，并设置文字为居中对齐，如图 13-39 所示。

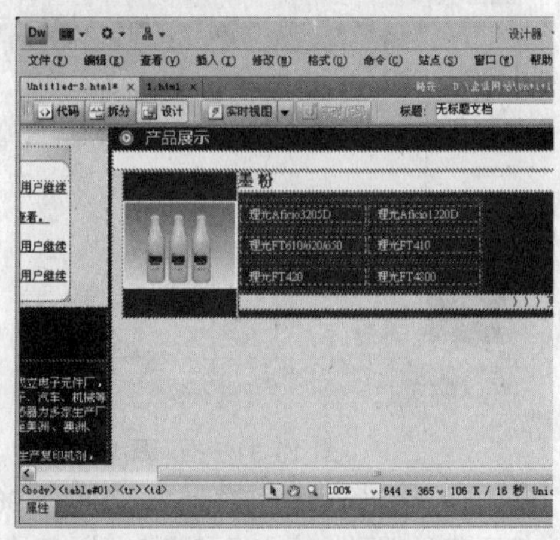

图 13-37 输入文字

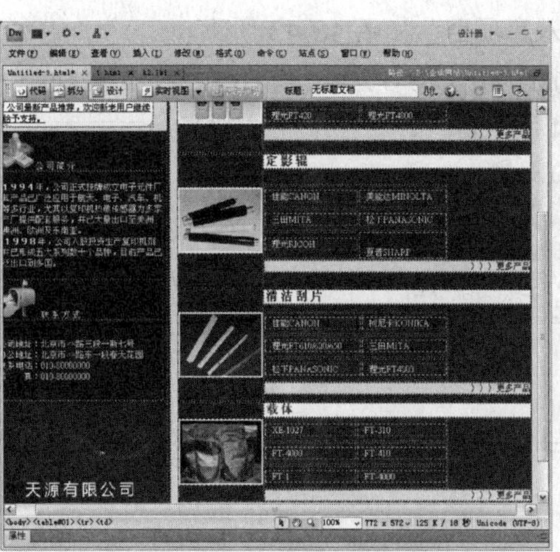

图 13-38　制作网页元素

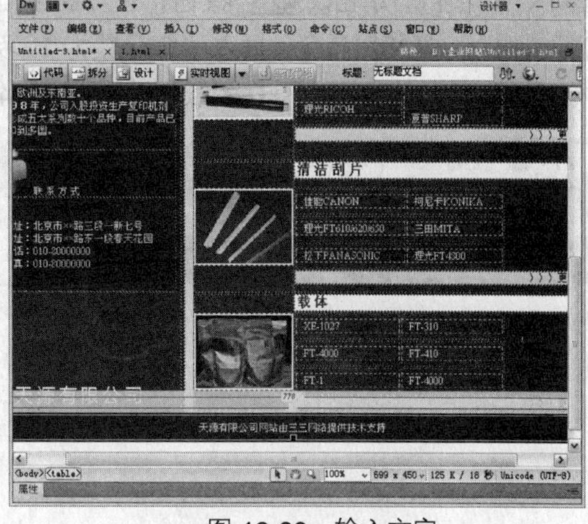

图 13-39　输入文字

28 选中插入的表格，打开库“资源”面板，将版权信息添加到库项目中，并命名为 k2，如图 13-40 所示。

29 在标题栏中输入“企业网站主页”，然后执行“文件→保存”命令，保存文件，并将文件命名为 index.html，最后按 F12 键浏览，效果如图 13-41 所示。

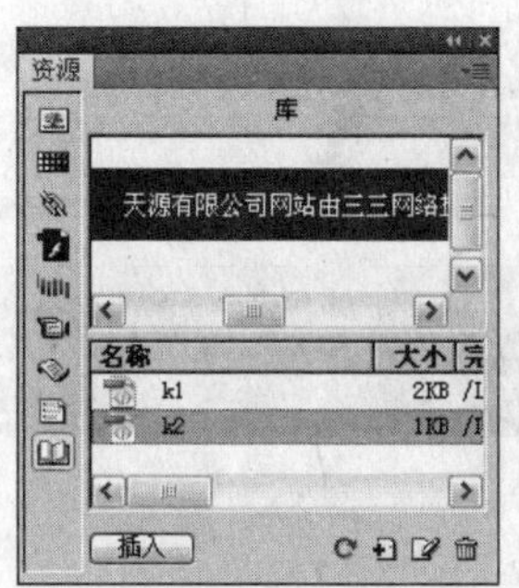

图 13-40　添加库项目

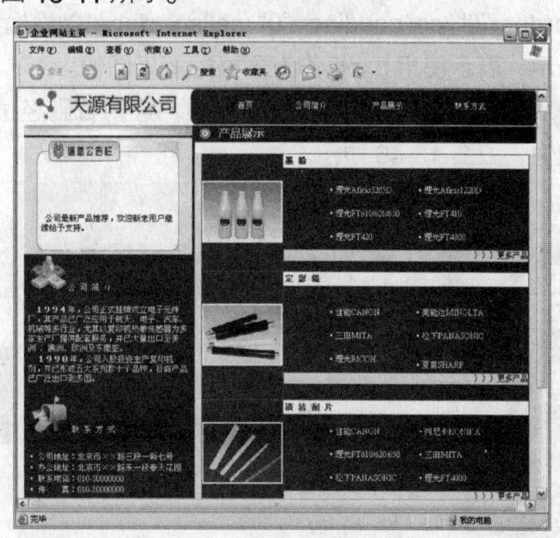

图 13-41　浏览网页

13.2.3　使用 Flash 创建企业介绍子页

1 新建一个网页文件，在标题栏中输入“企业介绍子页”，将光标设置居中。执行“窗口→资源”命令，打开“资源”面板，如图 13-42 所示。

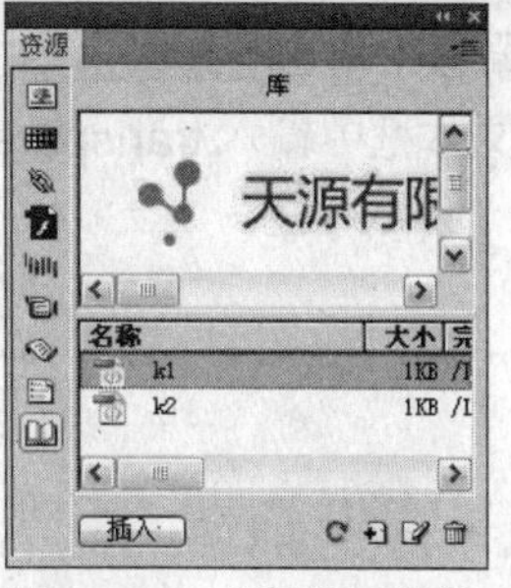

图 13-42　“资源”面板

2 选择 k1 库项目，单击 插入 按钮，在页面中插入库项目，如图 13-43 所示。

3 执行“插入→表格”命令，插入一个行数为 1，列数为 2，表格宽度为 778 像素，边框粗细、单元格边距和单元格间距均为 0 的表格，如图 13-44 所示。

图 13-43　插入库项目 k1

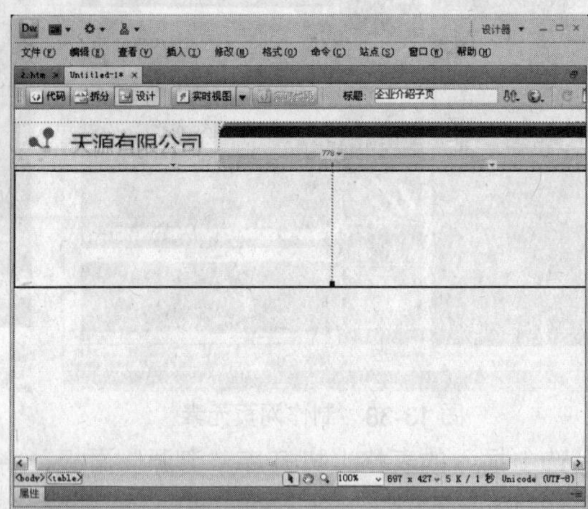

图 13-44　插入表格

4 选中插入的表格，单击 代码 按钮切换到代码视图，在<table width="778" height="140" border="0" cellpadding="0" cellspacing="0"后输入 background="image/tt.jpg">，如图 13-45 所示，表示使用 tt.jpg 作为表格的背景图像。

5 单击 设计 按钮返回到设计视图，可以看到经过上面的设置，已经为插入的表格设置了背景图像，如图 13-46 所示。

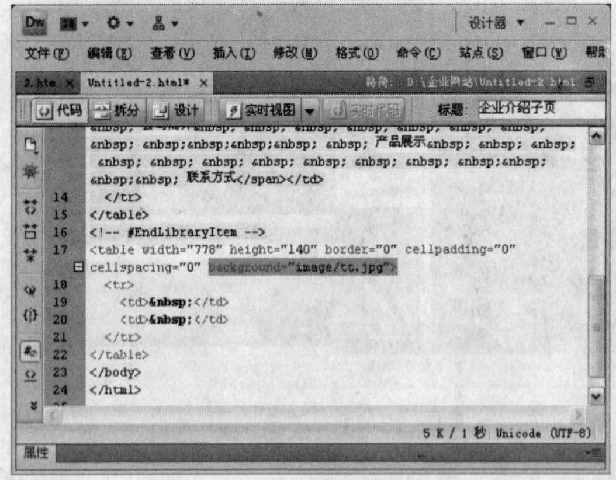

图 13-45　输入代码

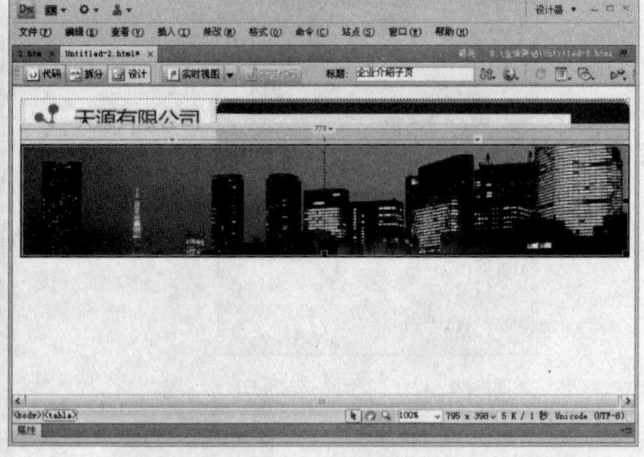

图 13-46　表格的背景图像

6 将光标放置于表格第 1 列单元格中，然后插入一个 Flash 动画。选中插入的 Flash 动画，在“属性”面板上单击 参数... 按钮，弹出“参数”对话框，在“参数”文本框中输入 wmode，在“值”文本框中输入 transparent，如图 13-47 所示。完成后单击 确定 按钮。

图 13-47　“参数”对话框

7 将光标放置于表格第 2 列单元格中，然后插入一个 Flash 动画。选中插入的 Flash 动画，在

"属性"面板上单击 参数... 按钮，弹出"参数"对话框，在"参数"文本框中输入 wmode，在"值"文本框中输入 transparent，完成后单击 确定 按钮。

8 将光标放置在页面空白处，执行"插入→表格"命令，插入一个行数为 1，列数为 3，宽度为 778 像素的表格，如图 13-48 所示。

9 将光标放置于表格左侧的单元格中，在"属性"面板上将垂直对齐方式设置为"顶端"，然后执行"插入→图像"命令，在单元格中插入一幅图像，如图 13-49 所示。

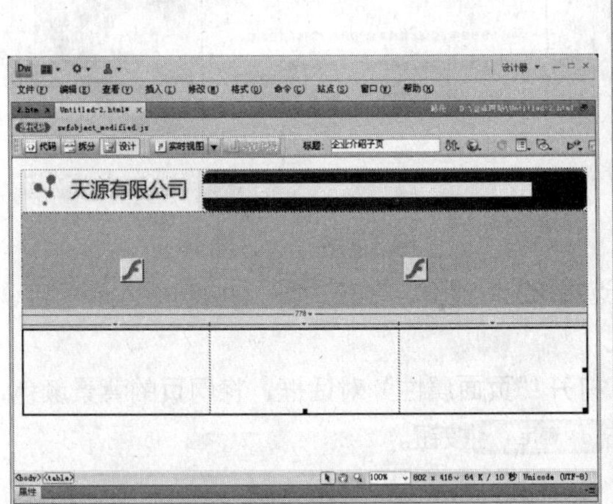

图 13-48 插入表格

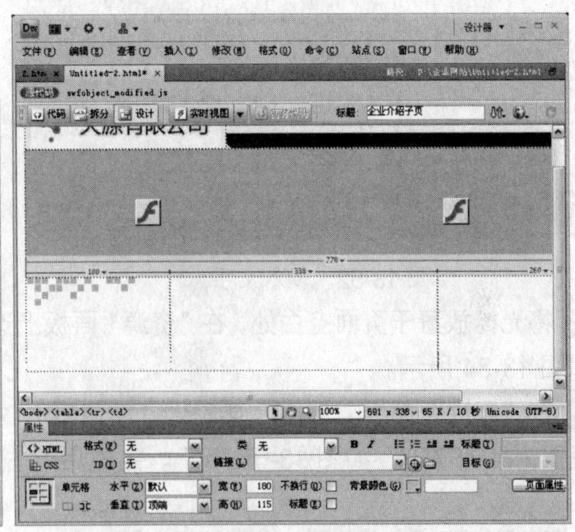

图 13-49 插入图像

10 将光标放置于表格中间的单元格中，执行"插入→表格"命令，插入一个 2 行 3 列数，宽为 100%的嵌套表格，如图 13-50 所示。

11 将嵌套表格第 1 行所有单元格全部合并，然后在合并后的单元格中插入一幅图像，如图 13-51 所示。

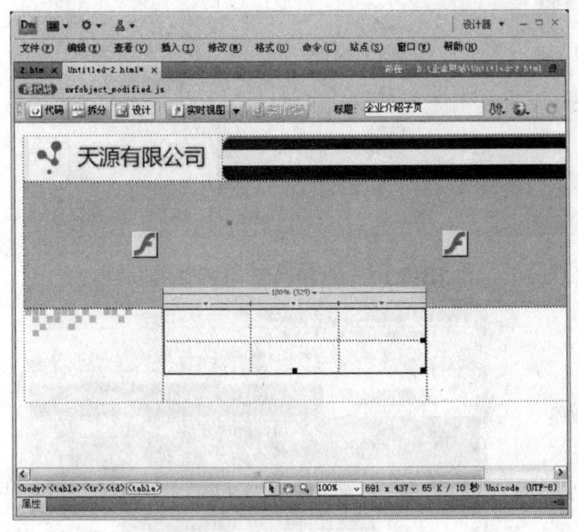

图 13-50 插入嵌套表格

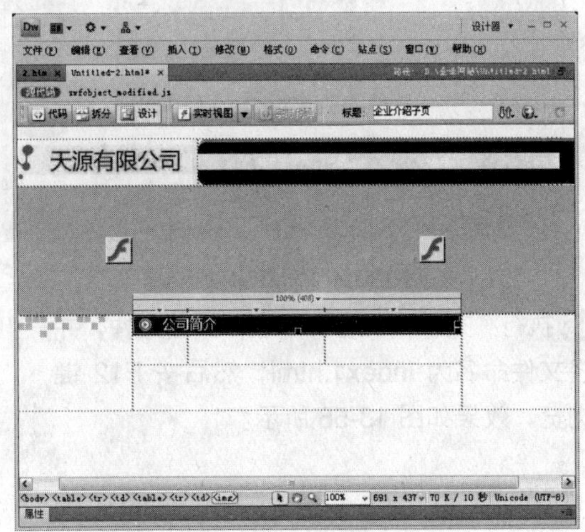

图 13-51 插入图像

12 将光标在嵌套表格第 2 行中间的单元格中，输入公司介绍文字，如图 13-52 所示。

13 将光标放置于表格右侧的单元格中，执行"插入→图像"命令，在该单元格中插入一幅图像，如图 13-53 所示。

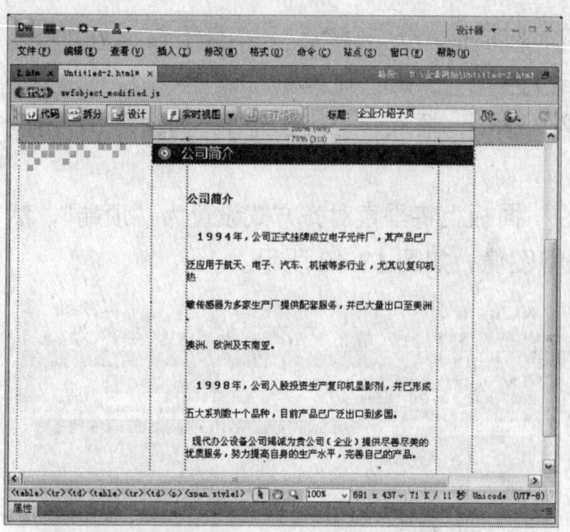
图 13-52　输入文字

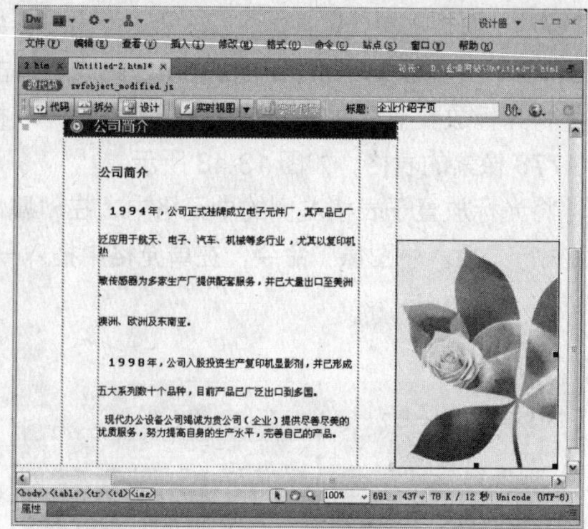
图 13-53　插入图像

14 将光标放置于页面空白处，在“资源”面板上选择 k2 库项目，单击插入按钮插入库项目，如图 13-54 所示。

15 在“属性”面板上单击页面属性...按钮，打开“页面属性”对话框，将网页的背景颜色设置为#F7F7F7，如图 13-55 所示。完成后单击确定按钮。

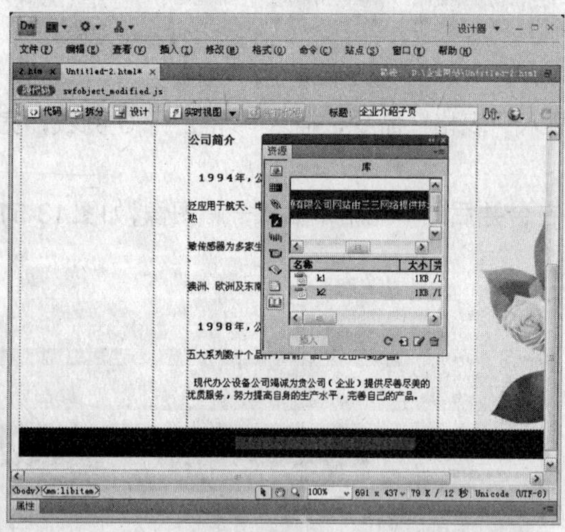
图 13-54　插入库项目 k2

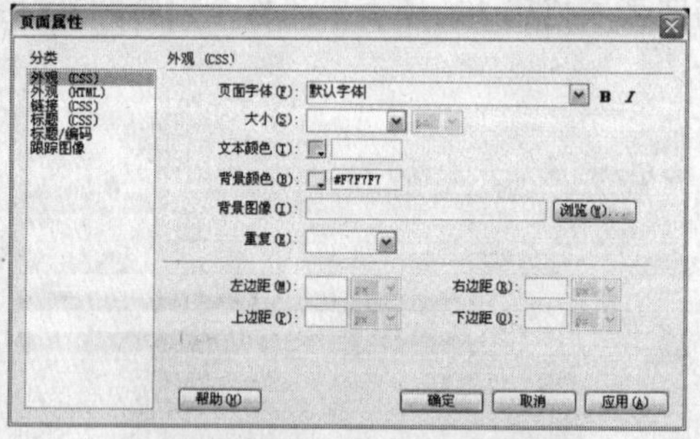
图 13-55　“页面属性”对话框

16 执行“文件→保存”命令，保存文件，并将文件命名为 index1.html，然后按 F12 键浏览，效果如图 13-56 所示。

图 13-56　浏览网页

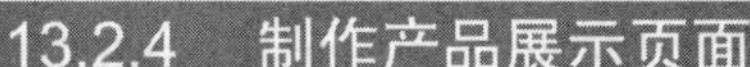

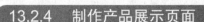

13.2.4　制作产品展示页面

1 新建一个网页文件，在标题栏中输入“产品展示子页”，将光标设置居中。执行“窗口→资源”命令，打开“资源”面板，选择 k1 库项目，单击 插入 按钮，在页面中插入库项目，如图 13-57 所示。

2 执行“插入→表格”命令，插入一个行数为 1，列数为 2，表格宽度为 778 像素，边框粗细、单元格边距和单元格间距均为 0 的表格，如图 13-58 所示。

图 13-57　插入库项目 k1

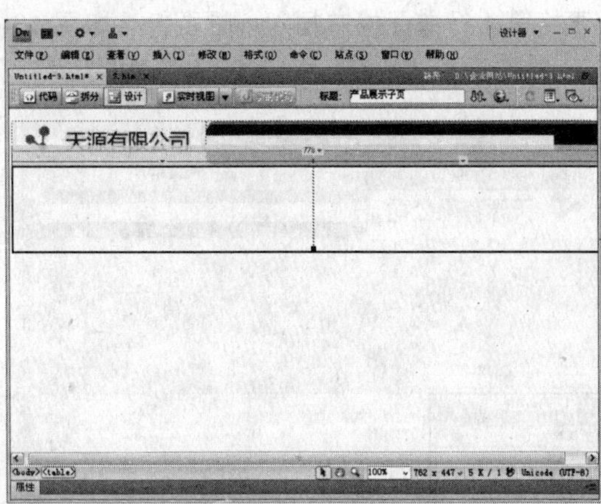

图 13-58　插入表格

3 选中插入的表格，单击 代码 按钮切换到代码视图，在<table width="778" border="0" cellpadding="0" cellspacing="0"后输入 background="image/tt1.jpg">，如图 13-59 所示，表示使用 tt1.jpg 作为表格的背景图像。

4 单击 设计 按钮返回到设计视图，将光标放置于表格第 1 列单元格中，然后插入一个 Flash 动画。选中插入的 Flash 动画，在“属性”面板上单击 参数... 按钮，弹出“参数”对话框，在“参数”文本框中输入 wmode，在“值”文本框中输入 transparent，如图 13-60 所示。完成后单击 确定 按钮。

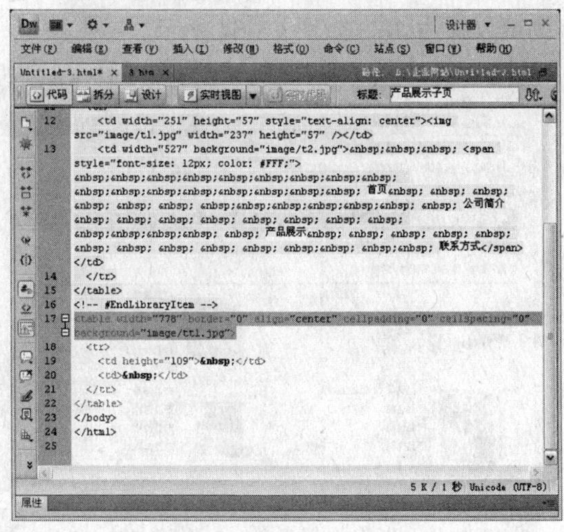

图 13-59　输入代码

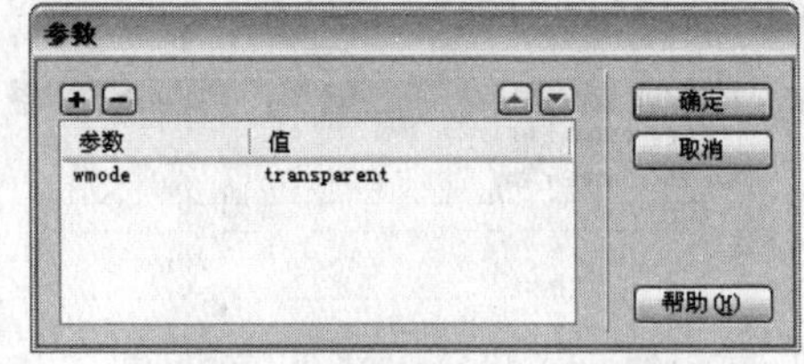

图 13-60　“参数”对话框

5 将光标放置于表格第 2 列单元格中，然后插入一个 Flash 动画。选中插入的 Flash 动画，在

“属性”面板上单击 参数... 按钮，弹出“参数”对话框，在“参数”文本框中输入 wmode，在“值”文本框中输入 transparent，完成后单击 确定 按钮。

6 将光标放置在页面空白处，插入一个 1 行 2 列，宽度为 778 像素的表格，在表格的左侧单元格中插入一个行数为 6，列数为 1，宽度为 100%的嵌套表格，分别在每一行中插入一个行数和列数都为 1，宽度为 100%的表格，并插入图像，输入相应的文字，水平对齐方式为“左对齐”，如图 13-61 所示。

7 在表格的右侧单元格中插入一个行数为 5，列数为 1，宽度为 100%的嵌套表格，然后在嵌套表格第 1 行单元格中插入一幅图像，如图 13-62 所示。

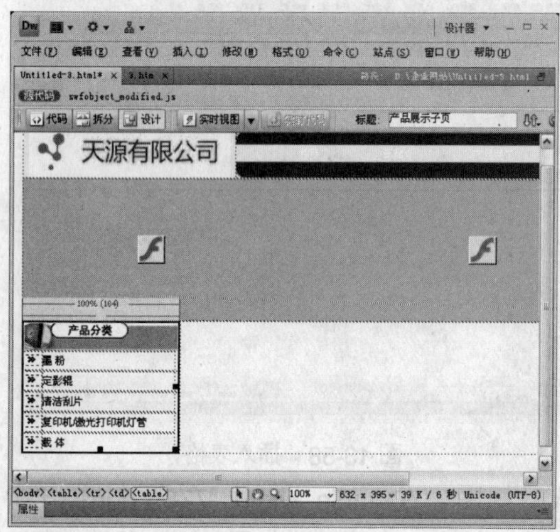
图 13-61　输入文字

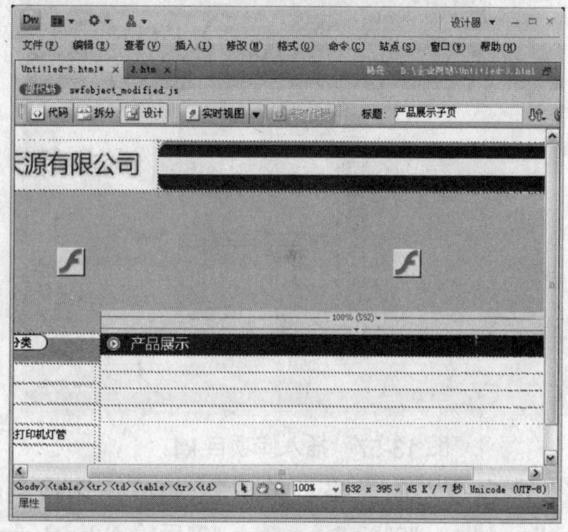
图 13-62　插入嵌套表格

8 在嵌套表格的第 2 行和第 3 行单元格中输入导航文字，将单元格的高度设为 30，对齐方式为“左对齐”，如图 13-63 所示。

9 在嵌套表格的第 4 行单元格中插入一个行数和列数都为 2，宽度为 100%，间距为 1 的表格，在每个单元格中分别插入行数为 5，列数为 3，单元格宽度为 100%，间距为 3 的嵌套表格，并将嵌套表格的第 1 列合并，插入相应的产品图片，在其他单元格中输入相应的产品名称和相关数据，并将对齐方式设置为“左对齐”，单元格高度设置为 18，如图 13-64 所示。

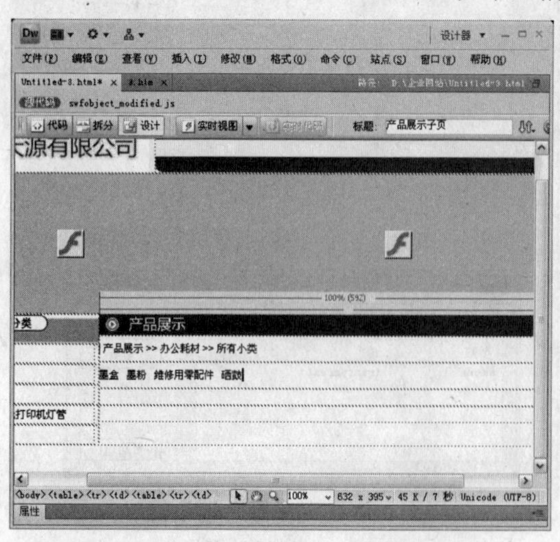
图 13-63　输入导航文字并设置空链接

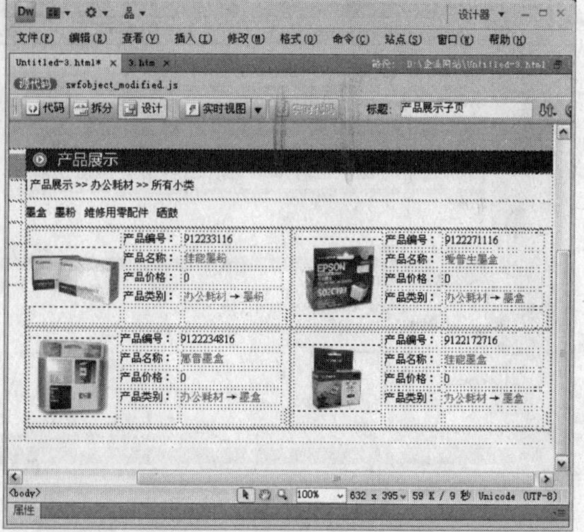
图 13-64　插入产品图片

10 在嵌套表格的第 5 单元格行中插入一个 1 行 1 列，宽度为 70%的表格，将表格设置为居中对齐，并输入文字，然后在“表单”面板上单击按钮插入一个列表菜单，在“属性”面板上将“类型”设置为“菜单”，高度设置为 1，单击 列表值... 按钮，弹出的“列表值”对话框，在“项目标签”中输入“第 1 页”，在“值”中输入 1，如图 13-65 所示，完成后单击 确定 按钮，页面如图 13-66 所示。

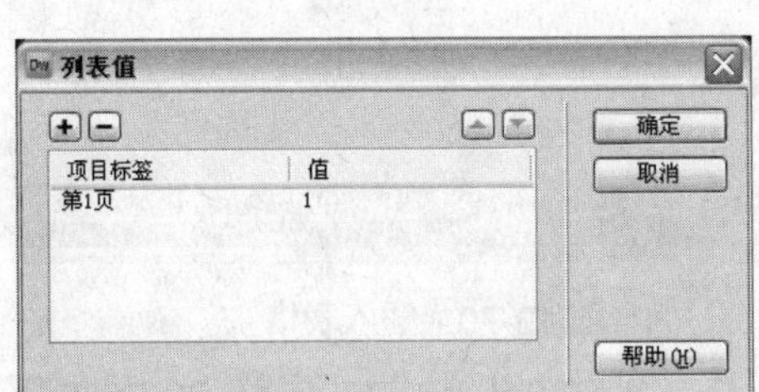

图 13-65　“列表值”对话框

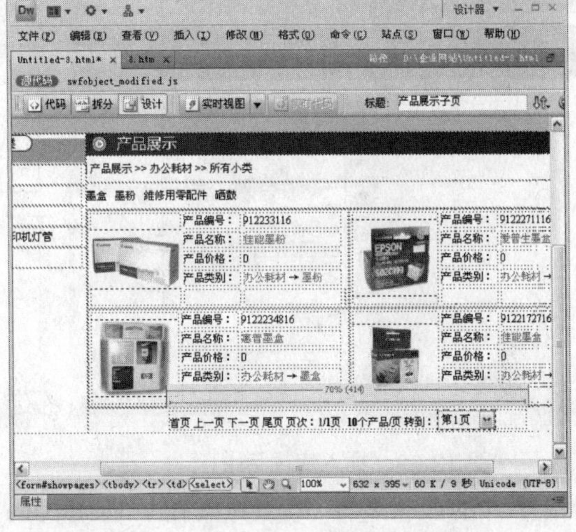

图 13-66　页面效果

11 将光标放置在页面空白处，在“资源”面板上选择 k2 库项目，单击 插入 按钮，插入库项目，如图 13-67 所示。

12 执行“文件→保存”命令，保存文件，并将文件命名为 index2.html，然后按 F12 键浏览，效果如图 13-68 所示。

图 13-67　插入库项目 k2

图 13-68　浏览网页

13.2.5　使用电子邮件链接创建联系方式页面

1 新建一个网页文件，在标题栏中输入“联系方式子页”，将光标设置居中。执行“窗口→资源”命令，打开“资源”面板，选择 k1 库项目，单击 插入 按钮，在页面中插入库项目，如图 13-69 所示。

2 执行“插入→表格”命令，插入一个 1 行 1 列，表格宽度为 778 像素，边框粗细、单元格边距和单元格间距均为 0 的表格，如图 13-70 所示。

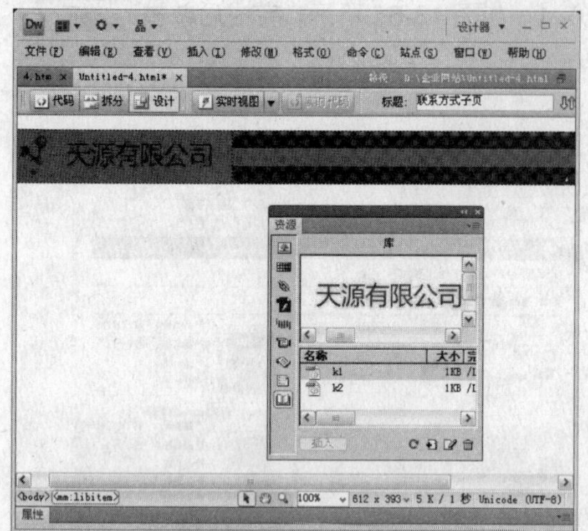

图 13-69 插入库项目 k1

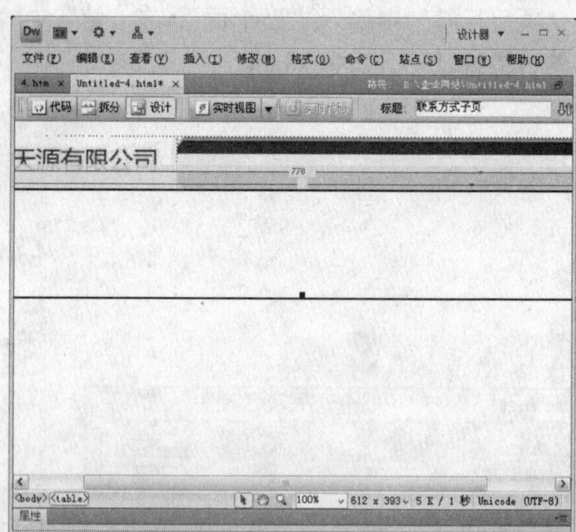

图 13-70 插入表格

3 选中插入的表格，单击 代码 按钮切换到代码视图，在<table width="778" border="0" cellpadding="0" cellspacing="0"后输入 background="image/tt2.jpg">，如图 13-71 所示，表示使用 tt2.jpg 作为表格的背景图像。

4 单击 设计 按钮返回到设计视图，将光标放置于表格中，然后插入一个 Flash 动画。选中插入的 Flash 动画，在“属性”面板上单击 参数... 按钮，弹出“参数”对话框，在“参数”文本框中输入 wmode，在“值”文本框中输入 transparent，如图 13-72 所示。完成后单击 确定 按钮。

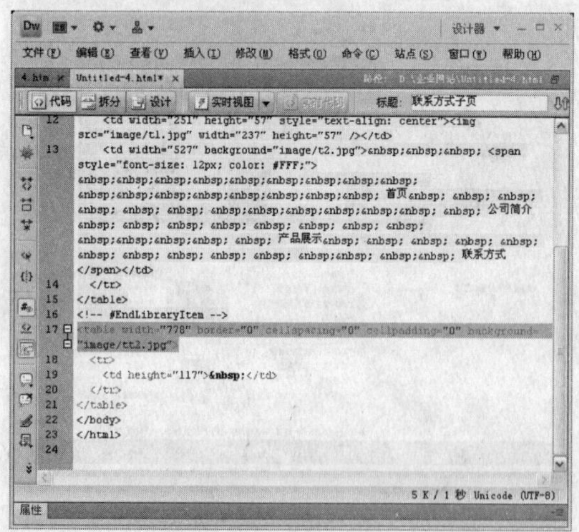

图 13-71 输入代码

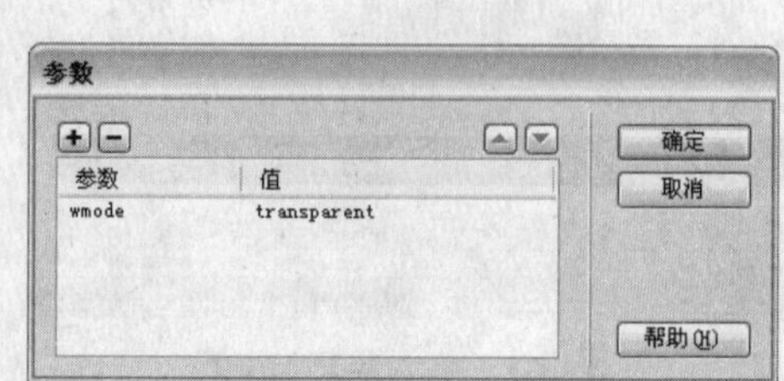

图 13-72 “参数”对话框

5 将光标放置在页面空白处，执行“插入→表格”命令，插入一个行数为 1，列数为 3，宽度为 778 像素的表格，如图 13-73 所示。

6 将光标放置于表格左侧的单元格中，在“属性”面板上将垂直对齐方式设置为“顶端”，然后执行“插入→图像”命令，在单元格中插入一幅图像，如图 13-74 所示。

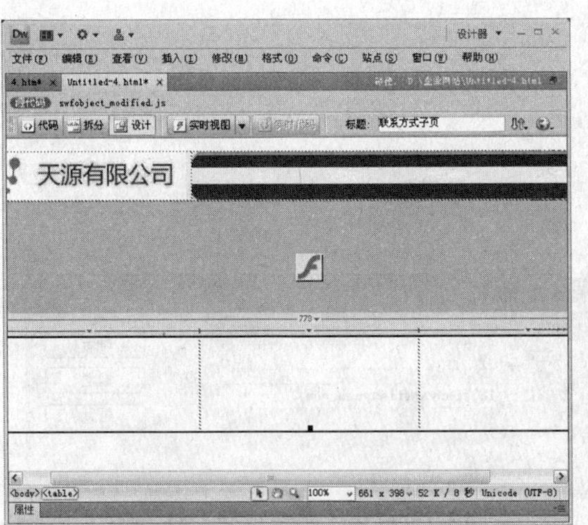

图 13-73　插入表格

图 13-74　插入图像

7 将光标放置于表格中间的单元格中，执行“插入→表格”命令，插入一个 2 行 3 列数，宽为 100%的嵌套表格，如图 13-75 所示。

8 将嵌套表格第 1 行所有单元格全部合并，然后在合并后的单元格中插入一幅图像，如图 13-76 所示。

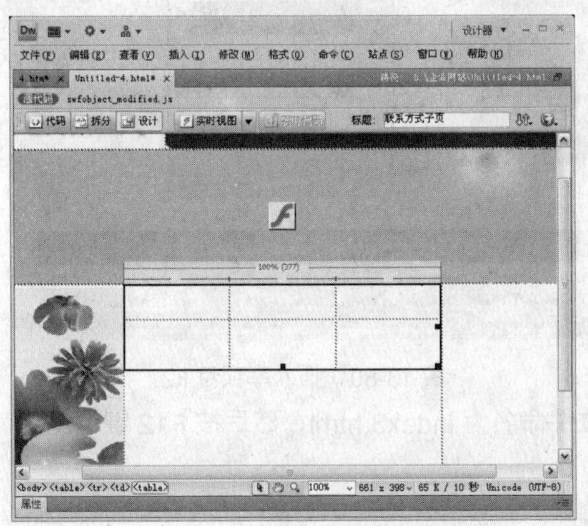

图 13-75　插入嵌套表格

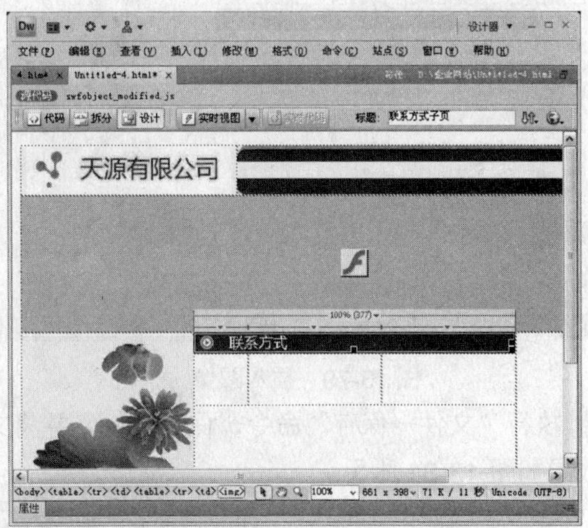

图 13-76　插入图像

9 将光标在嵌套表格第 2 行中间的单元格中，输入公司地址、联系电话等文字，如图 13-77 所示。

10 继续输入文字“电子信箱:”，然后执行“插入→电子邮件链接”命令，打开“电子邮件链接”对话框，在 E-Mail 文本框中输入公司的电子邮件地址，如图 13-78 所示。完成后单击 确定 按钮即可。

11 将光标放置于表格右侧的单元格中，执行“插入→图像”命令，在该单元格中插入一幅图像，如图 13-79 所示。

12 将光标放置于页面空白处，在“资源”面板上选择 k2 库项目，单击 插入 按钮插入库项目，如图 13-80 所示。

图 13-77　输入文字

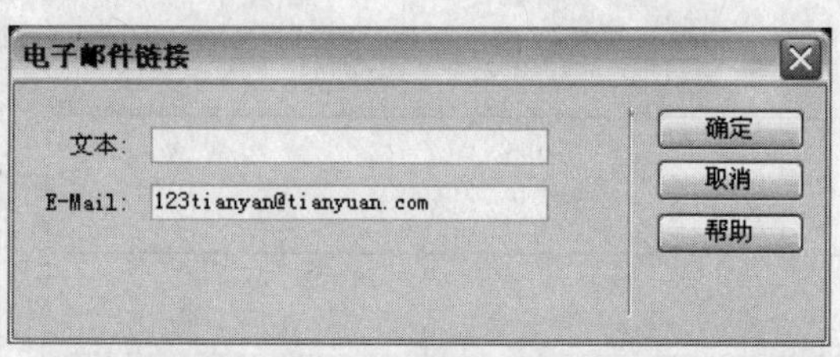

图 13-78　“电子邮件链接”对话框

图 13-79　插入图像

图 13-80　插入库项目 k2

13 执行“文件→保存”命令，保存文件，并将文件命名为 index3.html，然后按 F12 键浏览，效果如图 13-81 所示。

图 13-81　浏览网页

13.2.6 更改库项目

1 打开“资源”面板，在“资源”面板单击“库”按钮，选中 k1 库项目并右击，在弹出的菜单中执行“编辑”命令或者单击“资源”面板下面的按钮，打开库项目，如图 13-82 所示。

2 选择导航栏中的文字“首页”，单击“属性”面板上的“链接”文本框后的按钮，在弹出的“选择文件”对话框中选择 index.html 文件，如图 13-83 所示。

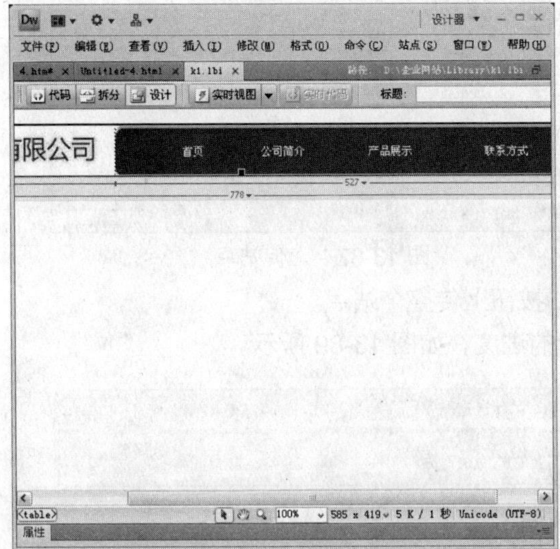

图 13-82 打开库项目 k1

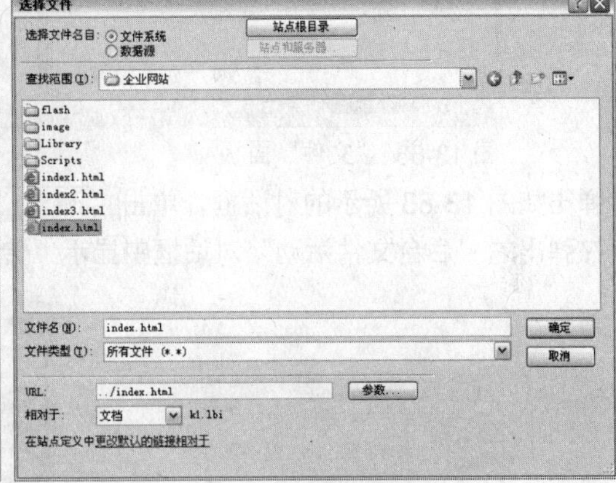

图 13-83 选择文件

3 同样的方法，将导航栏中其余的文字分别链接到 index1.html、index2.html 和 index3.html 文件。

4 按 Ctrl+S 组合键保存页面，在弹出的“更新库项目”对话框中，单击 更新(U) 按钮，如图 13-84 所示。更新完毕后在“更新页面”对话框中单击 关闭(C) 按钮，如图 13-85 所示。

图 13-84 “更新库项目”对话框

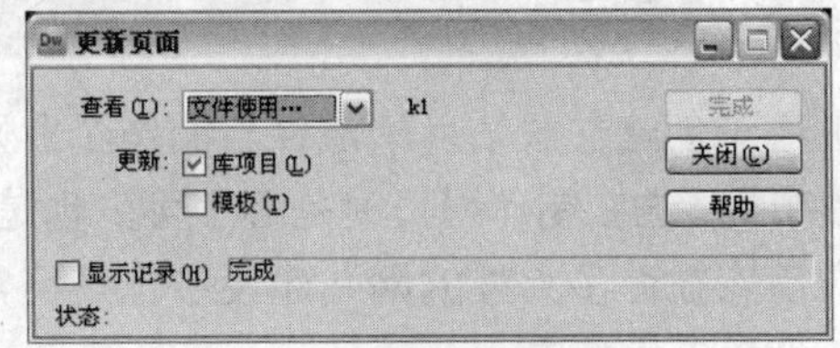

图 13-85 “更新页面”对话框

13.2.7 上传站点

网站所有的页面都制作好了，下一步就要把它上传到 Internet 上供大家欣赏。首先需要申请一个域名空间，可以申请免费个人空间或者向域名服务商购买空间。

对于站点的上传，如果服务器支持 FTP 传输方式，可以使用专门的上传工具，如 CuteFTP、LeapFTP 等。

如果没有这些工具，也可直接通过 Dreamweaver 来上传站点。具体的操作步骤如下：

1 执行“窗口→文件”命令，打开“文件”面板，在面板上单击“扩展/折叠”按钮，如图 13-86 所示。

2 在展开的“文件”面板上单击“链接到远程主机”按钮，然后单击“上传文件”按钮，如图 13-87 所示。

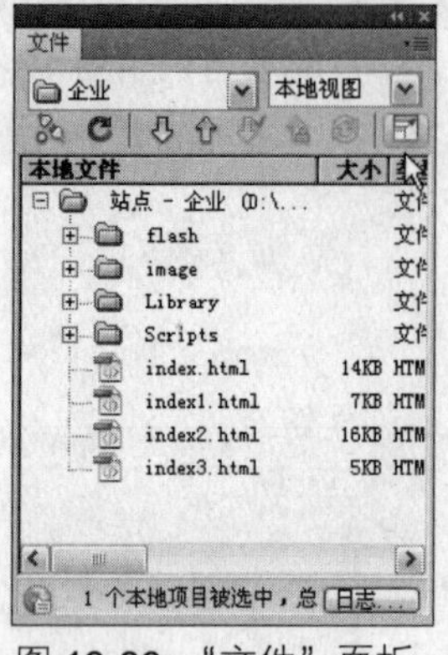

图 13-86 “文件”面板

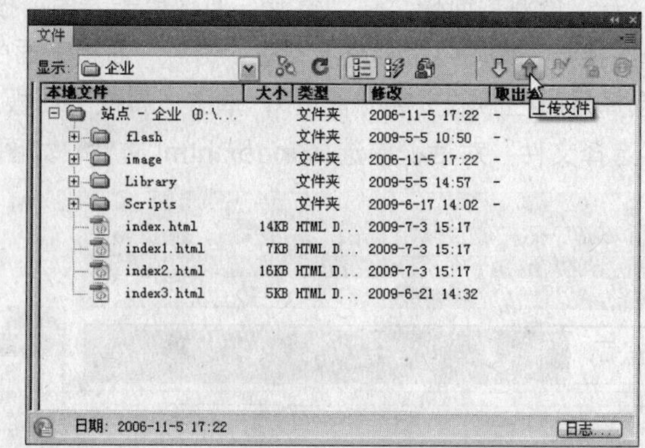

图 13-87 上传站点

3 弹出如图 13-88 所示的对话框，单击 确定 按钮上传整个站点。

4 在弹出的“后台文件活动”对话框中显示上传的进度，如图 13-89 所示。

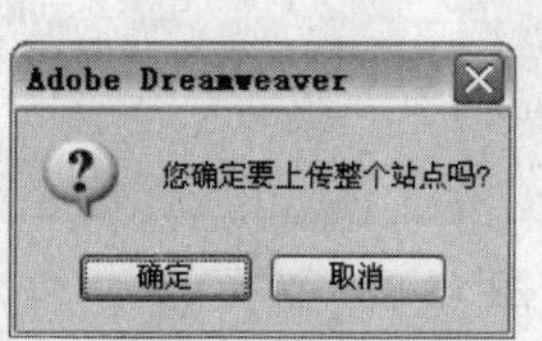

图 13-88 上传站点确认对话框

图 13-89 “后台文件活动”对话框

5 上传完毕后单击“断开链接”按钮即可。然后输入申请的网址，就可以在 Internet 上浏览并测试制作好的网页了。

13.3 巩固与提高

本章讲述了创建一般站点的流程与制作企业网站的方法。制作的企业网站主要运用了表格的布局，这在制作网页时是必不可少也是必须掌握的 Dreamweaver 的基础技巧之一。应用库在许多大型的网站建设中也是经常使用的方法，使用库项目可以大大提高网站建设的工作效率。

Study

第 14 章

房地产网站

本章将以制作房地产网站为实例，针对客户提出的延续清新、明快、温馨的风格，还要突出活泼、时尚、优雅的特点，设计师使用紫色为网站主色调，并通过典型商业网站布局对网站进行设计，引导读者将前面所学的知识和技巧运用到网页设计当中。

学习指南

- 创建站点
- 制作网站
- 添加网站内部链接

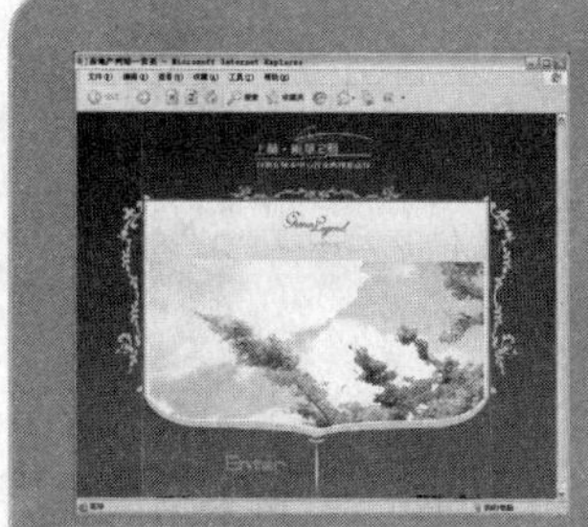

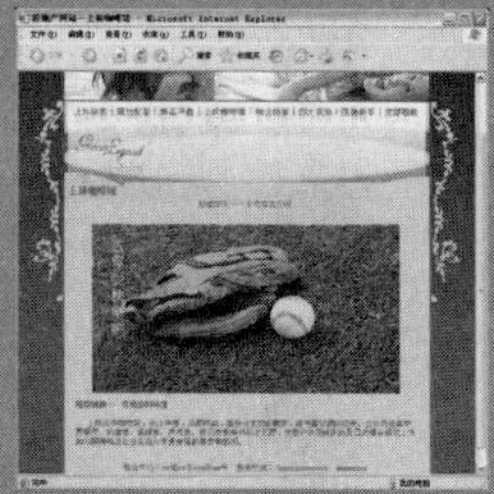

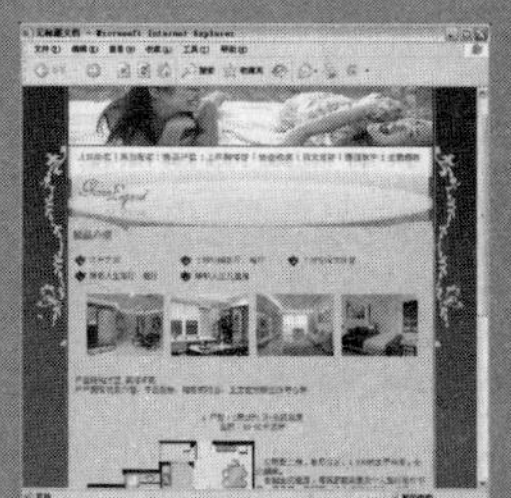

精彩实例效果展示 ▲

14.1 制作房地产网站

作为一家成熟的房地产开发公司开发的新楼盘——上林风华 2 期，需要一个能够很好地代表楼盘形象的网站。网站中不但要大力介绍新楼盘的优点，如精品户型、规划配套、周边环境等；还要介绍开发公司的最新动态，因为建立网站的最终目的是宣传公司。

上林风华 2 期是一处以都市白领为主要购买对象的高档公寓。根据客户的要求，其网站不但要延续清新、明快、温馨的风格，还要突出活泼、时尚、优雅的特点。因此，在网页配色方面，不宜选用过于阴暗的颜色，因为是针对年轻人，所以选用代表时尚、优雅的紫色为主色，同时与灰色搭配。

网页上表达楼盘信息的文字不宜过大或过小，过大会显得突兀；过小则让浏览者阅读起来感到吃力。

另外，网站页面布局应采用较经典的商业网站布局，主体内容在网页中间显示，让浏览者很容易地了解到关于该楼盘的各种信息。

本例房地产网站效果如图 14-1 所示。

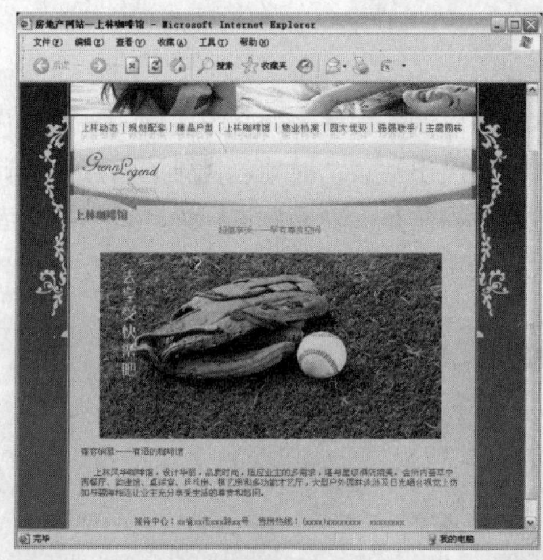

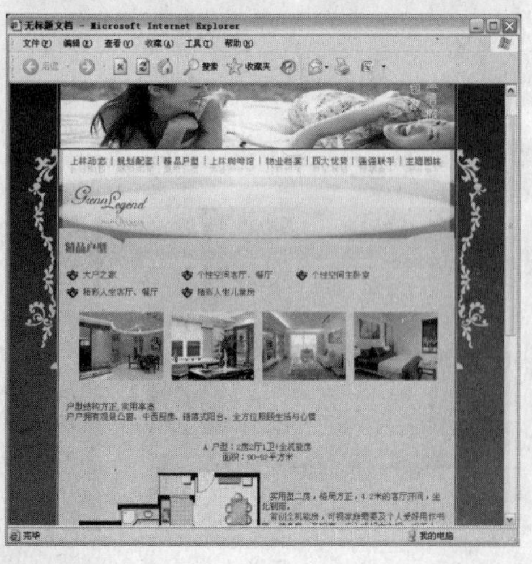

图 14-1 完成效果

14.1.1　创建站点

1 在硬盘上建立一个新文件夹作为本地根文件夹，用来存放相关文档。如在 D 盘根目录下创建一个名为“房地产网站”的文件夹，在房地产网站文件夹里再创建一个名为 images 的文件夹和一个名为 flash 的文件夹，分别用来存放网站中用到的图像文件和媒体文件。

2 启动 Dreamweaver CS4，执行“站点→新建站点”命令，弹出“站点定义为”对话框。单击上方的“高级”选项，在“站点名称”文本框中输入“房地产”三个字。单击“本地根文件夹”文本框右侧的文件夹按钮，选择刚刚在 D 盘根目录下创建的名为“房地产网站”的文件夹。单击“默认图像文件夹”文本框右侧的文件夹按钮，选择在“房地产网站”文件夹里创建的名为 images 的文件夹。设置完成后，对话框如图 14-2 所示。

3 单击 确定 按钮，站点就创建好了，并且显示在“文件”面板上，如图 14-3 所示。

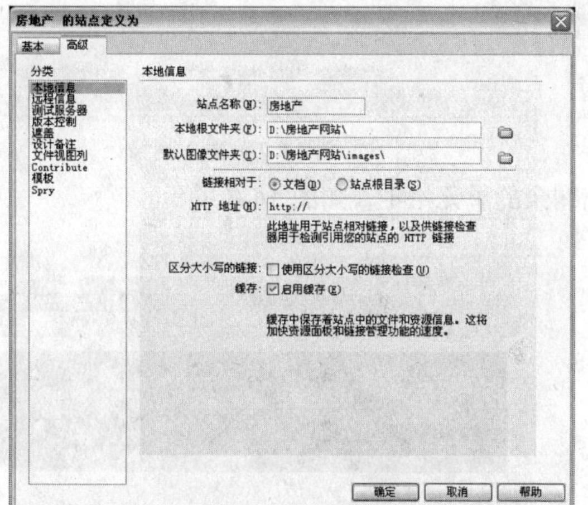

图 14-2　定义站点

图 14-3　“文件”面板

14.1.2　制作网站

1．制作首页

1 执行“文件→新建”命令，新建一个网页文档，在文档中将“标题”命名为“房地产网站—首页”，如图 14-4 所示。

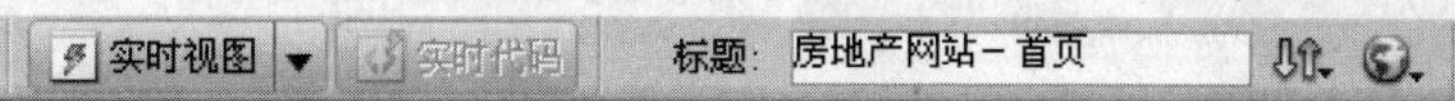

图 14-4　设置标题

2 执行“插入→表格”命令，插入一个 1 行 4 列，宽为 662 像素的表格，并在“属性”面板上将其对齐方式设置为居中对齐，“填充”和“间距”都设置为 0，表格效果如图 14-5 所示。

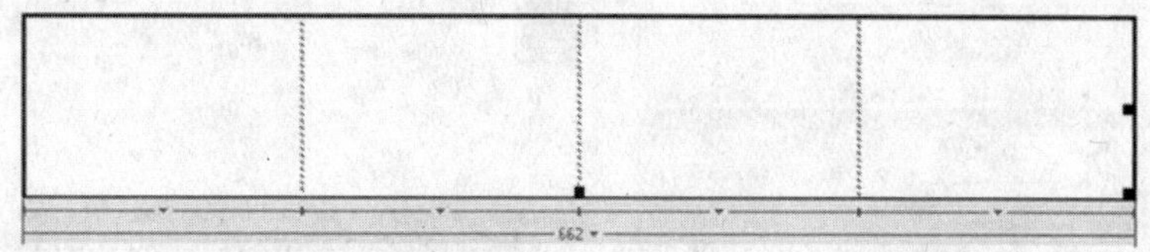

图 14-5　插入表格

3 分别将表格中 4 个单元格的宽度设置为 53 像素、278 像素、278 像素、53 像素，高度都设

置为 141 像素，如图 14-6 所示。

4 将光标放置于左侧的单元格中，执行“插入→图像”命令，将一幅图像插入到单元格中，如图 14-7 所示。

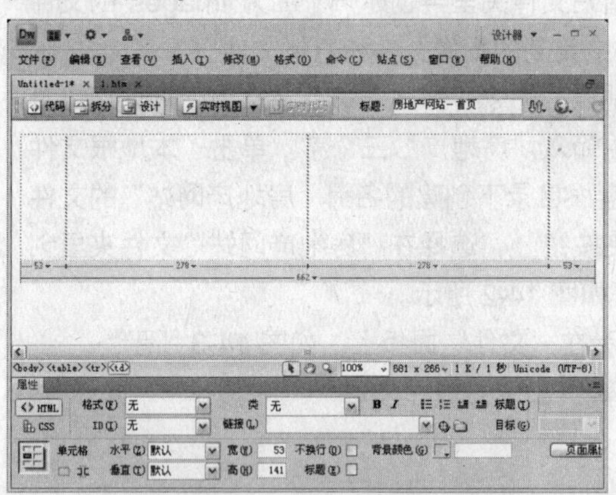

图 14-6　设置单元格宽度与高度

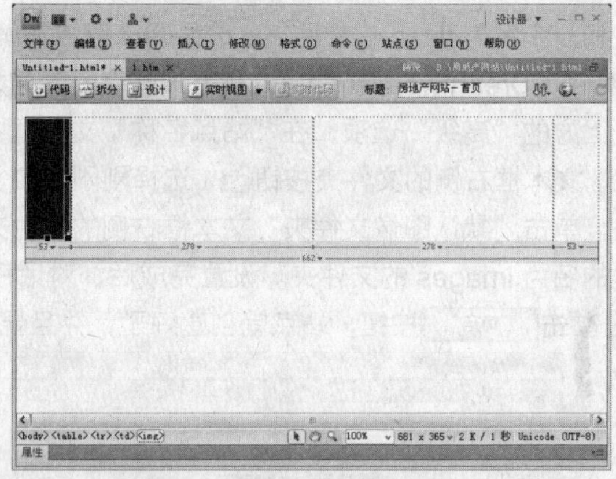

图 14-7　插入图像

5 按照同样的方法，将三幅图像分别插入到剩余的单元格中，如图 14-8 所示。

6 执行“插入→表格”命令，插入一个 1 行 4 列，宽为 662 像素的表格，并在“属性”面板上将其对齐方式设置为居中对齐，“填充”和“间距”都设置为 0。然后将表格中 4 个单元格的宽度分别设置为 53 像素、278 像素、278 像素、53 像素，高度都设置为 93 像素，如图 14-9 所示。

7 将光标放置于左侧的单元格中，执行“插入→图像”命令，将一幅图像插入到单元格中，如图 14-10 所示。

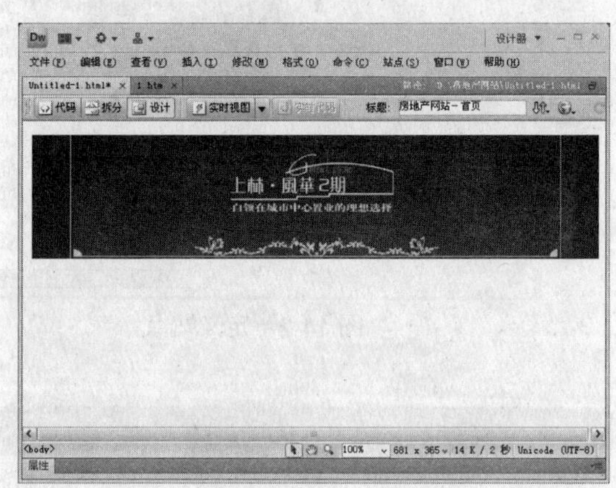

图 14-8　插入图像

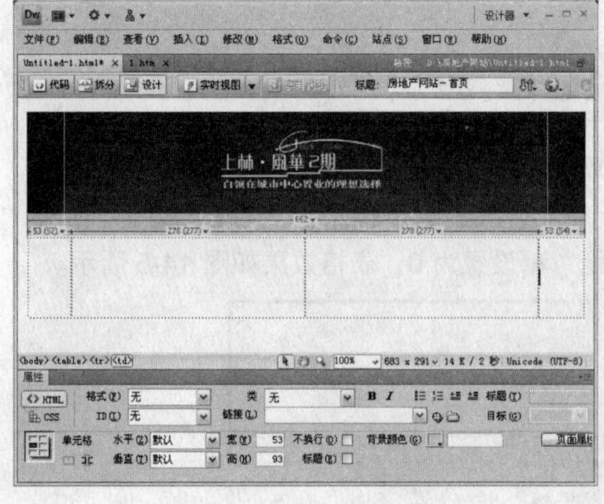

图 14-9　插入表格

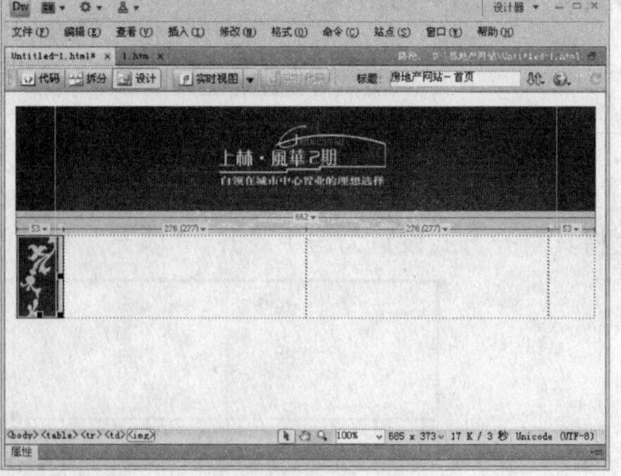

图 14-10　插入图像

8 按照同样的方法，将三幅图像分别插入到剩余的单元格中，如图 14-11 所示。

9 执行“插入→表格”命令，插入一个 2 行 4 列，宽为 662 像素的表格，并在“属性”面板上将其对齐方式设置为居中对齐，“填充”和“间距”都设置为 0。然后将刚插入的第 1 行表格中间的两个单元格合并，如图 14-12 所示。

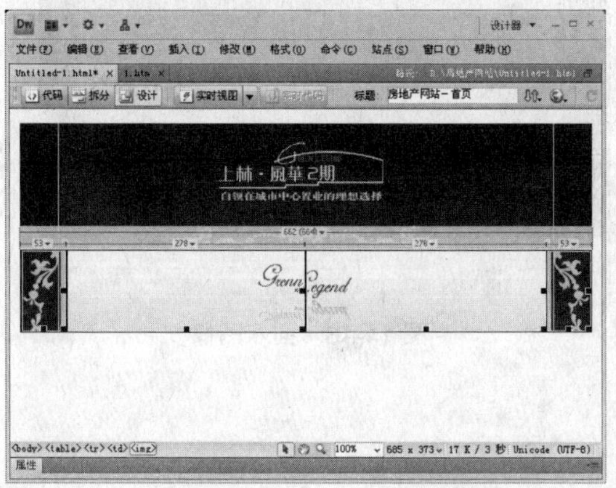

图 14-11　插入图像

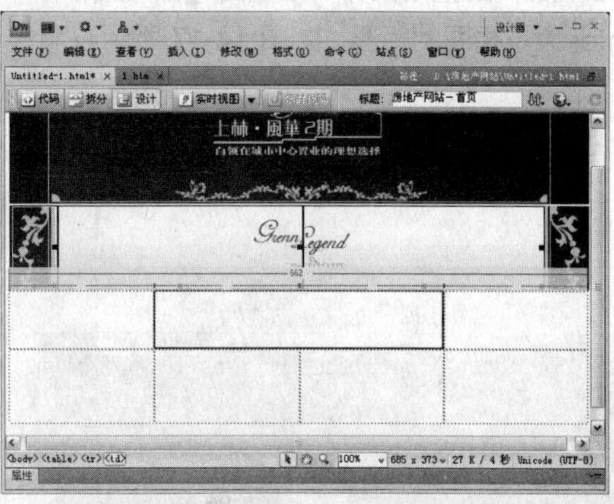

图 14-12　合并单元格

10 将第 1 行 3 个单元格的宽度分别设置为 53 像素、556 像素、53 像素，高度都设置为 271 像素。然后将光标放置于第 1 行左侧的单元格中，执行“插入→图像”命令，将一幅图像插入到单元格中，如图 14-13 所示。

11 将光标放置于第 1 行中间的单元格中，为单元格设置一幅背景图像，如图 14-14 所示。

12 在第 1 行右侧的单元格中插入一幅图像，将光标放置于第 1 行中间的单元格中，执行“插入→媒体→SWF”命令，将一个 Flash 动画插入到单元格中，如图 14-15 所示。

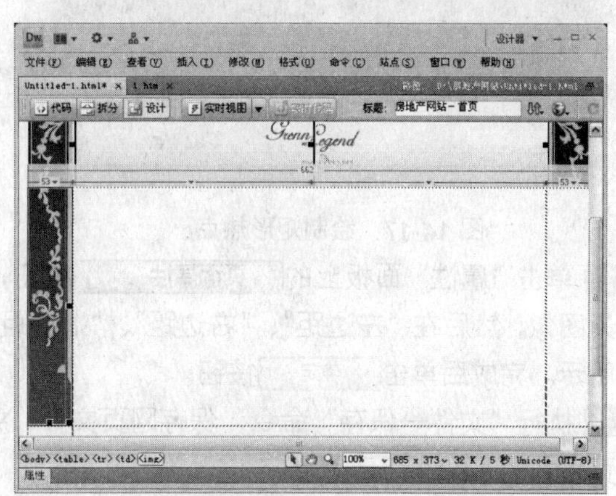

图 14-13　插入图像

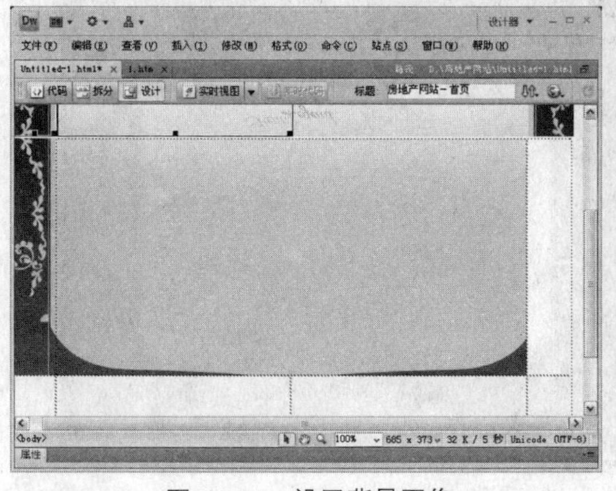

图 14-14　设置背景图像

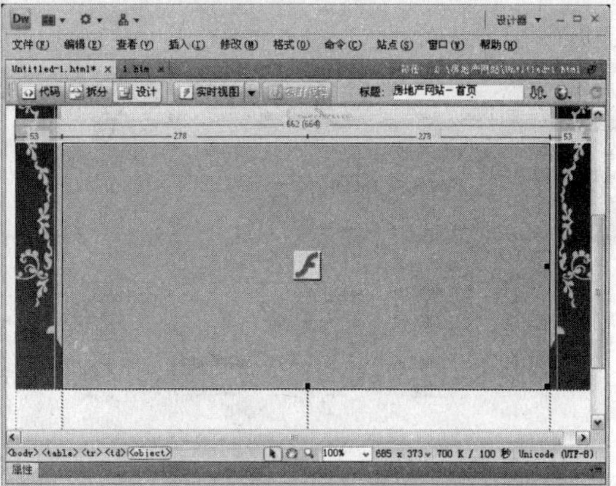

图 14-15　插入 Flash 动画

13 将第 2 行 4 个单元格的宽度分别设置为 53 像素、278 像素、278 像素、53 像素，高度都设置为 117 像素。然后将 4 幅图像分别插入到这 4 个单元格中，如图 14-16 所示。

14 选中第 2 行第 2 个单元格中的图片，在“属性”面板上单击“矩形热点工具”□，然后在图片上拖动鼠标，绘制出一个与文本 Enter 大小相同的矩形，如图 14-17 所示。

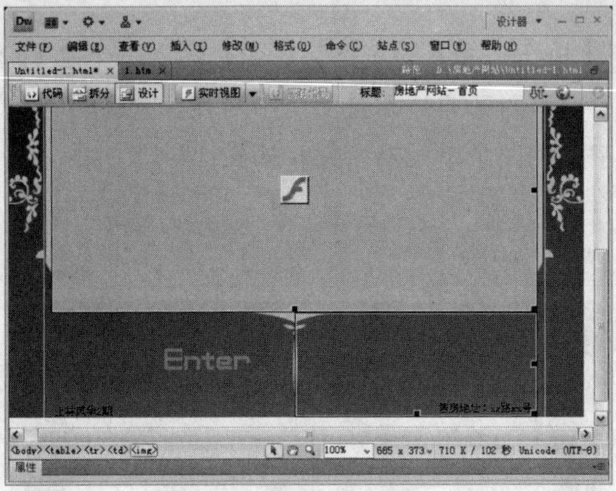

图 14-16　插入图像

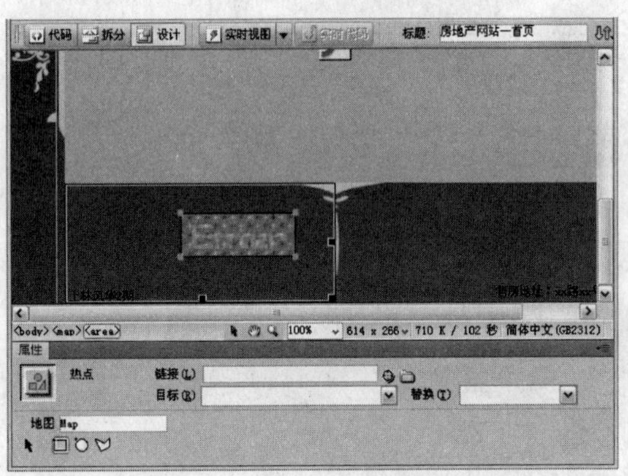

图 14-17　绘制矩形热点

在图片上绘制矩形热点是为了整个网站制作完成后，在首页与各个子页之间建立超级链接。

15 单击“属性”面板上的 页面属性... 按钮，弹出“页面属性”对话框，为网页设置一幅背景图像，然后在“左边距”、“右边距”、“上边距”和“下边距”文本框中都输入 0，如图 14-18 所示。完成后单击 确定 按钮。

16 执行“文件→保存”命令，保存网页文件，并命名为 index1.htm。完成后按 F12 键浏览网页，如图 14-19 所示。

图 14-18　“页面属性”对话框

图 14-19　浏览网页

2．制作上林动态子页

1 新建一个网页文件，执行“插入→表格”命令，插入一个 1 行 3 列，宽为 662 像素的表格，并在“属性”面板上将其对齐方式设置为居中对齐，“填充”和“间距”都设置为 0。然后将表格 3 个单元格的宽度分别设置为 48 像素、575 像素、47 像素，高度都设置为 141 像素，如图 14-20 所示。

2 分别执行“插入→图像”命令，将两幅图像插入到第 1 行左右两个单元格中，如图 14-21 所示。

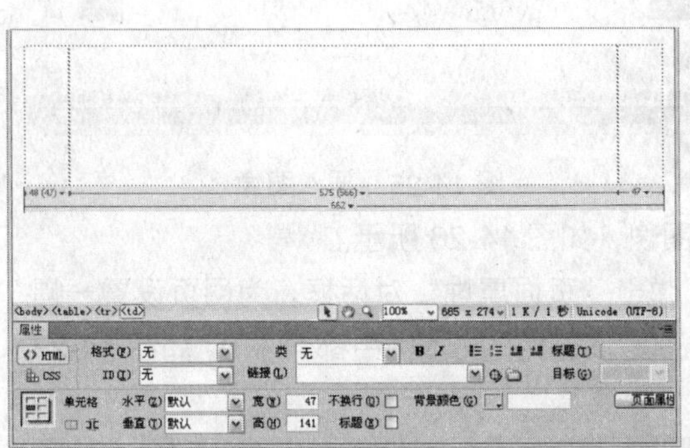

图 14-20　插入表格

图 14-21　插入图像

3 将光标放置于中间的单元格中，执行“插入→媒体→SWF”命令，将一个 Flash 动画插入到单元格中，如图 14-22 所示。

4 执行“插入→表格”命令，插入一个 3 行 3 列，宽为 662 像素的表格，并在“属性”面板上将其对齐方式设置为居中对齐，“填充”和“间距”都设置为 0。将中间 1 列单元格全部合并，如图 14-23 所示。

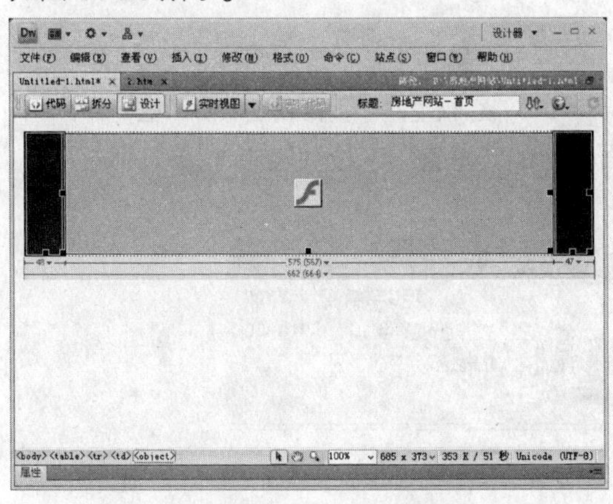

图 14-22　插入 Flash 动画

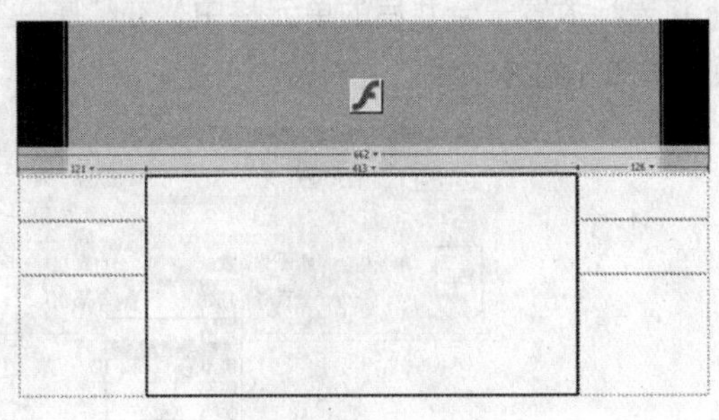

图 14-23　合并单元格

5 将第 1 行左右两个单元格的宽度分别设置为 48 像素、47 像素，高度都设置为 93 像素。然后将两幅图像分别插入到这两个单元格中，如图 14-24 所示。

6 将第 2 行左右两个单元格的宽度分别设置为 48 像素、47 像素，高度都设置为 271 像素，然后将两幅图像分别插入到这两个单元格中，如图 14-25 所示。

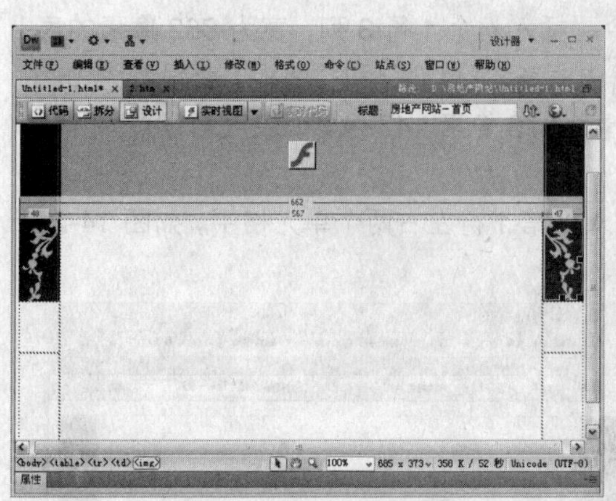

图 14-24　插入图像

图 14-25　插入图像

7 分别为表格第 3 行左右两侧的单元格设置背景图像，如图 14-26 所示。

8 单击“属性”面板上的 页面属性... 按钮，弹出“页面属性”对话框，为网页设置一幅背景图像，然后在“左边距”、“右边距”、“上边距”和“下边距”文本框中都输入 0，如图 14-27 所示。完成后单击 确定 按钮。

图 14-26　设置背景图像

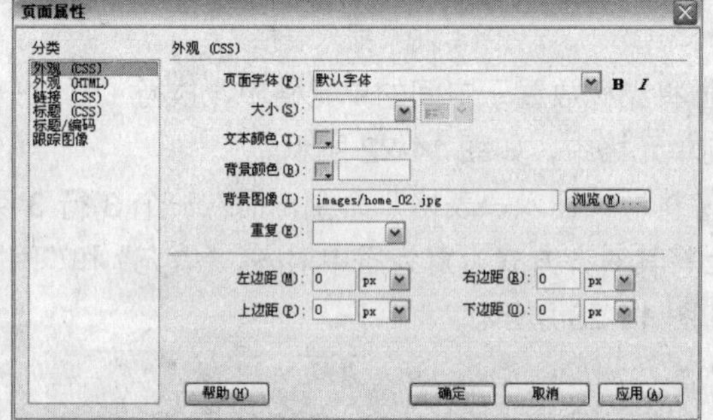

图 14-27　“页面属性”对话框

9 将光标放置于合并后的单元格中，在“属性”面板上的“垂直”下拉列表中选择“顶端”选项，如图 14-28 所示。

图 14-28　选择“顶端”选项

10 执行“插入→表格”命令，插入一个 6 行 3 列，宽为 100%，边框粗细为 1 的嵌套表格，并在“属性”面板上将“填充”和“间距”都设置为 0，如图 14-29 所示。

11 将嵌套表格第 1 行单元格合并，然后将一幅图片插入到单元格中。选中插入的图片，在“属性”面板上单击“矩形热点工具”，然后在图片上按下鼠标左键并拖动鼠标，创建出如图 14-30 所示的矩形热点，方便网站制作完成后添加超级链接。

小提示

设置嵌套表格边框粗细为 1 是为了操作方便，在页面制作完成后，需要将边框粗细设置的值删除。

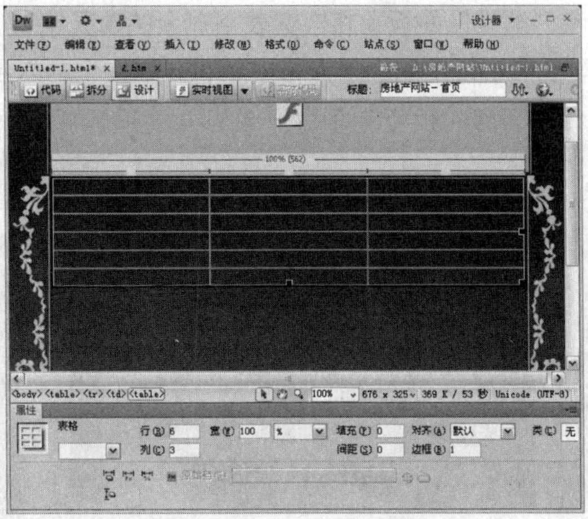

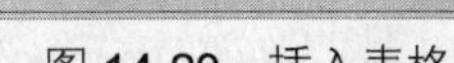

图 14-29 插入表格

12 将嵌套表格第 2 行单元格合并，然后将一幅图像插入到单元格中，如图 14-31 所示。

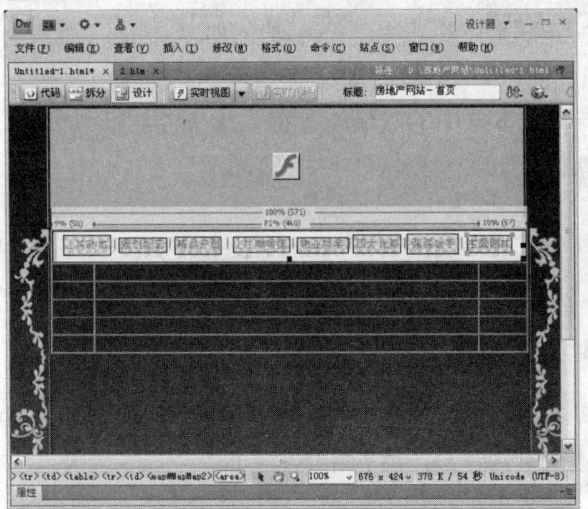

图 14-30 创建矩形热点

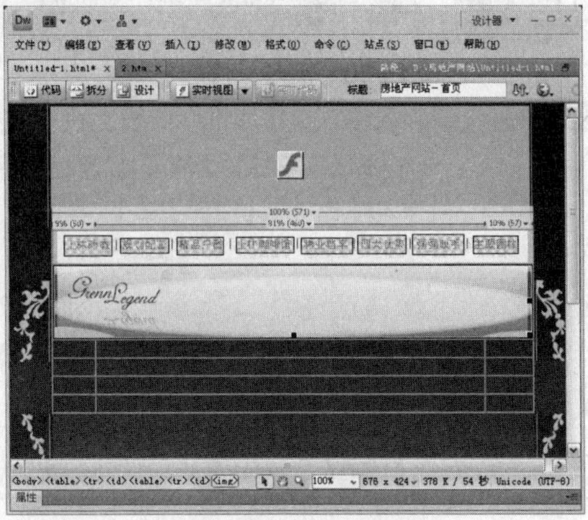

图 14-31 插入图像

13 将嵌套表格第 3 行单元格合并，并为其设置一幅背景图像。然后再次将光标放置于该单元格中，在“属性”面板上的“水平”下拉列表中选择“左对齐”选项，在“垂直”下拉列表中选择“顶端”选项，最后在该单元格中插入一幅图像，如图 14-32 所示。

小提示

在“水平”下拉列表中选择“左对齐”选项，在“垂直”下拉列表中选择“顶端”选项是为了在插入图片时，图片能在单元格的最左方与最顶端处显示。

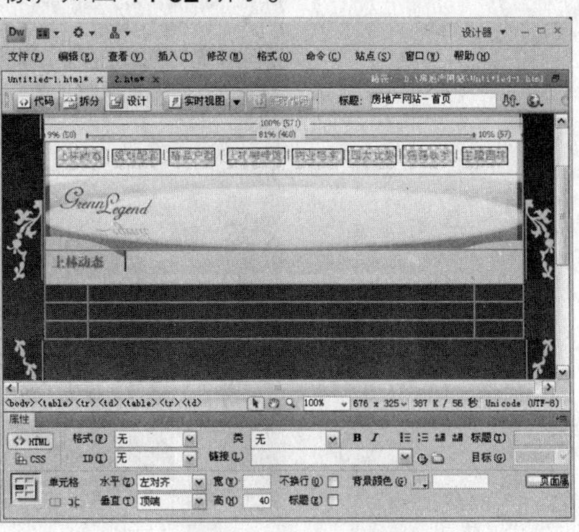

图 14-32 插入图像

14 在“属性”面板上将嵌套表格剩余的单元格背景颜色设置为灰色（#D7D7D7），然后将光标放置于第 4 行中间的单元格中，将一幅图像插入到单元格中，如图 14-33 所示。

15 分别在第 4 行与第 5 行中间的单元格中输入文本，文本大小为 12 像素，如图 14-34 所示。

图 14-33 插入图像

图 14-34 输入文本

16 选中整个嵌套表格，在“属性”面板上将“边框”文本框中的数值 1 删除，如图 14-35 所示。

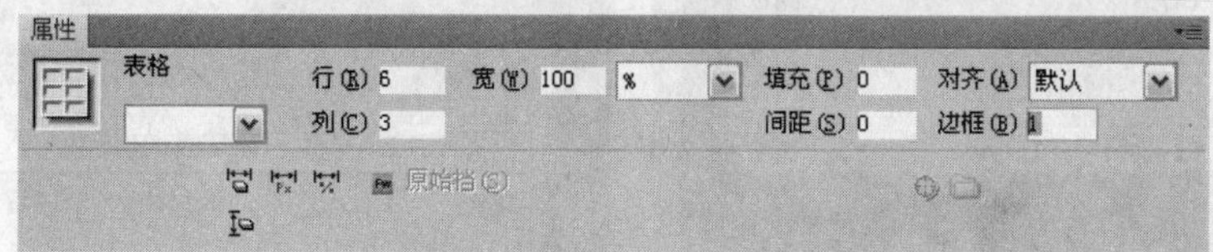

图 14-35 删除边框值

17 在“标题栏”处将标题设置为“房地产网站—上林动态子页”，如图 14-36 所示。

图 14-36 设置标题

18 执行“文件→保存”命令，将网页文档保存，并命名为 index2.htm。完成后按 F12 键浏览网页，如图 14-37 所示。

图 14-37 浏览网页

3．制作规划配套子页

1 新建一个网页文件，在“标题栏”处将标题设置为“房地产网站—规划配套子页”，如图 14-38 所示。

2 按照制作上林动态子页所讲述的方法，制作出如图 14-39 所示的网页元素。

图 14-38　设置标题

图 14-39　制作网页元素

3 将光标放置于中间的单元格中，在“属性”面板上的“垂直”下拉列表中选择“顶端”选项。然后执行“插入→表格”命令，插入一个 7 行 1 列，宽为 100%，边框粗细为 0，“填充”与“间距”都为 0 的嵌套表格，如图 14-40 所示。

小提示

将插入表格的宽度设置为 100%，当浏览者将网页缩小或放大时，表格才不会变形。

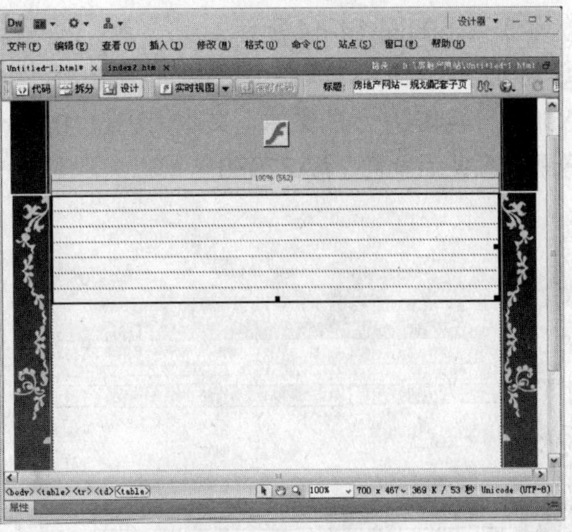

图 14-40　插入嵌套表格

4 将光标放置于嵌套表格第 1 行单元格中，在“属性”面板上将单元格的高度设置为 37 像素，然后将一幅图像插入到单元格中。最后使用“矩形热点工具”，在图片的每组导航文字上创建出矩形热点，如图 14-41 所示。

5 将光标放置于嵌套表格第 2 行单元格中，在该单元格中插入一幅图像，如图 14-42 所示。

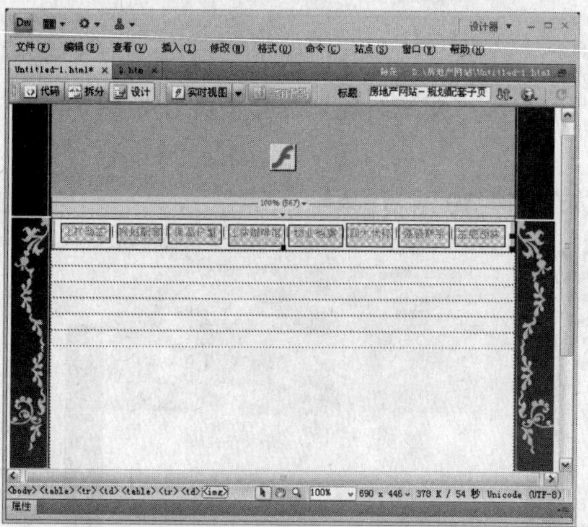
图 14-41　插入图像并创建矩形热点

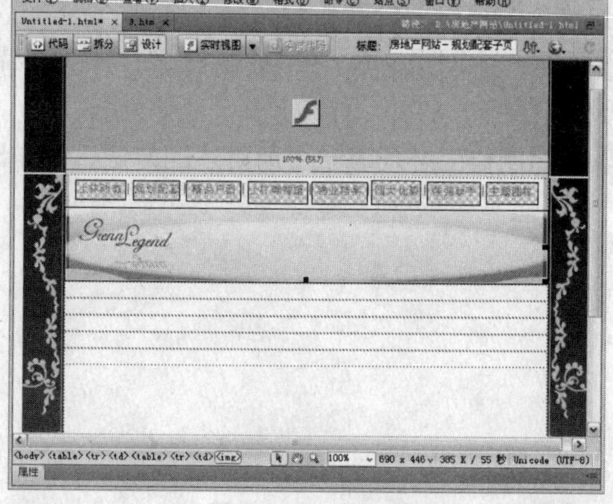
图 14-42　插入图像

6 将光标放置于嵌套表格第 3 行单元格中，将一幅图像设置为单元格的背景图像。然后再次将光标放置于该单元格中，在“属性”面板上的“水平”下拉列表中选择“左对齐”选项，在“垂直”下拉列表中选择“顶端”选项，将一幅图像插入到单元格中，如图 14-43 所示。

7 将嵌套表格第 4 行单元格的背景颜色设置为灰色（#D7D7D7），然后在单元格中单击鼠标右键，在弹出的快捷菜单中选择“表格→拆分单元格”命令，将单元格拆分为 3 列，如图 14-44 所示。

8 将光标放置于拆分后中间的单元格中，输入如图 14-45 所示的文本，文本大小为 12 像素，颜色为紫色（#A22970）。

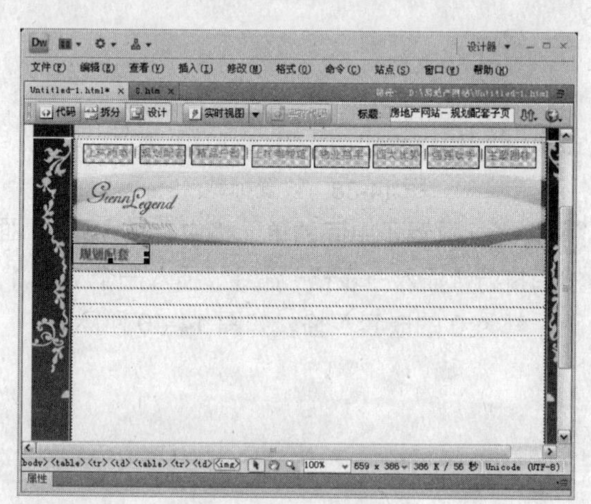
图 14-43　插入图像

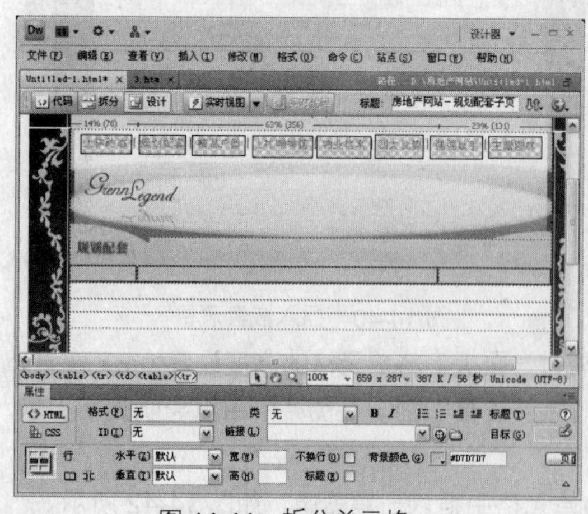
图 14-44　拆分单元格

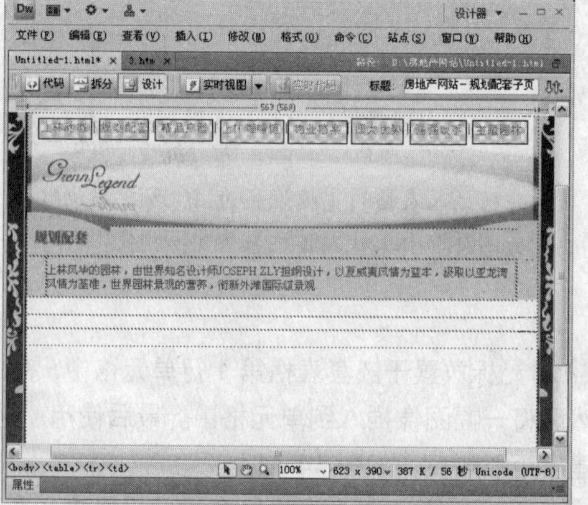
图 14-45　输入文本

9 将嵌套表格第 5 行单元格的背景颜色设置为灰色（#D7D7D7），并将单元格拆分为 3 列。然后将两幅图像插入到中间的单元格中，如图 14-46 所示。

10 将嵌套表格第 5 行与第 6 行单元格的背景颜色设置为灰色（#D7D7D7），在这两行单元格中输入文本，文本大小为 12 像素，将第 6 行单元格中文本的颜色设置为紫色（#A22970），将第 7 行单元格中文本的颜色设置为浅紫色（#85486A），如图 14-47 所示。

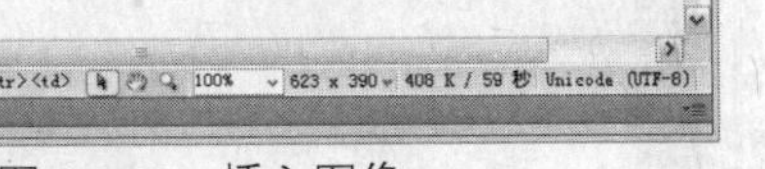

图 14-46　插入图像

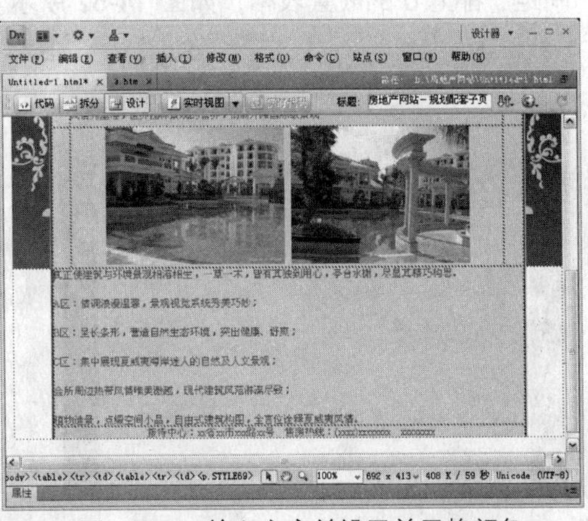

图 14-47　输入文字并设置单元格颜色

11 单击“属性”面板上的 页面属性... 按钮，弹出“页面属性”对话框，为网页设置一幅背景图像，然后在“左边距”、“右边距”、“上边距”和“下边距”文本框中都输入 0，如图 14-48 所示。完成后单击 确定 按钮。

12 执行“文件→保存”命令，保存网页文档，命名为 index3.htm。完成后按 F12 键浏览网页，如图 14-49 所示。

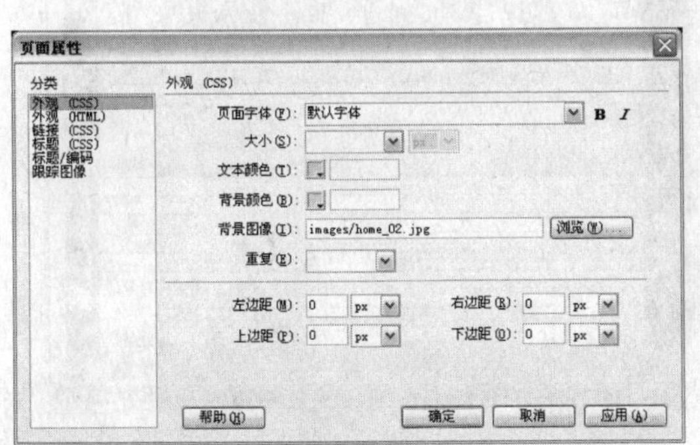

图 14-48　“页面属性”对话框

图 14-49　浏览网页

4．制作精品户型子页

1 新建一个 HTML 基本页，在“标题栏”处将标题设置为“房地产网站－精品户型子页”，如图 14-50 所示。

图 14-50　设置标题

2 按照“制作规划配套子页”一节中所讲的方法，制作出如图 14-51 所示的网页元素。

3 将光标放置于中间的单元格中，在“属性”面板上的“垂直”下拉列表中选择“顶端”选项。然后执行“插入→表格”命令，插入一个 12 行 3 列，宽为 100%，边框粗细为 0，“填充”与“间距”都为 0 的嵌套表格，如图 14-52 所示。

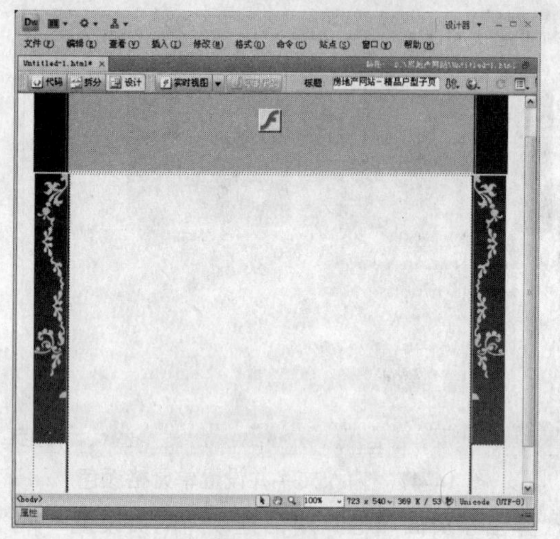

图 14-51　制作网页元素

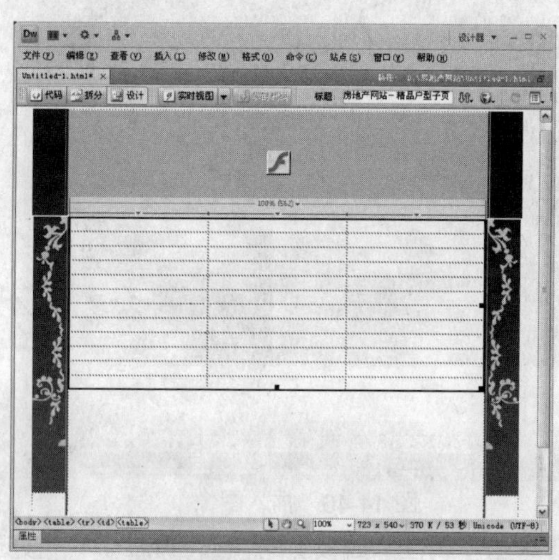

图 14-52　插入嵌套表格

4 将嵌套表格第 1 行单元格合并，在“属性”面板上将单元格的高度设置为 37 像素，然后将一幅图像插入到单元格中。最后使用“矩形热点工具”，在图片的每组导航文字上创建矩形热点，如图 14-53 所示。

5 将嵌套表格第 2 行单元格合并，将一幅图像插入到合并后的单元格中，如图 14-54 所示。

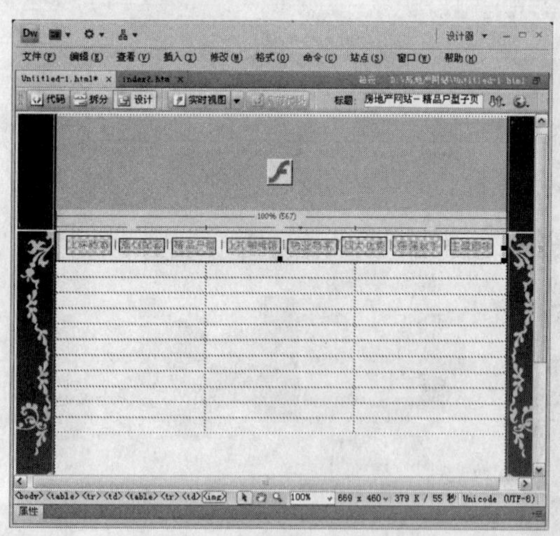

图 14-53　创建矩形热点

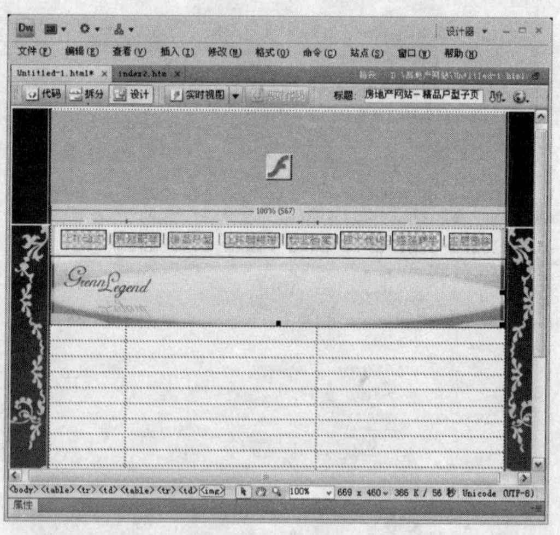

图 14-54　插入图像

6 将嵌套表格第 3 行单元格合并，然后为单元格设置一幅背景图像。再次将光标放置于该单元格中，在“属性”面板上的“水平”下拉列表中选择“左对齐”选项，在“垂直”下拉列表中选择“顶端”选项，将一幅图像插入到单元格中，如图 14-55 所示。

7 将嵌套表格剩余单元格的背景颜色都设置为灰色（#D7D7D7），然后将中间的单元格拆分为 2 行 3 列，如图 14-56 所示。

8 在拆分后的单元格中输入文字，文字大小为 12 像素，颜色为紫色（#961E66），并将图标文件分别插入到文本的前面，如图 14-57 所示。

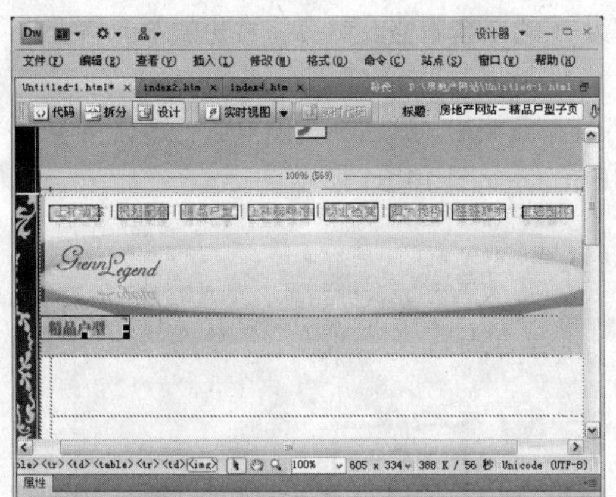

图 14-55　插入图像

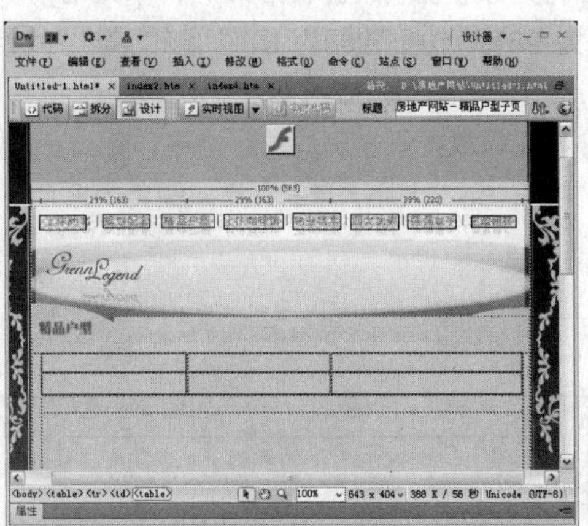

图 14-56　拆分单元格

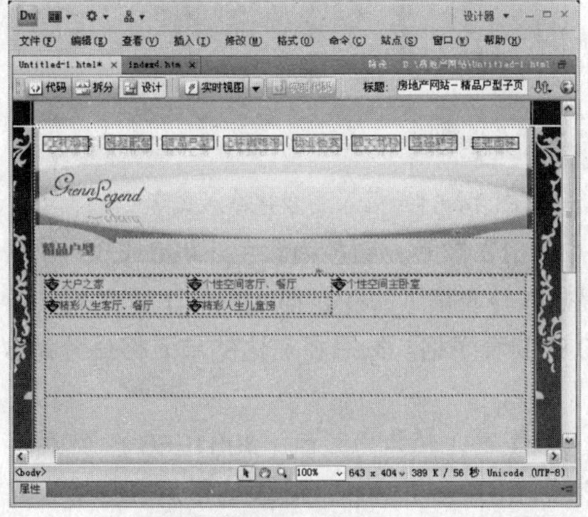

图 14-57　输入文本并插入图标

小提示

在网页中添加一些小图标，可使页面更为活泼、美观。建议读者在平常的学习中，要注意收集一些精美的图片、图标素材。

9 将光标放置于嵌套表格第 5 行中间的单元格中，然后将四幅图像分别插入到该单元格中，如图 14-58 所示。

10 在第 5 行与第 6 行单元格中输入文本，文本大小为 12 像素，颜色为紫色（#961E66），并且将第 6 行单元格中的文本设置为居中对齐，如图 14-59 所示。

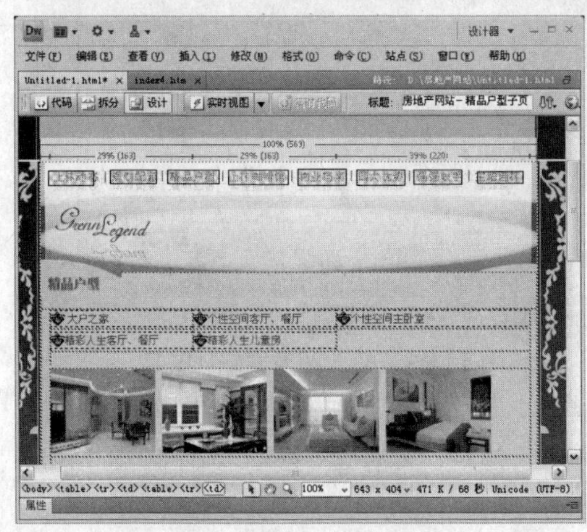

图 14-58　插入图像

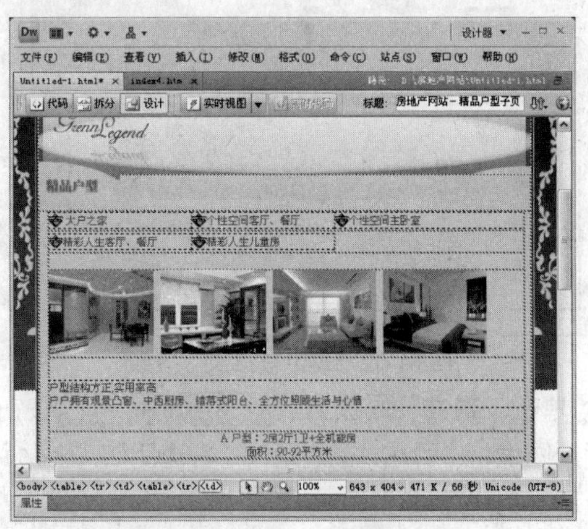

图 14-59　输入文本并设置对齐方式

11 将光标放置于嵌套表格第 7 行单元格中，执行“插入→表格”命令，插入一个 1 行 2 列，宽为 98%，边框粗细为 0，“填充”与“间距”都为 0 的嵌套表格。然后将右边的单元格拆分为 3 行，如图 14-60 所示。

12 将光标放置于左侧的单元格中，将一幅图像插入到单元格中，然后在右侧第 2 行单元格中输入文本，文本大小为 12 像素，颜色为紫色（#961E66），如图 14-61 所示。

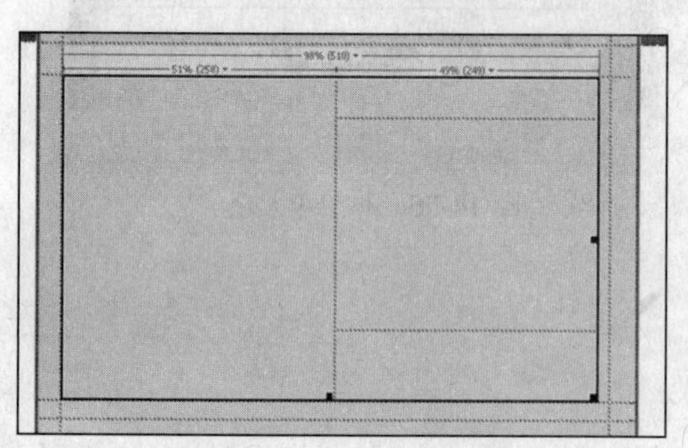

图 14-60　拆分单元格

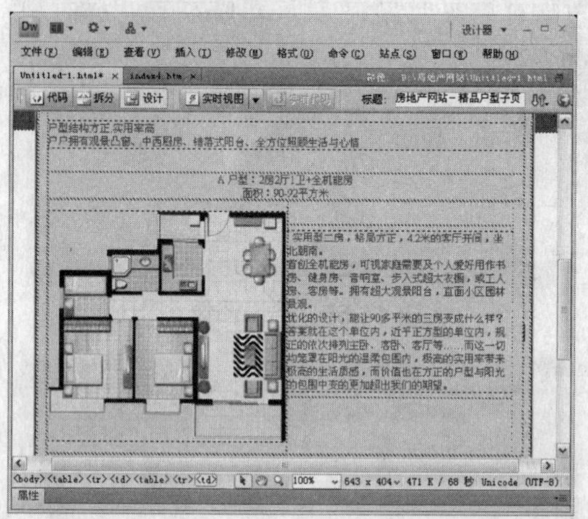

图 14-61　插入图像并输入文字

13 在嵌套表格第 8 行单元格中输入文本，文本大小为 12 像素，颜色为紫色（#961E66）。然后将光标放置于嵌套表格第 9 行单元格中，执行“插入→表格”命令，插入一个 1 行 2 列，宽为 98%，边框粗细为 0，“填充”与“间距”都为 0 的嵌套表格。然后将左边的单元格拆分为 3 行，如图 14-62 所示。

14 在左侧第 2 行单元格中输入文本，文本大小为 12 像素，颜色为紫色（#961E66）。然后将光标放置于右侧的单元格中，将一幅图像插入到该单元格中。然后在嵌套表格最后一行单元格中输入文本，文本大小为 12 像素，颜色为浅紫色（#85486A），如图 14-63 所示。

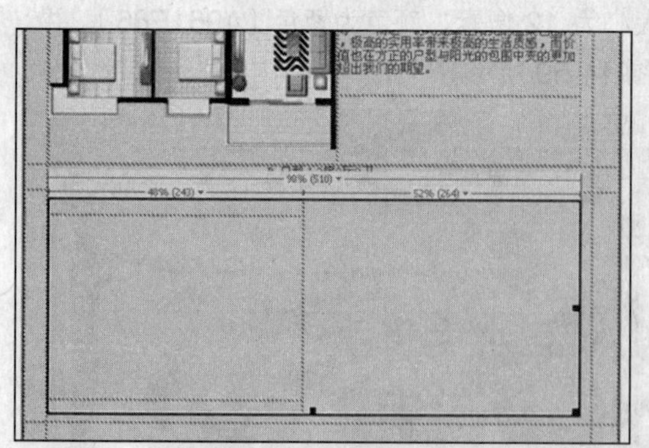

图 14-62　拆分单元格

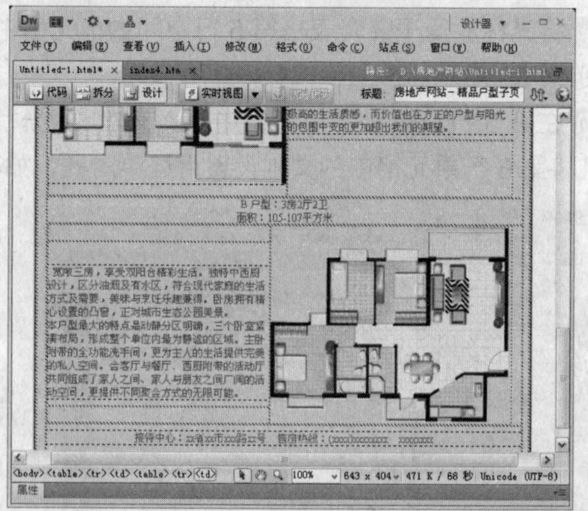

图 14-63　插入图像并输入文字

15 单击“属性”面板上的 页面属性... 按钮，弹出“页面属性”对话框，为网页设置一幅背景图像，然后在“左边距”、“右边距”、“上边距”和“下边距”文本框中都输入 0，如图 14-64 所示。完成后单击 确定 按钮。

16 执行“文件→保存”命令，保存网页文档，并命名为 index4.htm。完成后按 F12 键浏览网页，效果如图 14-65 所示。

图 14-64　“页面属性”对话框

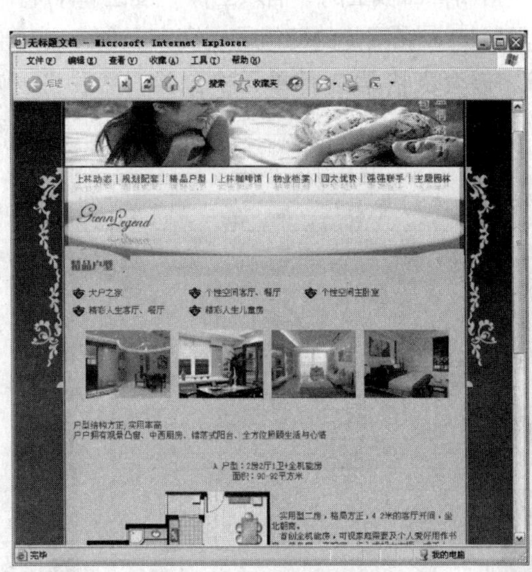

图 14-65　浏览网页

5. 制作咖啡馆子页

1 新建一个网页文件，在“标题栏”处将标题设置为“房地产网站—咖啡馆子页”，如图 14-66 所示。

图 14-66　设置标题

2 按照制作精品户型子页所讲的方法，制作出如图 14-67 所示的网页元素。

3 将光标放置于中间的单元格中，在“属性”面板上的“垂直”下拉列表中选择“顶端”选项。然后执行“插入→表格”命令，插入一个 7 行 3 列，宽为 100%，边框粗细为 0，“填充”与“间距”都为 0 的嵌套表格，如图 14-68 所示。

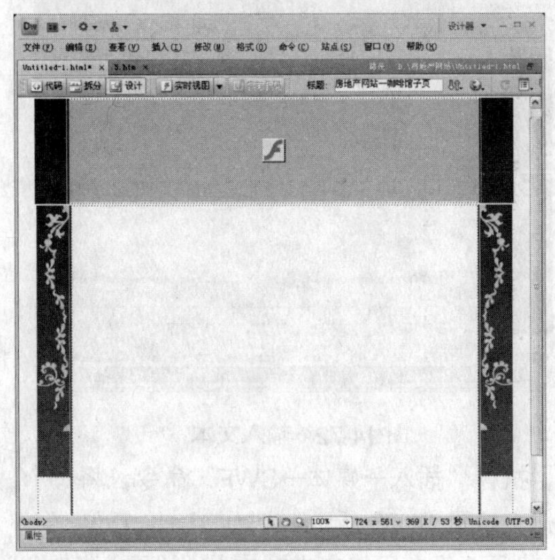

图 14-67　制作网页元素

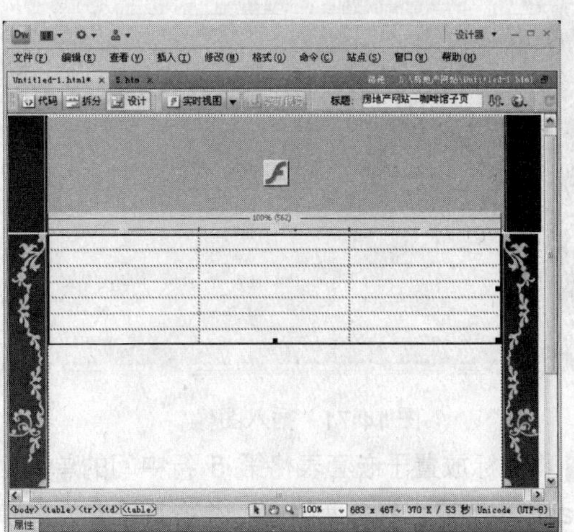

图 14-68　插入嵌套表格

4 将嵌套表格第 1 行单元格合并，在“属性”面板上将单元格的高度设置为 37 像素，然后单击“常用”面板上的“插入图像”按钮，将一幅图像插入到单元格中。最后使用“矩形热点工具”，在图片的每组导航文字上创建出矩形热点，如图 14-69 所示。

5 将嵌套表格第 2 行单元格合并，然后将一幅图像插入到合并后的单元格中，如图 14-70 所示。

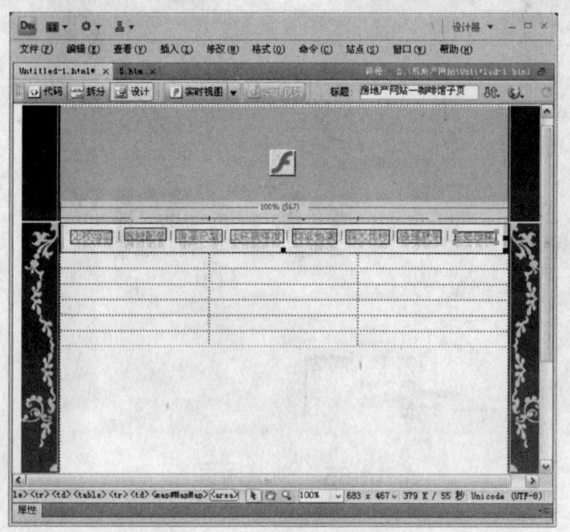

图 14-69　创建矩形热点

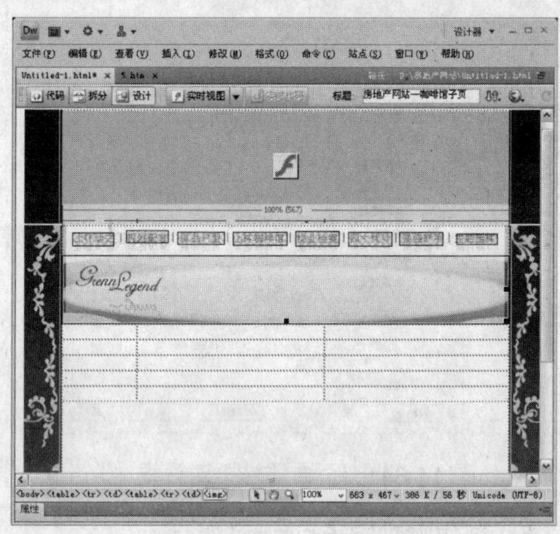

图 14-70　插入图像

6 将嵌套表格剩余的单元格背景颜色设置为灰色（#D7D7D7），将嵌套表格第 3 行单元格合并，将其高度设置为 28 像素，并将一幅图像设置为单元格的背景图像。然后再次将光标放置于该单元格中，在“属性”面板上的“水平”下拉列表中选择“左对齐”选项，在“垂直”下拉列表中选择“顶端”选项，将一幅图像插入到单元格中，如图 14-71 所示。

7 将嵌套表格第 4 行单元格的高度设置为 13 像素，然后在中间的单元格中输入文本，文本颜色为粉紫色（#C24684），如图 14-72 所示。

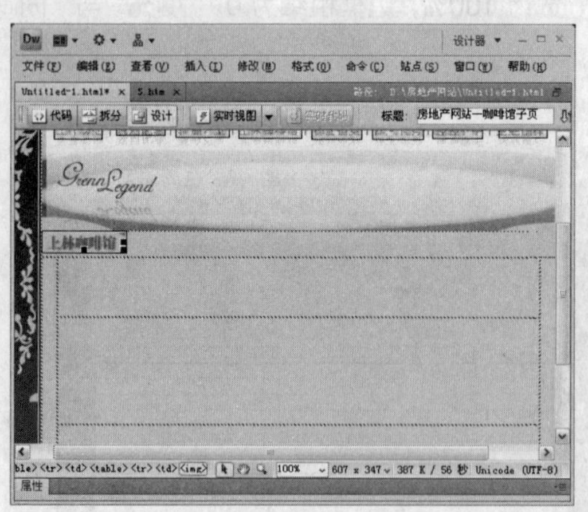

图 14-71　插入图像

图 14-72　输入文本

8 将光标放置于嵌套表格第 5 行中间的单元格中，执行“插入→媒体→SWF”命令，将一个 Flash 动画插入到单元格中，并将其设置为居中对齐，如图 14-73 所示。

9 在嵌套表格第 6 行与第 7 行单元格中输入文本，将第 6 行单元格中文本的大小设置为 12 像素，将第 7 行单元格中文本的大小设置为 9pt，如图 14-74 所示。

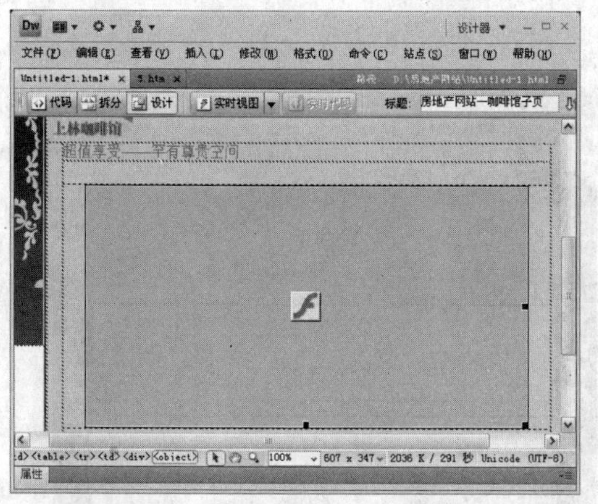

图 14-73　插入 Flash 动画

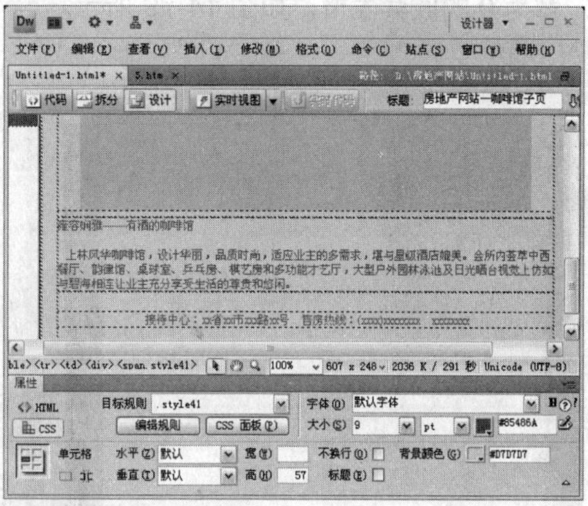

图 14-74　输入文本

10 单击“属性”面板上的 页面属性... 按钮，弹出“页面属性”对话框，为网页设置一幅背景图像，然后在“左边距”、“右边距”、“上边距”和“下边距”文本框中都输入 0，如图 14-75 所示。完成后单击 确定 按钮。

11 执行“文件→保存”命令，保存网页文档，并命名为 index5.htm。完成后按 F12 键浏览网页，如图 14-76 所示。

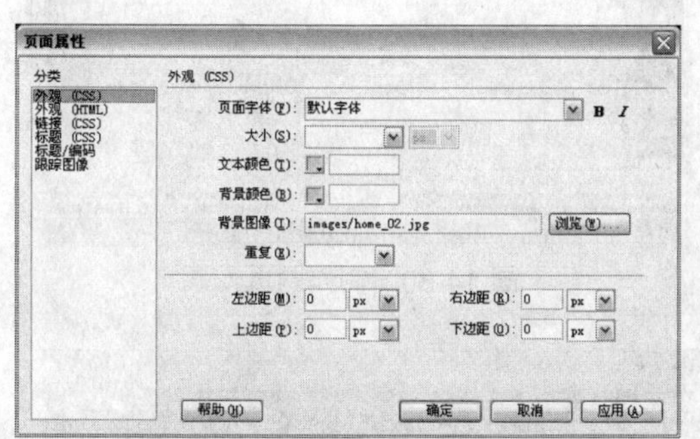

图 14-75　“页面属性”对话框

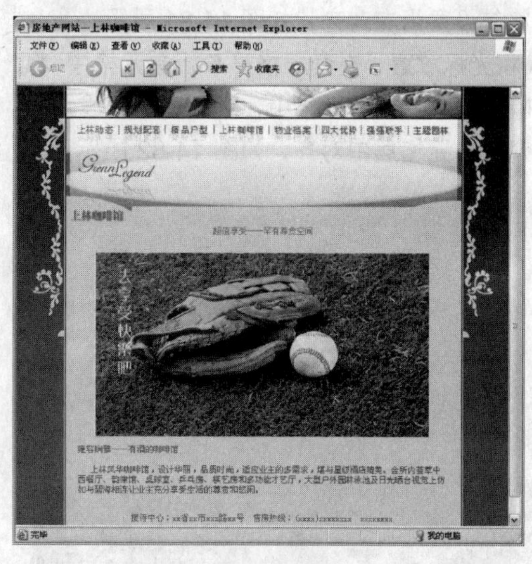

图 14-76　浏览网页

6．制作物业档案子页

1 新建一个网页文件，在“标题栏”处将标题设置为“房地产网站—物业档案子页”，如图 14-77 所示。

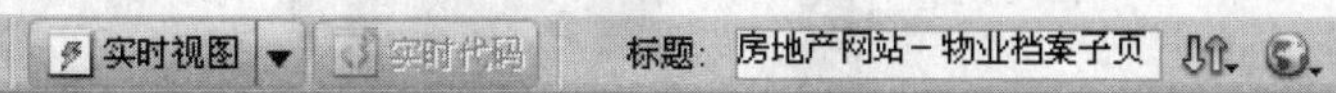

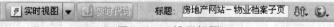

图 14-77　设置标题

2 按照制作精品户型子页所讲的方法，制作出如图 14-78 所示的网页元素。

3 将光标放置于中间的单元格中，在“属性”面板上的“垂直”下拉列表中选择“顶端”选项。然后执行“插入→表格”命令，插入一个 7 行 3 列，宽为 100%，边框粗细为 0，“填充”与“间距”都为 0 的嵌套表格，如图 14-79 所示。

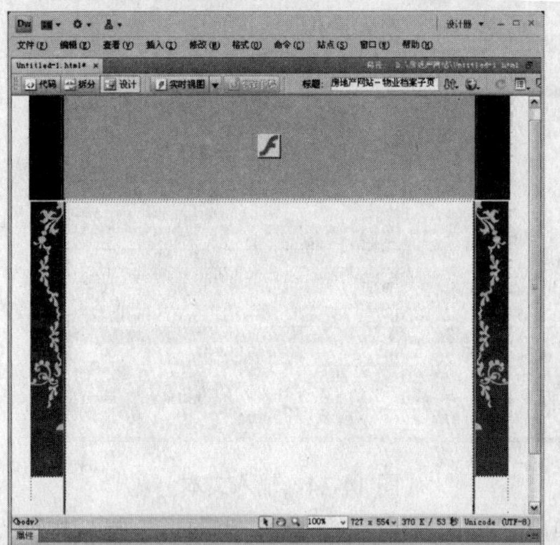

图 14-78　制作网页元素

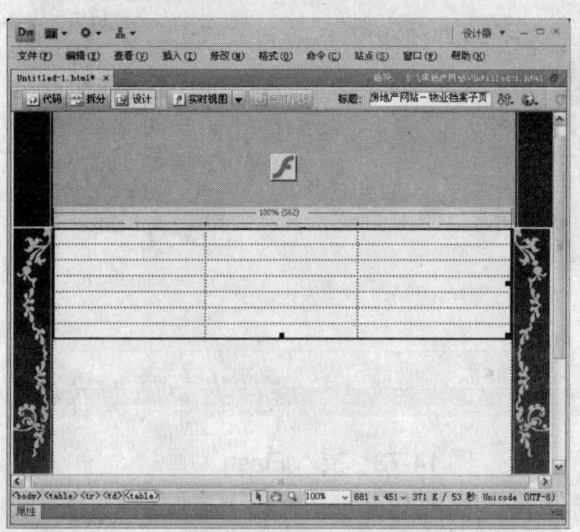

图 14-79　插入嵌套表格

4 将插入的嵌套表格的背景颜色设置为灰色（#D7D7D7），制作出如图 14-80 所示的网页元素。

5 在嵌套表格第 4 行单元格中输入文本，文本大小为 12 像素，颜色为粉紫色（#CE6AA0），并将其设置为左对齐，如图 14-81 所示。

6 将光标放置于嵌套表格第 5 行单元格中，将一幅图像插入到单元格中，然后将图片设置为相对于单元格居中对齐，如图 14-82 所示。

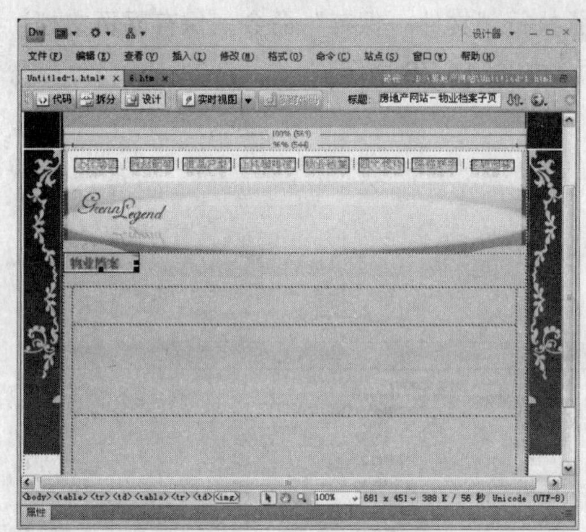

图 14-80　制作网页元素

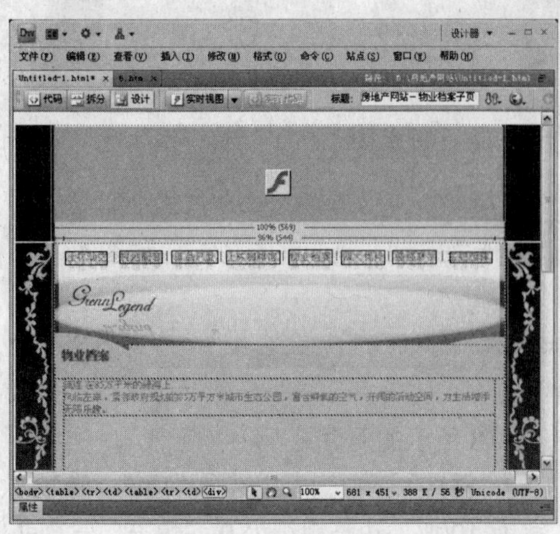

图 14-81　输入文本

图 14-82　插入图像

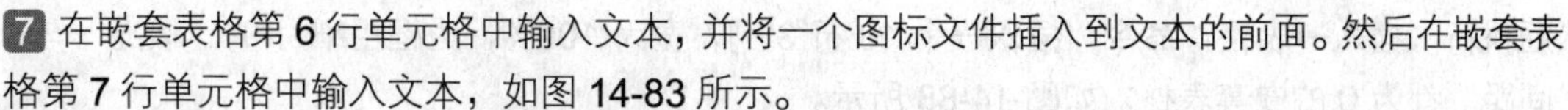

7 在嵌套表格第 6 行单元格中输入文本，并将一个图标文件插入到文本的前面。然后在嵌套表格第 7 行单元格中输入文本，如图 14-83 所示。

8 单击“属性”面板上的 页面属性... 按钮，弹出“页面属性”对话框，为网页设置一幅背景图像，然后在“左边距”、“右边距”、“上边距”和“下边距”文本框中都输入 0，如图 14-84 所示。完成后单击 确定 按钮。

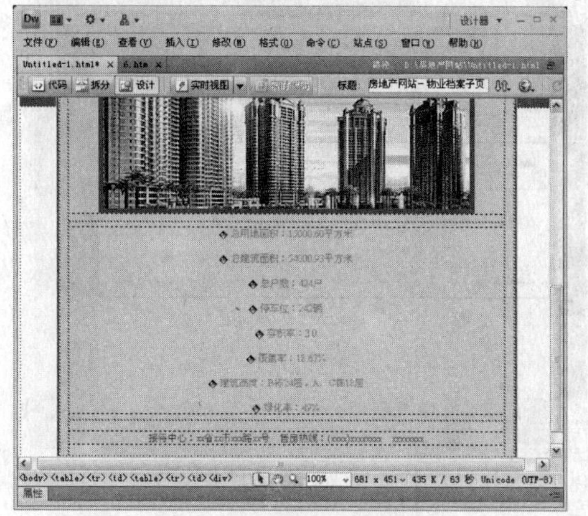

图 14-83　输入文本

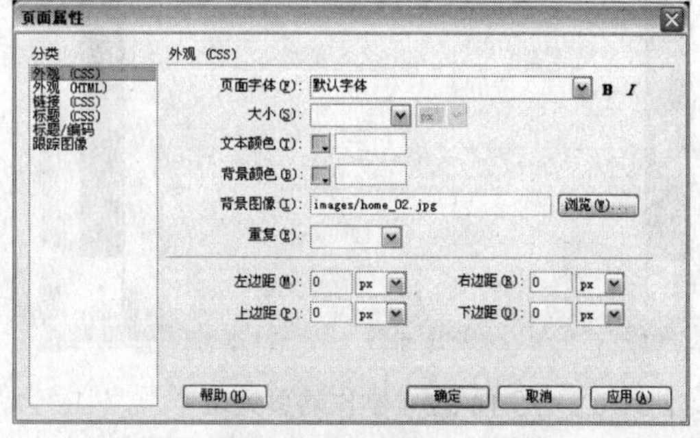

图 14-84　“页面属性”对话框

9 执行“文件→保存”命令，将网页文档保存，并命名为 index6.htm。完成后按 F12 键浏览网页，效果如图 14-85 所示。

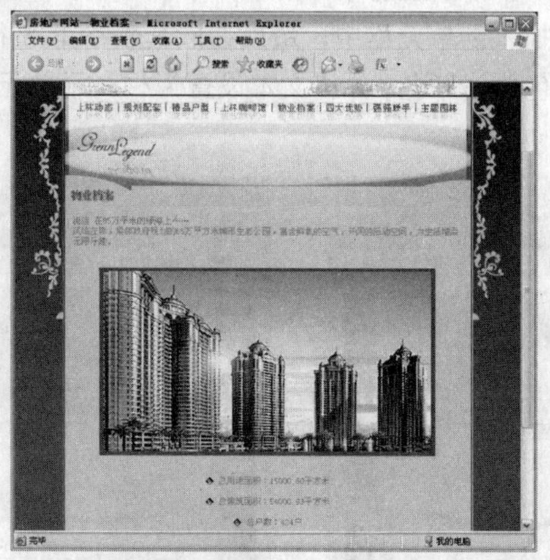

图 14-85　浏览网页

7. 制作四大优势子页

1 新建一个网页文件，在“标题栏”处将标题设置为“房地产网站—四大优势子页”，如图 14-86 所示。

图 14-86　设置标题

2 按照制作精品户型子页所讲的方法，制作出如图 14-87 所示的网页元素。

3 将光标放置于中间的单元格中，在“属性”面板上的“垂直”下拉列表中选择“顶端”选项。

然后执行“插入→表格”命令，插入一个 10 行 3 列，宽为 100%，边框粗细为 0，“填充”与“间距”都为 0 的嵌套表格，如图 14-88 所示。

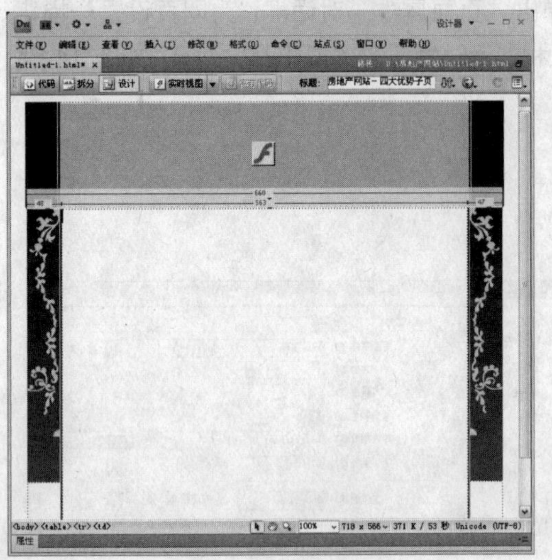

图 14-87　制作网页元素　　　　图 14-88　插入嵌套表格

4 将插入的嵌套表格的背景颜色设置为灰色（#D7D7D7），然后制作出如图 14-89 所示的网页元素。

5 将光标放置于嵌套表格第 4 行中间的单元格中，单击“属性”面板上的按钮，设置为居中对齐，然后将一幅图像插入到单元格中，最后在嵌套表格第 5 行中间的单元格中输入文本，文本大小为 12 像素，颜色为浅紫色，并将文本设置为相对于单元格居中对齐，如图 14-90 所示。

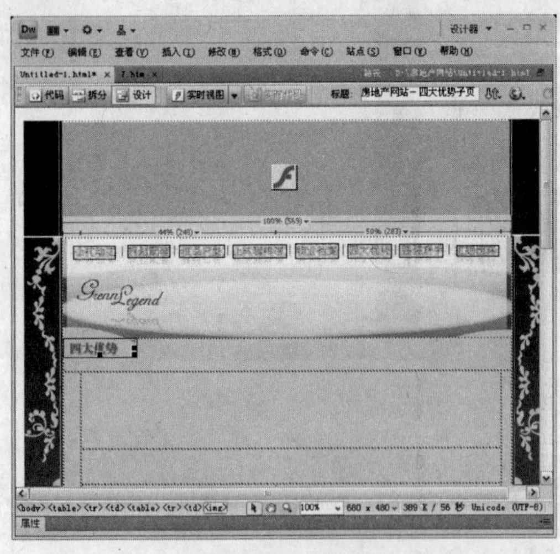

图 14-89　制作网页元素

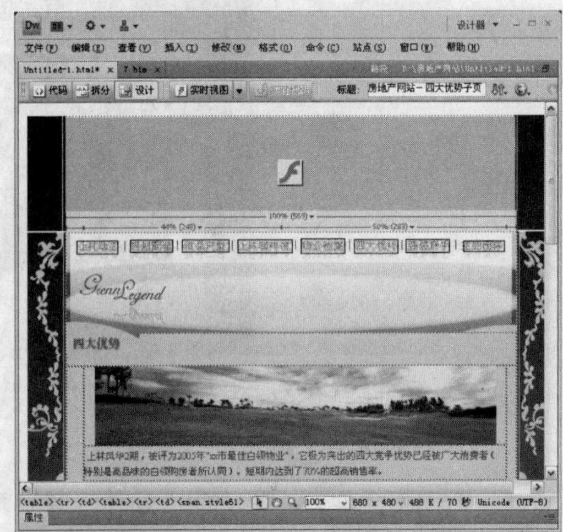

图 14-90　插入图像并输入文本

6 将嵌套表格第 6 行中间的单元格拆分为 2 列，在拆分后的左列单元格中输入文本，然后将一幅图像插入到右列单元格中，如图 14-91 所示。

7 将嵌套表格第 7 行中间的单元格拆分为 2 列，将一幅图像插入到拆分后的左列单元格中，然后在右列单元格中输入文本，如图 14-92 所示。

8 将嵌套表格第 8 行中间的单元格拆分为 2 列，在拆分后的左列单元格中输入文本，将一幅图像插入到右列单元格中，如图 14-93 所示。

图 14-91　输入文本并插入图像

图 14-92　插入图像并输入文本

9 将嵌套表格第 7 行中间的单元格拆分为 2 列，将一幅图像插入到拆分后的左列单元格中，然后在右列单元格中输入文本，最后在嵌套表格第 10 行中间的单元格中输入文本，并将其设置为居中对齐，如图 14-94 所示。

10 单击“属性”面板上的 页面属性... 按钮，弹出“页面属性”对话框，为网页设置一幅背景图像，然后在“左边距”、“右边距”、“上边距”和“下边距”文本框中都输入 0，如图 14-95 所示。完成后单击 确定 按钮。

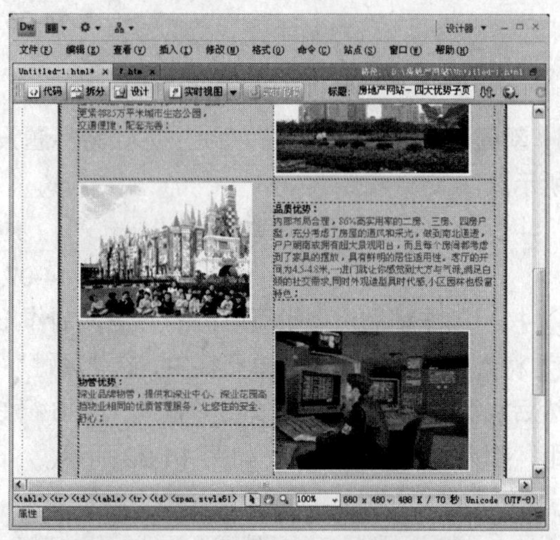

图 14-93　输入文本并插入图像

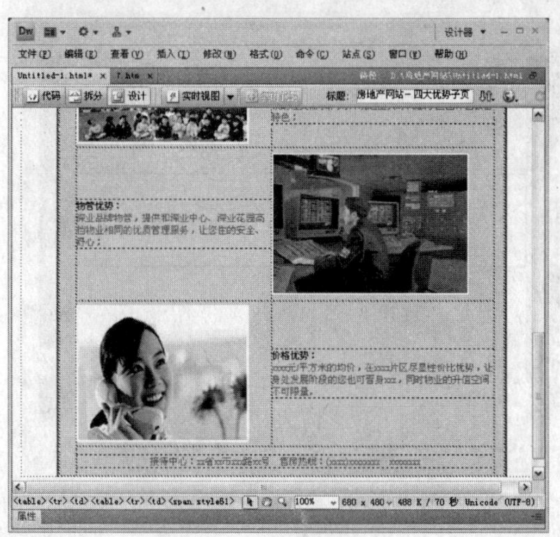

图 14-94　插入图像并输入文本

图 14-95　“页面属性”对话框

11 执行“文件→保存”命令，将网页文档保存，并命名为 index7.htm。完成后按 F12 键浏览网页，效果如图 14-96 所示。

图 14-96　浏览网页

8. 制作强强联手子页

1 新建一个网页文件，在“标题栏”处将标题设置为“房地产网站—强强联手子页”，如图 14-97 所示。

图 14-97　设置标题

2 按照制作精品户型子页所讲的方法，制作出如图 14-98 所示的网页元素。

3 将光标放置于中间的单元格中，在“属性”面板上的“垂直”下拉列表中选择“顶端”选项。然后执行“插入→表格”命令，插入一个 6 行 3 列，宽为 100%，边框粗细为 0，“填充”与“间距”都为 0 的嵌套表格，如图 14-99 所示。

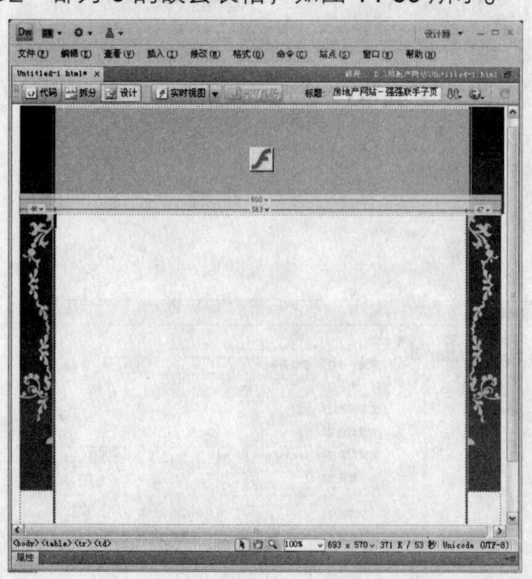

图 14-98　制作网页元素

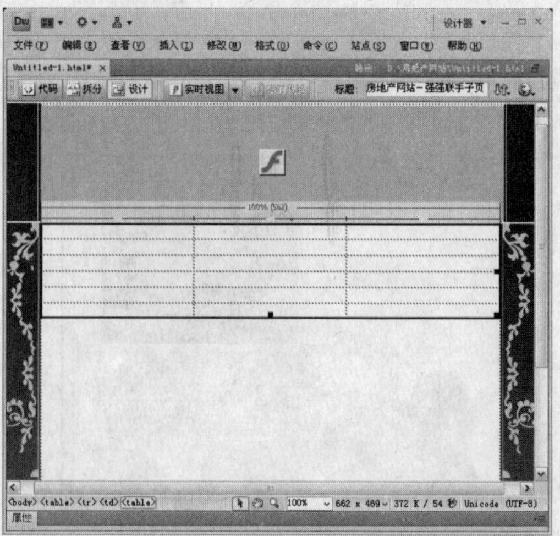

图 14-99　插入嵌套表格

4 将插入的嵌套表格的背景颜色设置为灰色（#D7D7D7），然后制作出如图 14-100 所示的网页元素。

5 将光标放置于嵌套表格第 4 行中间的单元格中，将其高度设置为 135 像素，执行“插入→表格”命令，插入一个 1 行 1 列，宽为 62%的嵌套表格。并在“属性”面板上将其对齐方式设置为居中对齐，“填充”和“间距”都设置为 0，如图 14-101 所示。

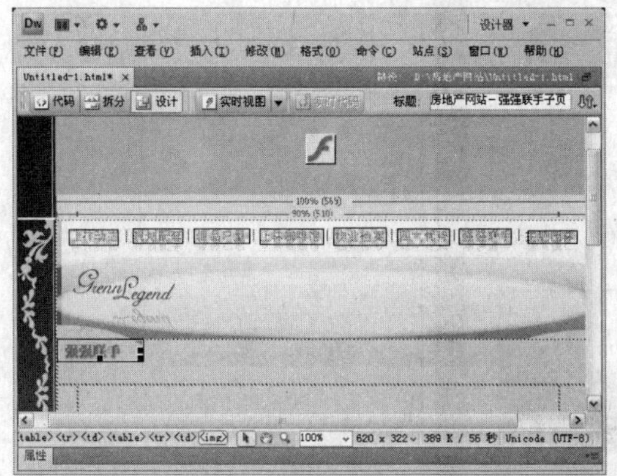

图 14-100　制作网页元素

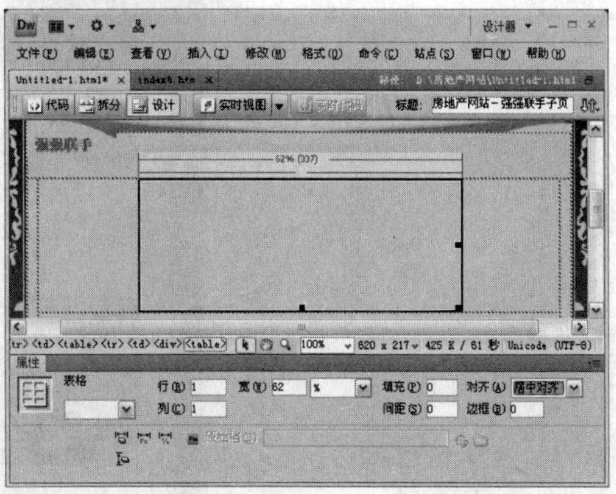

图 14-101　插入嵌套表格

6 在插入的嵌套表格中输入文本，文本大小为 12 像素，颜色为粉紫色（#D04894），然后将一个图标文件插入到文本的前面，如图 14-102 所示。

7 将光标放置于嵌套表格第 5 行中间的单元格中，在该单元格中插入一幅图像，然后在嵌套表格第 6 行单元格中输入文本，如图 14-103 所示。

8 单击“属性”面板上的 页面属性... 按钮，弹出“页面属性”对话框，为网页设置一幅背景图像，然后在“左边距”、“右边距”、“上边距”和“下边距”文本框中都输入 0，如图 14-104 所示。完成后单击 确定 按钮。

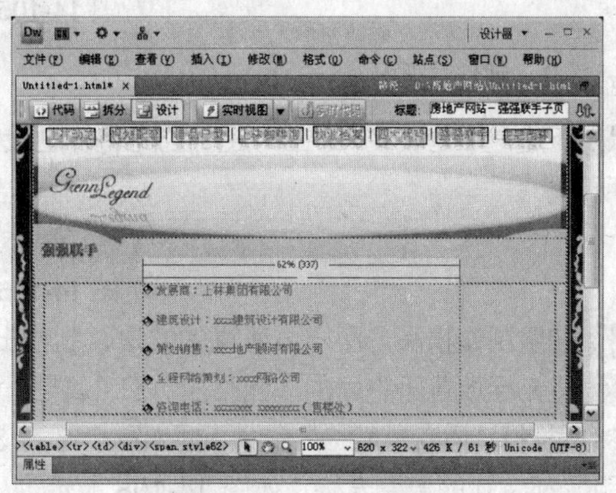

图 14-102　输入文本

图 14-103　插入图像并输入文本

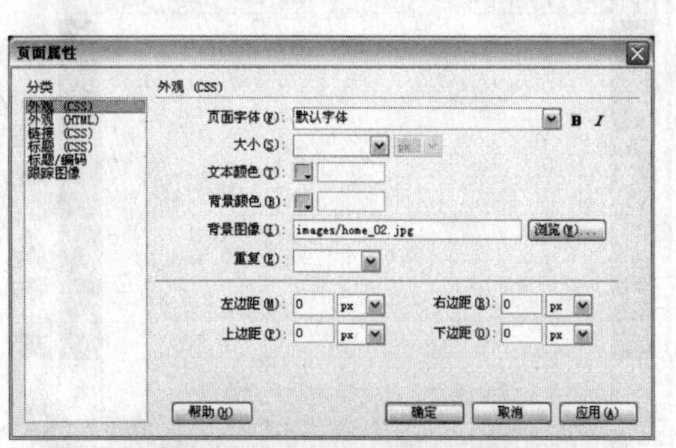

图 14-104　“页面属性”对话框

9 执行“文件→保存”命令，将网页文档保存，并命名为 index8.htm。完成后按 F12 键浏览

网页，如图 14-105 所示。

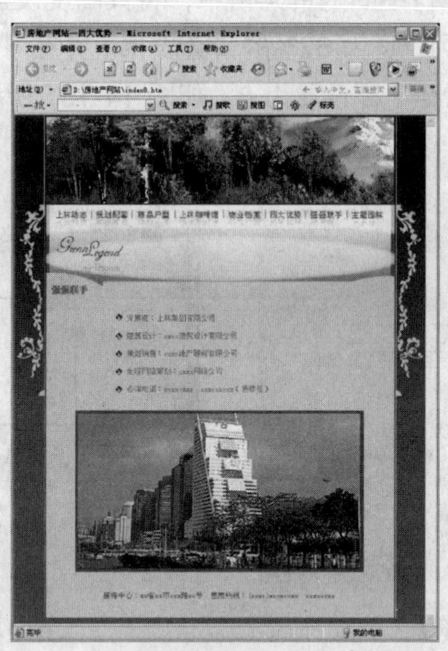

图 14-105 浏览网页

9. 制作主题园林子页

1 新建一个网页文件，在“标题栏”处将标题设置为“房地产网站－主题园林子页”，如图 14-106 所示。

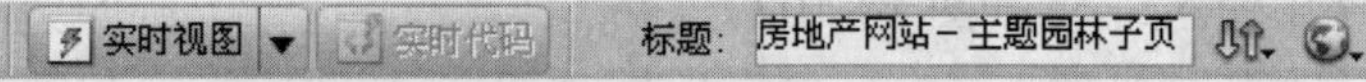

图 14-106 设置标题

2 按照制作精品户型子页所讲的方法，制作出如图 14-107 所示的网页元素。

3 将光标放置于中间的单元格中，在“属性”面板上的“垂直”下拉列表中选择“顶端”选项。然后执行“插入→表格”命令，插入一个 8 行 3 列，宽为 100%，边框粗细为 0，“填充”与“间距”都为 0 的嵌套表格，如图 14-108 所示。

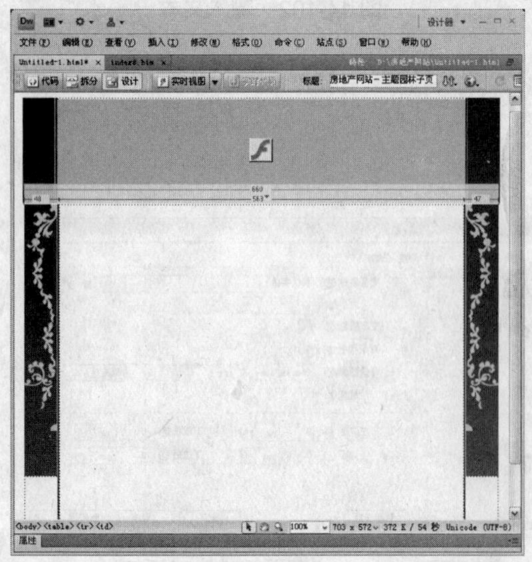

图 14-107 制作网页元素

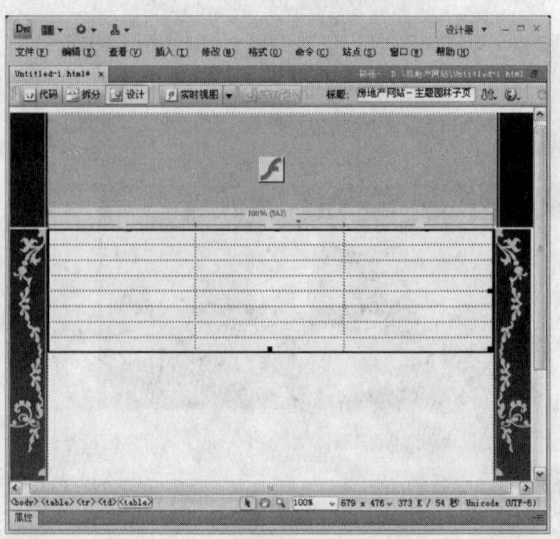

图 14-108 插入嵌套表格

4 将插入的嵌套表格的背景颜色设置为灰色（#D7D7D7），然后制作出如图 14-109 所示的网页元素。

5 分别在嵌套表格第 4 行与第 6 行中间的单元格输入文字，然后将一幅图像插入到第 5 行中间的单元格中。最后将输入的文本与插入的图像都设置为居中对齐，如图 14-110 所示。

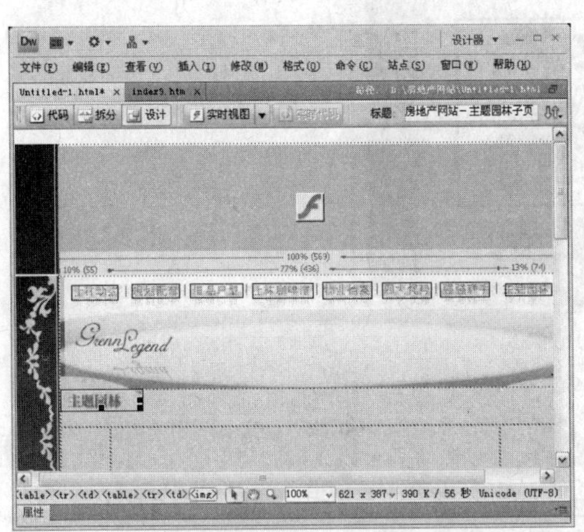

图 14-109　制作网页元素

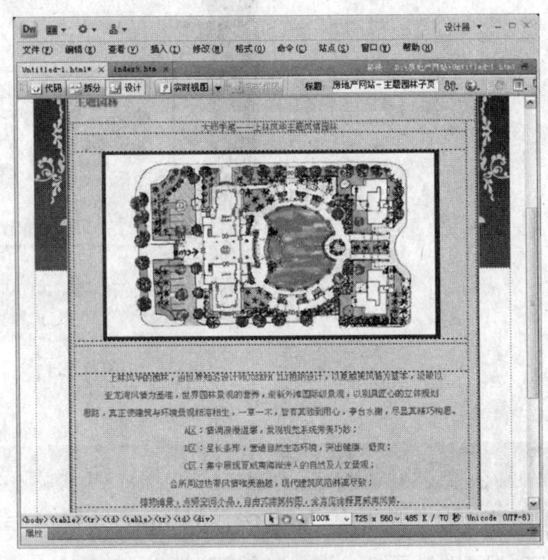

图 14-110　输入文字并插入图像

6 分别将两幅图像插入到嵌套表格第 7 行中间的单元格中，然后在第 8 行中间的单元格中输入文本，并将其设置为居中对齐，如图 14-111 所示。

7 单击“属性”面板上的 页面属性... 按钮，弹出“页面属性”对话框，为网页设置一幅背景图像，然后在“左边距”、“右边距”、“上边距”和“下边距”文本框中都输入 0，如图 14-112 所示。完成后单击 确定 按钮。

图 14-111　插入图像并输入文字

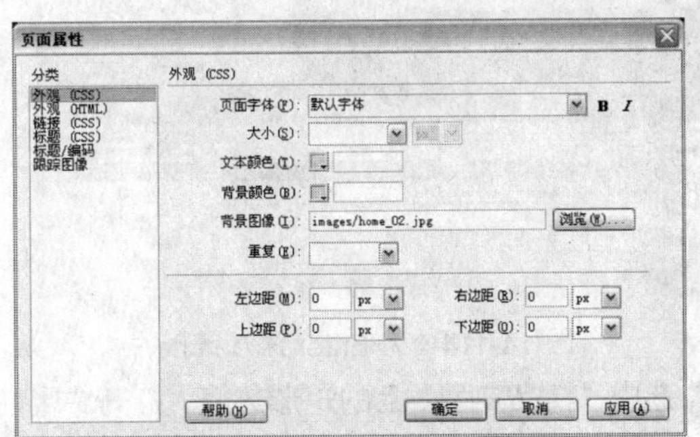

图 14-112　“页面属性”对话框

8 执行“文件→保存”命令，保存网页文档，并命名为 index9.htm。完成后按 F12 键浏览网页，如图 14-113 所示。

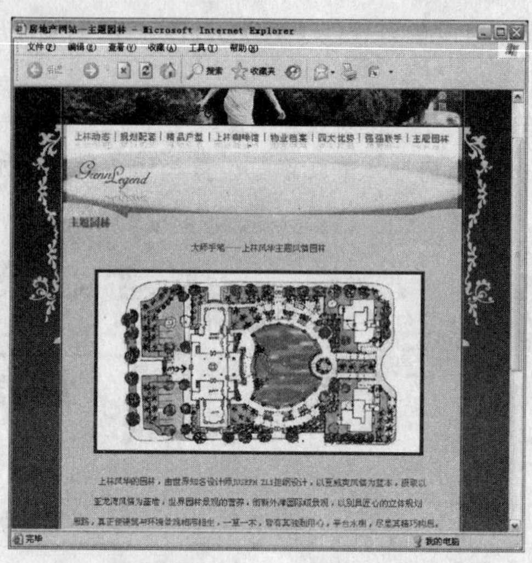

图 14-113　浏览网页

14.1.3　添加网站内部链接

1 在“文件”面板上双击 index1.htm，打开“房地产网站—首页”，选中 Enter 上的矩形热点，打开“属性”面板，在“链接”文本框中输入 index2.htm，如图 14-114 所示。

2 在“文件”面板上双击 index2.htm，打开“房地产网站—上林动态”子页。选中“规划配套”上的矩形热点，打开“属性”面板，在“链接”文本框中输入 index3.htm，如图 14-115 所示。

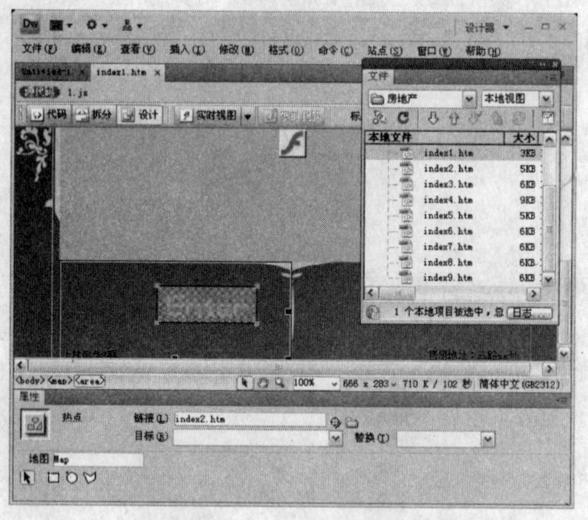

图 14-114　为 Enter 添加链接

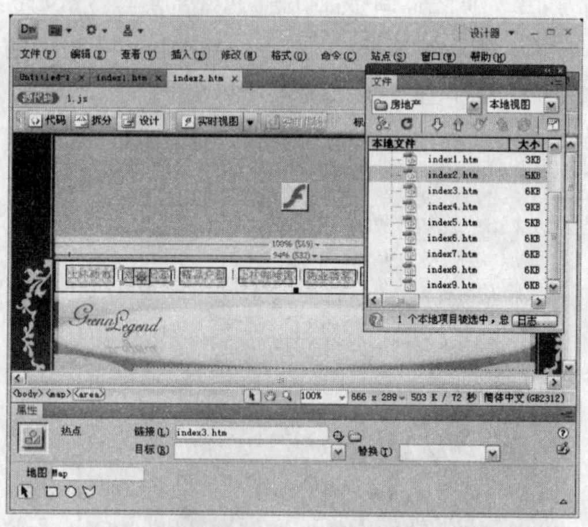

图 14-115　为“规划配套”添加链接

3 选中“精品户型”上的矩形热点，打开“属性”面板，在“链接”文本框中输入 index4.htm，如图 14-116 所示。

图 14-116　为“精品户型”添加链接

4 选中“上林咖啡馆”上的矩形热点，打开“属性”面板，在“链接”文本框中输入 index5.htm，如图 14-117 所示。

图 14-117　为“上林咖啡馆”添加链接

5 按照同样的方法对“房地产网站—上林动态”子页上剩余的矩形热点添加超级链接。完成后再对 index3.htm ~ index9.htm 中的矩形热点进行设置。这样就为网站内部的所有页面建立起超级链接，可以方便在页面之间互相跳转、访问。

14.2 巩固与提高

制作本例的房地产网站时，使用了表格布局来完成。将表格的“填充”和“间距”都设置为 0，是为了使页面排版更为紧凑，页面文档上的各项内容能较好地放置在一起而没有空隙。

读书笔记

Study

第15章

运动服饰网站

本章将制作运动服饰网站。在制作前应该先对类似的网站进行了解，主要是如何在页面中体现运动服饰的吸引力，以及对于整个网站的风格定位。然后通过寻找制作素材，统一规划整个网站，细分到各个页面，从而制作出好的效果。

学习指南

- 制作运动服饰首页
- 制作新品速递子页
- 制作服装分类子页
- 制作运动潮流子页
- 制作联系方式子页
- 添加网站内部链接

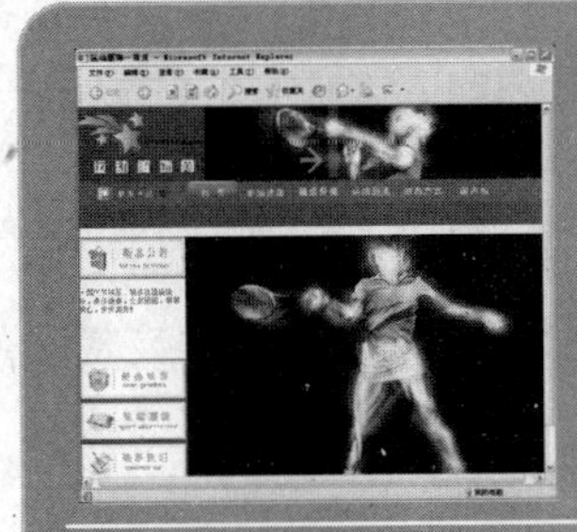

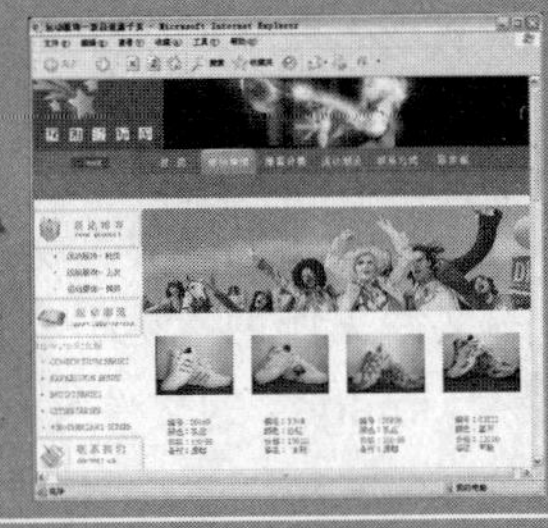

精彩实例效果展示 ▲

15.1 制作运动服饰网站

本章讲述运动服饰网站的制作。网站应该突出运动产品的特点，页面应该设置鲜明的色调，从而在视觉上有一定的冲击力。除此之外，还应对产品文化进行介绍，从而突出品牌的氛围。本章中实例的完成效果如图 15-1 所示。

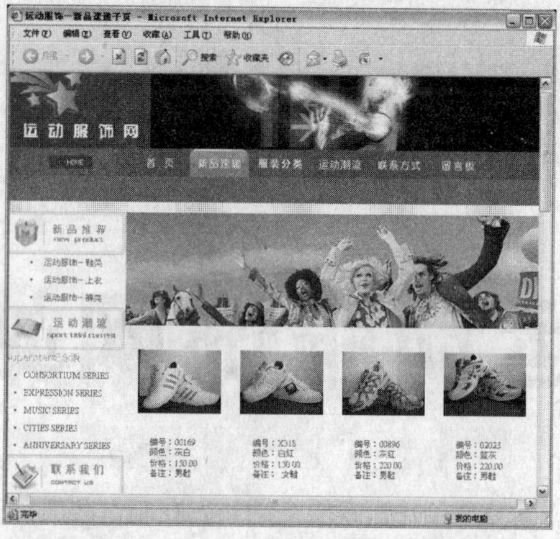

图 15-1　完成效果

15.1.1　制作运动服饰首页

1 在硬盘上建立一个名为“运动服饰网站”的文件夹作为本地根文件夹，用来存放相关文档，然后在“运动服饰网站”文件夹里再创建一个名为 images 的文件夹和一个名为 flash 的文件夹，分别用来存放网站中用到的图像文件和媒体文件。

2 启动 Dreamweaver CS4，将站点命名为“运动服饰”，将“运动服饰网站”文件夹设置为本地根文件夹，将 images 文件夹作为默认图像文件夹，如图 15-2 所示。

3 新建一个网页文件，在“标题栏”处将标题设置为“运动服饰—首页”，如图 15-3 所示。

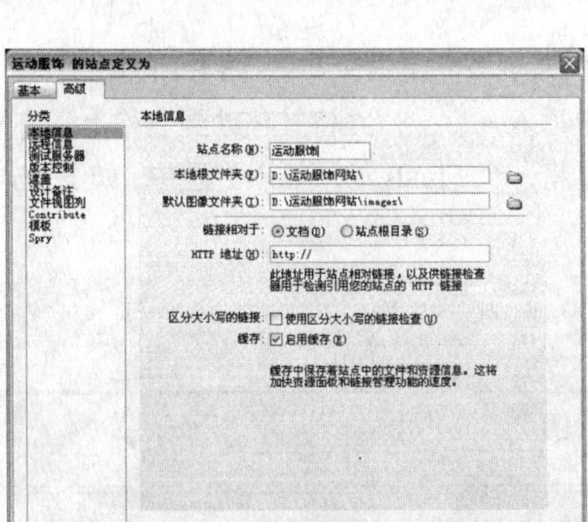

图 15-2　创建站点

图 15-3　设置标题

4 在“属性”面板上单击 页面属性... 按钮，打开“页面属性”对话框，设置文本颜色为#666666，并为网页设置一幅背景图像，然后设置“上边距”和“下边距”都为 0，如图 15-4 所示。

5 在对话框中选择左侧的“链接”选项，设置链接字体为 Tahoma，大小为 14 像素，链接颜色为#999999，变换图像链接为#0099FF，已访问链接为#999999，下划线样式为“仅在变换图像时显示下划线”，如图 15-5 所示，完成后单击 确定 按钮。

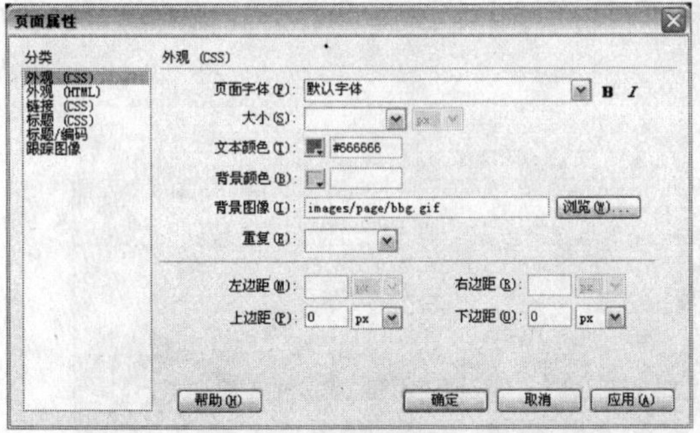

图 15-4　“页面属性”对话框

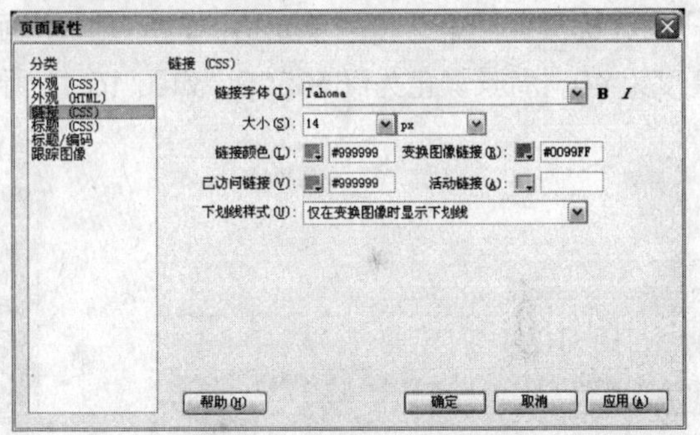

图 15-5　设置“链接”选项

6 执行“插入→表格”命令，插入一个 3 行 1 列，表格宽度为 778 像素，边框粗细、单元格边距和单元格间距都为 0 的表格，如图 15-6 所示。

7 选择所插入的表格，在“属性”面板上设置表格对齐方式为“居中对齐”，然后将表格第 1 行单元格拆分为两列，并将第 1 列单元格的背景颜色设置为红色（#D80202），将第 2 列单元格的背景颜色设置为黑色，如图 15-7 所示。

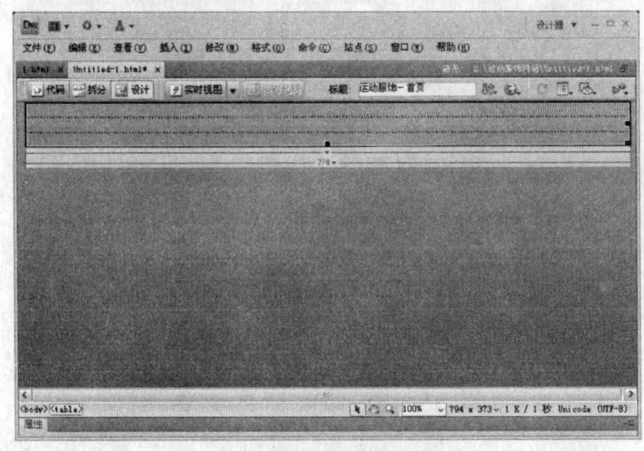

图 15-6　插入表格

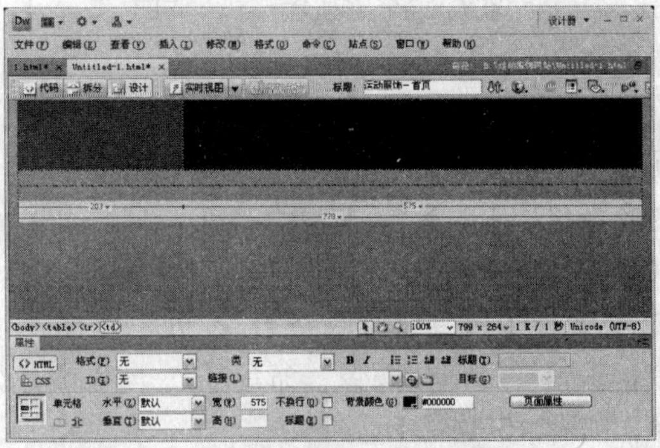

图 15-7　设置单元格背景颜色

8 分别执行“插入→图像”命令，将两幅图像插入到两列单元格中，如图 15-8 所示。

9 执行“插入→布局对象→AP div”命令，在文档中插入一个层，并将其移动到表格上。将光标定位于层中。然后执行“插入→媒体→SWF”命令，将一个 Flash 动画插入到层中，如图 15-9 所示。

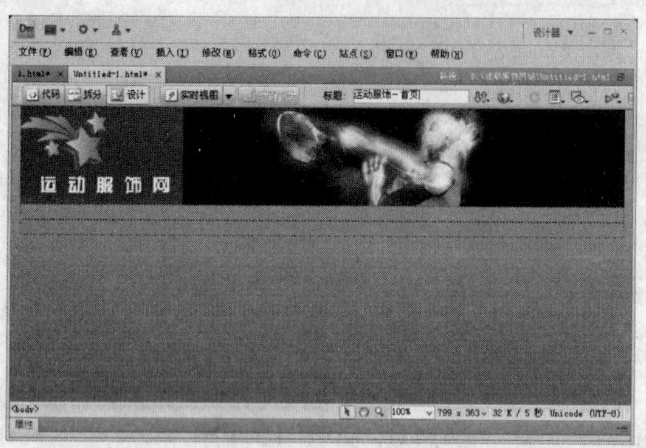

图 15-8 插入图像

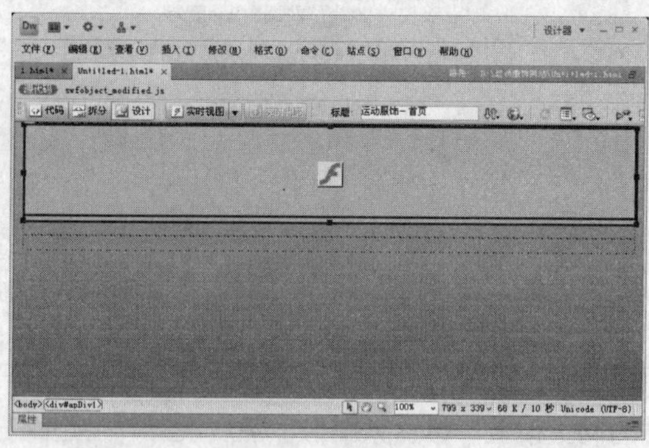

图 15-9 插入 Flash 动画

10 选择插入的 Flash 动画，在“属性”面板上单击 参数... 按钮，打开“参数”对话框，设置参数为 wmode，值为 transparent，如图 15-10 所示，完成后单击 确定 按钮。

11 将光标放置到第 2 行的单元格中，在“属性”面板上设置单元格的水平对齐方式为“左对齐”，高度为 40，背景颜色为#656565，如图 15-11 所示。

图 15-10 “参数”对话框

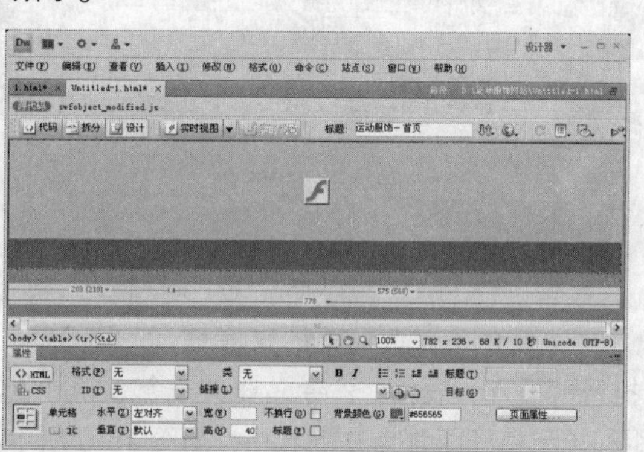

图 15-11 设置单元格

12 在单元格中再插入一个 1 行 7 列，宽度为 702 像素，边框粗细为 0 的嵌套表格，并在“属性”面板上将“填充”和“间距”都设置为 0，如图 15-12 所示。

13 将光标放置到嵌套表格左侧的第 1 列单元格中，在“属性”面板上设置单元格水平对齐为“居中对齐”，宽度为 180，高度为 40，并插入一幅图像，如图 15-13 所示。

14 将光标放置到嵌套表格第 2 列单元格中，执行“插入→图像”命令插入一幅图像，如图 15-14 所示。

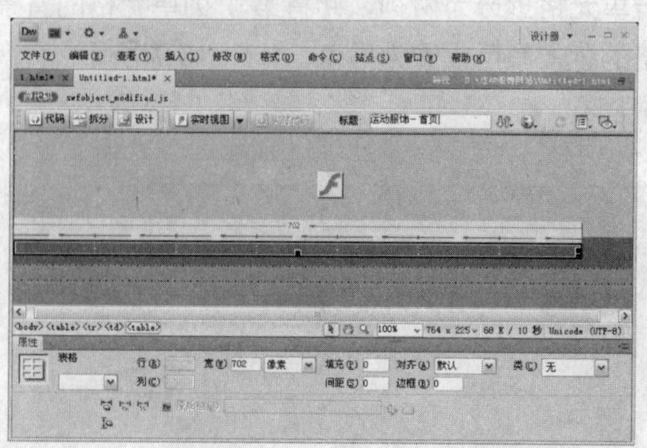

图 15-12 插入嵌套表格

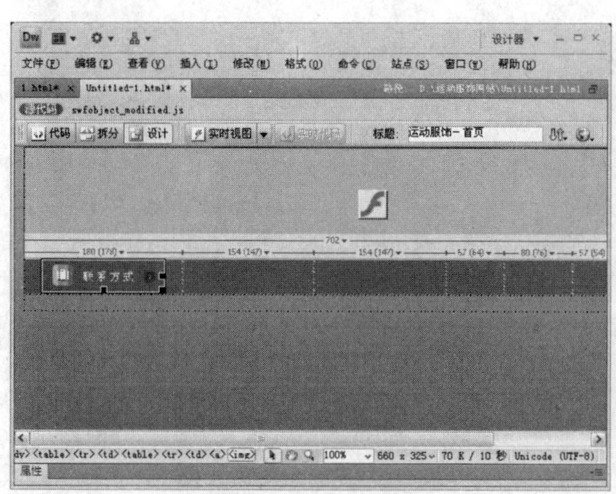

图 15-13　在单元格中插入图像

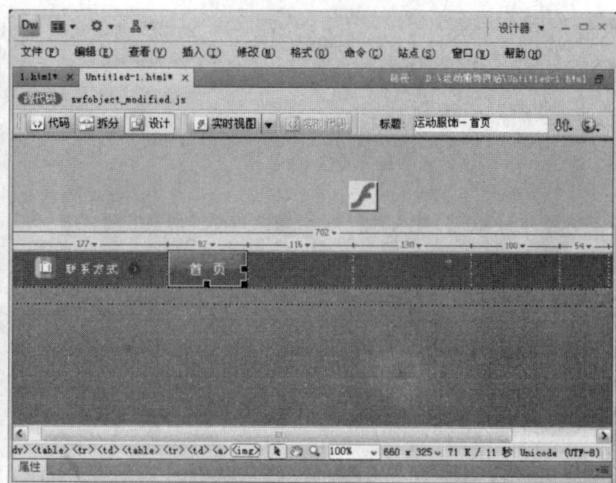

图 15-14　插入图像

15 将光标放置到嵌套表格第 3 列单元格中，执行“插入→图像对象→鼠标经过图像”命令，打开“插入鼠标经过图像”对话框，分别选择两幅图像作为原始图像与鼠标经过图像，如图 15-15 所示，完成后单击 确定 按钮。

16 将光标放置到嵌套表格左侧的第 4 列单元格中，执行“插入→图像对象→鼠标经过图像”命令，打开“插入鼠标经过图像”对话框，分别选择两幅图像作为原始图像与鼠标经过图像，完成后单击 确定 按钮插入鼠标经过图像，如图 15-16 所示。

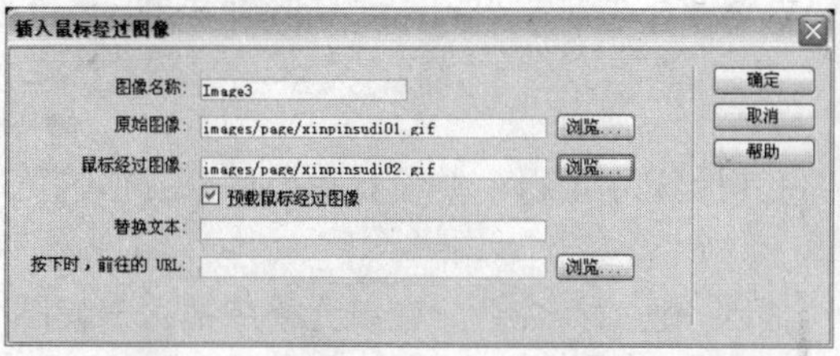

图 15-15　“插入鼠标经过图像”对话框

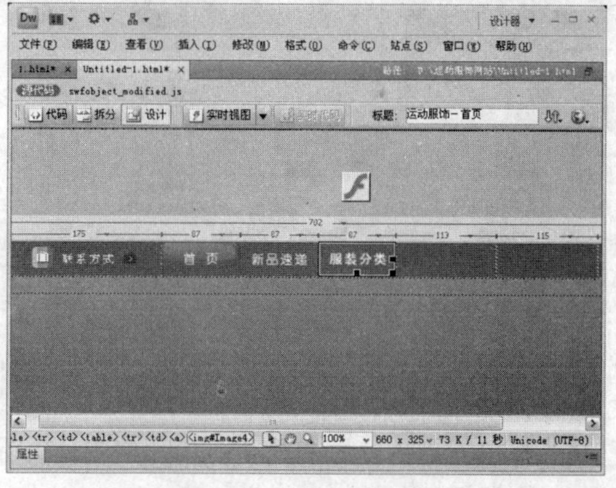

图 15-16　插入鼠标经过图像

17 按照同样的方法分别在嵌套表格的第 5 列、第 6 列和第 7 列中分别插入鼠标经过图像创建页面导航条，其效果如图 15-17 所示。

18 将光标放置到表格的第 3 行的单元格中，在“属性”面板上设置单元格的高度为 36，背景颜色为#FF0033，如图 15-18 所示。

19 将光标放置到表格外，执行“插入→表格”命令插入一个 3 行 3 列，宽度为 778 像素的表格，并在“属性”面板上设置表格为“居中对齐”，合并表格第 1 行的所有单元格，然后将光标放置到合并后的单元格中，在“属性”面板上设置单元格的高度为 15，并为单元格设置一幅背景图像，其效果如图 15-19 所示。

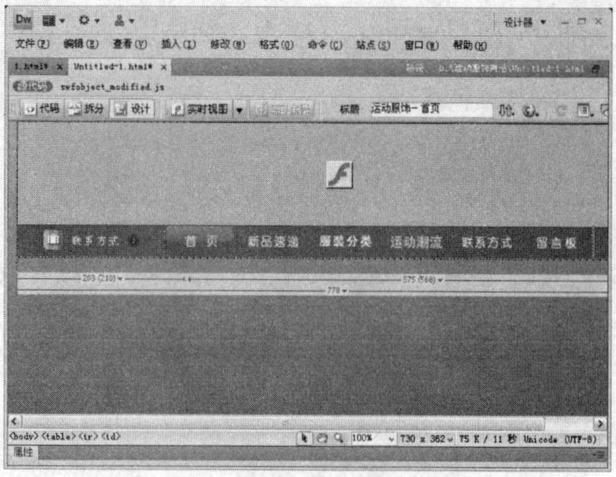

图 15-17　创建导航条

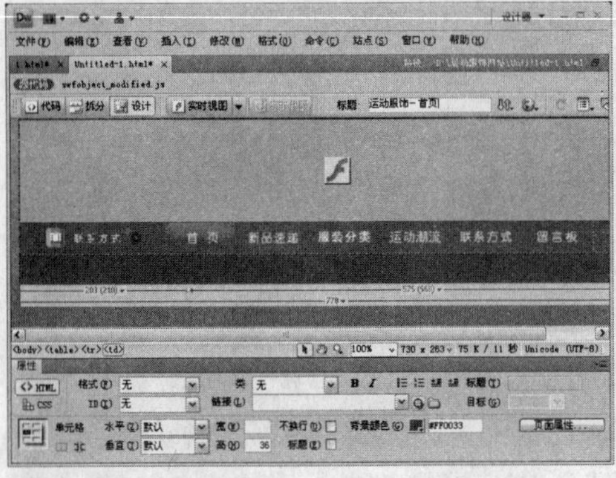

图 15-18　设置单元格属性

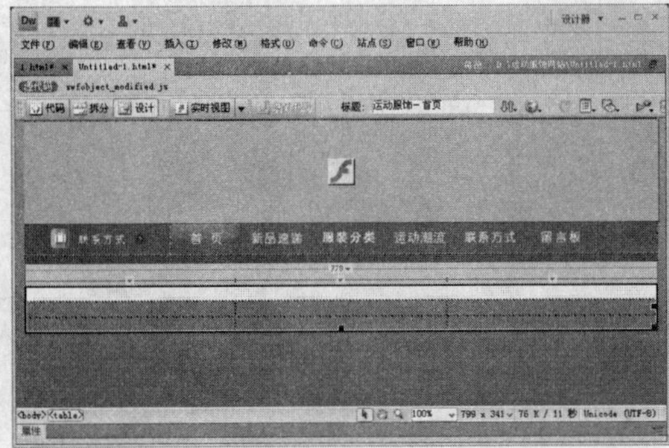

图 15-19　设置单元格

20 选择表格第 2 行第 2 列和第 3 行第 2 列的单元格，将其合并，为合并后的单元格设置一幅背景图像，并将单元格宽度设置为 2，如图 15-20 所示。

图 15-20　设置单元格

小提示

默认情况下，如果在“属性”面板上将单元格宽度或者高度的值设置为 2，单元格实际宽度或者高度的值不会发生变化，此时需要打开“拆分”或者“代码”面板，将单元格代码中的“ ”删除即可。

21 将光标放置到表格第 2 行第 1 列的单元格中，将其拆分为 4 行，并设置拆分后单元格的宽度为 176，如图 15-21 所示。

22 将光标放置到拆分后的第 1 行单元格中，执行“插入→图像”命令，在单元格中插入一幅图像，如图 15-22 所示。

图 15-21　拆分单元格

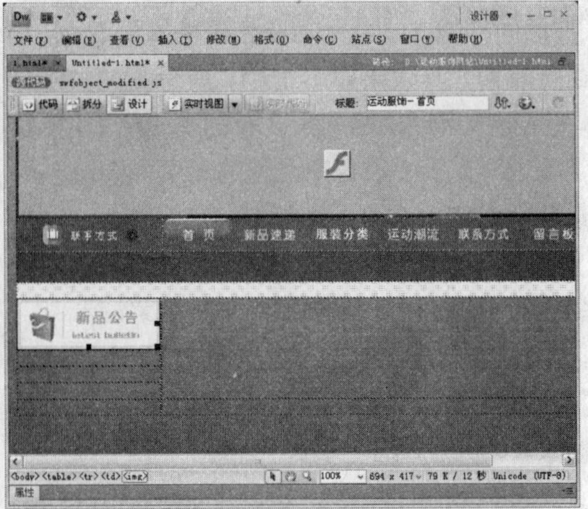

图 15-22　插入图像

23 将光标放置在第 2 行的单元格中，在“属性”面板上设置背景颜色为白色（#FFFFFF），输入相应的公告文本，如图 15-23 所示。

24 单击 代码 按钮打开代码视图，在公告文本前输入代码：<marquee behavior="scroll" direction="up" width="170" height="116" scrollamount="2" onmouseover="this.stop()" onmouseout="this.start()">，在公告文本后输入代码</marquee>，添加公告文本的滚动效果，如图 15-24 所示。

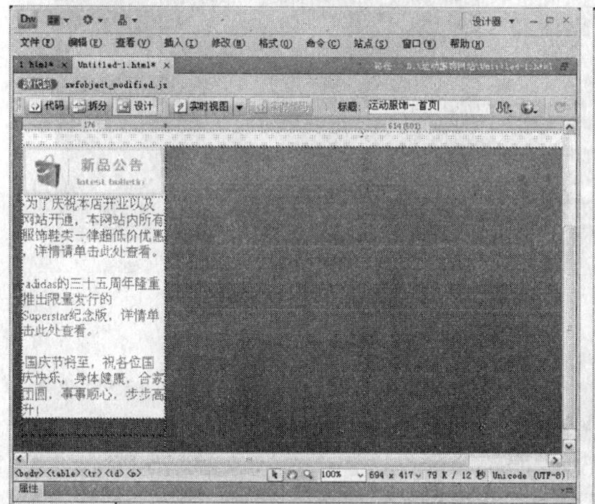

图 15-23　输入文字

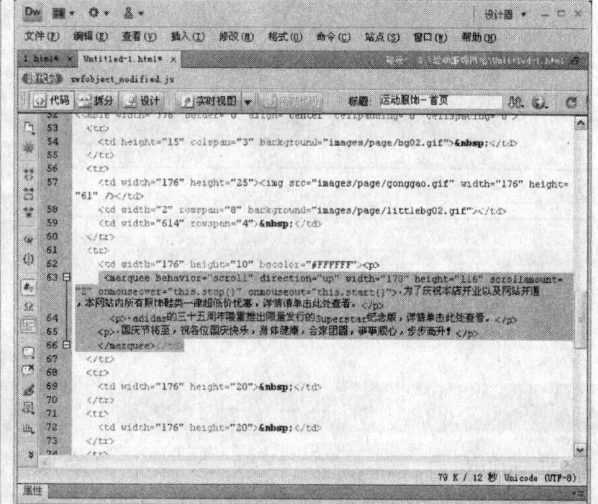

图 15-24　添加代码

25 将光标依次放置到第 3 行、第 4 行和第 5 行的单元格中，分别插入图像，如图 15-25 所示。

26 将表格最右侧的第 2 行和第 3 行的单元格合并，在“属性”面板上设置单元格背景颜色为黑色，水平对齐为居中对齐，垂直对齐为顶端对齐，然后执行“插入→图像”命令插入一幅图像，如图 15-26 所示。

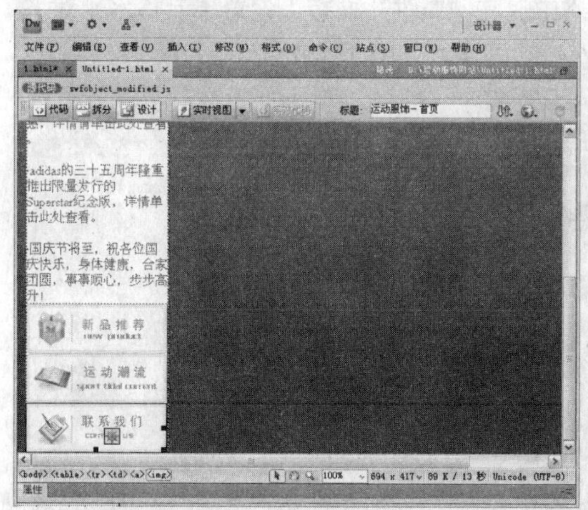

图 15-25　插入图像

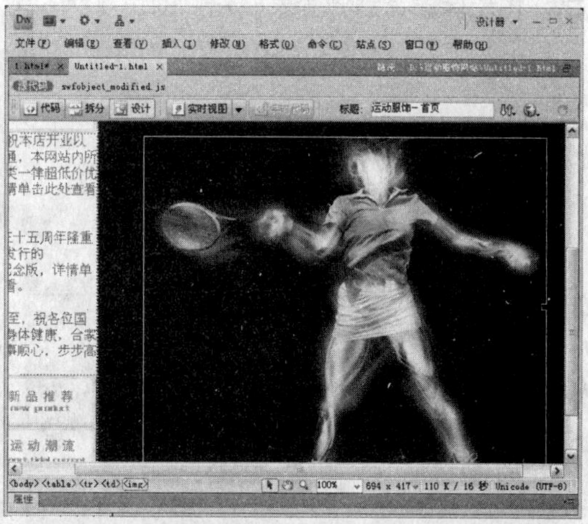

图 15-26　插入图像

27 将光标放置到表格外，执行“插入→表格”命令插入一个 3 行 1 列，宽度为 778 像素的表格，设置表格为居中对齐，并为表格设置一幅背景图像，设置表格中各单元格的高度为 20，水平对齐为居中对齐，然后分别在单元格中输入文字，如图 15-27 所示。

28 执行“文件→保存”命令，将网页文档保存并命名为 index.html。完成后按 F12 键浏览网页，如图 15-28 所示。

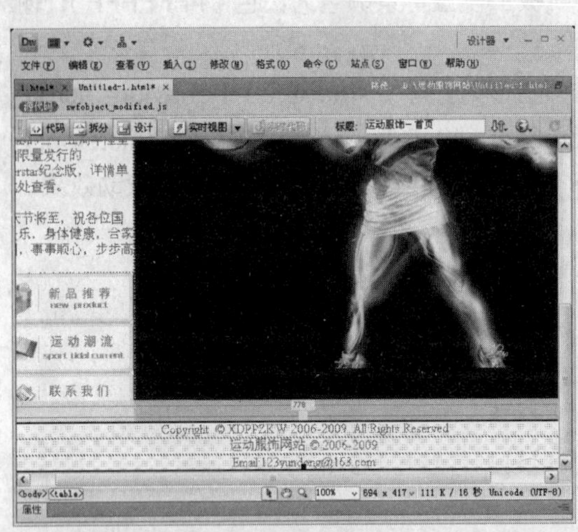

图 15-27 插入表格并输入文字

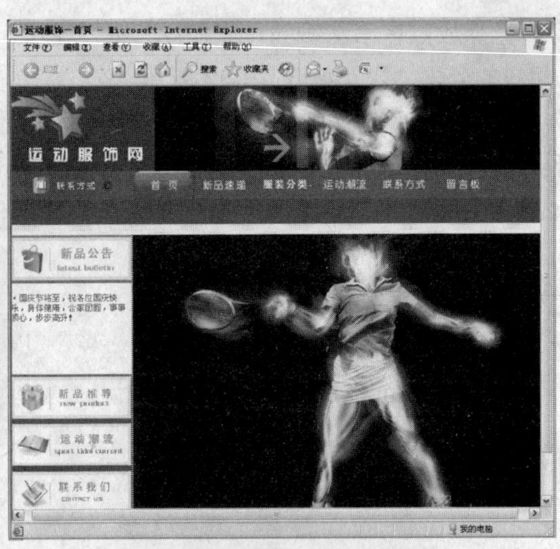

图 15-28 浏览网页

15.1.2 制作新品速递子页

1 新建一个网页文件，在“标题”文本框中输入“运动服饰—新品速递子页”，如图 15-29 所示。

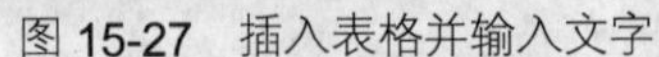

图 15-29 设置标题

2 按照制作运动服饰—首页所讲的方法，打开“页面属性”对话框设置页面属性，并制作出如图 15-30 所示的网页元素。

3 将光标放置到第 2 行的单元格中，在单元格中插入一个 1 行 7 列，宽度为 702 像素的嵌套表格，将光标放置到嵌套表格左侧的第 1 列单元格中，在“属性”面板上设置单元格水平对齐为“居中对齐”，宽度为 180，高度为 40，并插入一幅图像，如图 15-31 所示。

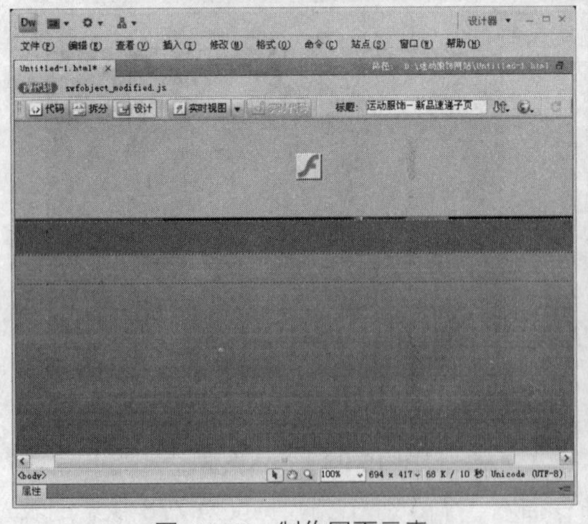

图 15-30 制作网页元素

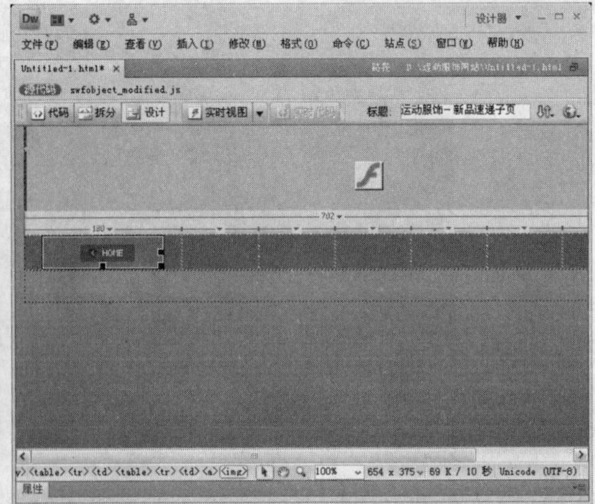

图 15-31 插入图像

4 将光标放置到嵌套表格第 2 列单元格中，执行“插入→图像对象→鼠标经过图像”命令，打开“插入鼠标经过图像”对话框，分别选择两幅图像作为鼠标经过图像，如图 15-32 所示，完成后单击 确定 按钮。

5 将光标放置到嵌套表格第 3 列单元格中，执行“插入→图像”命令插入一幅图像，如图 15-33

所示。

图 15-32　“插入鼠标经过图像”对话框

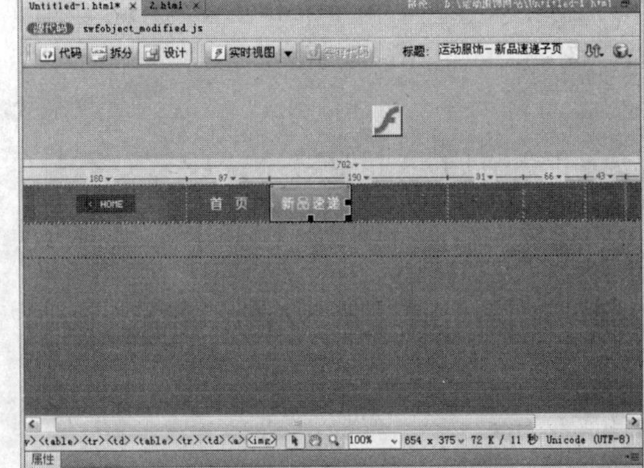

图 15-33　插入图像

6 将光标放置到嵌套表格第 4 列单元格中，执行“插入→图像对象→鼠标经过图像”命令，打开“插入鼠标经过图像”对话框，选择两幅图像作为鼠标经过图像，完成后单击 确定 按钮插入鼠标经过图像，如图 15-34 所示。

7 按照同样的方法分别在嵌套表格的第 5 列、第 6 列和第 7 列中分别插入鼠标经过图像创建页面导航条，其效果如图 15-35 所示。

8 将光标放置到表格的第 3 行的单元格中，在“属性”面板上设置单元格的高度为 36，背景颜色为#CC6600，如图 15-36 所示。

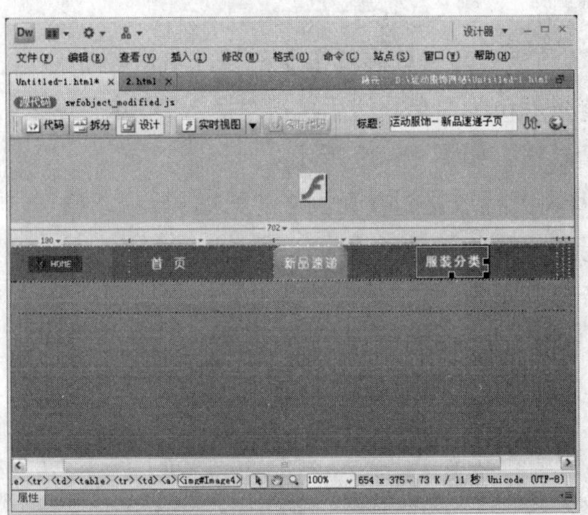

图 15-34　插入鼠标经过图像

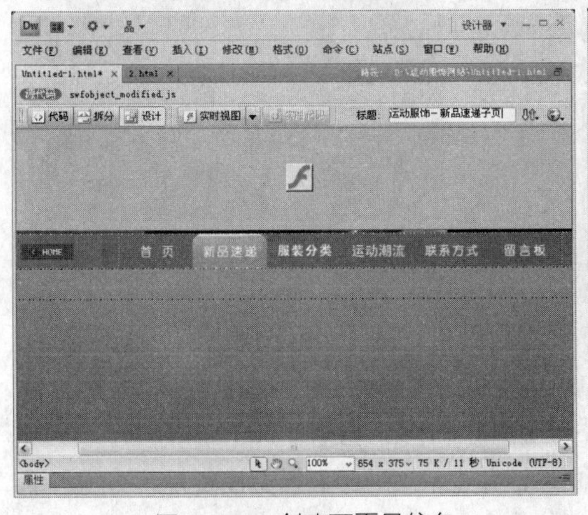

图 15-35　创建页面导航条

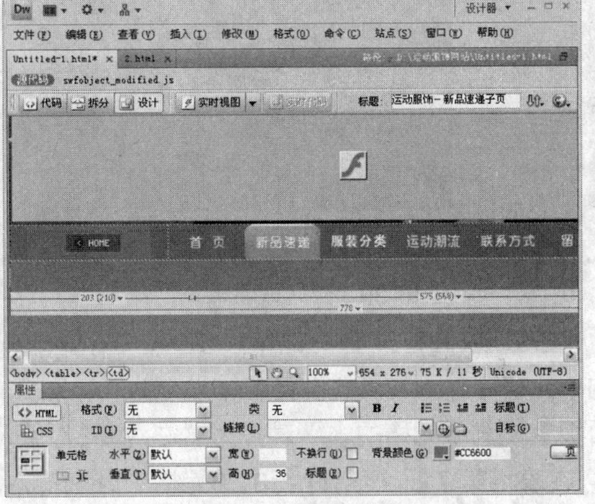

图 15-36　设置单元格

9 将光标放置到单元格外，执行“插入→表格”命令，插入一个 2 行 2 列，宽 778 像素，边

框粗细为 0 的表格，并在“属性”面板上将“填充”和“间距”都设置为 0，对齐方式为“居中对齐”，如图 15-37 所示。

10 合并表格第 1 行的第 1 列和第 2 列的单元格，设置单元格的高度为 15，并为单元格设置一幅背景图像，如图 15-38 所示。

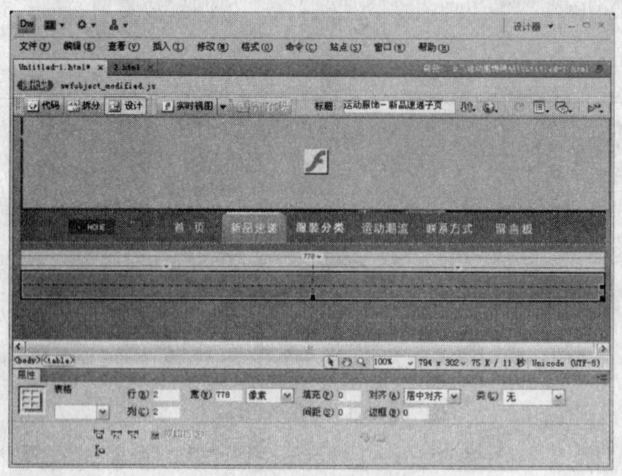

图 15-37　插入表格

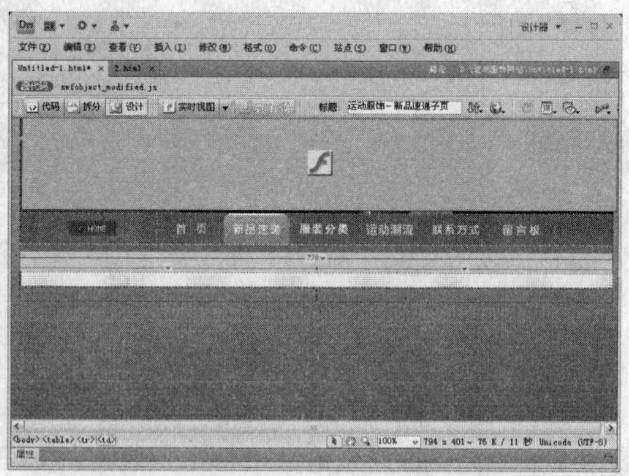

图 15-38　设置背景图像

11 将光标放置到表格第 2 行第 1 列的单元格中，设置单元格垂直对齐为顶端对齐，宽度为 176，背景颜色为白色，然后执行“插入→表格”命令，插入一个 19 行 1 列，表格宽度为 100%的嵌套表格，如图 15-39 所示。

12 将光标放置到嵌套表格的第 1 行中，执行“插入→图像”命令插入一幅图像，然后在第 2 行至第 4 行的单元格中分别输入的文本，并在“属性”面板上设置单元格的水平对齐和垂直对齐方式都为“居中对齐”，单元格的高度为 25，如图 15-40 所示。

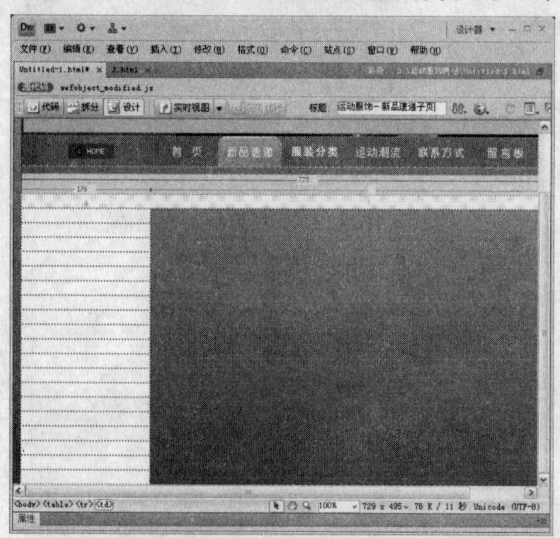

图 15-39　插入嵌套表格

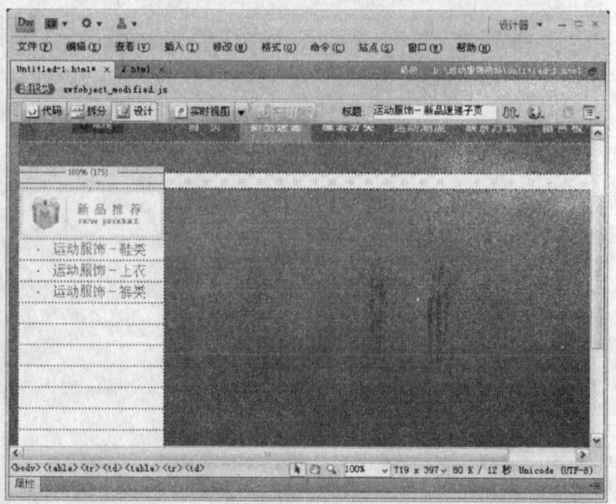

图 15-40　输入文本

13 将光标放置到第 5 行的单元格中，执行“插入→图像”命令插入一幅图像，然后在第 6 行的单元格中输入文本，设置字体大小为 14 像素，字体颜色为橘黄色（#FF9966），并在“属性”面板上设置单元格的水平对齐为“左对齐”，单元格的高度为 25，如图 15-41 所示。

14 在表格第 7 行至第 11 行的单元格中分别输入文本，并在“属性”面板上设置单元格的水平对齐为左对齐，垂直对齐方式为居中对齐，单元格的高度为 25，如图 15-42 所示。

15 将光标放置到表格第 12 行的单元格中，执行“插入→图像”命令插入一幅图像，然后选择第 13 行至第 17 行的单元格，在“属性”面板上设置单元格的对齐方式为左对齐，并分别在第 13 行至第 17 行的单元格中输入联系方式的文本，如图 15-43 所示。

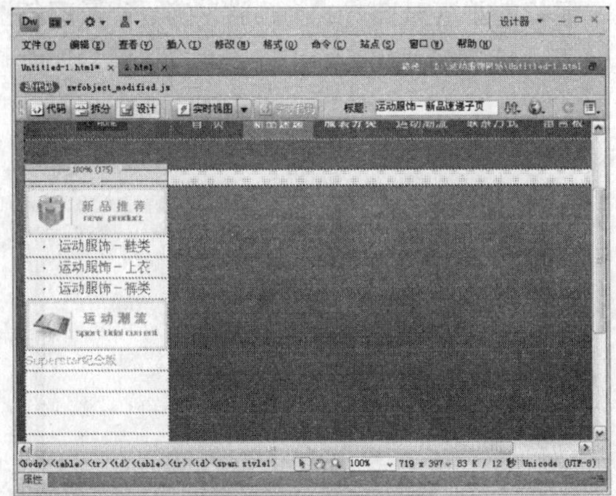

图 15-41 输入文本

图 15-42 输入文本

16 将光标放置到第 18 行的单元格中，执行“插入→图像”命令插入一幅图像，如图 15-44 所示。

图 15-43 输入联系方式文本

图 15-44 插入图像

17 将光标放置到第 19 行的单元格中，执行“插入→媒体→SWF”命令插入一个 Flash 动画，如图 15-45 所示。

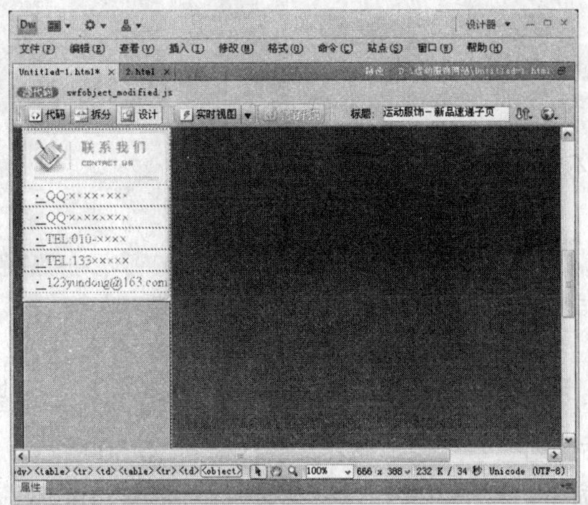

图 15-45 插入 Flash 动画

18 将光标放置到表格右侧的单元格中，将其拆分为 2 行，然后在拆分后的第 1 行单元格中插入一幅图像，如图 15-46 所示。

19 光标放置在拆分表格的第 2 行单元格中，设置单元格的垂直对齐方式为顶端对齐，背景颜色为白色，执行“插入→表格”命令插入一个 14 行 4 列，宽度为 100%的表格，并在“属性”面板上设置表格的间距为 9，如图 15-47 所示。

图 15-46 插入图像

图 15-47 插入表格

20 按住 Ctrl 键选择第 1，3，5，7，9，11，13 行的单元格，在“属性”面板上设置单元格水平对齐和垂直对齐方式都为居中对齐，高度为 140，并分别在第 1，3，5，7，9，11，13 行的单元格中依次插入图像，如图 15-48 所示。

21 按住 Ctrl 键选择第 2，4，6，8，10，12，14 行的单元格，在“属性”面板上设置单元格水平对齐为居中对齐，并分别插入 4 行 1 列的单元格，然后输入相应的文本，如图 15-49 所示。

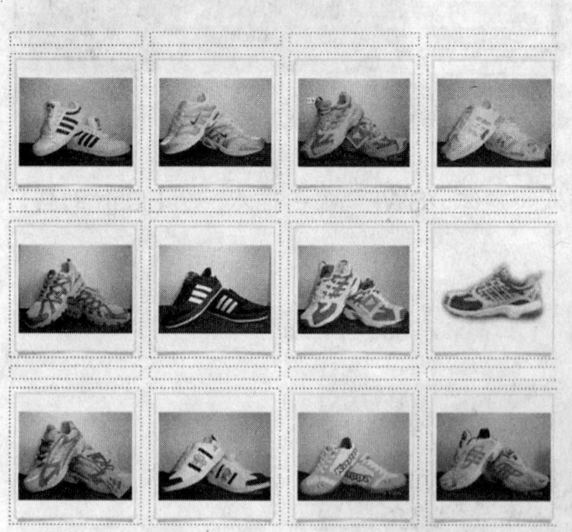

图 15-48 插入图像

图 15-49 输入文本

22 将光标放置到表格外，执行“插入→表格”命令插入一个 3 行 1 列，宽度为 778 像素的表格，设置表格为居中对齐，并为表格设置一幅背景图像，设置表格中各单元格的高度为 20，水平对齐为居中对齐，然后分别在单元格中输入文字，如图 15-50 所示。

23 执行“文件→保存”命令，将网页文档保存并命名为 index1.html。完成后按 F12 键浏览网页，如图 15-51 所示。

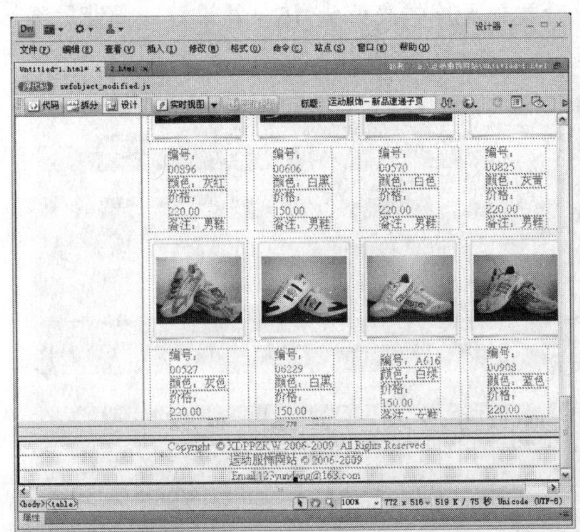

图 15-50　插入表格并输入文字

图 15-51　浏览网页

15.1.3　制作服装分类子页

1 新建一个网页文件，在“标题”文本框中输入“运动服饰－服装分类子页”，如图 15-52 所示。

图 15-52　设置标题

2 按照制作“运动服饰－首页”所讲的方法，打开“页面属性”对话框设置页面属性，并制作出如图 15-53 所示的网页元素。

3 将光标放置到表格第 3 行单元格中，在“属性”面板上设置单元格的高度为 36，背景颜色为#44CE59，如图 15-54 所示。

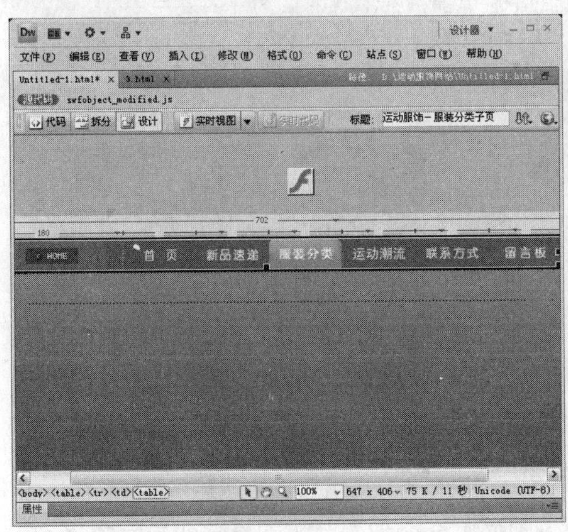

图 15-53　制作网页元素

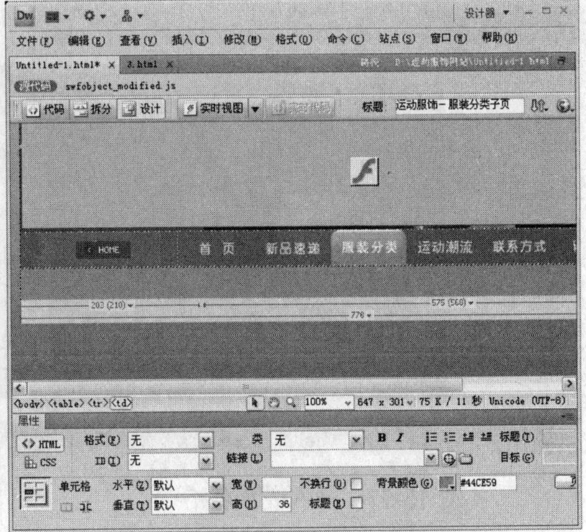

图 15-54　设置单元格背景颜色

4 将光标放置到表格外，执行“插入→表格”命令，插入一个 2 行 2 列，宽度为 778 像素，边框粗细为 0 的表格，并在“属性”面板上将“填充”和“间距”都设置为 0，对齐方式为“居中对齐”，如图 15-55 所示。

5 合并表格第 1 行的第 1 列和第 2 列的单元格，设置单元格的高度为 15，并设置一幅背景图像，如图 15-56 所示。

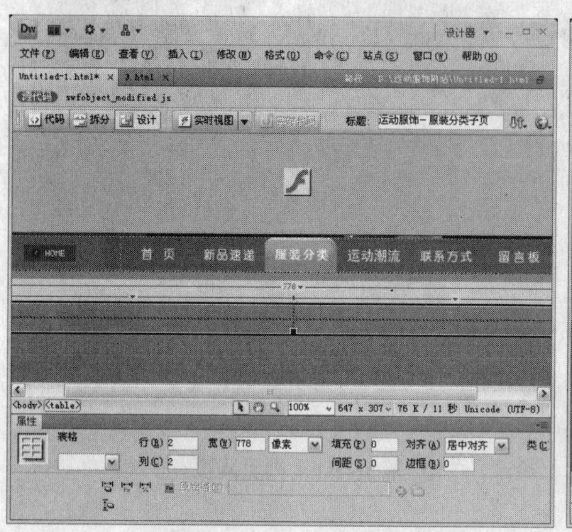

图 15-55　插入表格

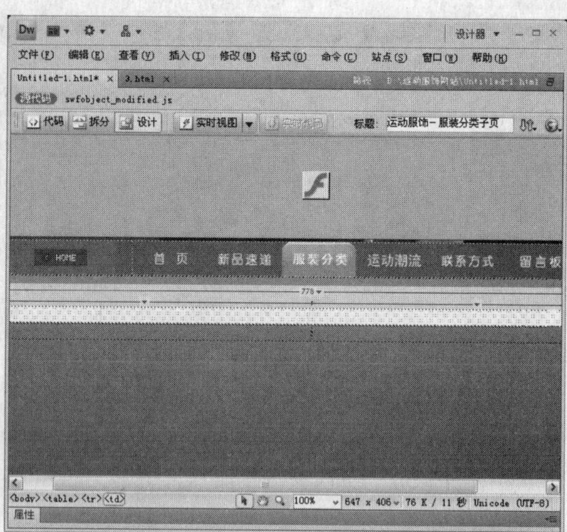

图 15-56　设置背景图像

6 将光标放置到表格第 2 行第 1 列的单元格中，设置单元格垂直对齐为顶端对齐，宽度为 176，背景颜色为白色，然后执行“插入→表格”命令，插入一个 19 行 1 列，表格宽度为 100%的嵌套表格，如图 15-57 所示。

7 将光标放置到嵌套表格的第 1 行中，执行“插入→图像”命令插入一幅图像，然后在第 2 行至第 4 行的单元格中分别输入文本，并在“属性”面板上设置单元格的水平对齐和垂直对齐方式都为“居中对齐”，单元格的高度为 25，如图 15-58 所示。

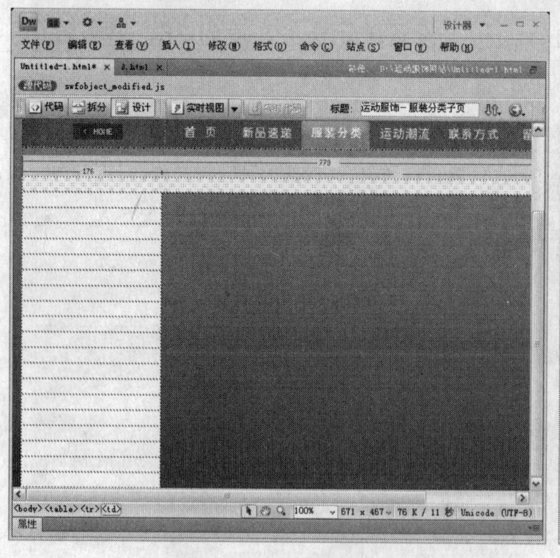

图 15-57　插入嵌套表格

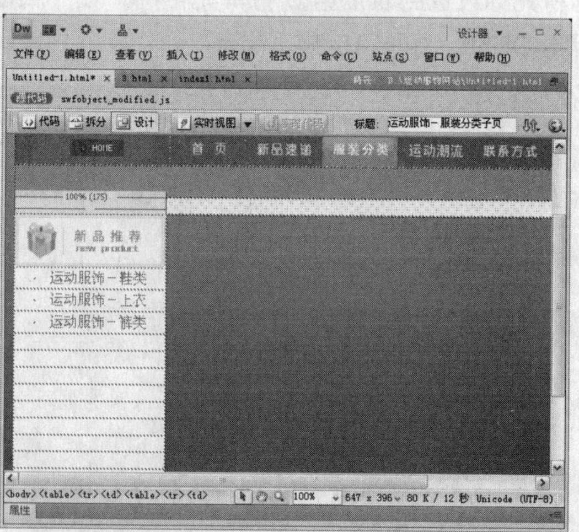

图 15-58　输入文本

8 将光标放置到第 5 行的单元格中，执行“插入→图像”命令插入一幅图像，然后在第 6 行的单元格中输入文本，设置字体大小为 14 像素，字体颜色为橘黄色（#FF9966），最后在表格第 7 行至第 11 行的单元格中分别输入文本，如图 15-59 所示。

9 将光标放置到表格第 12 行的单元格中，执行“插入→图像”命令插入一幅图像，然后分别在第 13 行至第 17 行的单元格中输入联系方式的文本，并在“属性”面板上设置单元格的高度为 25，如图 15-60 所示。

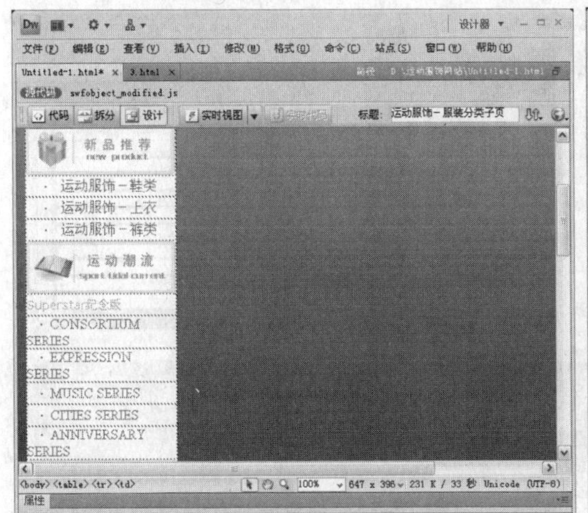

图 15-59　输入文本

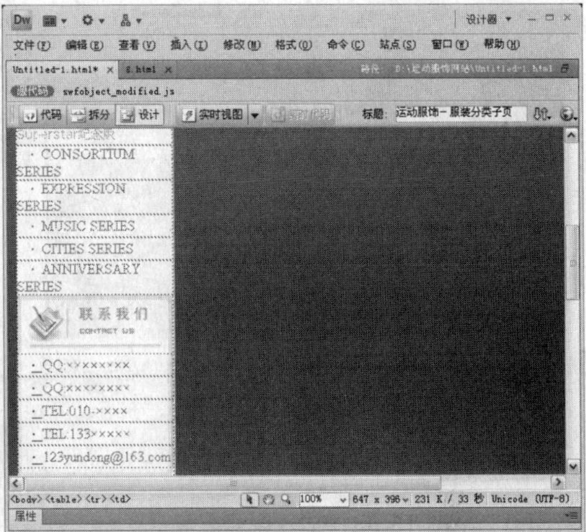

图 15-60　输入联系方式文本

10 将光标放置到第 18 行的单元格中，执行“插入→图像”命令插入一幅图像；将光标放置到第 19 行的单元格中，执行“插入→媒体→SWF”命令插入一个 Flash 动画，如图 15-61 所示。

11 将光标放置到表格右侧的单元格中，将其拆分为 2 行，在拆分后的第 1 行单元格中插入一幅图像，如图 15-62 所示。

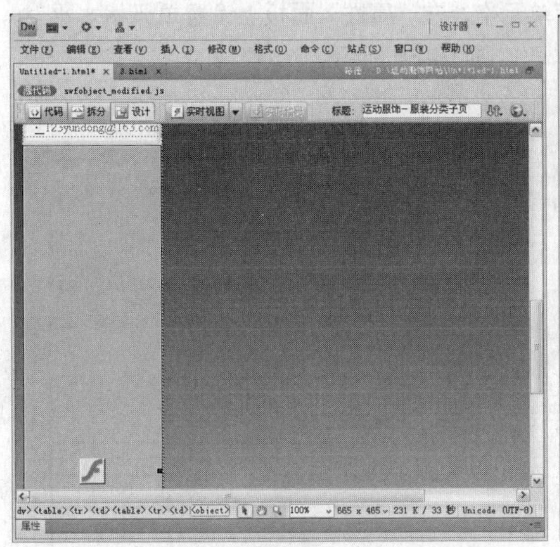

图 15-61　插入 Flash 动画

图 15-62　插入图像

12 将光标放置到拆分后的第 2 行单元格中，执行“插入→表格”命令插入一个 9 行 2 列，宽度为 100%，间距为 1 的嵌套表格，如图 15-63 所示。

13 选择表格中的所有单元格，在“属性”面板上设置单元格的宽度为 300，背景颜色为白色，如图 15-64 所示。

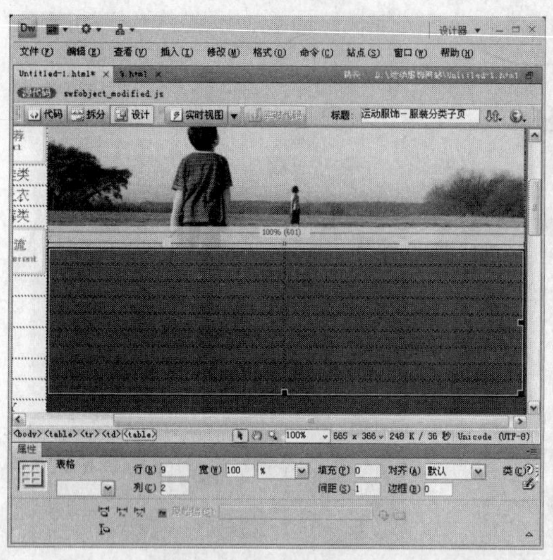

图 15-63 插入嵌套表格

图 15-64 设置单元格属性

14 将光标放置在第 1 行第 1 列的单元格中，执行“插入→表格”命令插入一个 1 行 2 列的嵌套表格，再将光标放置到嵌套表格的第 1 列中，在“属性”面板上设置单元格水平和垂直对齐都为居中对齐，设置宽度和高度都为 140，并在单元格中插入一幅服装的图像，如图 15-65 所示。

15 将光标放置在嵌套表格的第 2 列单元格中，在“属性”面板上设置单元格的水平对齐和垂直对齐方式都为居中对齐，执行“插入→表格”命令插入一个 5 行 1 列的嵌套表格，设置此嵌套表格的宽度为 80%，然后选择此嵌套表格的所有单元格，在“属性”面板上设置单元格水平对齐为左对齐，宽度为 22，并输入相应的介绍文本，如图 15-66 所示。

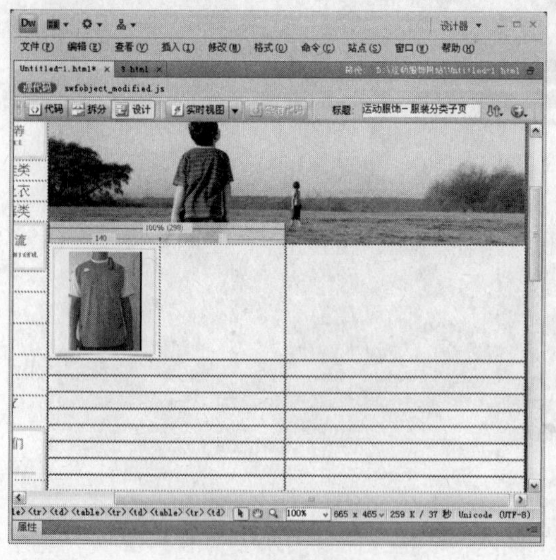

图 15-65 插入图像

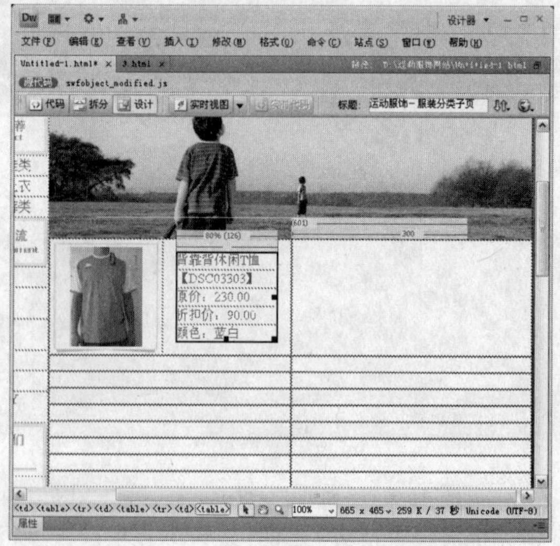

图 15-66 插入嵌套表格并输入文本

16 按照同样的方法，分别在表格的其他单元格中插入嵌套表格，插入图像，并输入相应的介绍文本，如图 15-67 所示。

17 将光标放置到表格外，执行“插入→表格”命令插入一个 3 行 1 列，宽度为 778 像素的表格，设置表格为居中对齐，并为表格设置一幅背景图像，设置表格中各单元格的高度为 20，水平对齐为居中对齐，然后分别在单元格中输入文字，如图 15-68 所示。

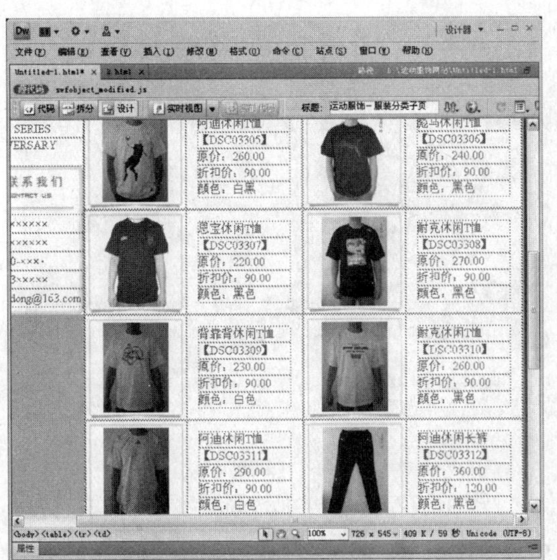

图 15-67　插入图像并输入文字

图 15-68　插入表格并输入文字

18 执行“文件→保存”命令，将网页文档保存并命名为 index2.html。完成后按 F12 键浏览网页，如图 15-69 所示。

图 15-69　浏览网页

15.1.4　制作运动服饰－运动潮流子页

1 新建一个网页文件，在“标题”文本框中输入“运动服饰－运动潮流子页”，如图 15-70 所示。

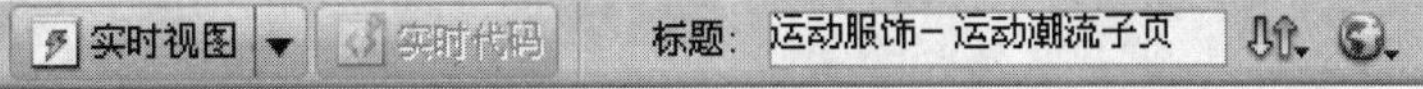

图 15-70　设置标题

2 按照前面讲过的方法，打开“页面属性”对话框设置页面属性，并制作出如图 15-71 所示的网页元素。

3 将光标放置到表格的第 3 行单元格中，在“属性”面板上设置单元格的高度为 36，背景颜色为蓝色（#31AEE3），如图 15-72 所示。

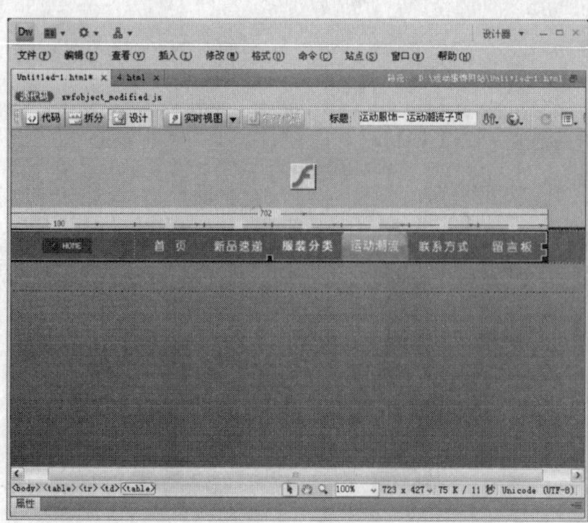

图 15-71　制作网页元素

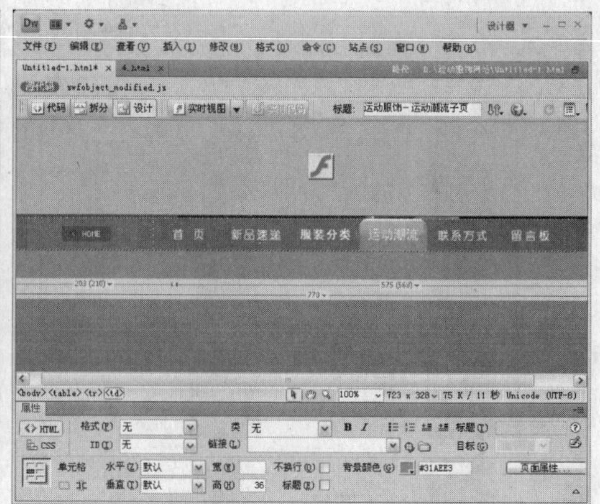

图 15-72　设置单元格高度与背景颜色

4 将光标放置到表格外，执行 “插入→表格” 命令插入一个 3 行 1 列，宽度为 778 像素的表格，并在“属性”面板上设置表格的对齐方式为居中对齐，如图 15-73 所示。

5 将光标放置到表格的第 1 行单元格中，执行 “插入→图像” 命令插入一幅图像，如图 15-74 所示。

6 将光标放置在表格第 2 行的单元格中，设置单元格的高度为 15，并设置一幅背景图像，如图 15-75 所示。

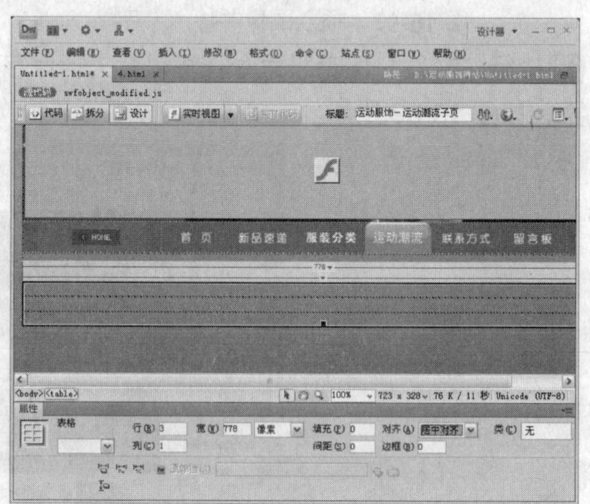

图 15-73　插入表格

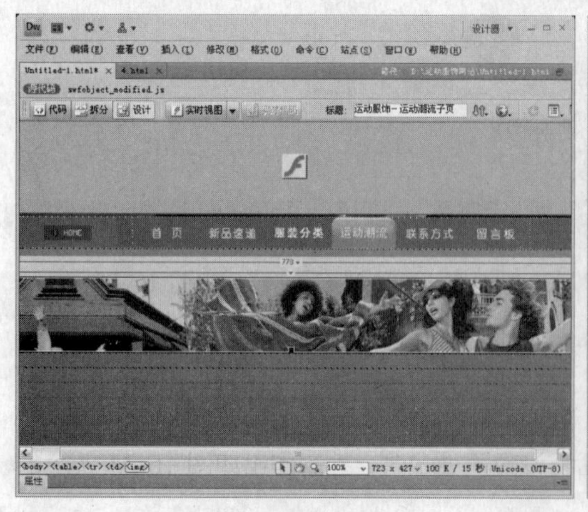

图 15-74　插入图像

图 15-75　设置单元格属性

7 将光标放置在第 3 行的单元格中，在“属性”面板上设置单元格的背景颜色为白色，然后将其拆分为 2 列，并设置左侧列的单元格的宽度为 176，右侧列单元格的宽度为 602，如图 15-76 所示。

8 将光标放置在拆分单元格的左侧列中，插入一个 19 行 1 列的嵌套表格，并按照前面所讲的方法，制作出如图 15-77 所示的网页元素。

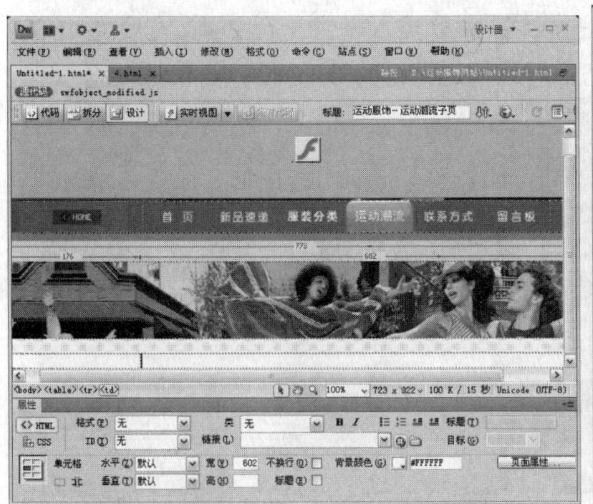

图 15-76　设置拆分单元格的属性

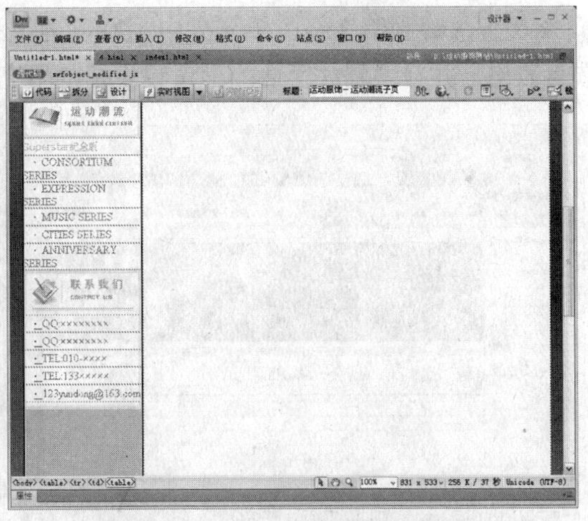

图 15-77　制作网页元素

9 将光标放置在拆分单元格的右侧列中，在单元格中设置垂直对齐为顶端对齐，然后执行“插入→表格”命令插入一个 8 行 1 列，宽度为 100%的嵌套表格，如图 15-78 所示。

10 将光标放置到嵌套表格的第 1 行中，执行“插入→图像”命令插入一幅图像，如图 15-79 所示。

11 将光标放置到嵌套表格的第 2 行中，输入相应的介绍文本，并在“属性”面板上设置文本的大小为 14 像素，单元格的对齐方式为左对齐，高度为 80，如图 15-80 所示。

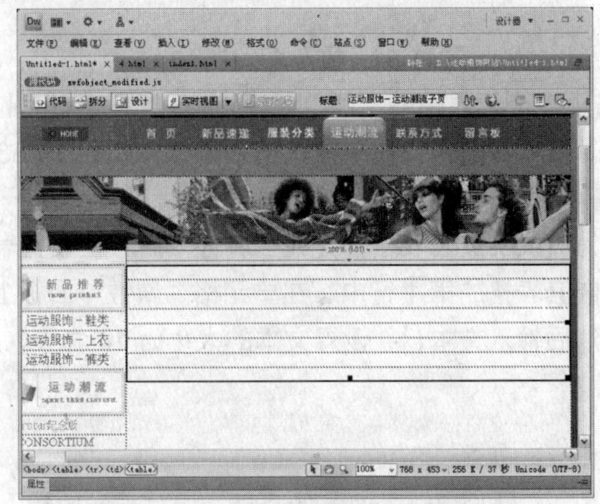

图 15-78　插入嵌套表格

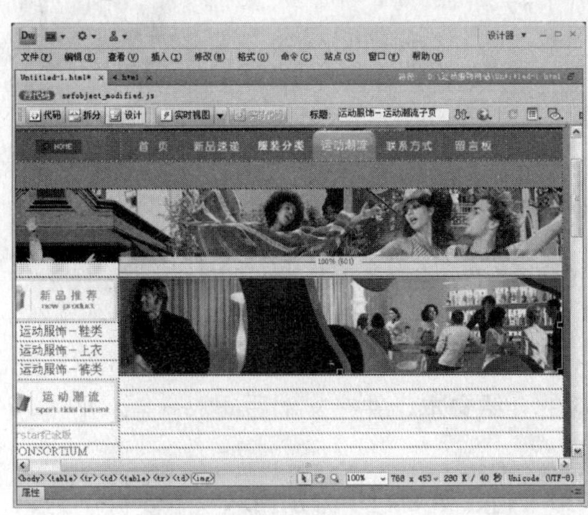

图 15-79　插入图像

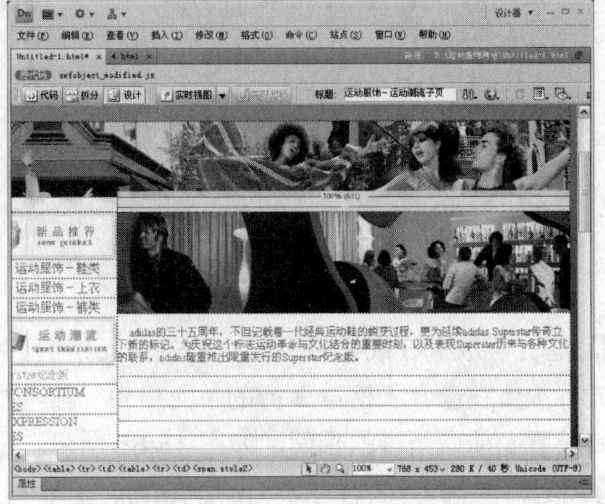

图 15-80　输入文本

12 将光标放置到文本的右侧，执行“插入→HTML→水平线”命令，在单元格中插入一条

水平线，在“属性”面板上设置水平线的宽度为 601 像素，并取消“阴影”复选框的选中状态，如图 15-81 所示。

13 将光标放置到第 3 行的单元格中，执行“插入→表格”命令插入一个 1 行 2 列，宽度为 100%嵌套表格，并在“属性”面板上设置表格的填充、间距和边框都为 0，如图 15-82 所示。

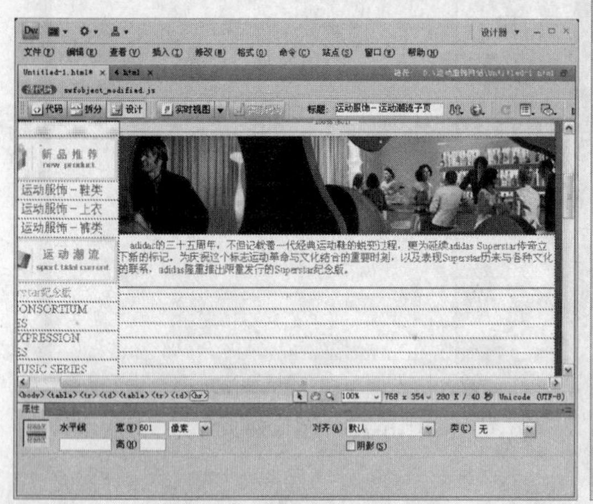

图 15-81　插入并设置水平线

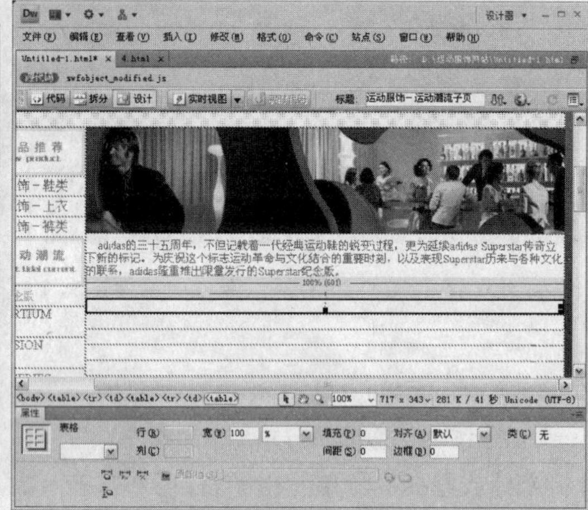

图 15-82　插入嵌套表格

14 在嵌套表格的左侧单元格中输入相应的介绍文本，然后将光标放置到右侧的单元格中，执行“插入→图像”命令插入一幅图像，如图 15-83 所示。

15 将光标放置在表格第 4 行的单元格中，执行“插入→表格”命令插入一个 3 行 1 列，宽度为 100%嵌套表格，并在“属性”面板上设置表格的填充、间距和边框都为 0，将光标放置在嵌套表格的第 1 行中，在单元格“属性”面板上设置水平对齐为居中对齐，单元格高度为 30，然后输入文本，并设置文本的大小为 14 像素，如图 15-84 所示。

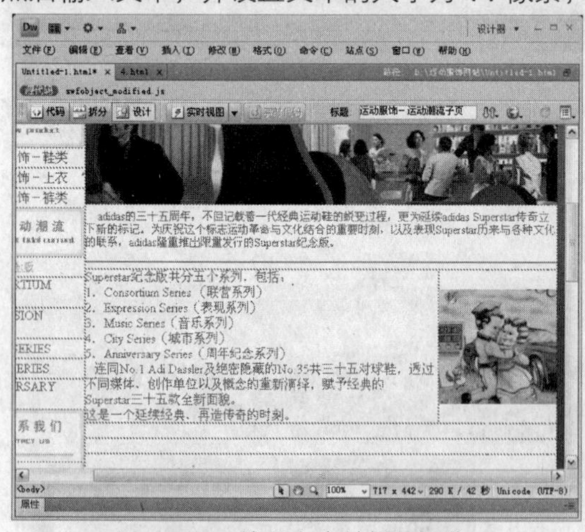

图 15-83　输入文本并插入图像

图 15-84　输入文本

16 将光标放置在嵌套表格第 2 行的单元格中，执行“插入→图像”命令插入一幅图像，然后将光标放置在嵌套表格第 3 行的单元格中，输入相应的介绍文本，并在文本后插入一条水平线，其设置同前面所讲的相同，如图 15-85 所示。

17 按照同样的方法，在表格的第 5 行、第 6 行、第 7 行、第 8 行中分别插入一个 3 行 1 列，宽度为 100%嵌套表格，并分别在嵌套表格的各个单元格中输入介绍文本、插入图像和水平线，其效果如图 15-86 所示。

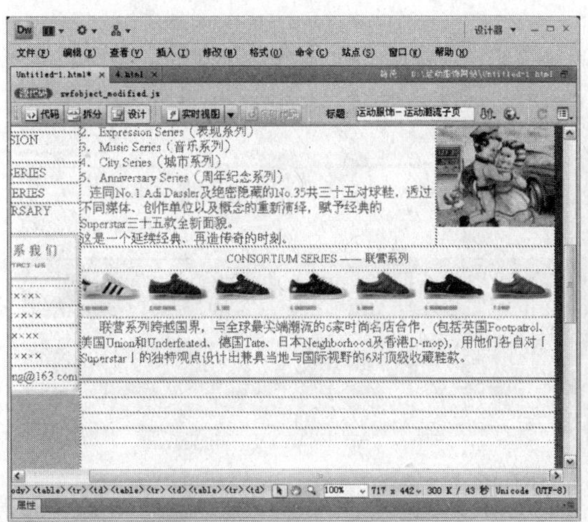
图 15-85　插入水平线

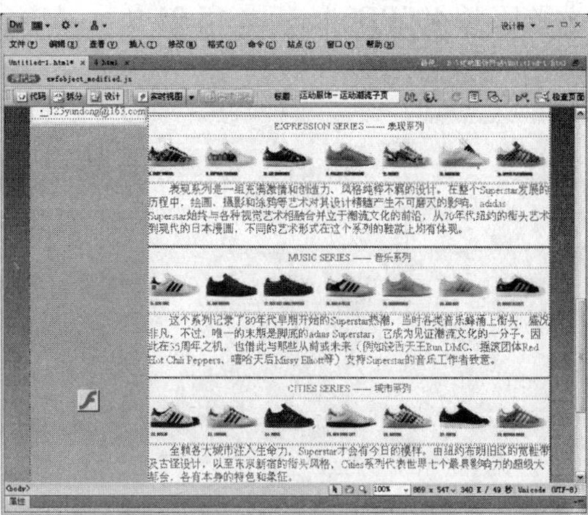
图 15-86　设置其他单元格

18 将光标放置到表格外，执行“插入→表格”命令插入一个 3 行 1 列，宽度为 778 像素的表格，设置表格为居中对齐，并为表格设置一幅背景图像，设置表格中各单元格的高度为 20，水平对齐为居中对齐，然后分别在单元格中输入文字，如图 15-87 所示。

19 执行“文件→保存”命令，将网页文档保存并命名为 index3.html。完成后按 F12 键浏览网页，如图 15-88 所示。

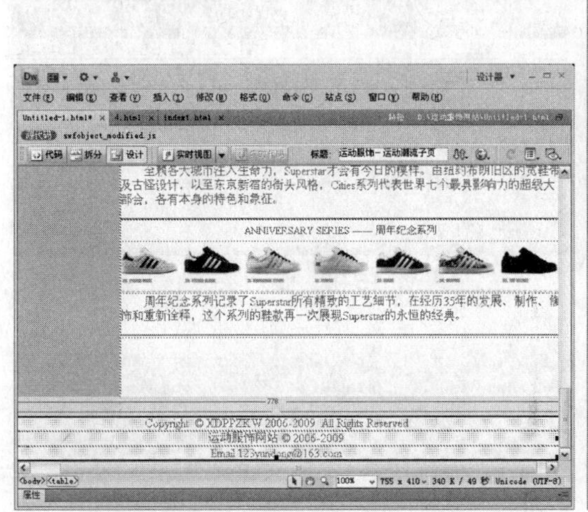
图 15-87　插入表格并输入文字

图 15-88　浏览网页

15.1.5　制作联系方式子页

1 新建一个网页文件，在“标题”文本框中输入“运动服饰－联系方式子页”，如图 15-89 所示。

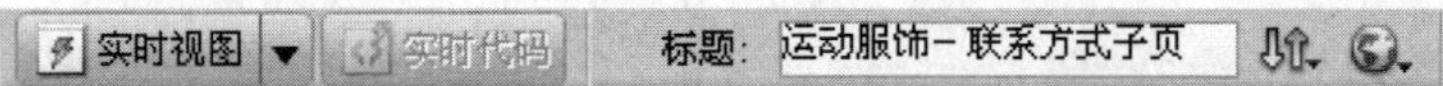

图 15-89　设置标题

2 按照前面讲过的方法，打开“页面属性”对话框设置页面属性，并制作出如图 15-90 所示的网页元素。

3 将光标放置到表格的第 3 行单元格中，在“属性”面板上设置单元格的高度为 36，背景颜色为蓝色（#495BC6），如图 15-91 所示。

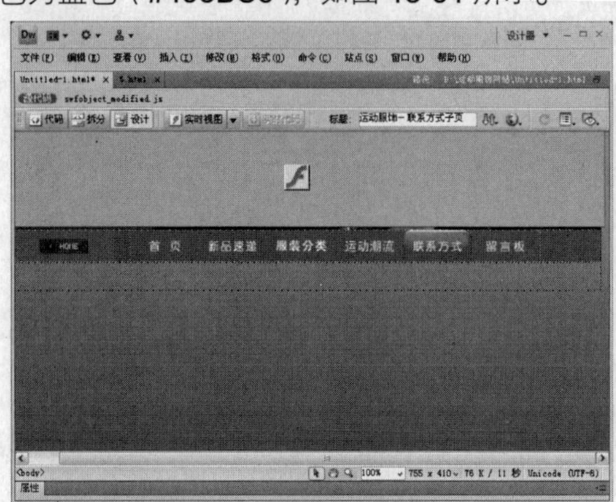
图 15-90 制作网页元素

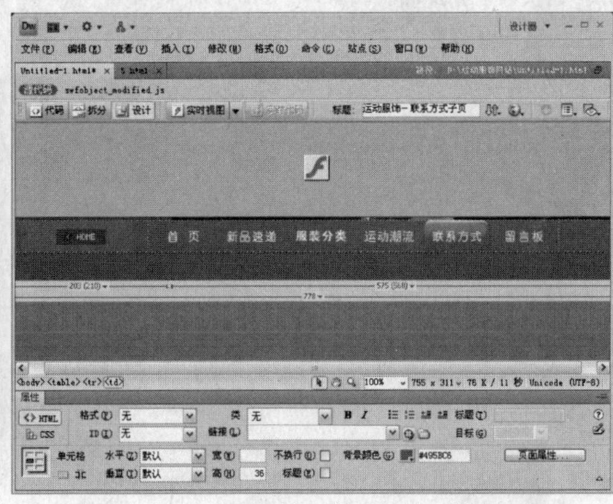
图 15-91 设置单元格高度与背景颜色

4 光标放置到表格外，执行“插入→表格”命令插入一个 2 行 1 列，宽度为 778 像素的表格，并在“属性”面板上设置表格的对齐方式为居中对齐，如图 15-92 所示。

5 将标放置在表格的第 1 行单元格中，设置单元格的高度为 15，并设置一幅背景图像。将光标放置在第 2 行的单元格中，在“属性”面板上设置单元格的背景颜色为白色，然后将其拆分为 2 列，并设置左列的单元格的宽度为 176，右列单元格的宽度为 602，如图 15-93 所示。

6 光标放置在拆分单元格的左侧列中，插入一个 18 行 1 列的表格，并按照前面所讲的方法，制作出如图 15-94 所示的网页元素。

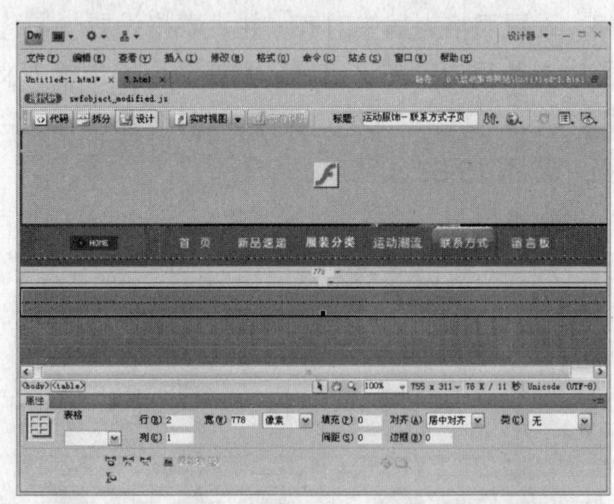
图 15-92 插入表格

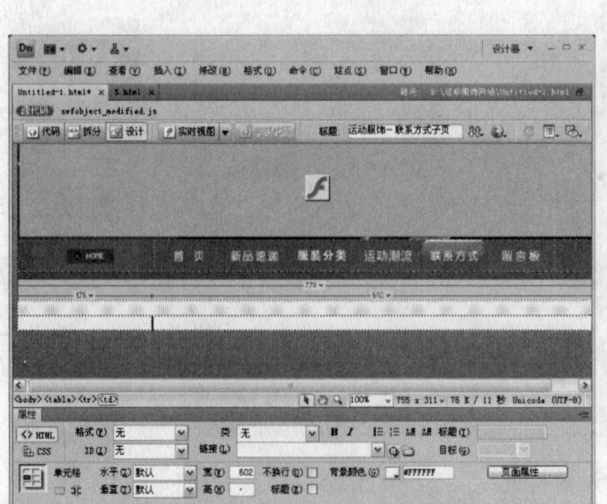
图 15-93 设置拆分单元格的属性

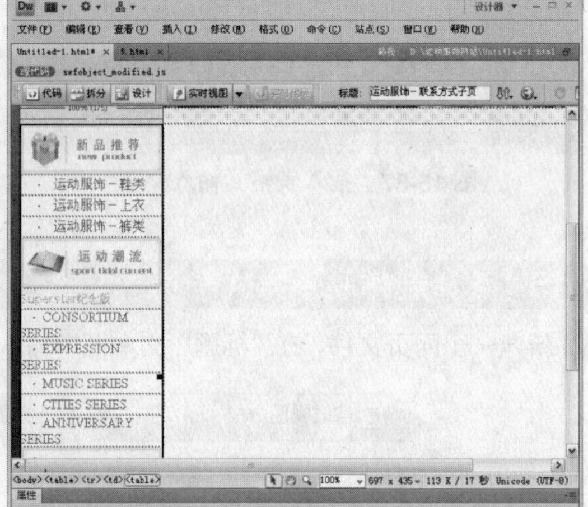
图 15-94 制作网页元素

7 光标放置在拆分单元格的右侧列中，在单元格中设置垂直对齐为顶端对齐，然后执行“插入→表格”命令插入一个 3 行 1 列，宽度为 100%的嵌套表格，如图 15-95 所示。

8 将光标放置到嵌套表格的第 1 行单元格中，执行“插入→图像”命令在单元格中插入一幅图像，如图 15-96 所示。

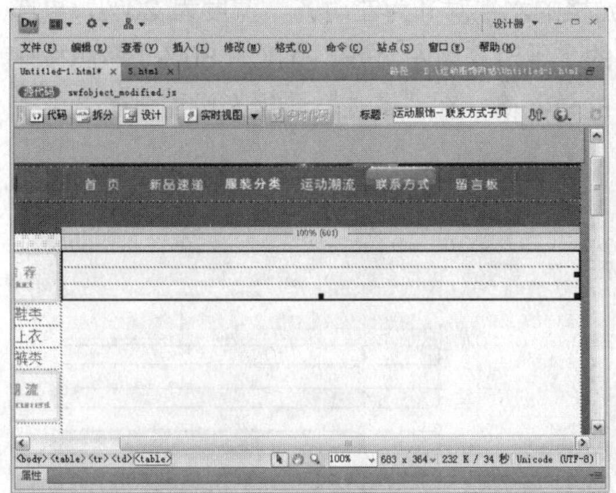

图 15-95　插入嵌套表格

图 15-96　插入图像

9 将光标放置到嵌套表格的第 2 行单元格中，在“属性”面板上设置水平对齐为居中对齐，垂直对齐为底部对齐，单元格的高度为 35，并为单元格设置一幅背景图像，如图 15-97 所示。

10 将光标放置在嵌套表格第 3 行的单元格中，设置水平对齐为居中对齐，执行“插入→表格”命令插入一个 2 行 1 列，宽度为 84%的嵌套表格，如图 15-98 所示。

11 将光标放置在嵌套表格的第 1 行单元格中，在“属性”面板上垂直对齐为顶端对齐，高度为 170，并输入相应的介绍文本，如图 15-99 所示。

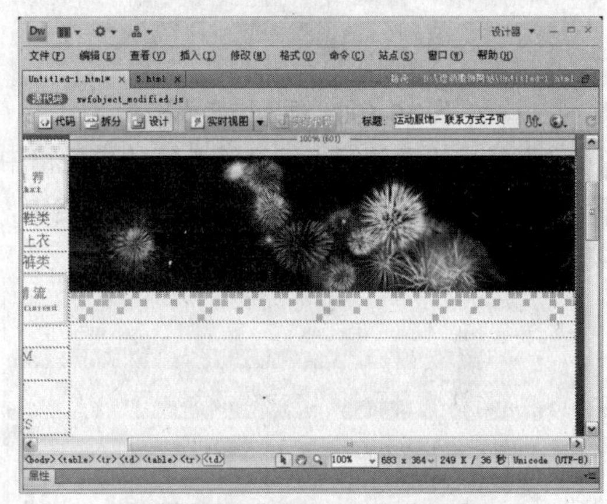

图 15-97　设置单元格背景图像

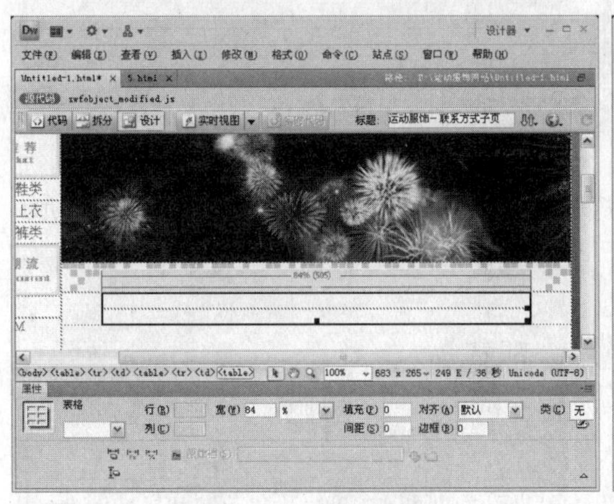

图 15-98　插入嵌套表格

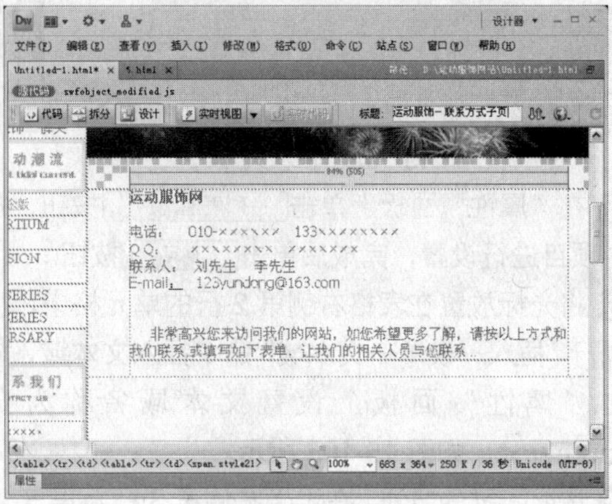

图 15-99　输入文本

12 将光标放置到嵌套表格的第 2 行单元格中，执行“插入→表格”命令插入一个 7 行 2

列，宽度为 100%的嵌套表格，在“属性”面板上设置表格的填充和间距为 2，边框值为 1，如图 15-100 所示。

13 选择嵌套表格第 1 列的所有单元格，设置单元格的水平对齐为左对齐，宽度为 20%，再选择嵌套表格第 2 列的所有单元格，并设置单元格的水平对齐为左对齐，宽度为 80%，然后按住 Ctrl 键选择第 1 行、第 3 行、第 5 行和第 7 行的单元格，在“属性”面板上设置背景颜色为 #EEEEEE，如图 15-101 所示。

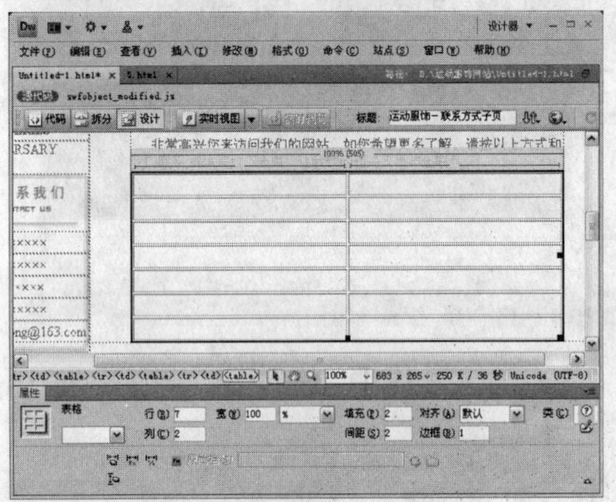

图 15-100　插入嵌套表格

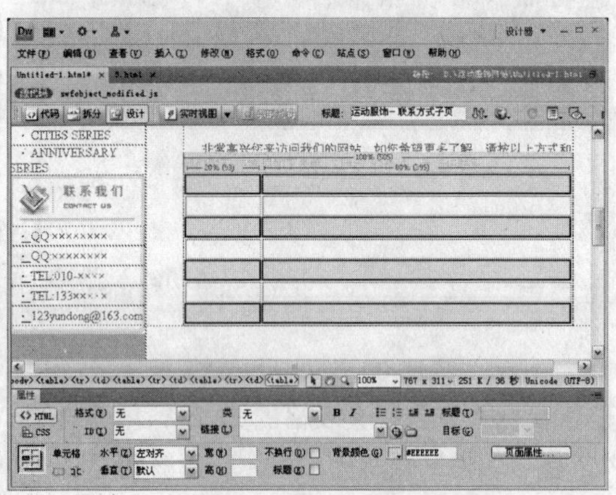

图 15-101　设置各单元格属性

14 在嵌套表格左侧第 1 行至第 5 行的单元格中分别输入文本，如图 15-102 所示。

15 将光标放置在表格右侧第 1 行的单元格中，执行“插入→表单→列表/菜单”命令插入列表菜单，如图 15-103 所示。

图 15-102　输入文本

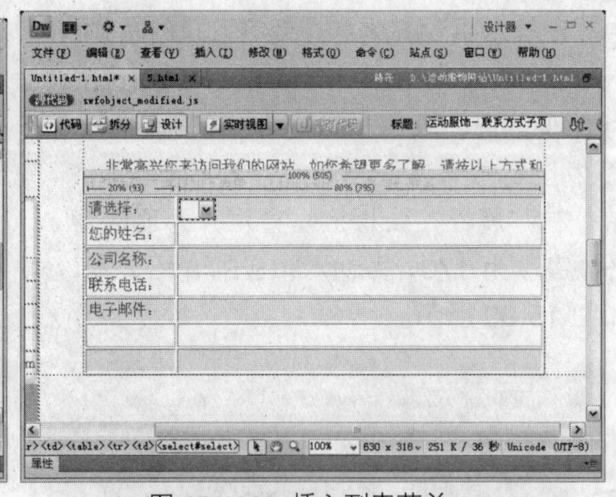

图 15-103　插入列表菜单

16 在“属性”面板上单击 列表值... 按钮，打开“列表值”对话框，按照如图 15-104 所示的项目进行设置，完成后单击 确定 按钮。

17 将光标放置在表格右侧第 2 行的单元格中，执行“插入→表单→文本域”命令插入文本域，在“属性”面板上设置文本域名称为 yourname，如图 15-105 所示。

18 按照同样的方法，在表格右侧第 3 行至第 5 行的单元格中插入文本域，并在“属性”面板上分别设置文本域的名称为 companyname、

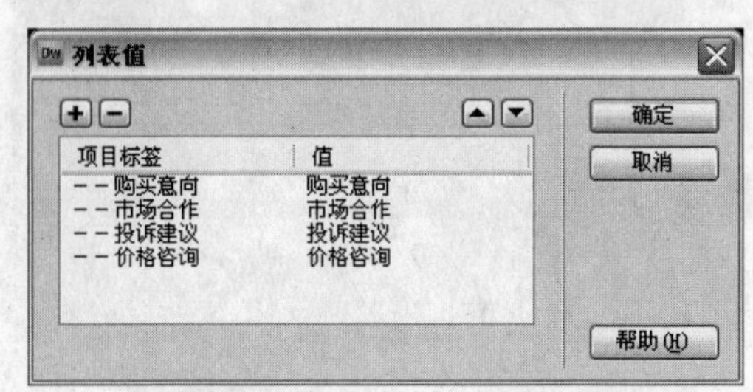

图 15-104　设置“列表值”对话框

telephone 和 email，如图 15-106 所示。

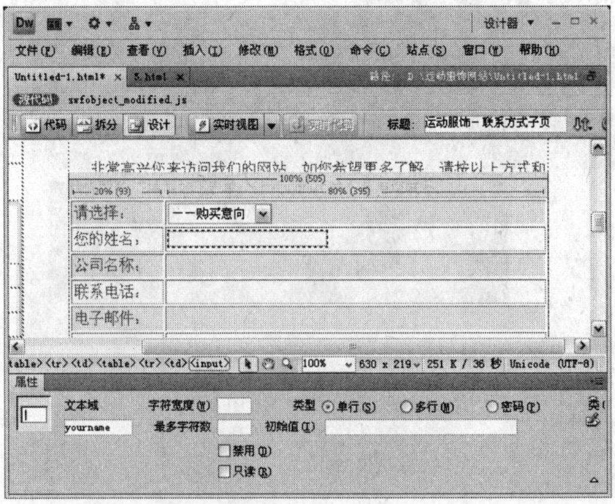

图 15-105　插入文本域

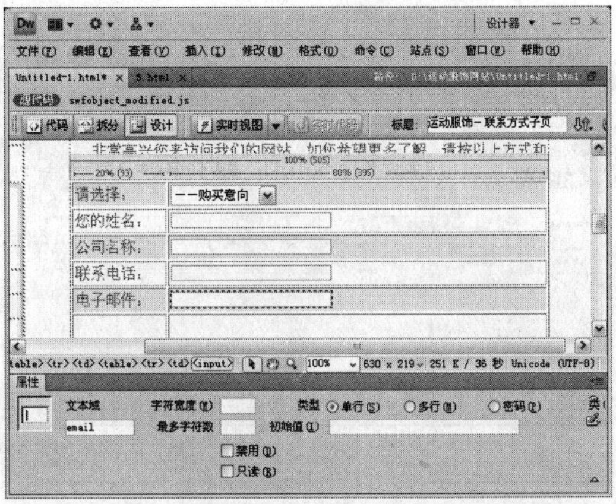

图 15-106　插入文本域

19 将光标放置在表格右侧第 6 行的单元格中，执行“插入→表单→文本区域”命令插入一个多行文本域，在文本域“属性”面板上设置文本域名称为 content，字符宽度为 36，行数为 7，如图 15-107 所示。

20 合并嵌套表格第 7 行的两列单元格，并设置水平对齐为居中对齐，执行“插入→表单→按钮”命令插入按钮，选择所插入的按钮，在“属性”面板上设置按钮值为“提交”，如图 15-108 所示。

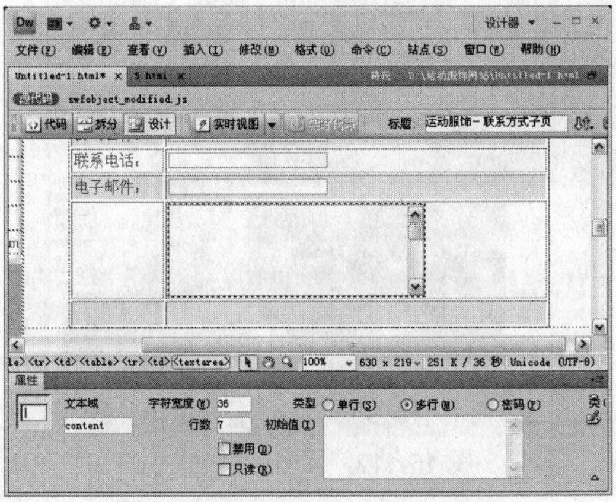

图 15-107　设置多行文本域属性

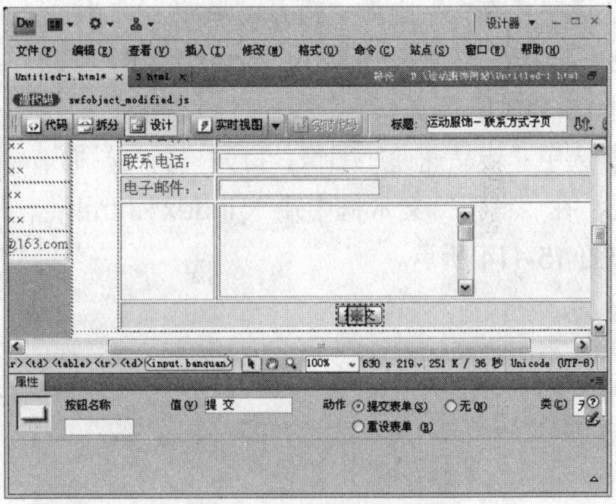

图 15-108　插入提交按钮

21 按照同样的方法，在“提交”按钮右侧插入一个“重设”按钮，如图 15-109 所示。

22 将光标放置到表格外，执行“插入→表格”命令插入一个 3 行 1 列，宽度为 778 像素的表格，设置表格为居中对齐，并为表格设置一幅背景图像，设置表格中各单元格的高度为 20，水平对齐为居中对齐，然后分别在单元格中输入文字，如图 15-110 所示。

23 执行“文件→保存”命令，将网页文档保存并命名为 index4.html。完成后按 F12 键浏览网页，如图 15-111 所示。

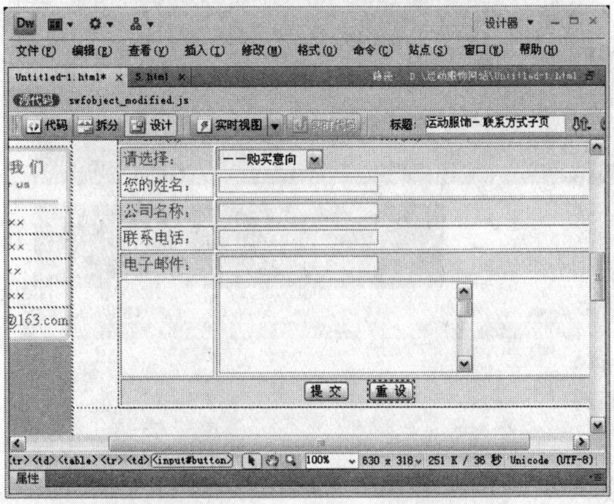

图 15-109　插入提交按钮

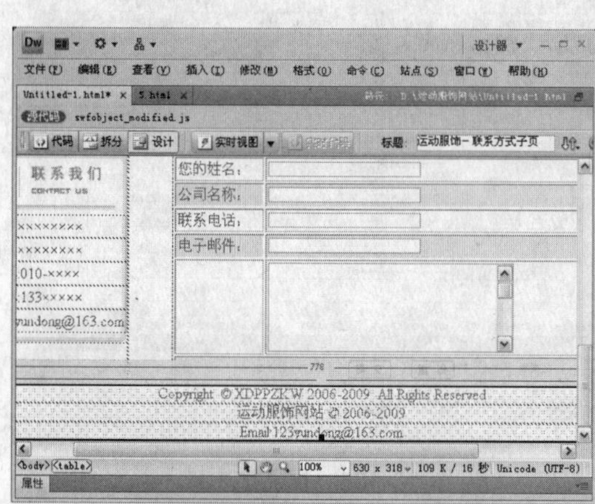

图 15-110 插入表格并输入文字

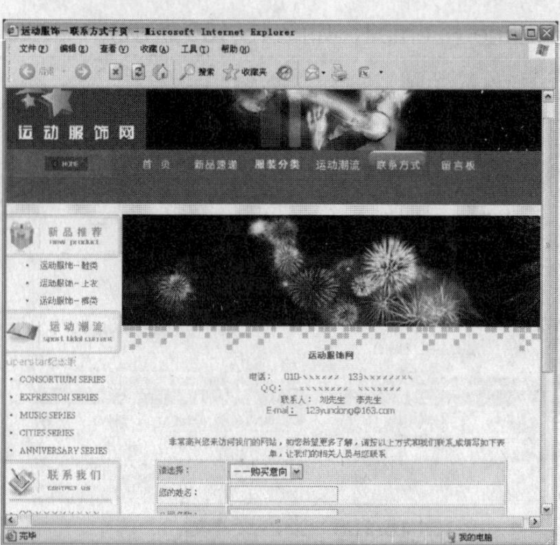

图 15-111 浏览网页

15.1.6 添加网站内部链接

1 在“文件”面板上双击 index.html，打开“运动服饰—首页”，如图 15-112 所示。

2 选中“首页”图像，打开“属性”面板，在“链接”文本框中输入 index.html，如图 15-113 所示。

3 选中“新品速递”图像，打开“属性”面板，在“链接”文本框中输入 index1.html，如图 15-114 所示。

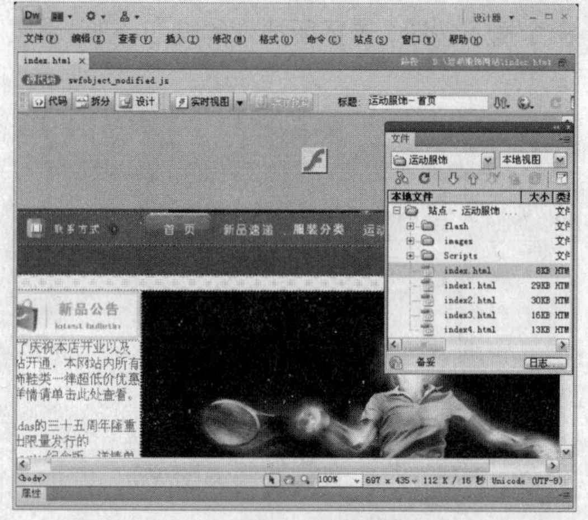

图 15-112 网站首页

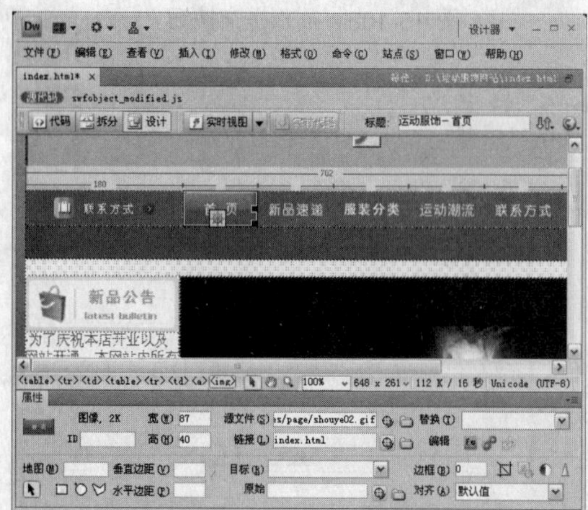

图 15-113 设置首页链接

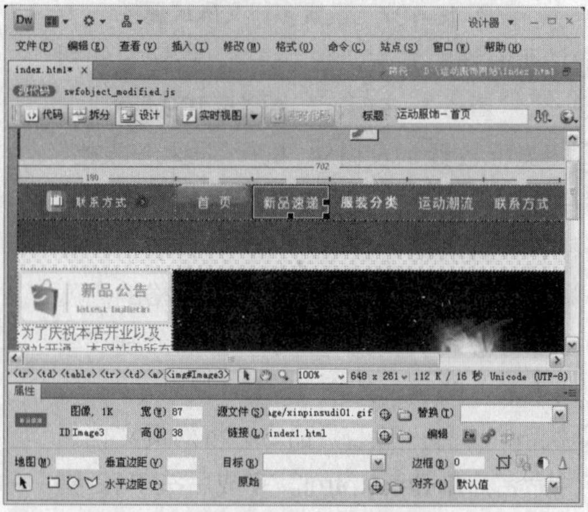

图 15-114 设置新品速递链接

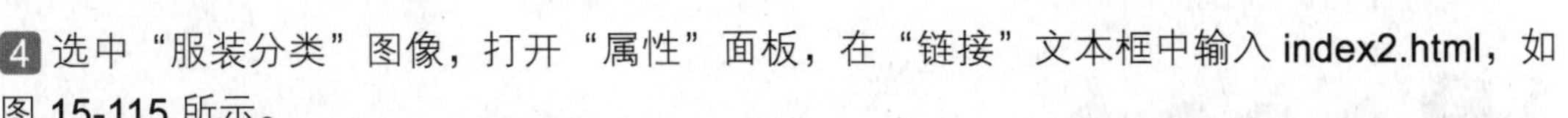

4 选中“服装分类”图像，打开“属性”面板，在“链接”文本框中输入 index2.html，如图 15-115 所示。

5 选中“运动潮流”图像，在“属性”面板的“链接”文本框中输入 index3.html，如图 15-116 所示。

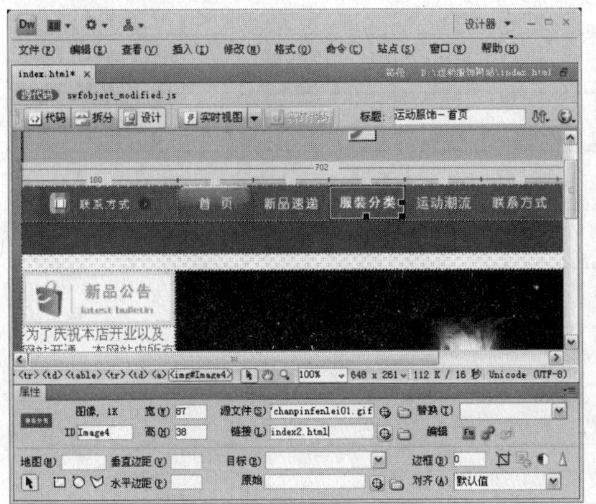

图 15-115　设置服装分类链接

图 15-116　设置运动潮流链接

6 选中“联系方式”图像，打开“属性”面板，在“链接”文本框中输入 index4.html，如图 15-117 所示。

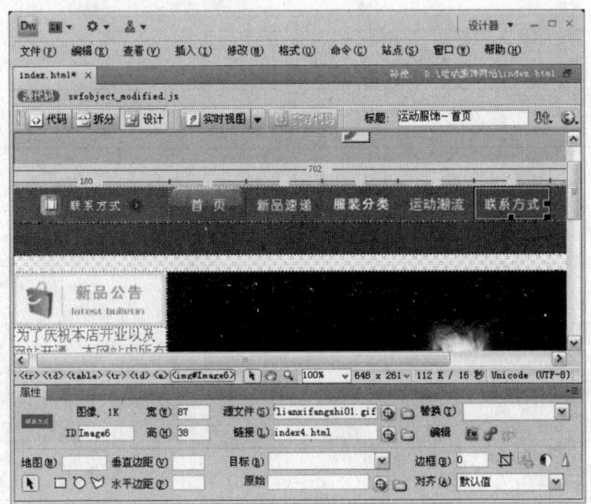

图 15-117　设置联系方式链接

7 按照同样的方法对“文件”面板上的其他网站子页进行设置即可完成整个网页制作。

15.2　巩固与提高

本实例在制作的过程中，采用了嵌套表格布局的方法，也采用了使用鼠标经过图像作为页面的导航条，页面中还充分将表格的背景图像和单元格的背景图像相结合，从而达到需要的效果。需要注意在插入图像和设置背景图像两者之间有什么不同和相同点，灵活运用这些，从而进一步提高网页的制作水平。

读书笔记

Study

第16章

制作门户网站

读者对门户网站一定不会陌生，门户网站的特点是信息量大、内容全面。要制作一个门户网站，面对的用户将是不同年龄段的。其网站定位是满足不同人群的各种需求。在内容方面，不同的主题面向的用户不同，要根据用户来定位该主题的特点，并从用户的角度出发安排具体内容。

学习指南

- 制作滚动公告
- 制作首页主体部分
- 制作新潮女性子页
- 制作新潮女性子页网络广告

精彩实例效果展示 ▲

16.1 制作门户网站

门户网站的特点是信息量大、内容全面、浏览者多。对于这样一个大型的网站，在首页上应该将网站的主要栏目表示出来，以使浏览者很快找到自己感兴趣的信息。

另外，要明确每个栏目的主要浏览人群，如女性频道的主要针对对象是女性，女性频道的主题应该是时尚、靓丽，以优雅的紫色与“充满女人味”的粉红色相搭配，很好地突出了主题。

网站在页面布局方面采用主体内容在中间显示，左右两端放置各频道精选的内容。

本例门户网站的效果如图 16-1 所示。

图 16-1 完成效果

16.1.1 制作滚动公告

1 在硬盘上建立一个名为“门户网站”的文件夹，用来存放相关文档，然后在“门户网站”文件夹里再创建一个名为 images 的文件夹和一个名为 flash 的文件夹，分别用来存放网站中用到的图像文件和媒体文件。

2 启动 Dreamweaver CS4，在 Dreamweaver 中将站点命名为“门户网站”，将“门户网站”文件夹设置为本地根文件夹，将 images 文件夹作为默认图像文件夹。

3 新建一个网页文件，在“标题栏”处将标题设置为“门户网站—首页”，如图 16-2 所示。

图 16-2　设置网页标题

4 执行“插入→表格”命令，插入一个 4 行 1 列，宽为 760 像素的表格，并在“属性”面板上将其对齐方式设置为居中对齐，“填充”和“间距”都设置为 0。如图 16-3 所示。

5 将光标放置于第 1 行单元格中，单击文档窗口下方状态栏上的<td>标记，然后单击代码按钮切换到代码视图，将以黑色显示的代码中的“ ”代码删除，完成后单击设计按钮，返回设计视图，在“属性”面板上将单元格的高度设置为 5 像素，并将该单元格的背景颜色设置为 #FFAD2F，如图 16-4 所示。

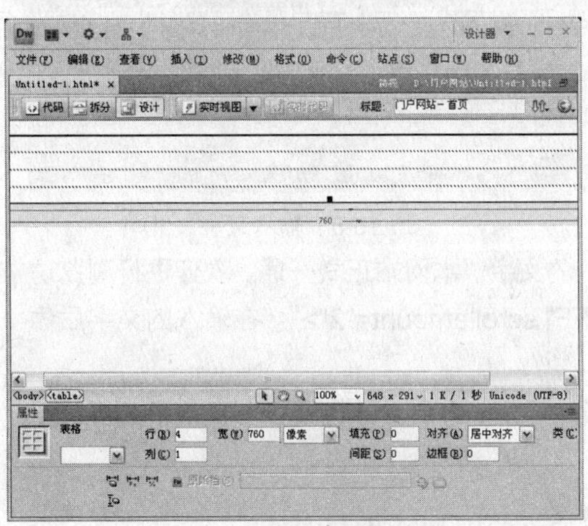

图 16-3　插入表格　　图 16-4　设置单元格高度与背景颜色

6 将光标放置于第 2 行单元格中，执行“插入→图像”命令，将一幅图像插入到单元格中，如图 16-5 所示。

7 将光标放置于第 3 行单元格中，执行“插入→图像”命令，将一幅图片插入到单元格中，然后选中插入的图片，在“属性”面板上单击“矩形热点工具”，在图片上按下鼠标左键并拖动鼠标，创建出如图 16-6 所示的矩形热点，方便网站制作完成后添加超级链接。

图 16-5　插入图像

图 16-6　插入图像并创建矩形热点

8 将光标放置于表格第 3 行单元格中，将其背景颜色设置为#FFAD2F，并将单元格拆分为两列，最后将单元格的高度设置为 23，如图 16-7 所示。

9 在拆分后的左侧单元格中输入文字“本站最新公告”，在拆分后的右侧单元格中输入文字“本网站正式开通，欢迎进行浏览访问！”，如图 16-8 所示。

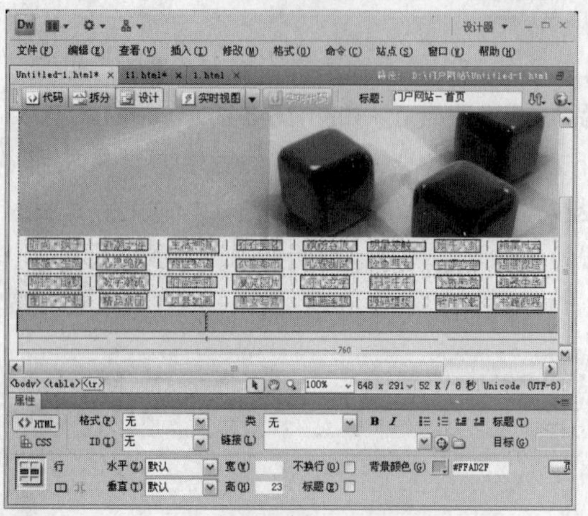

图 16-7　拆分单元格

图 16-8　输入文字

10 完成后单击 代码 按钮切换到代码视图，在输入的文字“本网站正式开通，欢迎进行浏览访问！”前添加代码“<marquee style="color: #FFFFFF" scrollamount="2">”。在输入的文字后添加“</marquee>”。如图 16-9 所示。

11 执行“插入→布局对象→AP div”命令，在文档中插入一个层，并将其移动表格第 2 行的图片上，如图 16-10 所示。

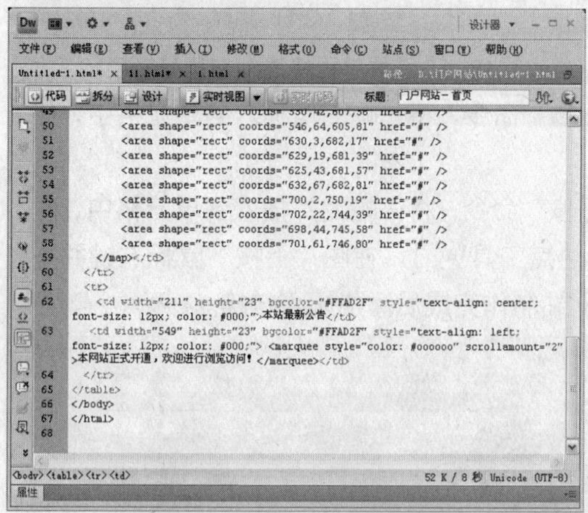

图 16-9　添加代码

图 16-10　插入层

12 将光标放到层中。然后执行“插入→媒体→SWF”命令，将一个 Flash 动画插入到层中。如图 16-11 所示。

13 选中插入的 Flash，单击“属性”面板上的 参数... 按钮，打开“参数”对话框。在对话框中的“参数”框里输入 wmode，在“值”框里输入 transparent，如图 16-12 所示。完成后单击 确定 按钮。

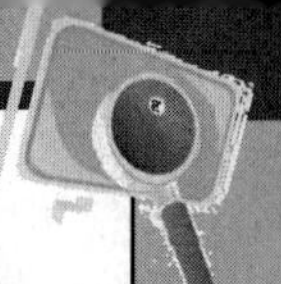

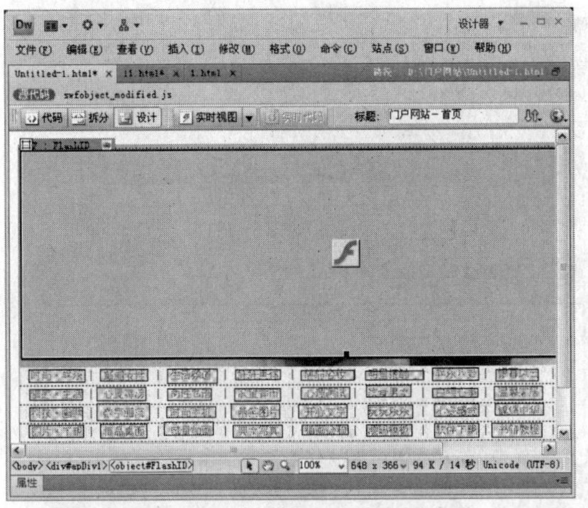

图 16-11　插入 Flash 动画

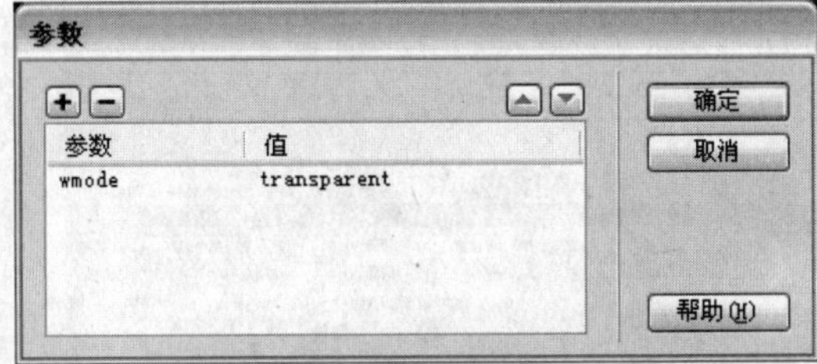

图 16-12　“参数”对话框

14 将光标放置于表格之外，执行“插入→表格”命令，插入一个 1 行 1 列，宽为 760 像素的表格，并在“属性”面板上将其对齐方式设置为居中对齐，“填充”和“间距”都设置为 0，如图 16-13 所示。

15 将插入表格的背景颜色设置为灰色（#EEEEEE），然后插入一个图标文件，并在图标文件后输入文字“您现在所在的位置：门户网站 >> 首页”，如图 16-14 所示。

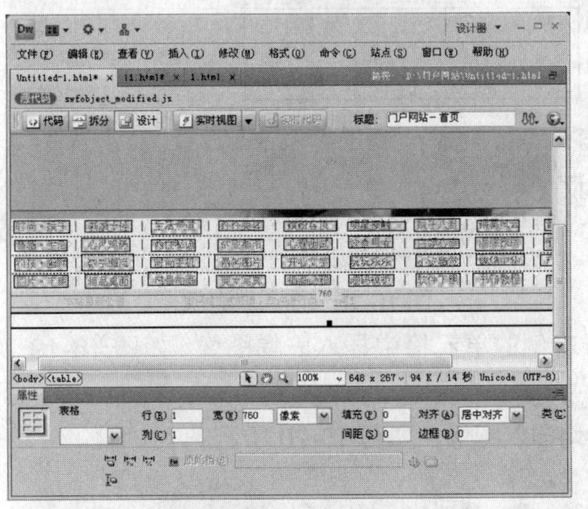

图 16-13　插入表格

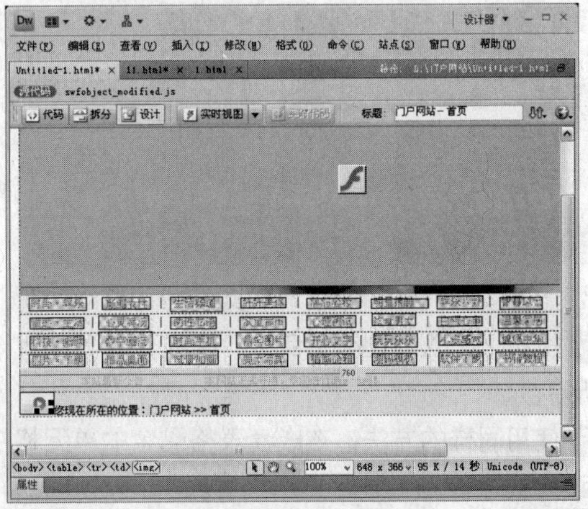

图 16-14　输入文字

16.1.2　制作首页主体部分

1 将光标放置于表格之外，执行“插入→表格”命令，插入一个 8 行 2 列，宽为 760 像素的表格，并在“属性”面板上将其对齐方式设置为居中对齐，“填充”和“间距”都设置为 0，如图 16-15 所示。

2 在表格第 1 行左侧的单元格中输入文字，文字大小为 12 像素，颜色为蓝色（#3F6FA9），并将文字设置为右对齐，如图 16-16 所示。

3 在表格第 2 行左侧的单元格中输入文字，文字大小为 15 像素，颜色为灰色（#333333），字体为黑体，如图 16-17 所示。

4 将光标移至表格第 3 行左侧的单元格中，插入一个 2 行 5 列，宽为 98%的嵌套表格，如图 16-18 所示。

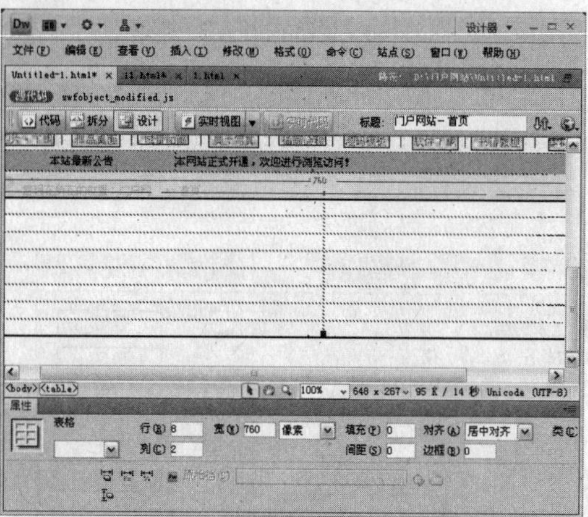
图 16-15 插入表格

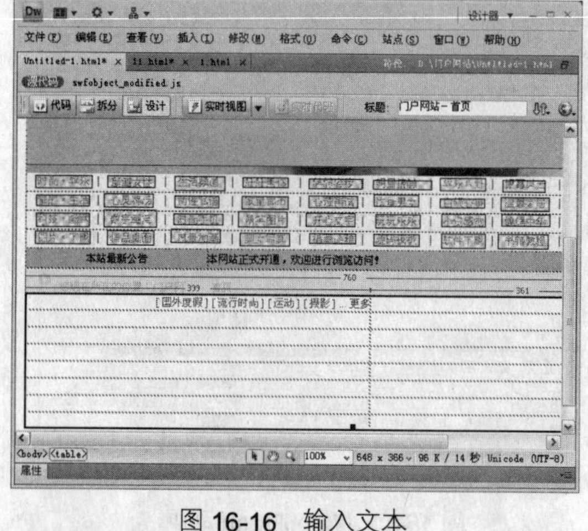
图 16-16 输入文本

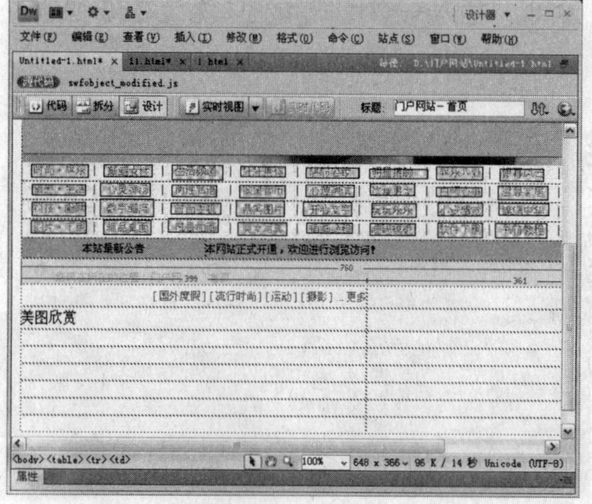
图 16-17 输入文本

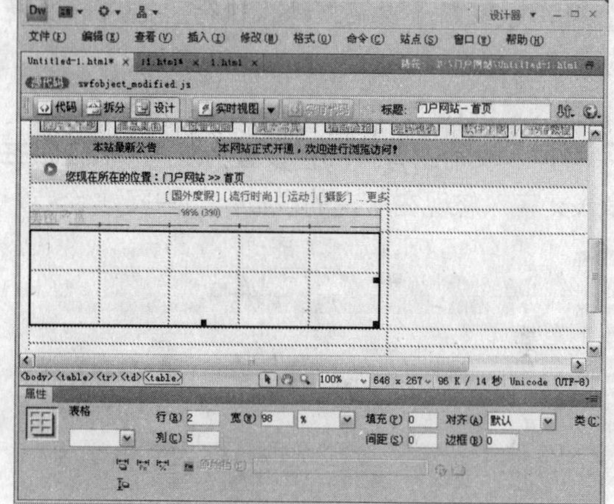
图 16-18 插入嵌套表格

5 执行“插入→图像”命令，在嵌套表格第 1 行左侧的单元格中插入一幅图像，如图 16-19 所示。

6 使用同样的方法，在嵌套表格剩余的单元格中均插入图像，如图 16-20 所示。

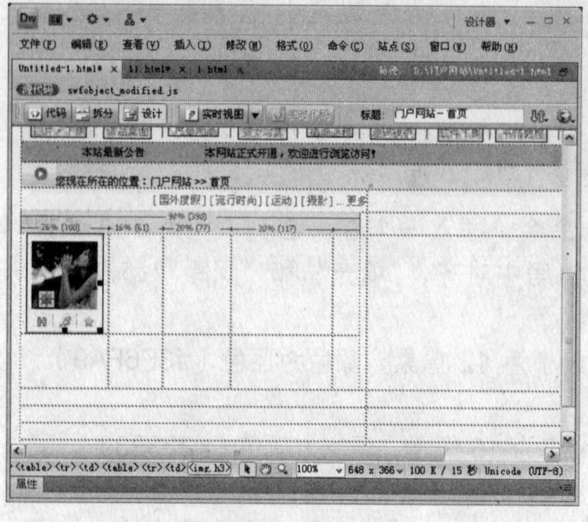
图 16-19 插入图像

图 16-20 插入图像

7 在表格第 4 行左侧的单元格中输入文字，文字大小为 12 像素，颜色为黑色，如图 16-21 所示。

8 在表格第 5 行左侧的单元格中输入文字，文字大小为 15 像素，颜色为灰色（#333333），字体为黑体，如图 16-22 所示。

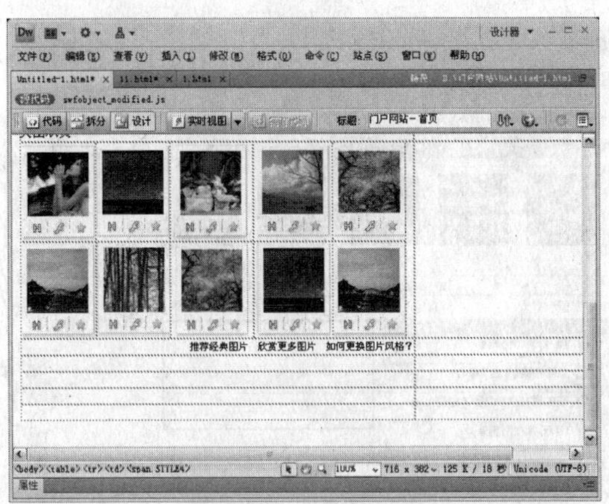

图 16-21　输入文字

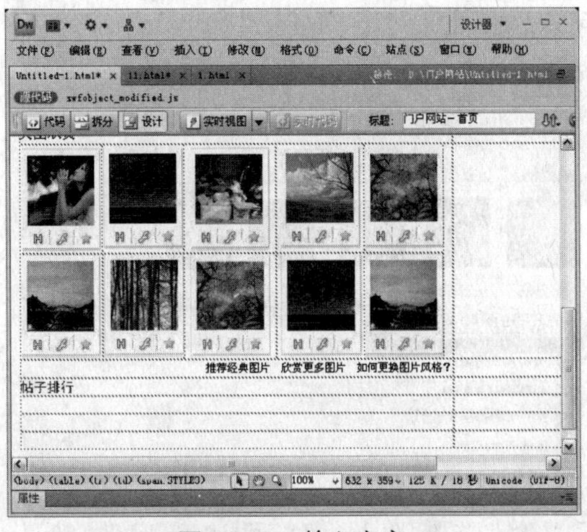

图 16-22　输入文字

9 将光标移至第 6 行左侧的单元格中，将其拆分为两列，将光标移至拆分后的左列单元格中，插入一个 6 行 1 列，宽为 98%的嵌套表格，如图 16-23 所示。

10 将嵌套表格第 1 行单元格的高度设置为 16，背景颜色设置为蓝色（#2B8CEE），然后在其中插入一幅图像，如图 16-24 所示。

11 在嵌套表格第 1 行单元格中插入图像，然后在插入的图像后输入文字，文字大小为 12 像素，颜色为黑色，如图 16-25 所示。

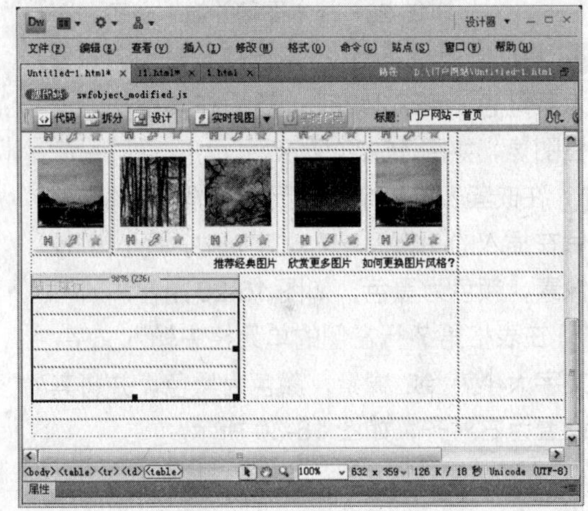

图 16-23　插入嵌套表格

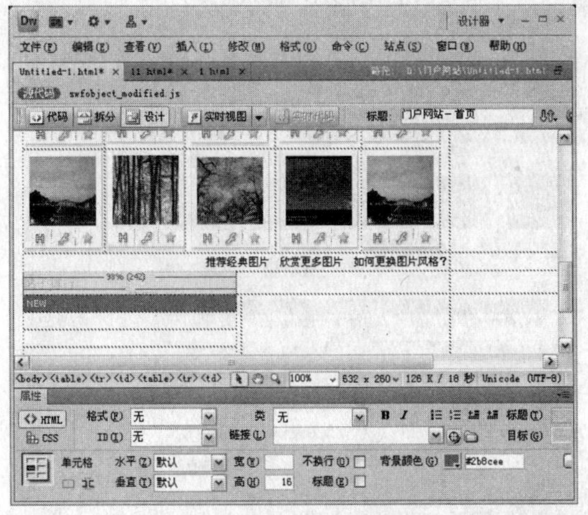

图 16-24　插入图像

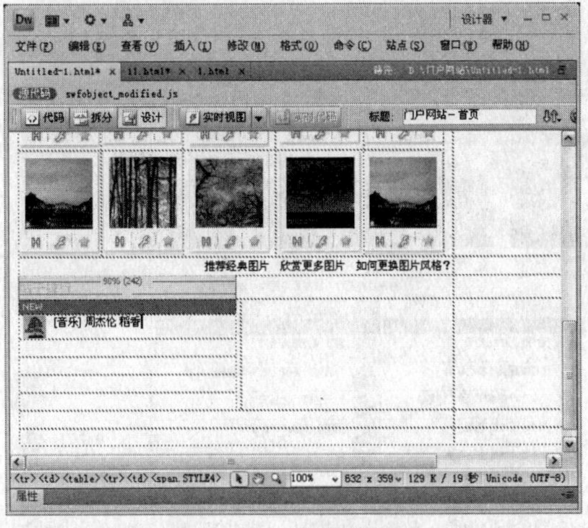

图 16-25　插入图像并输入文字

12 在嵌套表格第 3～6 行单元格中插入图像，然后在插入的图像后输入文字，文字大小为 12

像素，颜色为黑色，如图 16-26 所示。

13 将光标移至拆分后的右列单元格中，插入一个 6 行 1 列，宽为 98%的嵌套表格，如图 16-27 所示。

图 16-26　插入图像并输入文字

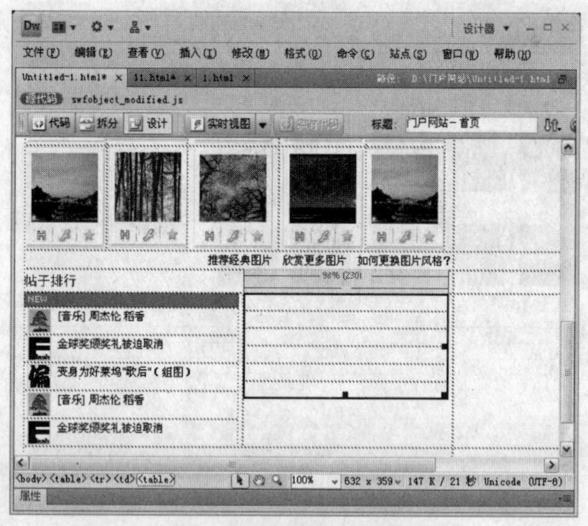

图 16-27　插入嵌套表格

14 将嵌套表格第 1 行单元格背景颜色设置为紫红色（#EA249F），然后在其中插入一幅图像，如图 16-28 所示。

15 在嵌套表格剩余的单元格中插入图像，然后在插入的图像后输入文字，文字大小为 12 像素，颜色为黑色，如图 16-29 所示。

16 在表格第 7 行左侧的单元格中输入文字，文字大小为 12 像素，颜色为黑色，并将其设置为右对齐，如图 16-30 所示。

图 16-28　插入图像

图 16-29　插入图像并输入文字

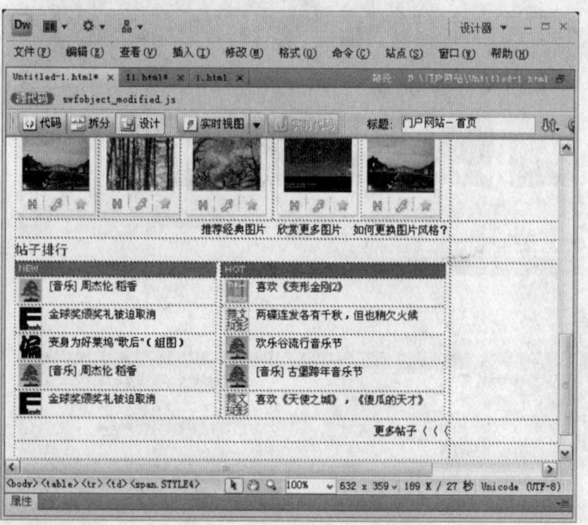

图 16-30　输入文字

17 将光标移至第 8 行单元格中，单击文档窗口下方状态栏上的<td>标记，然后单击 代码 按钮切换到代码视图，将以黑色显示的代码中的“ ”代码删除，完成后单击 设计 按钮，返回设计视图，在“属性”面板上将单元格的高度设置为 5 像素，并将该单元格的背景颜色设置为#FFAD2F，如图 16-31 所示。

18 将表格右侧的单元格全部合并，然后在合并后的单元格中插入一个 8 行 2 列，宽为 98%的嵌套表格，如图 16-32 所示。

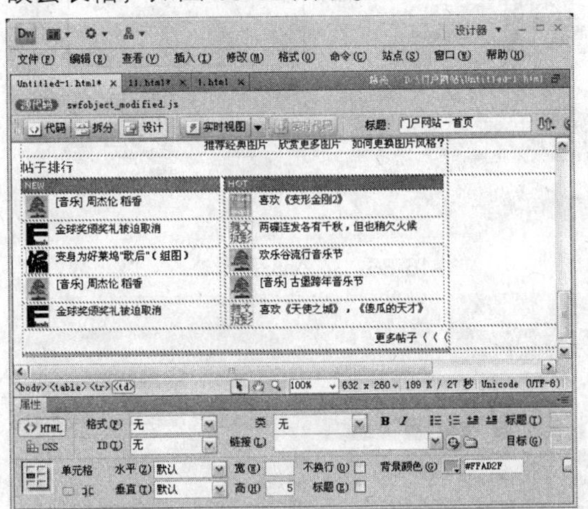

图 16-31　设置单元格高度与背景颜色

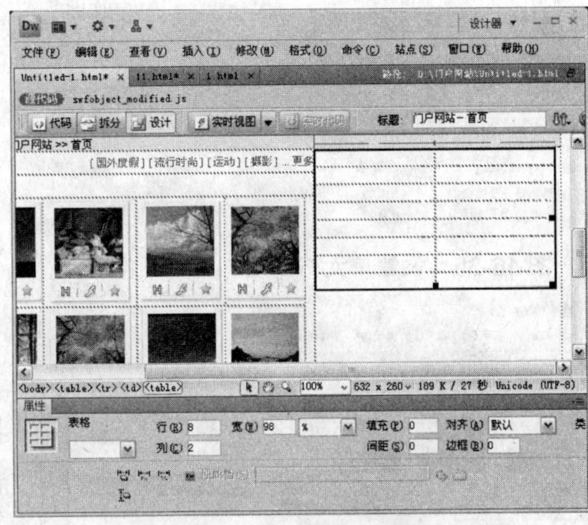

图 16-32　插入嵌套表格

19 将嵌套表格第 1 行单元格合并，并将其背景颜色设置为#F5F5F5，然后在其中插入一幅图像，如图 16-33 所示。

20 分别在嵌套表格第 2～7 行左侧的单元格中插入图像，在右侧的单元格中输入文字，如图 16-34 所示。

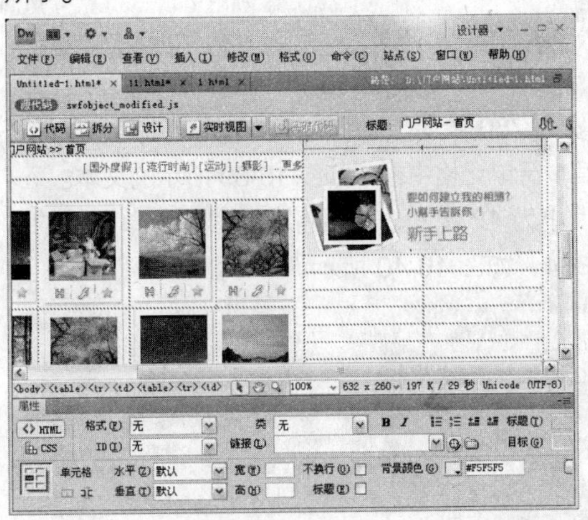

图 16-33　插入图像

图 16-34　插入图像并输入文字

21 将嵌套表格第 8 行单元格合并，然后按照前面讲过的方法将其高度设置为 5 像素，背景颜色设置为绿色（#89D302），如图 16-35 所示。

22 在嵌套表格下方再插入一个 9 行 1 列，宽为 98%的嵌套表格，如图 16-36 所示。

23 为嵌套表格第 1 行单元格设置一幅背景图像，然后在其中插入两幅图像，如图 16-37 所示。

24 在嵌套表格第 2～9 行单元格中插入图像，然后在插入的图像后输入文字，如图 16-38 所示。

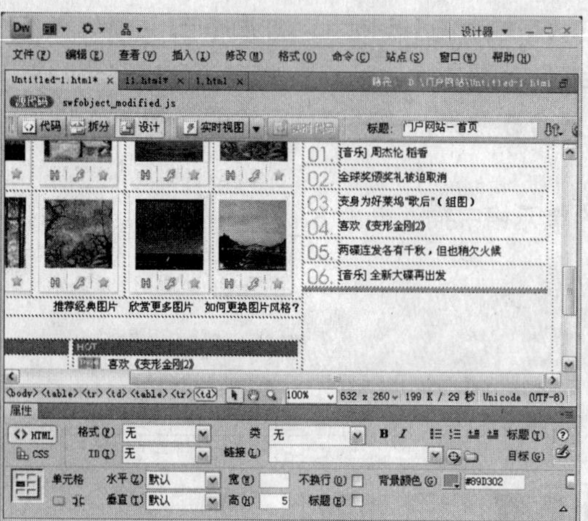

图 16-35　设置单元格高度与背景颜色

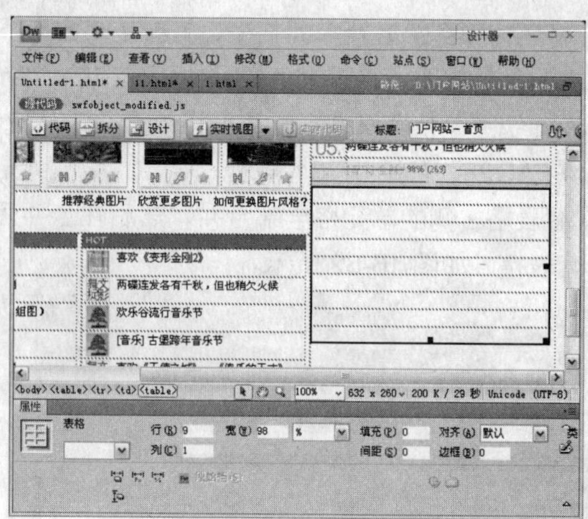

图 16-36　插入嵌套表格

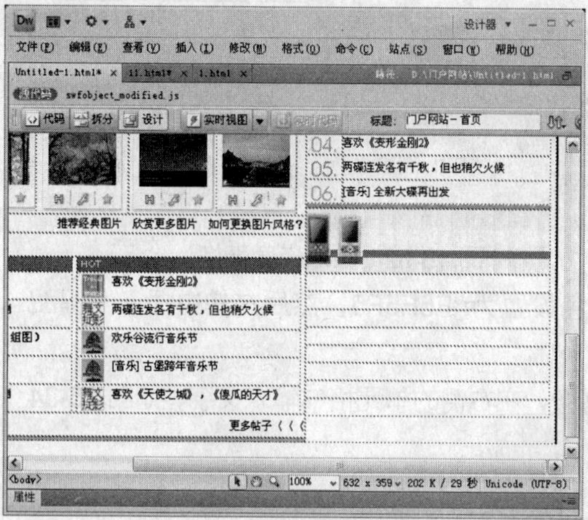

图 16-37　插入图像

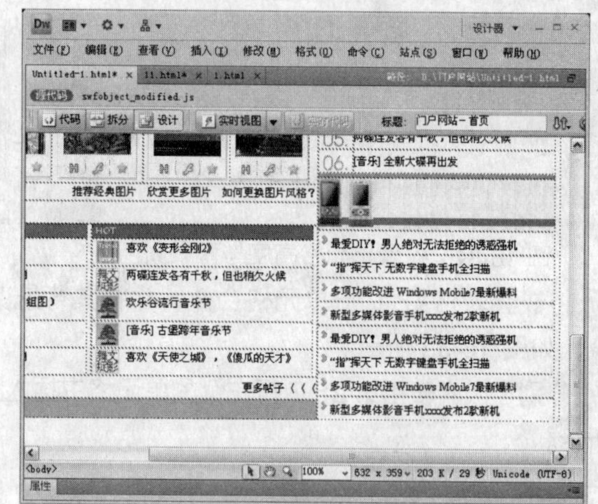

图 16-38　输入文字

25 执行“插入→表格”命令，插入一个 3 行 1 列，宽为 760 像素，边框粗细、单元格边距和单元格间距都为 0 的表格，并将其设置为居中对齐。在第 1 行单元格中输入如图 16-39 所示的文本。

26 第 2 行单元格中输入文本，文本颜色为黑色，大小为 12 像素。然后将表格第 3 行单元格的高度设置为 5 像素，并将其背景颜色设置为#FEB334，如图 16-40 所示。

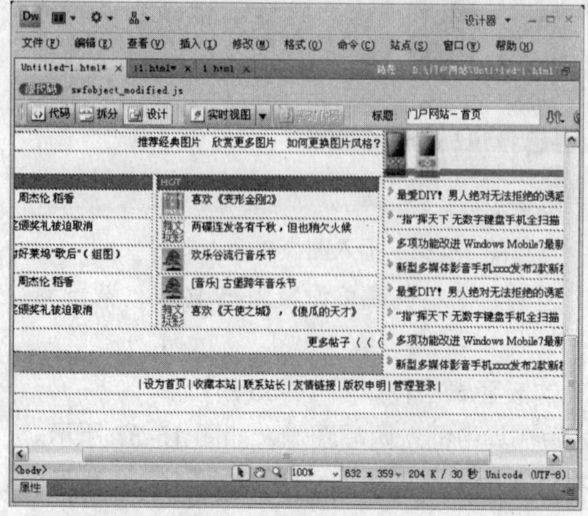

图 16-39　输入文本

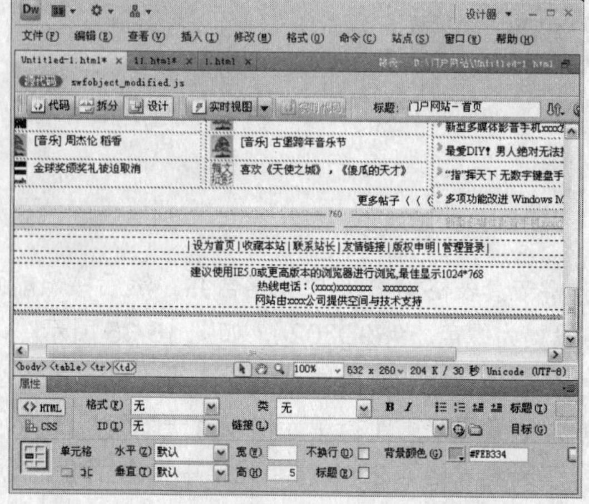

图 16-40　设置单元格高度与背景颜色

27 单击“属性”面板上的 页面属性... 按钮，弹出“页面属性”对话框，在“左边距”、“右边距”、“上边距”和“下边距”文本框中都输入 0，如图 16-41 所示。完成后单击 确定 按钮。

28 执行“文件→保存”命令，将网页文档保存，并命名为 index.html。完成后按 F12 键浏览网页，如图 16-42 所示。

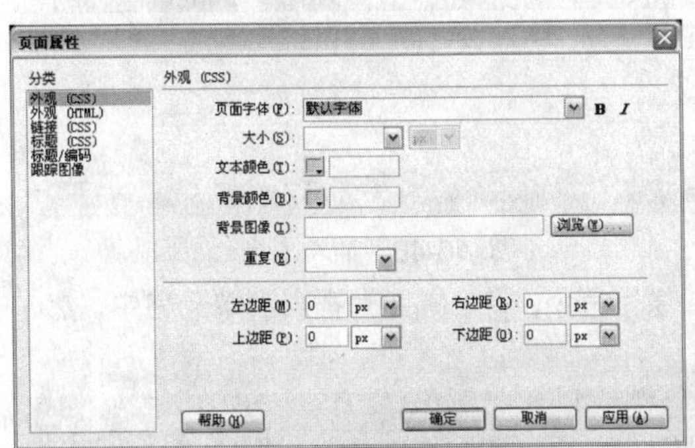

图 16-41　“页面属性”对话框

图 16-42　浏览网页

16.1.3　制作新潮女性子页

1 新建一个网页文件，在“标题”文本框中输入“门户网站—新潮女性子页”，如图 16-43 所示。

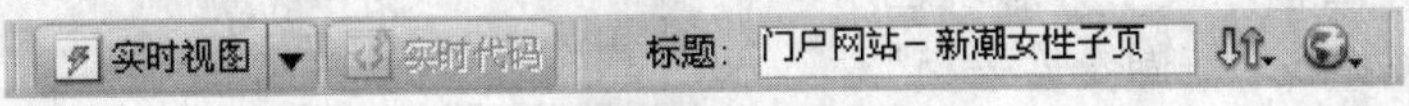

实时视图　实时代码　标题：门户网站－新潮女性子页

图 16-43　设置标题

2 执行“插入→表格”命令，插入一个 4 行 1 列，宽为 760 像素的表格，并在“属性”面板上将其对齐方式设置为居中对齐，“填充”和“间距”都设置为 0，如图 16-44 所示。

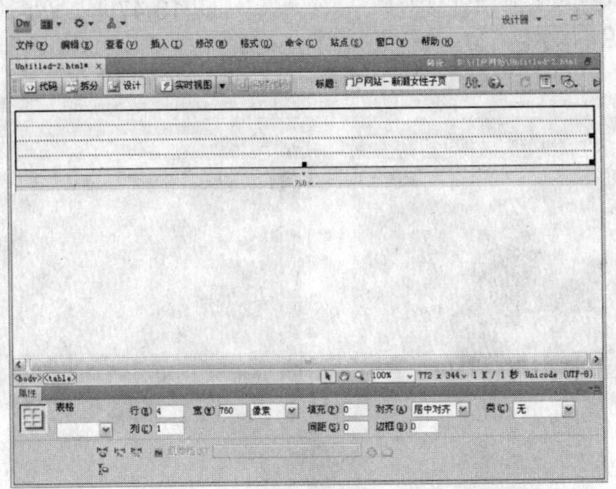

图 16-44　插入表格

3 将光标放置于第 1 行单元格中，单击文档窗口下方状态栏上的<td>标记，然后单击 代码 按钮切换到代码视图，将以黑色显示的代码中的“ ”代码删除，完成后单击 设计 按钮，返回设计视图，在“属性”面板上将单元格的高度设置为 5 像素，并将该单元格的背景颜色设置

为#EA249F，如图 16-45 所示。

4 将光标放置于第 2 行单元格中，执行“插入→图像”命令，将一幅图像插入到单元格中，如图 16-46 所示。

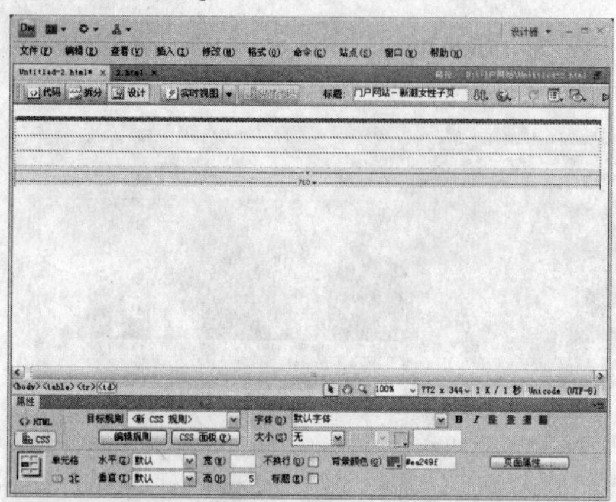

图 16-45　设置单元格高度与背景颜色

图 16-46　插入图像

5 将光标放置于第 3 行单元格中，执行“插入→图像”命令，将一幅图片插入到单元格中，然后选中插入的图片，在“属性”面板上单击“矩形热点工具”，在图片上按下鼠标左键并拖动鼠标，创建出如图 16-47 所示的矩形热点，方便网站制作完成后添加超级链接。

图 16-47　插入图像并创建矩形热点

6 将表格第 4 行单元格的背景颜色设置为灰色（#EEEEEE），然后插入一个图标文件，并在图标文件后输入文字“您现在所在的位置：门户网站 >> 新潮女性子页”，如图 16-48 所示。

7 执行“插入→布局对象→AP div”命令，在文档中插入一个层，并将其移动至表格第 2 行的图片上，如图 16-49 所示。

图 16-48　输入文字

图 16-49　插入层

8 将光标放到层中，然后执行“插入→媒体→SWF”命令，将一个 Flash 动画插入到层中。如图 16-50 所示。

9 选中插入的 Flash，单击"属性"面板上的 参数... 按钮，打开"参数"对话框。在对话框中的"参数"文本框中输入 wmode，在"值"文本框中输入 transparent，如图 16-51 所示。完成后单击 确定 按钮。

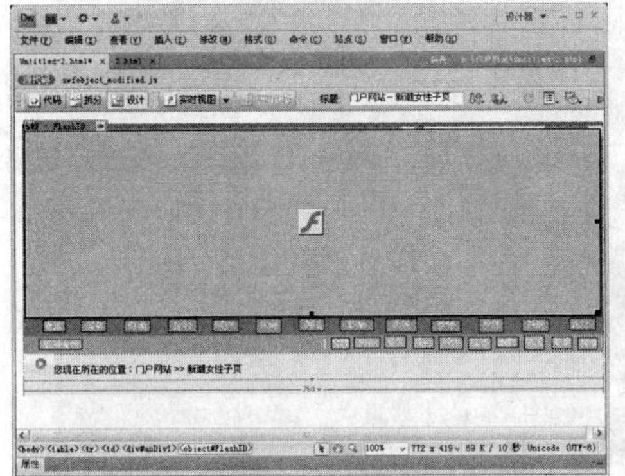

图 16-50　插入 Flash 动画

图 16-51　"参数"对话框

10 执行"插入→表格"命令，插入一个 3 行 3 列，宽为 760 像素的表格，并在"属性"面板上将其对齐方式设置为居中对齐，"填充"和"间距"都设置为 0，如图 16-52 所示。

11 将表格第 1 行左侧的单元格宽度设置为 193 像素，并将"垂直"对齐方式设置为"顶端"对齐。然后向其中插入一个 1 行 1 列，宽为 98%，边框粗细、单元格边距和单元格间距都为 0 的嵌套表格。最后在嵌套表格中插入一幅图像，如图 16-53 所示。

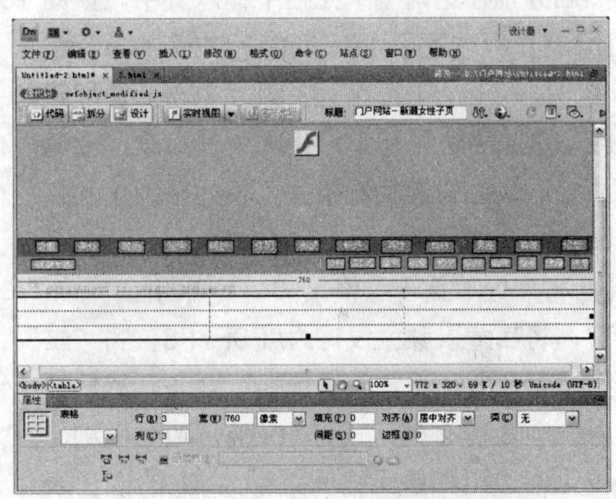

图 16-52　插入表格

12 将表格第 1 行中间的单元格宽度设置为 392 像素，并将"垂直"对齐方式设置为"顶端"对齐。然后向其中插入一个 8 行 2 列，宽为 98%，边框粗细、单元格边距和单元格间距都为 0 的嵌套表格，如图 16-54 所示。

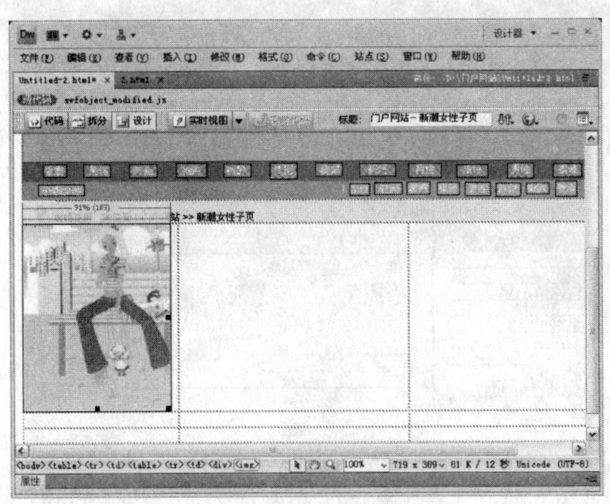

图 16-53　插入图像

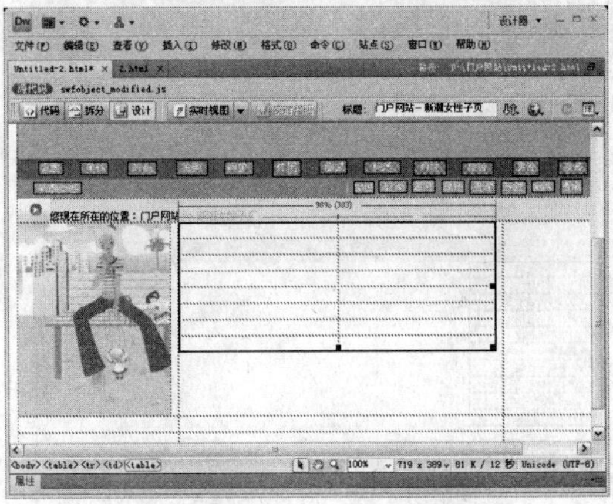

图 16-54　插入嵌套表格

13 将嵌套表格第 1 行的两个单元格合并，然后为合并后单元格设置一幅背景图像，最后在单元格中输入文字，如图 16-55 所示。

14 在嵌套表格其他单元格中插入一个图标文件，在每个小图标后输入文字，如图 16-56 所示。

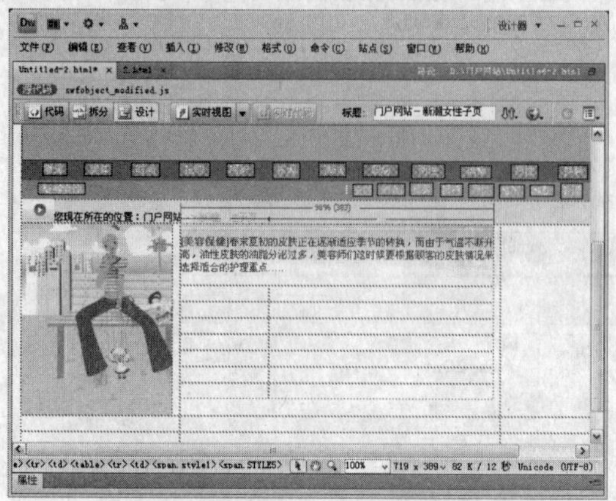

图 16-55　设置单元格背景图像

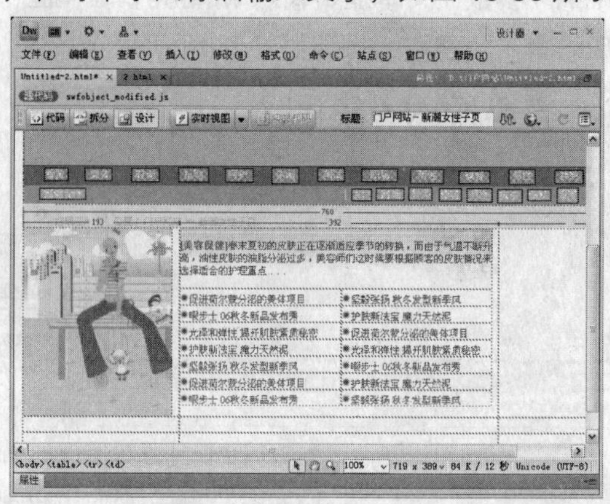

图 16-56　插入图标并输入文字

15 将表格第 2 行的左侧和中间的单元格高度都设置为 23 像素，背景颜色都为紫色（#EA249F），然后分别在这两个单元格中输入文字，如图 16-57 所示。

16 将光标放置于表格第 3 行左侧的单元格中，插入一个 1 行 1 列，宽为 78%，边框粗细、单元格边距和单元格间距都为 0 的嵌套表格。最后在嵌套表格各个单元格中输入如图 16-58 所示的文字。

17 将光标放置于表格第 3 行中间的单元格中，将其背景颜色设置为#F9F7F8，将“垂直”对齐方式设置为“顶端”对齐，然后插入一个 8 行 2 列，宽为 100%，边框粗细、单元格边距和单元格间距都为 0 的嵌套表格，如图 16-59 所示。

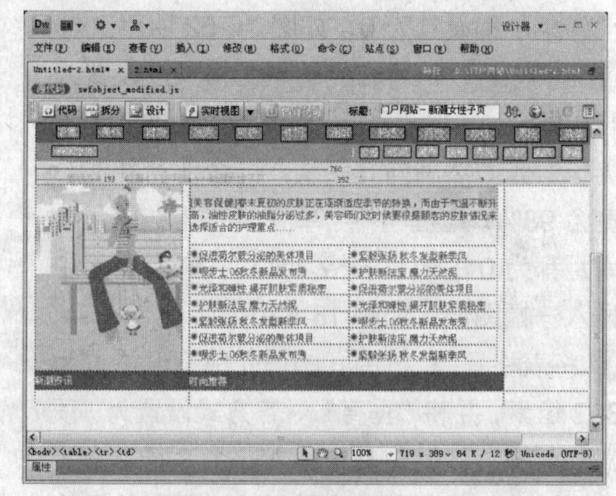

图 16-57　输入文字

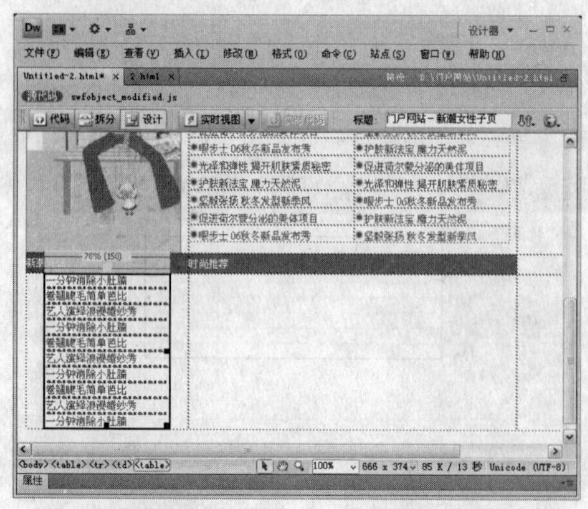

图 16-58　插入嵌套表格并输入文字

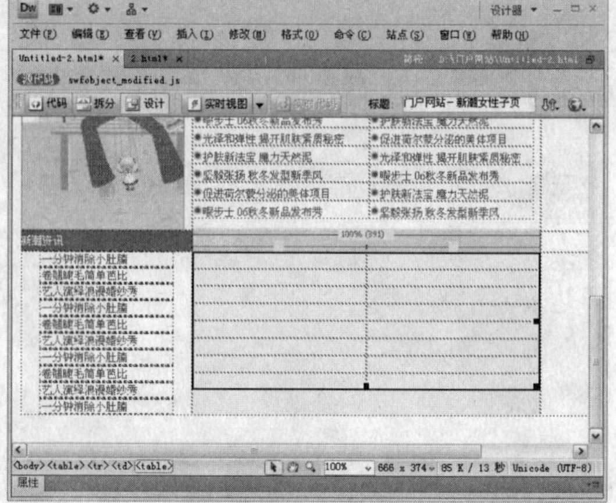

图 16-59　插入嵌套表格

18 将嵌套表格左侧的单元格全部合并，然后插入一幅图像到合并后的单元格中，如图 16-60

所示。

19 将嵌套表格右侧第 1 行单元格的高度设置为 80 像素，其他的单元格高度设置为 18 像素，然后在各个单元格中输入文字，如图 16-61 所示。

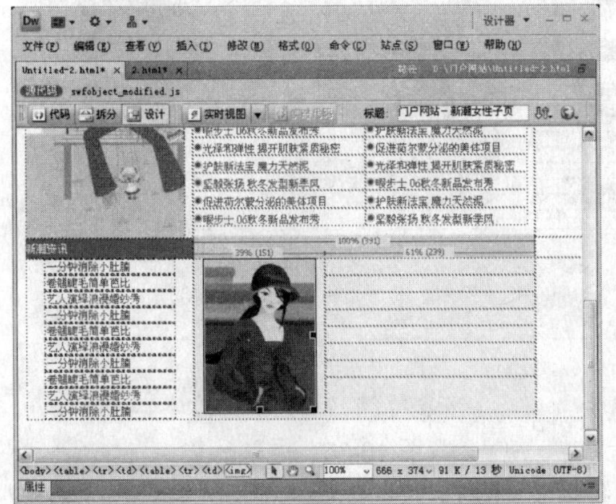

图 16-60　合并单元格并插入图像

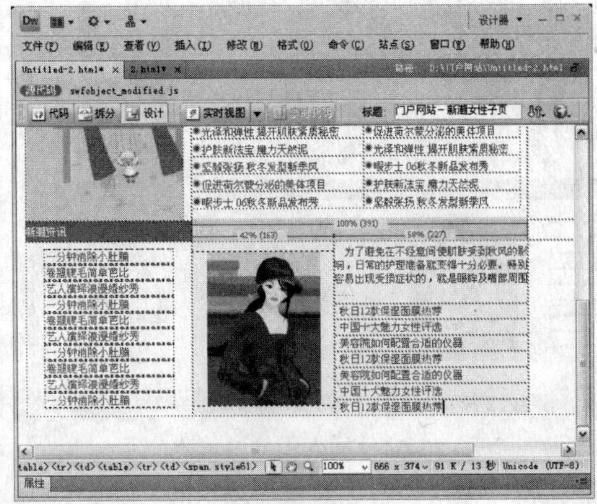

图 16-61　输入文字

20 将表格右侧的单元格全部合并，完成后将光标放置于合并后的单元格中，在“属性”面板上将“垂直”对齐方式设置为“顶端”对齐。然后插入一个 12 行 1 列，宽为 100%，边框粗细、单元格边距和单元格间距都为 0 的嵌套表格。最后将嵌套表格的背景颜色设置为紫色（#FFC7E0），如图 16-62 所示。

21 为嵌套表格第 1 行单元格设置一幅背景图像，然后在该单元格中输入文字“美丽生活”，并将文字设置为居中对齐，如图 16-63 所示。

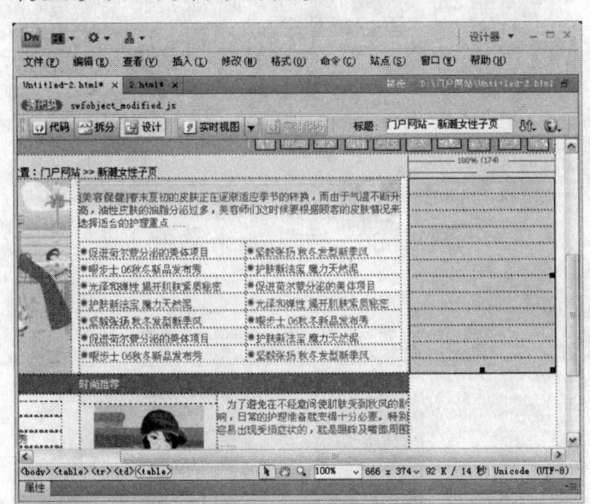

图 16-62　插入嵌套表格

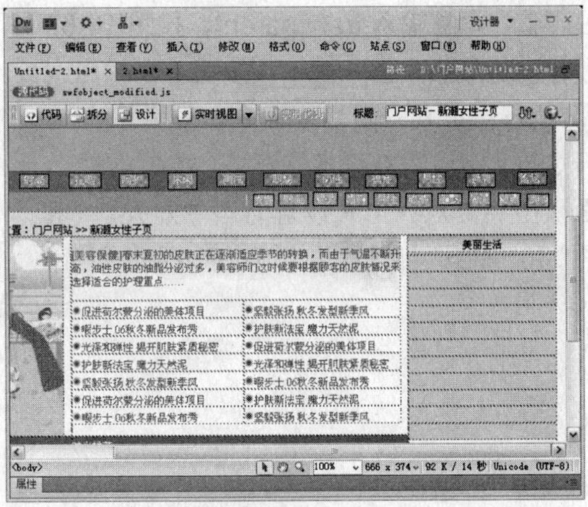

图 16-63　输入文字

22 分别在嵌套表格第 2 行、第 11 行与第 12 行单元格中插入图像，然后在嵌套表格其他的单元格中输入文字，如图 16-64 所示。

23 在页面空白处单击，然后插入一个 1 行 1 列，宽为 760 像素，边框粗细、单元格边距和单元格间距都为 0 的表格，并将其设置为居中对齐。最后在该单元格中插入一幅图像，如图 16-65 所示。

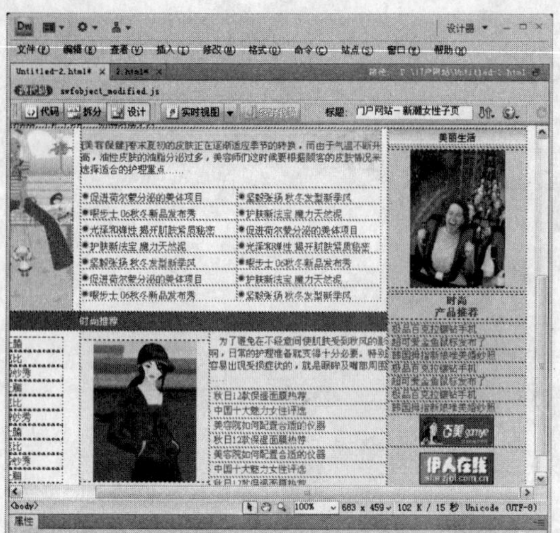

图 16-64　插入图像并输入文字

图 16-65　插入图像

24 执行“插入→布局对象→AP div”命令，在文档中插入一个层，并将其移动到刚插入到表格中的图片上。将光标放置于层中。然后执行“插入→媒体→SWF”命令，插入一个 Flash 动画到层中，如图 16-66 所示。

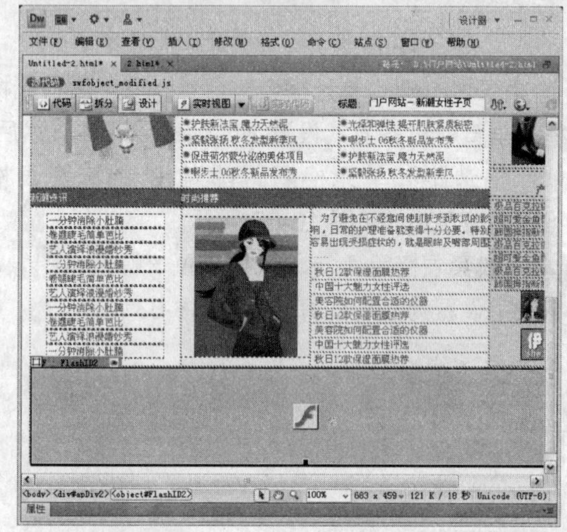

图 16-66　插入 Flash 动画

25 选中插入的 Flash 动画，单击“属性”面板上的 参数... 按钮，打开“参数”对话框。在对话框中的“参数”框里输入 wmode，在“值”框里输入 transparent，如图 16-67 所示。完成后单击 确定 按钮。

26 执行“插入→表格”命令，插入一个 4 行 3 列，宽为 760 像素的表格，并在“属性”面板上将其对齐方式设置为居中对齐，“填充”和“间距”都设置为 0，如图 16-68 所示。

图 16-67　“参数”对话框

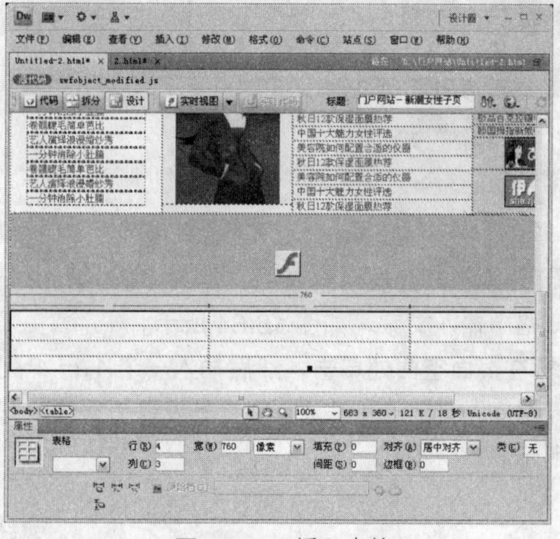

图 16-68　插入表格

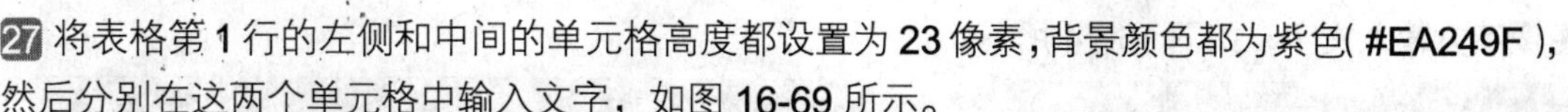

27 将表格第 1 行的左侧和中间的单元格高度都设置为 23 像素，背景颜色都为紫色（#EA249F），然后分别在这两个单元格中输入文字，如图 16-69 所示。

28 将光标放置于表格第 2 行左侧的单元格中，在“属性”面板上将“垂直”对齐方式设置为“顶端”对齐，并将其背景颜色设置为#FDF8FE，然后插入一个 11 行 2 列，宽为 98%，边框粗细、单元格边距和单元格间距都为 0 的嵌套表格，如图 16-70 所示。

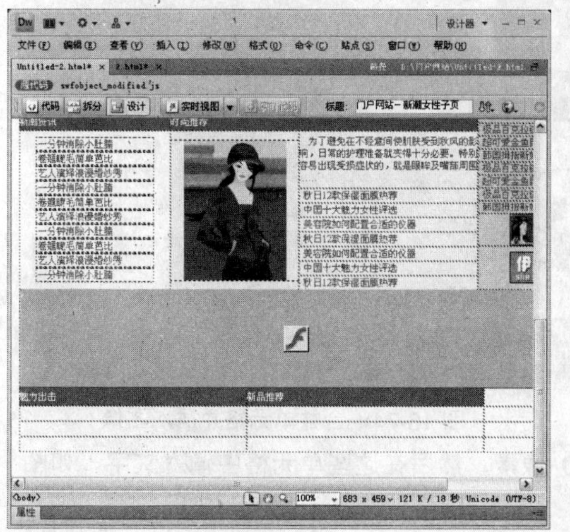

图 16-69　输入文字

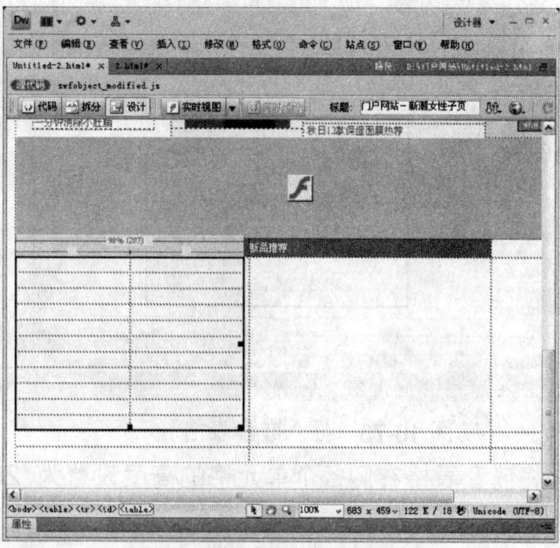

图 16-70　插入嵌套表格

29 将嵌套表格左侧的单元格全部合并，然后在合并后的单元格中插入一幅图像，最后在插入的图像下方输入文字，如图 16-71 所示。

30 将嵌套表格右侧各个单元格的高度设置为 20 像素，然后在这些单元格中输入文字，如图 16-72 所示。

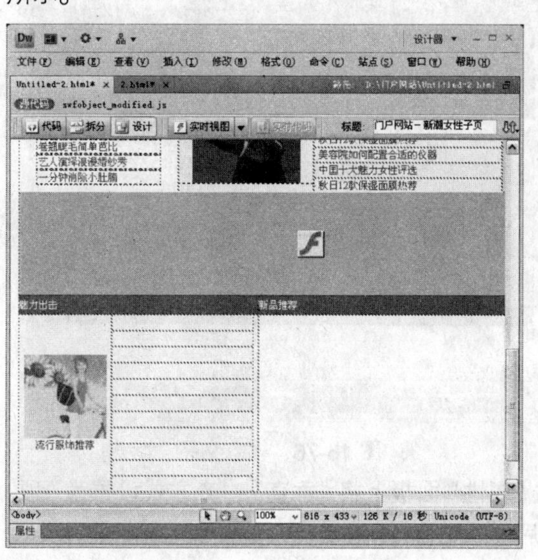

图 16-71　插入图像并输入文字

图 16-72　输入文字

31 将光标放置于表格第 2 行中间的单元格中，在“属性”面板上将“垂直”对齐方式设置为“顶端”对齐。然后插入一个 11 行 2 列，宽为 98%，边框粗细、单元格边距和单元格间距都为 0 的嵌套表格，如图 16-73 所示。

32 将嵌套表格左侧的单元格全部合并，然后在合并后的单元格中插入一幅图像，最后在插入的图像下方输入文字，如图 16-74 所示。

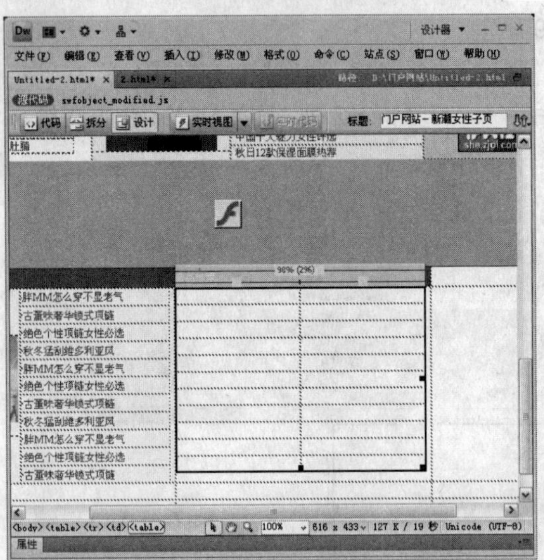

图 16-73　插入嵌套表格

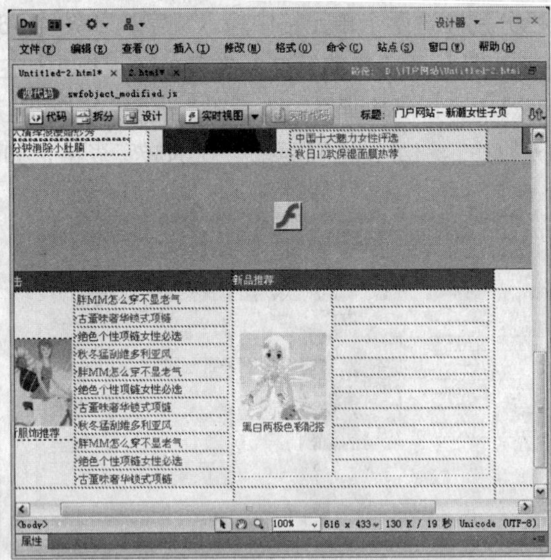

图 16-74　合并单元格并插入图像

33 将嵌套表格右侧各个单元格的高度设置为 20 像素，然后在这些单元格中输入文字，如图 16-75 所示。

34 将表格第 3 行的左侧和中间的单元格高度都设置为 23 像素，背景颜色都为紫色(#EA249F)，然后分别在这两个单元格中输入文字，如图 16-76 所示。

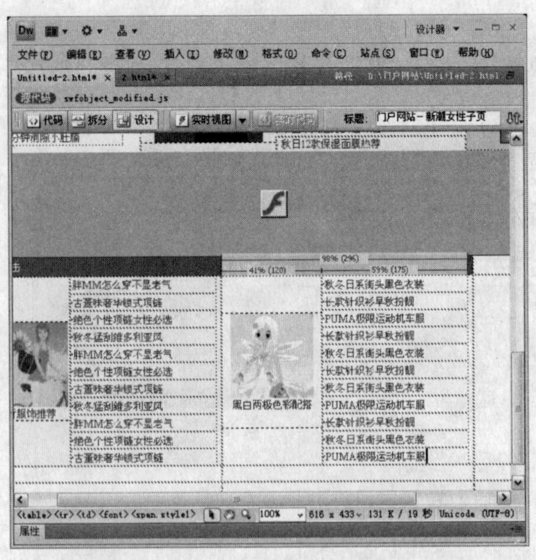

图 16-75　输入文字

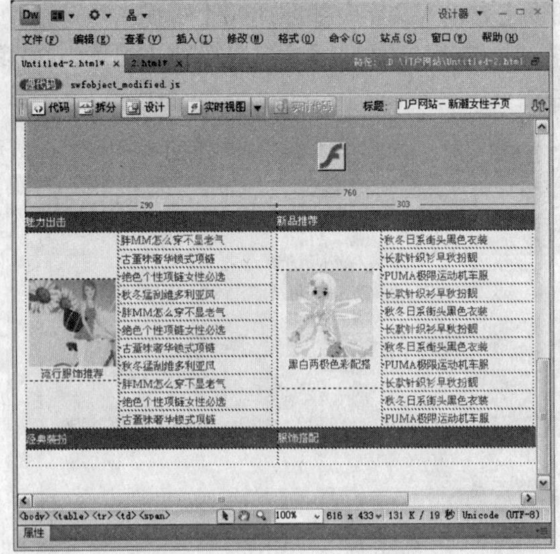

图 16-76　输入文字

35 将光标放置于表格第 4 行左侧的单元格中，在“属性”面板上将“垂直”对齐方式设置为“顶端”对齐，并将其背景颜色设置为#FDF8FE，然后插入一个 11 行 2 列，宽为 98%，边框粗细、单元格边距和单元格间距都为 0 的嵌套表格，如图 16-77 所示。

36 将嵌套表格左侧的单元格全部合并，然后在合并后的单元格中插入一幅图像，在插入的图像下方输入文字。最后将嵌套表格右侧各个单元格的高度设置为 20 像素，并在这些单元格中输入文字，如图 16-78 所示。

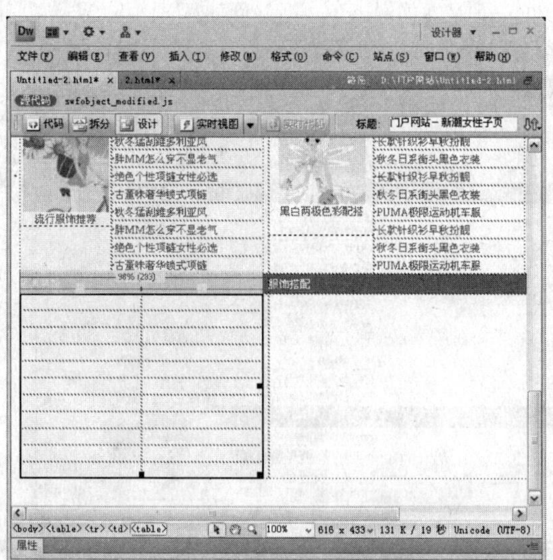

图 16-77　插入嵌套表格

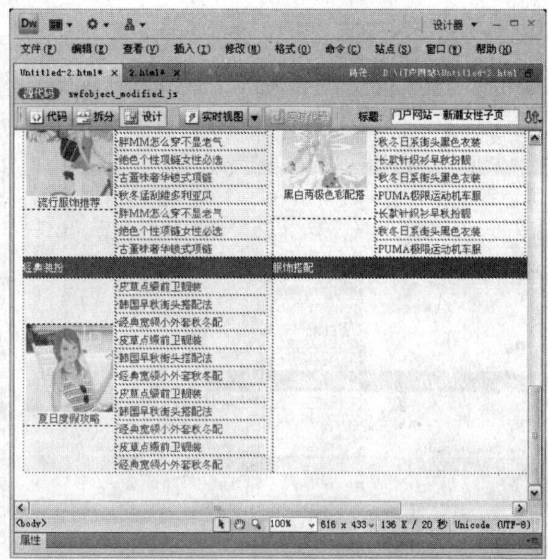

图 16-78　合并单元格并插入图像

37 将光标放置于表格第 4 行中间的单元格中，在“属性”面板上将“垂直”对齐方式设置为“顶端”对齐。然后插入一个 11 行 2 列，宽为 98%，边框粗细、单元格边距和单元格间距都为 0 的嵌套表格，如图 16-79 所示。

38 将嵌套表格左侧的单元格全部合并，然后在合并后的单元格中插入一幅图像，在插入的图像下方输入文字。最后将嵌套表格右侧各个单元格的高度设置为 20 像素，并在这些单元格中输入文字，如图 16-80 所示。

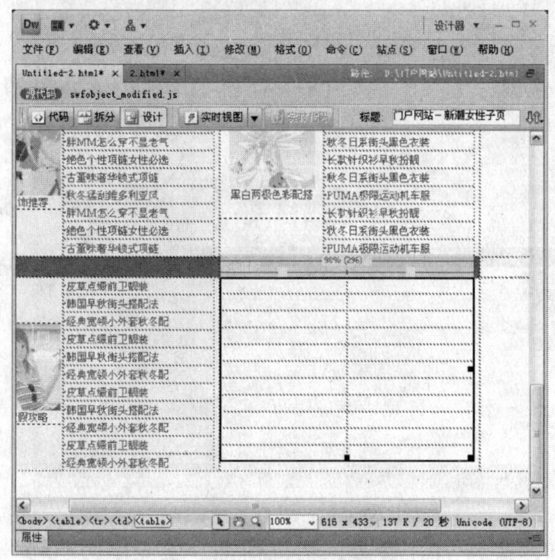

图 16-79　插入嵌套表格

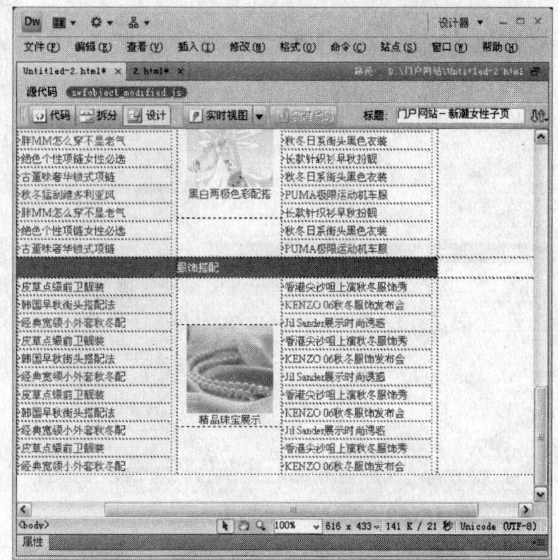

图 16-80　合并单元格并插入图像

39 将表格右侧的单元格全部合并，完成后将光标放置于合并后的单元格中，在“属性”面板上将“垂直”对齐方式设置为“顶端”对齐。然后插入一个 30 行 1 列，宽为 98%，边框粗细、单元格边距和单元格间距都为 0 的嵌套表格。最后将嵌套表格的背景颜色设置为紫色（#FFC7E0），如图 16-81 所示。

40 将嵌套表格第 1 行单元格的高度设置为 22 像素，并为该单元格设置一幅背景图像，然后在单元格中插入一幅图像，最后在插入的图像右边输入文字，如图 16-82 所示。

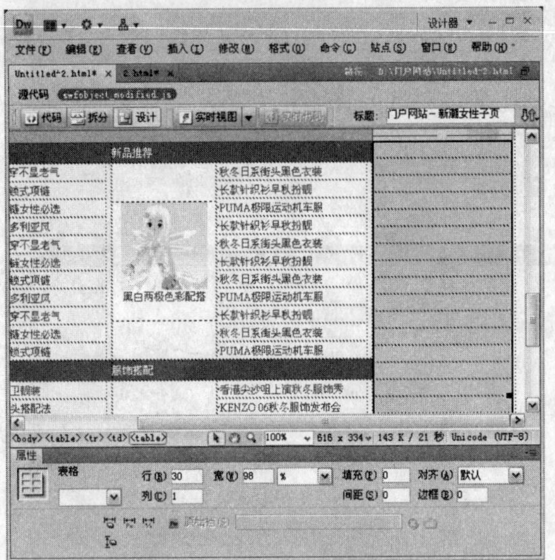

图 16-81　插入嵌套表格

图 16-82　插入图像并输入文字

41 按照同样的方法为嵌套表格第 10 行与第 20 行单元格设置背景图像，然后插入图标，并在图标之后输入文字，如图 16-83 所示。

42 将嵌套表格其他的单元格高度设置为 17 像素，然后在这些单元格中输入文字，如图 16-84 所示。

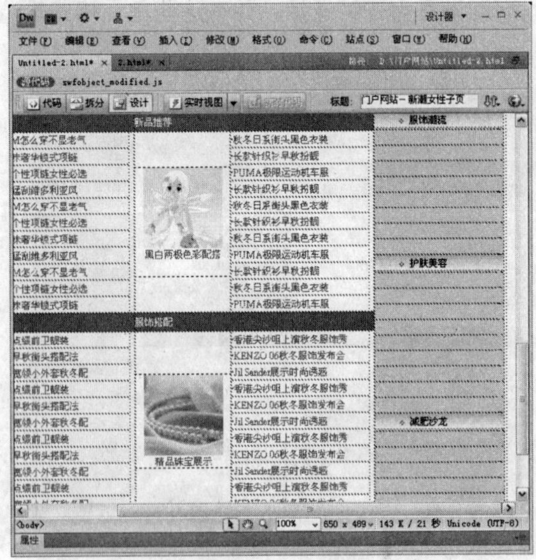

图 16-83　插入图标并输入文字

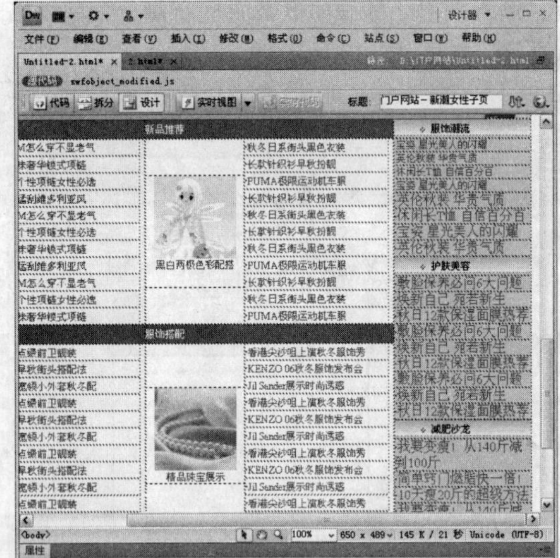

图 16-84　输入文字

43 执行“插入→表格”命令，插入一个 3 行 1 列，宽为 760 像素，边框粗细、单元格边距和单元格间距都为 0 的表格，并将其设置为居中对齐。然后在第 1 行单元格中输入如图 16-85 所示的文本。

44 第 2 行单元格中输入文本，文本颜色为黑色，大小为 12 像素。然后将表格第 3 行单元格的高度设置为 5 像素，并将其背景颜色设置为#EA249F，如图 16-86 所示。

45 单击“属性”面板上的 页面属性... 按钮，弹出“页面属性”对话框，在“左边距”、“右边距”、“上边距”和“下边距”文本框中都输入 0，如图 16-87 所示。完成后单击 确定 按钮。

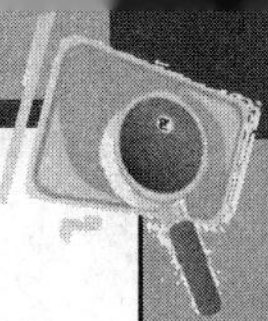

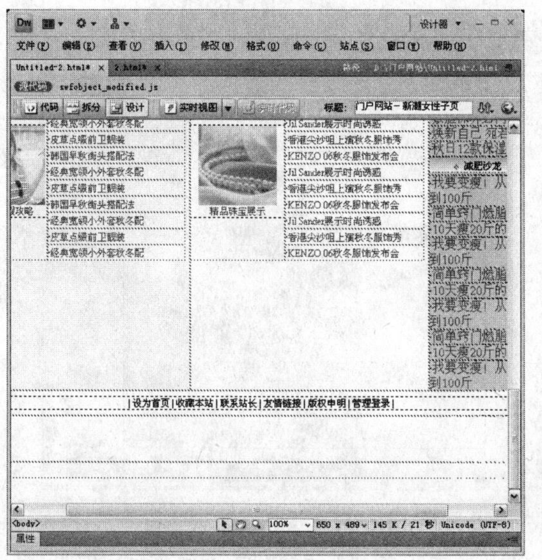

图 16-85 输入文本

图 16-86 设置单元格高度与背景颜色

46 执行“文件→保存”命令，将网页文档保存，并命名为 index1.html。完成后按 F12 键浏览网页，如图 16-88 所示。

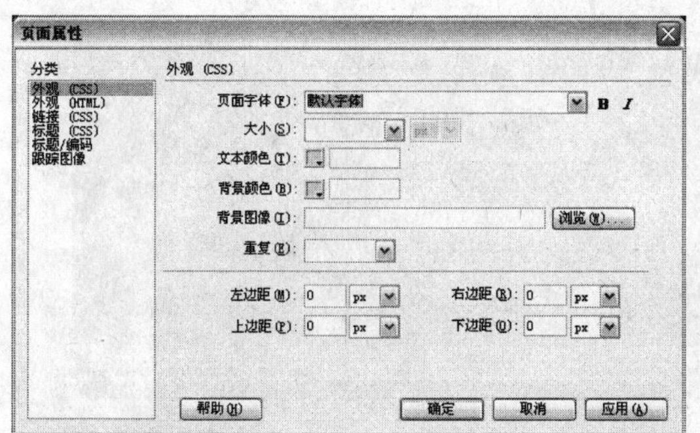

图 16-87 “页面属性”对话框

图 16-88 浏览网页

16.1.4 制作新潮女性子页网络广告

1 新建一个网页文件，在“标题栏”处将标题设置为“网络广告”，如图 16-89 所示。

图 16-89 设置网页标题

2 执行“插入→表格”命令，插入一个 1 行 1 列，宽为 500 像素的表格，并在“属性”面板上将其对齐方式设置为居中对齐，“填充”和“间距”都设置为 0，如图 16-90 所示。

3 将光标放置于表格中，执行“插入→图像”命令，将一幅图像插入到表格中，如图 16-91 所示。

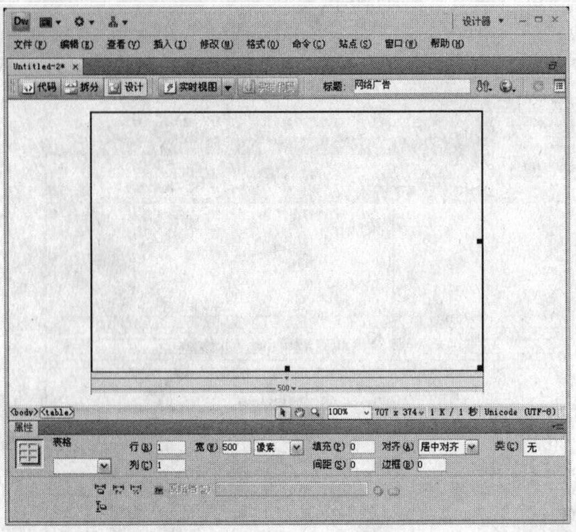

图 16-90 插入表格

图 16-91 在表格中插入图像

4 单击“属性”面板上的 页面属性... 按钮，弹出“页面属性”对话框，在“左边距”、“右边距”、“上边距”和“下边距”文本框中都输入 0，如图 16-92 所示。完成后单击 确定 按钮。

5 执行“文件→保存”命令，将网页文档保存，并命名为 guanggao.html。完成后在“文件”面板上双击 index1.htm 打开“新潮女性子页”，然后单击文档窗口左下角的<body>标记，如图 16-93 所示。

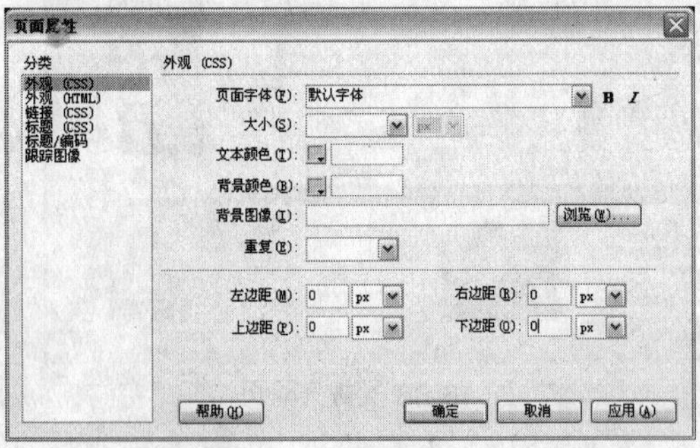

图 16-92 “页面属性”对话框

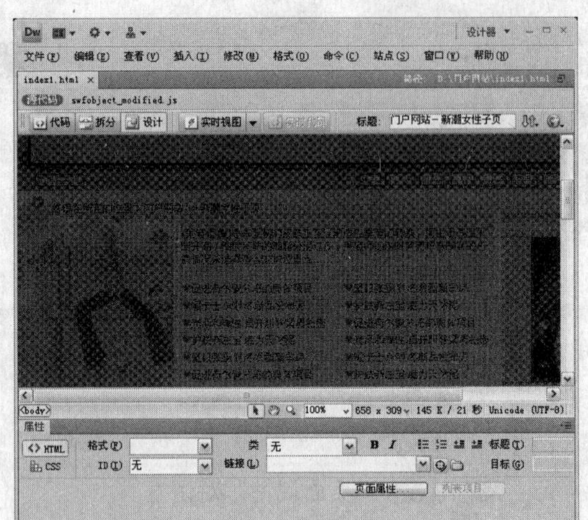

图 16-93 单击<body>标记

6 执行“窗口→行为”命令，打开“行为”面板，在面板上单击 + 按钮，在弹出的快捷菜单中选择“打开浏览器窗口”命令，弹出“打开浏览器窗口”对话框，如图 16-94 所示。

7 在“要显示的 URL”文本框中输入 guanggao.html，在“窗口宽度”和“窗口高度”文本框中分别输入 500 与 450，完成后单击 确定 按钮。然后在“行为”面板上选择 onLoad 事件，如图 16-95 所示。

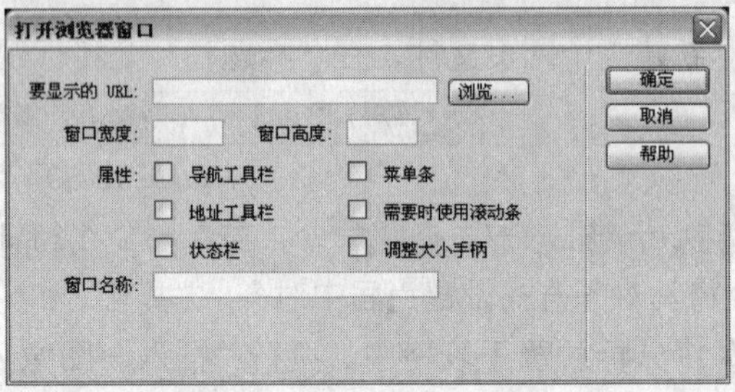

图 16-94 “打开浏览器窗口”对话框

8 保存文件，按 F12 键浏览网页，在打开网页的同时弹出广告窗口，如图 16-96 所示。

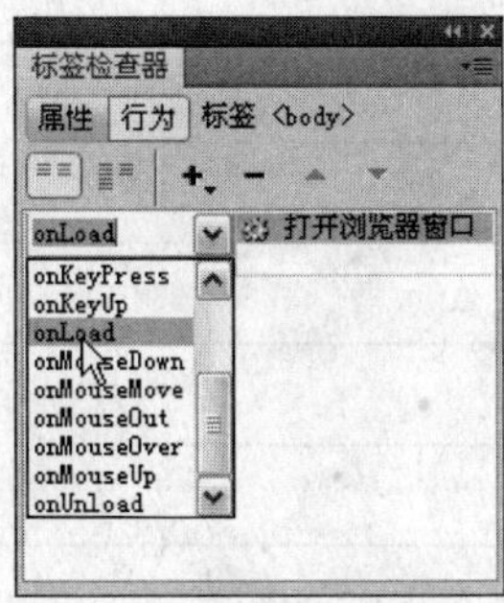

图 16-95　选择事件

图 16-96　弹出广告窗口

16.2　巩固与提高

要制作一个门户网站，面对的用户是不同年龄段的。其网站定位是满足不同人群的各种需求，这样才能吸引并留住更多的用户。门户网站的页面布局是很重要的。本实例网站在页面布局方面采用经典的商业布局，主体内容在中间显示，左右两端放置各频道精选的内容，以方便访问者浏览。

读书笔记